动手学图机器学习

[英] 亚历山德罗·内格罗(Alessandro Negro) 著

郭 涛 译

清华大学出版社

北 京

北京市版权局著作权合同登记号 图字：01-2023-6159

图书在版编目(CIP)数据

动手学图机器学习 / (英) 亚历山德罗·内格罗 (Alessandro Negro) 著；郭涛译. —北京：清华大学出版社，2024.5

书名原文：Graph-Powered Machine Learning

ISBN 978-7-302-66042-2

I.①动… II.①亚…②郭… III.①机器学习 IV.①TP181

中国国家版本馆 CIP 数据核字(2024)第 070796 号

责任编辑：王　军
装帧设计：孔祥峰
责任校对：成凤进
责任印制：杨　艳

出版发行：清华大学出版社
　　　　　网　　　址：https://www.tup.com.cn，https://www.wqxuetang.com
　　　　　地　　　址：北京清华大学学研大厦 A 座　　　邮　　编：100084
　　　　　社 总 机：010-83470000　　　　　　　　　邮　　购：010-62786544
　　　　　投稿与读者服务：010-62776969，c-service@tup.tsinghua.edu.cn
　　　　　质 量 反 馈：010-62772015，zhiliang@tup.tsinghua.edu.cn
印 装 者：河北鹏润印刷有限公司
经　　销：全国新华书店
开　　本：170mm×240mm　　　印　　张：25.25　　　字　　数：606 千字
版　　次：2024 年 6 月第 1 版　　　印　　次：2024 年 6 月第 1 次印刷
定　　价：128.00 元

产品编号：094822-01

译 者 序

机器学习正从学术界走向工业界，从理论走向应用。越来越多的机器学习相关项目纷纷落地，并产生了巨大的商业价值。这不仅要求从业者精通理论，能够提出新算法、新模型，还需要其具备很强的动手能力和工程实践能力。同时具备深厚的理论基础和丰富的工程实践经验的工程师目前在国内寥寥无几，仅华为、阿里和小米等互联网大厂才有这样的人才。机器学习工程需要工程师熟悉整个机器学习项目的生命周期，涉及数据收集和准备、特征工程、监督模型训练、模型评估、模型服务、监测和维护等方面。此外，还需要团队成员之间相互协作、紧密配合，才可以让整个项目顺利开展。

混合型机器学习是近几年来机器学习的发展趋势。单凭某个机器学习算法很难解决问题，需要将多个机器学习算法结合进行优势互补，才能解决特定问题。图深度学习、概率图模型、贝叶斯深度学习、元深度学习和图机器学习等是这几年新兴的混合机器学习算法。本书将图论和机器学习相结合，从机器学习工程实践的角度对图机器学习进行理解。本书研究主题包括机器学习工程项目生命周期、图数据工程、图数据的存储与管理、图机器学习应用和工程实践等，这些主题是实现图机器学习工程的强有力工具，在人工智能领域越来越重要。近几年，图机器学习已广泛用于知识图谱、推荐系统、推理与学习等领域，成为人工智能相关研究不可或缺的技术。

本书并不是一本纯粹介绍图机器学习理论的著作，Alessandro Negro博士作为科学家和Reco4公司的CEO，长期维护图数据源的推荐系统。他结合机器学习工程和图机器学习方法，通过推荐引擎、欺诈检测和知识图谱等案例，讲述了图机器学习工程实战。他以源代码为示例，逐步讲述其实现过程，以及如何更有效地管理图数据、实施算法、存储预测模型和可视化结果。本书适合作为数据科学家和数据科学从业者以及企业工程师的参考书。

本书内容涉及图数据工程、图数据库存储、图机器学习技术、图机器学习结果可视化，涵盖了整个软件工程的生命周期。建议读者借鉴这种思维模式，将这种工程思维模式迁移到其他机器学习项目实战中。另外，本书很好地将图机器学习算法和应用案例相结合，以核心代码为例进行讲解，如果读者要思考机器学习理论如何解决实际项目问题，本书值得借鉴。在现实中，往往很难用前沿技术来解决实际问题，机器学习项目也很难落地，本书在这两个方面有很多值得借鉴的意义。此外，从本书中也可发现，单一的算法或模型很难解决实际问题，往往要使用混合模型或者将多个机器学习算法相结合形成混合机器学习算法，本书在这方面也值得借鉴，例如，近几年新兴的概率图模型、图深度学习、贝叶斯深度学习、深度强化学习等混合机器学习算法，可以将本书的经验迁移到实际的应用场景中。

　　本书在翻译过程中得到了很多人的帮助。电子科技大学外国语学院的史佳艳、尹思敏，吉林大学外国语学院的吴禹林和吉林财经大学外国语学院的张煜琪等参与了全书校对工作，他们在校对过程中不断地查阅资料，进一步对书中的翻译细节进行了修正，以期达到"信、达、雅"。在此，感谢他们为本书所做的大量工作。最后，感谢清华大学出版社编辑的包容和极大耐心，他们为保证本书的质量和顺利出版做了大量的编校工作，在此深表谢意。

　　由于本书涉及一定的广度和深度，加上译者水平有限，翻译过程中难免有不足之处，欢迎各位读者批评指正。

郭涛

2024 年 5 月于蓉城

译者简介

　　郭涛，主要从事人工智能、智能计算、概率与统计学、现代软件工程等前沿交叉研究。翻译并出版过多部译作，包括《深度强化学习图解》《机器学习图解》和《概率图模型原理与应用(第2版)》。

推 荐 序

机器学习在科技领域中被广泛讨论，每天都有大量关于其应用和进展的文章涌现。但在业内，一场以图作为机器学习核心的革命正悄然酝酿。

经过近十年的实践后，Alessandro 将图和机器学习相结合，汇编成此书。如果 Alessandro 在某个网络巨头公司工作，他汇集了一大批博士专门研究特殊的一次性系统，那么本书对于他们来说将大有裨益；而对大部分人来说，本书并不是一本实用指南，只能满足我们的一些好奇心。幸运的是，虽然 Alessandro 确有博士学位，但他从事商业，并对企业构建的各种系统有着深刻的理解。由本书可知：Alessandro 巧妙地解决了在超大规模网络巨头之外构建现代系统时，软件工程师和数据专业人员必须规避的各种有关实际设计和实施的挑战。

《动手学图机器学习》展示了图对未来机器学习的重要性。本书不仅表明，图为推动当代 ML 流程提供了一种高级手段，还说明了图是组织、分析和处理机器学习数据的主要方式。本书为读者提供了内容丰富、条理清晰的图机器学习相关知识，每个主题都以详细的示例为基础，这些例子体现了 Alessandro 具有丰富的经验，以及他作为一名长期从业者，身上所具备的坚定的信心。

本书内容并不复杂，提供了一个整体框架来推理机器学习，并将其集成到我们的数据系统中。本书还提供了一种实用的推荐方法，它涵盖多种方法，如协同过滤、基于内容和会话的推荐以及混合风格。Alessandro 指出了现有技术中缺乏可解释性的问题，并表明这不是图方法存在的问题。接着，他引入了邻近性和社交网络分析等概念，解决了欺诈检测问题，从中通过犯罪网络重温"物以类聚、人以群分"这一谚语。最后，本书讨论了知识图谱：图技术能够使用文档并从中提取相关知识、消除模糊项以及处理模糊查询项。本书主题跨度广阔，但内容质量始终上乘。

整本书中，Alessandro 循序渐进地引导读者，从基础知识到高级概念逐一学习。借助于示例和配套代码，即使"凡夫俗子"也能快速理解示例，并根据个人需要进行调整。通读本书后，你将学会使用各种实用工具，如果你愿意，还可以处理一些细节。现在，你应该已准备好提取图特征，从而优化现有模型的性能，进而熟练地使用图。我坚信这将是一段美妙的旅程。

Jim Webber 博士，Neo4j 首席科学家

作 者 简 介

　　首先，我对计算机科学和数据研究充满热情。我专攻 NLP、推荐引擎、欺诈检测和图辅助搜索等研究方向。

　　在攻读计算机工程专业并从事该领域相关的多种工作后，我跨学科攻读了科学与技术博士学位。随着我对图数据库的兴趣达到顶峰，我成立了一家名为 Reco4 的公司，旨在支持开源项目 reco4j——第一个基于图数据源的推荐框架。

　　现在我是 GraphAware 的首席科学家，我们立志成为图技术研究领域的先驱。我们与 LinkedIn、世界经济论坛、欧洲航天局和美国银行等客户合作，将他们的数据转化为可搜索、可理解和可操作的知识，专注于帮助客户获得竞争优势。在过去的几年里，我一直领导着 Hume(知识图谱平台)的开发工作，并在世界各地的各种会议上进行宣讲。

致　谢

本书历经三年多的时间才得以出版。期间做了大量的工作——绝对比提出这个疯狂想法时我所预想的要多。同时，这也是迄今为止，我职业生涯中最激动人心的经历(是的，我正在筹备撰写第二本书)。我很享受这本书的创作过程，但该过程的确非常漫长。所以我要感谢这一路上帮助过我的人。

首先，我要感谢我的家人。在我通宵达旦工作时，独留妻子 Aurora 一人。在无数个周末，我忙于撰写本书，极少陪伴我的孩子们。感谢我的家人给予的理解和无条件的爱。

接下来，我要感谢 Manning 的策划编辑 Dustin Archibald。感谢你的配合，教会我关于写作的知识。特别感谢你在我月复一月延期交稿时依旧保持耐心。为了保证本书质量，你付出了大量努力，每个读者都将获益匪浅。还要感谢参与了本书出版工作的每位 Manning 员工，他们分工明确、能力出众，很荣幸能与他们共事。

致所有审稿人：Alex Ott、Alex Lucas、Amlan Chatterjee、Angelo Simone Scotto、Arnaud Castelltort、Arno Bastenhof、Dave Bechberger、Erik Sapper、Helen Mary Labao Barrameda、Joel Neely、Jose San Leandro Armendáriz、Kalyan Reddy、Kelvin Rawls、Koushik Vikram、Lawrence Nderu、Manish Jain、Odysseas Pentakalos、Richard Vaughan、Robert Diana、Rohit Mishra、Tom Heiman、Tomaz Bratanic、Venkata Marrapu 和 Vishwesh Ravi Shrimali，你们的建议为本书的定稿做出了重要贡献。

最后，如果没有 GraphAware，尤其是 Michal，就不会有这本书——不仅是因为他聘用了我并让我在如此出色的公司得到了成长，还因为我酒后告诉他我在考虑写一本书时，他鼓励我："我觉得你就该这样做！"Chris 和 Luanne 从一开始就是我最忠实的支持者；KK 总是在关键时刻恰到好处地激励我；Claudia 帮助我检查了图片；我优秀的同事们与我进行了最有趣且最具挑战性的讨论。你们所有人都是本书成功付梓的重要力量！

关于封面图片

《动手学图机器学习》封面上的图片摘自 *Roman Tarantella Dancer with Tambourine and a Mandolin Player* (1865)。Anton Romako (1832—1889)是一位 19 世纪的奥地利画家，在一次旅行中他爱上了意大利，并于 1857 年移居罗马，开始绘画他在意大利的日常生活。这幅画中描绘了一个塔兰泰拉舞者，他一边跳舞一边演奏手鼓(还有一个演奏曼陀林的男人)。选择这幅图像是为了向作者本人在意大利南部的家乡，特别是南阿普利亚致敬，在那里塔兰泰拉仍然是一种经久不衰的传统舞蹈，表演者模拟被当地常见的一种称为"tarantula"的狼蛛(不要与现在常说的狼蛛混淆)咬伤后的样子。人们普遍认为这种蜘蛛带有剧毒，被它咬伤会导致出现疯狂状态，这种症状被称为狼蛛症。这种舞蹈的原始形式是无序的、自由流动的，以模拟中毒的状态。还有人认为人们发明这种舞蹈是因为连续不断的舞蹈动作会导致人体大量出汗，有助于将狼蛛的毒液排出体外。

无论这种舞蹈的真正起源是什么，其音乐和节奏都令人愉悦，无法抗拒。时至今日，仍能经常看到当地人表演这种舞蹈。

序　言

在我记忆中，2012 年的夏天是意大利南部最热的夏天之一。当时，我和妻子正等候着我们的第一个儿子降生，由于临近生产，我们很少外出，也没能享受阿普利亚清新干净的溪水。在这段时间里，你可以沉迷于 DIY(我并没有)，或者做一些具有挑战性的事情。因为我对数独游戏不太感兴趣，于是开展了一个仅在晚间和周末进行的项目：尝试构建一个通用的推荐引擎，该引擎可以服务于多个范围和场景，从小而简单的用户-条目交互数据集到复杂但清晰的数据集，最终包含相关的上下文信息。

就在这时，图(Graph)强行进入了我的生活。这种灵活的数据模型使我可以用相同方式存储用户的购买行为，还可以存储所有的推论信息(后文正式定义为上下文信息)以及生成的推荐模型。当时，Neo4j 1.x 刚刚发布。虽然那时它还没有 Cypher 和现在所具备的其他高级查询机制，但它足够稳定，可以作为我项目的主要图数据库。我利用图来解决项目中出现的难题，4 个月后，我发布了 reco4j 的 alpha 版本，这是史上第一个基于图的推荐引擎！

此后，我开始了一段真挚热烈的工作经历。我独自尝试，四处推广 reco4j 的理念，坚持了 3 年(说实话，并不是很成功)，直到我与 GraphAware(一家小型咨询公司，帮助许多公司成功完成了有关图的项目)的首席执行官 Michal Bachman 通了电话。几天后，我飞往伦敦，与其签订合同，成为该公司的第六名员工。此后，图便成了我生命中最重要的一部分(但当然，排在我的两个孩子之后)。

之后，图的生态系统发生了很大变化。越来越多的大公司开始采用图作为其核心技术，为客户提供高级服务或解决内部问题。GraphAware 取得了显著进展，我成了首席科学家，有机会利用图来帮助公司构建新服务并改进现有服务。图不仅能够解决传统问题——从基本的搜索工具到推荐引擎，从欺诈检测到信息检索——还能够作为重要技术手段，改进并增强机器学习项目。为了对自然连接数据和非连接数据执行不同类型的分析，网络科学和图算法提供了一些新工具。

从事咨询工作多年以来，每当与数据科学家和数据工程师交谈时，我发现了许多常见问题可以利用图模型或图算法解决。通过向人们展示处理机器学习项目的不同方式，积累了丰富经验，得益于此，我写下本书。图无法解决所有问题，但可以作为解决问题的一把利剑。通过学习本书，你也可以开启自己的美妙科研之旅。

关于本书

　　《动手学图机器学习》是一本有关在机器学习应用程序中如何有效使用图的实用指南，展示了构建完整解决方案的所有流程，其中，图发挥了关键作用。本书侧重于介绍与图相关的方法、算法和设计模式。根据作者在构建复杂机器学习应用程序方面的经验，本书提出了许多方法，假设其为食谱，那么图就是客户所得美味中的主要原料。在机器学习项目的整个生命周期中，此类方法非常有用，表现在多个方面，例如，更有效地管理数据源、实施更好的算法、存储预测模型以便更快地访问它以及更有效地可视化结果从而进一步分析数据。

本书读者对象

　　本书适合你吗？如果你是数据科学家或数据工程师，本书可以帮助你完成或开始你的学习之旅。如果你是经理，要启动或推动一个新的机器学习项目，本书可以帮助你为团队提出不同的观点。如果你是一位高级开发人员且有兴趣探索图的功能，本书可以帮助你以新视角理解图的作用，不仅可以将图作为一种数据库，还可以作为一种 AI 推动技术。

　　本书不是有关机器学习技术的笼统纲要，它侧重于介绍与图相关的方法、算法和设计模式，这是本书的突出主题。具体而言，本书重点介绍图方法如何帮助你开发和交付更优秀的机器学习项目。本书详细介绍了图模型技术，并描述了多种基于图的算法。对于最复杂的概念，将用具体的场景来进行说明，并为其设计了具体的应用程序。

　　本书旨在成为一本实用指南，帮助你在生产环境中安装应用程序以供使用。因此，本书描述了优化技术和启发式方法，以帮助你处理真实数据、真实问题和真实用户。本书不仅讨论了小型示例，还讨论了来自实际用例的端到端应用程序，并提供了一些处理具体问题的建议。

　　如果你对这些场景感兴趣，那么本书绝对是你的最佳选择。

本书结构

　　本书内容共 12 章，分为 4 个部分。第I部分介绍了本书的主题，从通用机器学习和图概念开始，然后了解结合这些概念的优势：
- 第 1 章介绍机器学习和图，并涵盖理解后续章节所需的基本概念。

- 第 2 章列出将大数据作为机器学习输入的主要挑战，并讨论如何使用图模型和图数据库来应对这些挑战。还介绍了图数据库的主要特征。
- 第 3 章详细描述图在机器学习工作流中的作用，以及一个用于大规模图处理的系统。

第 II 部分讨论了几个真实用例，其中图促进了机器学习项目的发展并改进了最终结果，特别关注以下推荐方法：

- 第 4 章介绍最常见的推荐技术，并描述如何为其中一种技术设计合适的图模型：基于内容的推荐引擎。详细展示如何将现有(非图)数据集导入图模型并实现基于内容的推荐引擎以供使用。
- 第 5 章描述如何为协同过滤方法设计合适的图模型，以及如何充分实现协同过滤推荐引擎以供使用。
- 第 6 章介绍基于会话的推荐算法，并描述一个能够捕获用户会话数据的图模型。说明如何将样本数据集导入设计的模型，以及如何在其基础上实现真正的推荐引擎。
- 第 7 章介绍如何实现一个考虑用户上下文的推荐引擎。描述为上下文感知推荐引擎构建的图模型，并展示如何将现有数据集导入图模型。此外，还说明如何在单个引擎中组合多种推荐方法。

第 III 部分介绍了欺诈检测：

- 第 8 章介绍欺诈检测，并描述不同领域中存在的不同类型的欺诈行为。还明确图对于建模数据的作用，从而更快、更容易地揭示欺诈行为，同时也指明一些用于打击欺诈的简单图模型采用的技术和算法。
- 第 9 章转向更高级的基于异常检测的反欺诈算法。展示如何使用图来存储和分析交易的 k-NN 并识别异常交易。
- 第 10 章介绍如何使用社交网络分析(Social Network Analysis，SNA)对欺诈者和欺诈风险进行分类。列出用于基于 SNA 进行欺诈分析的不同图算法，并展示如何从数据中导出正确的图。

第 IV 部分涵盖自然语言处理(Natural Language Processing，NLP)：

- 第 11 章介绍与基于图的 NLP 相关的概念。特别是，描述了一种简单方法：通过 NLP 提取非结构化数据的隐藏结构，来分解文本并将其存储在图中。
- 第 12 章介绍知识图谱，详细描述了如何从文本中提取实体和关系并从中创建知识图谱。列出与知识图谱共同使用的后处理技术，如语义网络构建和自动主题提取。

即使从头至尾通读本书可以最大限度地提高学习效果，但你不必如此。当遇到新挑战时，你都可以将本书用作参考书。对于本领域的初学者，我建议从前 3 章开始阅读，首先了解关键概念，然后跳到特定研究主题的章节。如果你对特定主题或应用程序感兴趣，最好从你感兴趣的部分开始：第 4 章(推荐方法)、第 8 章(欺诈检测)、第 11 章(自然语言处理)。如果你是图和机器学习方面的专家，只是想寻求建议，那么可以自行阅读感兴趣的章节。

关于代码、参考文献和彩图的下载

本书包含许多源代码示例，包括带有编号的代码清单和内嵌的普通代码示例。在这两种示例中，源代码都被格式化成宽度固定的字体，从而与普通文本进行区分。

许多情况下，源代码已被重新格式化；我们添加了换行符和重新设计的缩进，以适应书中可用的页面空间。在某些情况下，即使这样也还不够，代码清单还包括续行标记（➡）。此外，当在正文中对代码清单中的源代码进行描述时，经常会删除代码清单中的源代码注释。有些代码清单带有代码注释，用于突出重要的概念。

本书示例的源代码可以通过扫描本书封底的二维码下载。另外，各章与各附录所引用的参考文献、书中各图的彩图也可通过扫描本书封底的二维码下载。

目　　录

第 I 部分

导　　论

我们被各种各样的图包围着。Meta、LinkedIn 和 Twitter 是最著名的社交网络示例，即由人构成的图。也存在其他类型的图，例如，电网、管道等。

图具有强大的结构，不仅可表示相关信息，还可用于多种类型分析。它们的简单数据模型由两个基本概念组成(如节点和关系)，十分灵活，足以存储复杂信息。如果你把属性存储在节点和关系中，则实际上可以表示任意大小的信息。

此外，在一个图中，每个节点和每个关系都是用于分析的一个接入点，并且可以无限地从一个接入点连接到其他点，这为多种访问模式和分析提供了可能性。

另一方面，机器学习提供了一些工具和技术，用于表示现实并提供预测。推荐就是一个很好的例子，该算法纳入已与用户相交互的内容，并能够预测他们可能感兴趣的内容。另一个例子是欺诈检测，它分析先前的交易(不论是否合法)并创建一个模型，该模型可以以较高的准确性识别新交易是否为欺诈。

我们表示训练数据和存储预测模型的方式几乎可以直接影响机器学习算法在准确性和速度方面的性能。算法预测的效果与训练数据集的效果一样好。如果想要使预测达到合理的信任水平，则必须进行数据清洗和特征选择。系统做出预测的速度会影响整个产品的可用性。假如一个推荐算法为在线零售商做出推荐时需要三分钟，那这期间用户会打开另一个页面，或者更糟的是，打开其竞争对手的网站。

图通过做自己最擅长的事情，即以易于理解和访问的方式来表示数据，从而支持机器学习。图可以使所有必要过程变得更快、更准确、更有效。此外，对于机器学习从业者来说，图算法是一种强大的工具：图社区检测算法可以帮助识别人群；PageRank 算法可以显示文本中最相关的关键字，等等。

若你并未完全理解这个导论中提及的一些术语和概念，那么本书的第I部分将为你提供进一步学习本书所需的全部知识。第I部分将图和机器学习相关的基本概念分为独立的实体和强大的组合进行介绍。祝你阅读愉快！

第 *1* 章

机器学习和图：介绍

本章内容
- 机器学习简介
- 图简介
- 图在机器学习应用中的作用

机器学习是人工智能的一个核心分支：它是使计算机程序可以从数据中学习的一个计算机科学研究领域。该词创造于 1959 年，当时 IBM 计算机科学家 Arthur Samuel 编写了第一个下棋的计算机程序[Samuel, 1959]。他有一个清晰的想法：

对计算机进行编程，使其从经验中学习，这最终将大幅度减少详细编程的工作量。

Samuel 根据一个固定公式给每个棋盘位置打分，以此来编写最初的程序。这个程序运行得很好，但在第二种方法中，他使程序与自身进行了数千场比赛，并使用结果来完善棋盘得分。最终，该程序达到了人类棋手的熟练程度，而机器学习也迈出了第一步。

一个实体 ——如人、动物、算法或通用计算机智能体[1]——正在学习，观察世界后，它是否能够在未来任务中表现更佳。换句话说，学习是将经验转化为专业技能或知识的过程[Shalev-Shwartz 和 Ben-David, 2014]。学习算法输入代表经验的训练数据，并生成专业技能作为输出。该输出可以是计算机程序、复杂的预测模型或内部变量的调整。性能的定义取决于待实现的特定算法或目标。一般来说，我们认为性能是预测与特定需求相匹配的程度。

我们用一个例子来描述这种学习过程：思考如何为电子邮件安装一个垃圾邮件过滤器。较为简单直接的解决方案是编写一个程序，使其记住所有被人类用户标记为垃圾邮件的电子邮件。当接收到新邮件时，伪代理会在之前的垃圾邮件中搜索相似的匹配项，如果

---

1 根据 Russell 和 Norvig[2009]，智能体是做出动作的某物(Agent 来自拉丁语 agere，表示"做")。所有计算机程序都会执行某些任务，但计算机智能体应该能执行更多任务：自主运行、感知环境、长期坚持、适应变化、创造并追求目标。

找到匹配项，该邮件将被发送至垃圾文件夹；若未找到匹配项，该邮件将顺利通过过滤器。

　　这种方法可能有效，并且在某些情况下很有用。然而，这不是一个学习过程，因为它缺乏学习的一个重要方面：归纳能力，即将单个示例转换为模型的能力。在这个特定用例中，其意味着标记未预见的电子邮件的能力，即使它们与之前标记的电子邮件不同。这个过程也称为归纳推理[1]。总的来说，算法应该扫描训练数据并提取一组词，这组词若在某封电子邮件中出现，则表示其为垃圾邮件。然后，智能体将检查一封新的电子邮件是否包含一个或多个可疑词并相应地预测其标签。

　　如果你是一位经验丰富的开发人员，你可能会想，"当我可以指示计算机执行当前任务时，为什么还要编写一个学习自主编程的程序？"以垃圾邮件过滤器为例，可以编写一个程序来检查某些词是否出现，并在出现这些单词时将该电子邮件归类为垃圾邮件。但是这种方法有三个主要缺点：

- 开发人员无法预测所有可能的情况。在垃圾邮件过滤器用例中，无法对垃圾邮件中可能使用的所有词进行预测。
- 随着时间的推移，开发人员无法预测所有变化。垃圾邮件可以使用生词，也可以采用一些技巧来避免被直接识别，例如在字符之间添加连字符或空格。
- 有时，开发人员无法编写出能完成任务的程序。例如，尽管对人类来说识别朋友的脸很容易，但如果不使用机器学习，就无法通过编写软件来完成这项任务。

　　因此，当你遇到新问题或新任务，想用计算机程序解决时，以下问题可以帮助你决定是否使用机器学习：

- 具体任务是否过于复杂而无法对其进行编程？
- 在其整个过程中，任务是否需要具有某种泛化能力？

　　任何机器学习任务的关键在于训练数据，并基于此建立知识。无论使用的学习算法的潜在性能或质量如何，一开始就错误的数据将导致出现错误的结果。

　　本书旨在帮助数据科学家和数据工程师从两个方面处理机器学习过程：学习算法和数据。在这两个方面，我们都将使用图(目前定义为一组节点和连接节点的关系)作为有价值的心智模型和技术模型。许多基于数据并以图表示的学习算法可以提供有效的预测模型，而其他算法可以通过在工作流中使用以图表示的数据或图算法来得到改进。使用图还有许多其他好处：图是一种有价值的存储模型，用于表示来自流程输入的知识、管理训练数据和存储预测模型的输出，提供多种快速访问其自身的方法。本书将带领读者了解整个机器学习项目的生命周期，逐步展示可证明图具备价值和可靠性的所有案例。

　　但图并非适用于所有机器学习项目。在流分析中，必须处理数据流以找出短期异常，在此情况下以图的形式存储数据可能毫无用处。此外，其他算法所需数据的格式无法用图表示，无论是在训练期间还是用于模型存储和访问时都如此。本书旨在帮助读者辨别在机器学习过程中使用图是利还是弊。

---

　　1 根据斯坦福哲学百科全书网站(https://plato.stanford.edu/entries/logic-inductive)，归纳的逻辑是，前提应该在一定程度上支持结论。相比之下，在演绎推理中，前提在逻辑上包含结论。因此(尽管存在反对意见)，归纳有时被定义为从具体观察中推导出一般原则的过程。

1.1　机器学习项目生命周期

机器学习项目是一个人工参与的过程，也是一个软件项目。它涉及大量人员、大量沟通、大量工作及各项技能，并且需要使用定义明确的方法才能行之有效。首先，我们将通过明确的步骤和组成部分来对工作流进行界定，这个理念将贯穿全书。这里提出的心智模式是许多可能模式中的一种，它将帮助你更好地理解在成功的机器学习项目开发和部署过程中，图所具有的作用。

提供机器学习解决方案是一个复杂的过程，需要的不仅仅是选择正确的算法。此类项目包括许多相关任务[Sculley, 2015]：

- 选择数据源
- 收集数据
- 理解数据
- 清洗和转换数据
- 处理数据以创建 ML 模型
- 评估结果
- 部署

部署后，需要监控应用程序并对其进行微调。整个过程涉及多种工具、大量数据和不同人员。

数据挖掘项目最常用的流程之一是跨行业数据挖掘标准流程，或 CRISP-DM[Wirth and Hipp, 2000]。尽管 CRISP-DM 模型是为数据挖掘而设计的，但它也可应用于通用机器学习项目。作为基本工作流模型的一部分，CRISP-DM 的主要特点如下：

- 具有非专有性。
- 与应用、行业和工具无关。
- 从应用程序和技术的角度明确地看待数据分析过程。

此方法可用于项目规划和管理、交流和文档编制。

CRISP-DM 参考模型概述了机器学习项目的生命周期。在采用算法观点之前，该模式或心智模型有助于从数据角度处理机器学习项目，并为清晰的工作流定义提供基线。图 1.1 显示了该过程的六个阶段。值得注意的是，数据是这个过程的核心。

查看图 1.1，我们可以看到各个阶段的顺序是流动的。箭头仅表示各个阶段之间最重要和最频繁的依赖关系；在特定项目中，每个阶段的结果决定了下一步必须执行的阶段或阶段的某个特定任务。

外圈象征着流程的循环性质，部署解决方案时，该循环过程不会结束。后续的机器学习过程不仅可以从先前过程的经验中受益([Linoff and Berry 2011]的良性循环)，还可以从先前过程的结果中受益。接下来将更详细地展示每个阶段。

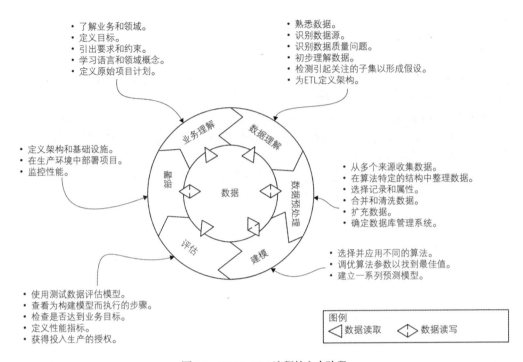

图 1.1　CRISP-DM 流程的六个阶段

1.1.1　业务理解

第一阶段需要定义机器学习项目的目标。这些目标通常都有特定表达：提高收入、改善用户体验、优化并定制搜索结果、增加产品销量等。要将这些高级问题定义转换为机器学习项目的具体要求和约束，就有必要了解业务及其所在领域。

机器学习项目是软件项目，在这个阶段，学习语言和领域概念也很重要。这些知识不仅有助于数据科学家和内部团队在后续阶段进行沟通，还可以提高文档的质量，优化结果的呈现效果。

这一阶段的结果如下：

● 清晰理解领域和业务。

● 定义目标、要求和约束。

● 将该知识转换为机器学习问题定义。

● 为实现目标，设计出初步、合理的项目计划。

第一次迭代的目标不应过于宽泛，因为这一轮需要进行大量工作，将机器学习过程运用到现有的基础设施中。同时，在设计第一次迭代时，牢记未来的扩展工作也很重要。

1.1.2　数据理解

在数据理解阶段，首先查询数据源，并从每个数据源收集一些数据，然后执行以下步骤：

- 熟悉数据。
- 识别数据质量问题。
- 初步理解数据。
- 检测引起关注的子集以形成关于隐藏信息的假设。

理解数据需要对领域和业务有所了解。此外，查看数据有助于建立对领域和业务的理解，这就解释了为什么在这个阶段和前一个阶段之间存在反馈循环。

这一阶段的结果如下：

- 清楚了解可用的数据源。
- 清楚了解不同类型的数据及其内容(或至少清楚了解机器学习目标的所有重要部分)。
- 产生用于获取或提取此数据并将其提供给机器学习工作流中后续步骤的架构设计。

1.1.3　数据预处理

此阶段涵盖从多个来源收集数据以及以建模阶段算法要求的特定结构组织数据的所有活动。数据预处理任务包括记录和属性选择、特征工程、数据合并、数据清洗、新属性构建和现有数据扩充。如前所述，数据的质量对后续阶段的最终结果有着巨大的影响，因此这一阶段至关重要。

这一阶段的结果如下：

- 通过充分的设计技术得到一个或多个数据结构定义。
- 得到定义明确的数据流程，可为机器学习算法提供训练数据。
- 得到一组用于合并、清洗和扩充数据的过程。

这个阶段的另一个结果是确定了数据库管理系统，等待处理数据时，数据将被存储于该系统。

为完整起见，进一步处理数据之前并不一定需要一个显式的数据存储将数据持久化。可以在处理数据之前提取数据并进行转换。然而，实施这样一个中间步骤能够使数据在性能、质量以及进一步扩展方面具有更多优势。

1.1.4　建模

机器学习始于建模阶段。在此阶段，应选择和应用不同的算法，并将它们的参数校准到最佳值。这些算法用于构建一系列预测模型，在评估阶段完成后，从中选择最佳模型进行部署。有趣的是，一些算法会产生预测模型，而其他算法则不会[1]。

这一阶段的结果如下：

- 得到下一阶段要测试的算法集。
- 得到相关的预测模型(如果适用)。

1　附录 A(关于机器学习算法分类)包含一些用于创建预测模型的算法示例。

数据预处理和建模之间有着密切的联系，因为在建模过程中，你会经常发现数据问题，并产生构建新数据点的想法。此外，有些技术需要使用特定的数据格式。

1.1.5　评估

在机器学习项目的这个阶段，你已经构建了一个或多个高质量预测模型。在部署模型之前，必须对其进行全面评估，并审查建模所执行的所有步骤，以便可以确定它是否正确地实现了流程伊始定下的业务目标。

应以正式的方式进行评估，例如将可用数据划分为训练集(80%)和测试集(20%)。另一个主要目标是确定模型是否充分考虑到了重要业务问题。

这一阶段的结果如下：

- 得到可用于衡量性能的一组值(良好表现的具体衡量标准取决于算法类型和范围)。
- 全面评估业务目标是否实现。
- 得到在生产环境中使用解决方案的授权。

1.1.6　部署

因为构建机器学习模型是为了满足组织中的某些需求，所以模型的创建并不意味着项目的结束。根据不同需求，部署阶段可以像生成报告一样简单，也可以像发布一套为最终用户提供服务的完整基础设施一样复杂。在许多情况下，执行部署步骤的是客户(而不是数据科学家)。无论如何，重要的是预先了解需要执行哪些操作才能使用创建的模型。

此阶段的结果如下：

- 得到一份或多份包含预测模型结果的报告。
- 得到用于预测未来和支持决策的预测模型。
- 得到一个基础设施，为最终用户提供一组特定服务。

当项目投入生产时，有必要对其进行持续监控(例如，评估性能)。

1.2　机器学习挑战

机器学习项目存在一些内在挑战，这带来了工作难度。本节总结了你在构建新的机器学习项目时需要考虑的主要方面。

1.2.1　事实来源

CRISP-DM 模型从数据角度描述了整个机器学习的工作流，将数据置于机器学习过程的核心。训练数据就是事实的来源，可以从中获悉信息、进行预测。管理训练数据需要进行大量工作。引用华盛顿大学计算机科学教授 Jeffrey Heer 的话，"人们可以通过使用一种算法来处理原始数据并从中获取信息，这绝对是无稽之谈。"据估计，数据科学家将会花费高达 80%的时间进行数据预处理[Lohr, 2014]。

在讨论算法细节之前，我经常使用下句将重点转移到数据上：

即使是用最佳学习算法，使用错误数据也会产生错误结果。

[Banko and Brill 2001]以及[Halevy, Norvig and Pereira 2009]的论文开创性地指出，对于复杂问题，数据往往比算法更重要。这两篇论文都考虑了自然语言处理，但这个概念可以泛化到一般的机器学习[Sculley, 2015]。

图 1.2 取自[Banko and Brill 2001]，显示了一组学习器的学习曲线，考虑了每个学习器在不同规模训练数据(多达 10 亿个词)上的平均性能。这里，使用何种算法并不重要；关键是，训练阶段的可用数据量增加后，学习器的性能也有所提升(如图所示)。这些结果表明，我们应该重新考虑将时间和金钱花在语料库开发上，而不是花在算法开发上。从另一个角度看，作为数据科学家，你可以专注于垂直维度——寻找更好的算法——但该图显示水平方向上还有更大的改进空间——收集更多数据。作为证明，图 1.2 中性能最差的算法在 1000万个元素上的性能比性能最好的算法在 100 万个元素上的性能要好得多。

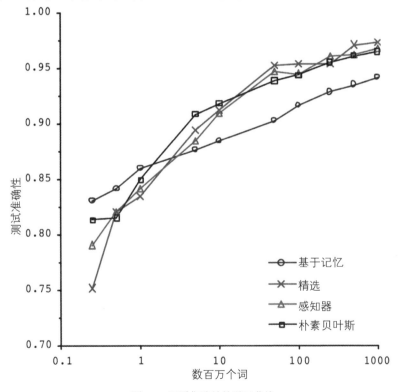

图 1.2　混淆集消歧的学习曲线

从多个来源收集数据不仅可以获得大量数据，还可以提高数据质量，解决诸如稀疏性、拼写错误、正确性等问题。从多种来源收集数据不成问题；我们生活在大数据时代，可以从网络、传感器、智能手机、企业数据库和开放数据源获得大量数字数据。但是，如果组合不同的数据集切实可行，那么这种方法也会存在问题，因为不同来源的数据格式不同。在使用学习器对其进行分析之前，必须先对数据进行清洗、合并和归一化，形成统一的同构模式，这样算法才能理解数据。此外，对于许多问题来说，获得额外的训练数据需要付出代价，而对于监督学习而言，这种代价很大。

由于这些原因，数据成了机器学习过程中的第一大挑战。数据问题可以总结为以下四类：

- 数据量不足——机器学习需要大量的训练数据才能正常工作。即使简单用例也需要数千个示例，而对于深度学习或非线性算法等复杂问题，你可能需要用到数百万个示例。
- 数据质量差——数据源总是充满错误、异常值和噪声。较差的数据质量直接影响机器学习过程结果的质量，因为对许多算法来说，避开错误(不正确、不关联或不相关)的值，然后在混乱中检测潜在模式很难。
- 非代表性数据——机器学习是一个归纳过程：模型根据它观察到的内容进行推断，并且可能排斥训练数据并未涉及的边缘情况。此外，如果训练数据充满噪声或仅与可能案例的一个子集相关，则学习器会产生偏差或过拟合训练数据，并且无法泛化到所有可能的案例中。对基于实例和基于模型的学习算法来说都是如此。
- 不相关特征——如果数据包含一组较好的相关特征并且没有太多不相关的特征，算法将以正确的方式进行学习。尽管选择更多特征通常是一种有用策略，但为了提高模型的准确性，特征更多不一定更好。使用更多特征能让学习器得到从特征到目标更详细的映射，这增加了所计算的模型过拟合数据的风险。特征选择和特征提取是数据预处理过程中的两个重要任务。

为了克服这些问题，数据科学家必须从多个来源收集、合并数据，对其进行清洗，并使用外来数据进行扩充(此外，通常情况下，数据是为特定目的而准备的，但在此过程中，你会有新发现，而目的也会发生变化)。这些任务并不简单；它们不仅需要具备大量的专业技能，还需要一个数据管理平台，从而可以轻松地进行更改。

与训练示例质量相关的问题决定了机器学习项目基础设施的数据管理约束和要求。这些问题可以概括如下：

- 管理大数据——从多个数据源收集数据并将其合并到一个统一的数据源中，以生成一个庞大的数据集，如前所述，增加(质量)数据的数量将提高机器学习过程的质量。第2章考虑了大数据平台的特征，并展示了在解决困难问题时，图所发挥的重要作用。
- 设计一个灵活模式——尝试创建一个模式模型，该模型能够将多个异构模式合并到一个统一的同构数据结构中，以满足信息和导航需求。模式应该随机器学习项目目的的变化而改变。第4章介绍了多个数据模型模式和最佳实践，以便为多个场景建模数据。
- 开发高效的访问模式——快速的数据读取提高了训练过程在处理时间方面的性能。使用提供了多种灵活访问模式的数据平台，将有利于对训练数据进行特征提取、过滤、清洗、合并等预处理任务。

1.2.2　性能

性能是机器学习中的一个复杂主题，因为它可能与多种因素有关：

- 预测准确性：可通过使用不同的性能指标对其进行评估。回归问题的传统性能衡量标准是均方根误差(Root Mean Squared Error，RMSE)，它衡量系统在其预测中产生的误差的标准差[1]。换句话说，它关注测试数据集中所有样本的估计值和已知值之间的差异，并计算其平均值。在本书后面讨论不同算法时，我将介绍其他衡量性能的技术。准确性取决于多种因素，例如可用于训练模型的数据量、数据质量和所选算法。正如 1.2.1 节所讨论的，数据在保证预测具有适当的准确性水平方面发挥着主要作用。

- 训练性能：指计算模型所需的时间。要处理的数据量和使用的算法类型决定了计算预测模型所需的处理时间和存储空间。显然，这个问题对在训练阶段构建模型的算法的影响更大。对于基于实例的学习器[2]，性能问题会出现在后期，如预测阶段。在批量学习中，由于要处理的数据量较大，训练时间通常较长。相比之下，在线学习方法中，算法从较少量的数据中进行增量学习。虽然在线学习中要处理的数据量很小，但处理速度会影响系统与最新可用数据匹配的能力，从而直接影响预测的准确性。

- 预测性能：指提供预测所需的响应时间。机器学习项目的输出可能是帮助管理人员做出战略决策的静态一次性报告，或为最终用户提供的在线服务。在第一种情况下，完成预测和计算模型所需的时间并非重点，只要在合理的时间范围内(即，不是几年)完成即可。在第二种情况下，预测速度确实很重要，因为它会影响用户体验和预测的有效性。假设你正在开发一个推荐引擎，该引擎根据用户的兴趣来推荐与用户正在查看的产品相似的产品。此时用户导航速度相当快，这意味着需要在短时间间隔内进行大量预测；在用户浏览下一个条目之前，只有几毫秒用来提示有用内容。在这种情况下，预测速度是成功的关键。

这些因素也可以转换为机器学习项目的多项要求，例如在训练期间快速访问数据源、高数据质量和高效的访问模式以便模型加速预测等。在这种情况下，图可以为源数据和模型数据提供适当的存储机制，减少读取数据所需的访问时间，并提供多种算法技术来提高预测的准确性。

1.2.3　存储模型

在基于模型的学习器方法中，训练阶段的输出是一个将用于预测的模型。计算出该模型需要花费时间，并且必须将该模型存储在持久层中，以避免每次系统重启时对其重新计算。

1　标准差是表示组成员与组平均值之间的差的指标。

2　如果你不熟悉基于实例的算法和批量学习等概念，请参阅附录 A，其中涵盖了机器学习分类。

模型的结构与具体算法或所采用的算法类直接相关。例如：

- 使用最近邻法的推荐引擎的条目间相似度。
- 表示如何在簇中分组元素的项-簇映射。

两种模型的规模差异很大。假设有一个包含 100 个条目的系统。首先，条目间的相似度需要存储100×100 个条目。利用优化过程，可以减少这个数字，只考虑前 k 个相似条目，在这种情况下，模型将需要存储100×k 个条目。相比之下，项-簇映射只需要存储 100 个条目；因此，将模型存储在内存或磁盘中所需的空间可能很大也可能适中。此外，如前所述，模型访问/查询时间会影响预测阶段的全局性能。因此，模型存储管理成了机器学习中的一个重大挑战。

1.2.4 即时性

向用户提供实时服务时，会越来越多地使用到机器学习。从响应用户最后点击的简单推荐引擎，到受指示不伤害过马路行人的自动驾驶汽车，示例涵盖各个方面。在这两个示例中，尽管失败导致的结果大不相同，但其中学习算法对来自环境的新刺激做出快速(或适当及时)响应的能力很大程度上影响了最终结果的质量。

设想一个为匿名用户提供实时推荐的推荐引擎。这种匿名性(用户未注册或登录)意味着其并不存在之前的长期交互历史记录——只有 cookie 提供的基于会话的短期信息。这是一项复杂任务，其涉及多个方面并影响机器学习项目的多个阶段。所采用的方法因不同学习算法而异，但目标可描述如下：

- 快速学习。在线学习器应能够在新数据可用时立即更新模型。该功能将减少事件或通用反馈之间的时间间隔，例如导航点击，或与搜索会话的交互以及模型的更新。模型与最新事件的匹配度越高，越能满足用户当前的需求。
- 快速预测。模型更新后，预测会变得很快——最多几毫秒——因为用户可能会离开当前页面，甚至很快改变想法。

这两个目标都需要使用能快速匹配模型的算法，以及提供快速存储和高效访问模式的存储机制(在内存中、磁盘上或组合二者)。

1.3 图

正如本章导论中所述，图提供了可大力支持机器学习项目的模型和算法。即使图是一个简单的概念，了解如何表示它以及如何使用与之相关的主要概念也很重要。本节将介绍图的重要方面。如果你已经掌握了这些概念，可以跳过这一部分。

1.3.1 什么是图

图是一个简单且相当古老的数学概念：由一组顶点(或节点/点)和边(或关系/线)组成的数据结构，用于对一组对象之间的关系进行建模。据说，莱昂哈德·欧拉(Leonhard Euler)

于 1736 年首次提到了图。普鲁士的 Königsberg 坐落在普雷格尔河两岸，且包括两个大岛，它们彼此相连并通过七座桥与城市的两个大陆部分相连接。在游览 Königsberg 时，欧拉不想花费太多时间在城中散步。他将该问题定义为如何步行穿过这座城市的每座桥，且只穿过一次。他证明了这不可能实现，从而也促成了图和图论问世[Euler, 1736](因此他并没有去步行，只是待在家中)。图 1.3 显示了 Königsberg 的一张旧地图和欧拉用来证明其论点的图的一种表示。

正式来说，图是一个二元组 $G = (V, E)$，其中 V 是顶点的集合 $V = \{V_i, i = 1, \cdots, n\}$，$E$ 是 V 上的边的集合，$E_{ij} = \{(V_i, V_j), V_i \in V, V_j \in V\}$。$E \subseteq [V]^2$；因此，$E$ 的元素是 V 的二元素子集[Diestel, 2017]。

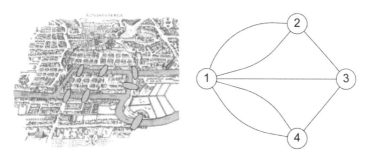

图 1.3　引发图论问世的 Königsberg 的桥

表示图最简单的方法是为每个顶点画一个点或一个小圆圈，若两个顶点形成一条边便用一条线进行连接，如图 1.4 所示。

图可以是有向的，也可以是无向的，这取决于是否在边上定义了遍历方向。在有向图中，可以将边 E_{ij} 从 V_i 遍历到 V_j，但相反方向不可行；V_i 被称为尾节点或起始节点，V_j 称为头节点或结束节点。在无向图中，边的遍历在两个方向上都有效。图 1.4 表示无向图，图 1.5 表示有向图。

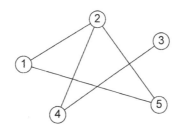

图 1.4　$V = \{1, 2, 3, 4, 5\}$ 上的无向图，边集 $E = \{(1,2),(1,5),(2,5),(2,4),(4,3)\}$

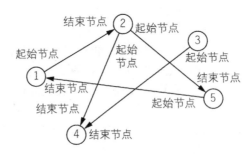

图 1.5　$V = \{1, ..., 5\}$ 上的有向图，边集 $E = \{(1,2),(2,5),(5,1),(2,4),(3,4)\}$

箭头指示关系方向。默认情况下，图中的边是未加权的；因此，相应的图也为未加权的。当一个权重(一个用来表达某种意义的数值)被分配到边上时，称该图为加权图。图 1.6 与图 1.4、图 1.5 相同，但给每条边都分配了权重。

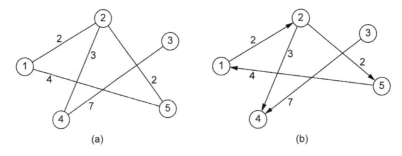

图 1.6　(a)一个无向加权图和(b)一个有向加权图

如果 $\{x, y\}$ 是 G 的一条边，则将 G 的两个顶点 x 和 y 定义为相邻或互为邻点。连接它们的边 E_{ij} 被视为与两个顶点 V_i 和 V_j 相关。如果两个不同的边 e 和 f 具有一个共同顶点，则它们是相邻的。如果 G 的所有顶点都是成对相邻的，则 G 是完备的。图 1.7 显示了一个完备图，其中每个顶点都与所有其他顶点相连接。

图中顶点最重要的属性之一是它的度，度被定义为与该顶点相关的边的总数，也等于该顶点的邻点数。例如，在图 1.4 所示的无向图中，顶点 2 的度数为 3(顶点 1、4 和 5 为其邻点)；顶点 1(邻点是 2、5)、4(邻点为 2、3)和 5(邻点为 1、2)的度数为 2，而顶点 3 的度数为 1(仅与 4 连接)。

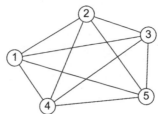

图 1.7　一个完备图，其中每个顶点都与所有其他顶点相连接

在有向图中，顶点 V_i 的度分为顶点的入度(以 V_i 作为其结束节点的边的数量，结束节点即箭头的头部)和顶点的出度(以 V_i 作为其起始节点的边的数量，起始节点即箭头的尾部)。在图 1.5 所示的有向图中，顶点 1 和 5 的入度和出度为 1(它们各有两个关系，一个传入和一个传出)，顶点 2 的入度为 1、出度为 2(一个来自 1 的传入关系，两个分别传向 4 和 5 的传出关系)，顶点 4 的入度为 2，出度为 0(两个分别来自 2 和 3 的传入关系)，顶点 3 的出度为 1，入度为 0(一个传向 4 的传出关系)。

图的平均度定义如下：

$$a = \frac{1}{N} \sum_{i=1,\cdots,N} degree(V_i)$$

其中 N 是图中的顶点数。

若某顶点序列中每一对连续的顶点都由一条边连接起来，则将这个序列称为路径。没有重复顶点的路径称为简单路径。若路径中第一个顶点和最后一个顶点重合，则称这个路径为环。图 1.4 中，[1, 2, 4]、[1, 2, 4, 3]、[1, 5, 2, 4, 3]等为路径；特别地，顶点[1, 2, 5]的路径代表一个环。

1.3.2 图作为网络模型

图可表示事物在简单或复杂结构中的任何物理或逻辑链接。我们在图中为边和顶点命名并赋予含义，这就构成了网络。在这些情况下，图是描述网络的数学模型，而网络是对象之间的一组关系，对象可以包括人、组织、国家、谷歌中的搜索条目、脑细胞或变压器。这种多样性说明了图的强大功能及其简单结构(这也意味着它们需要的磁盘存储容量较小)，可以使用这些结构对复杂系统进行建模[1]。

我们通过一个例子来说明这个概念。假设有图 1.8 所示的图。

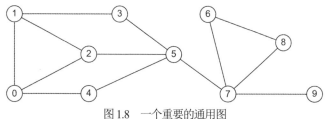

图 1.8 一个重要的通用图

在数学定义上，该图是纯粹的，可根据边和顶点的类型对多种类型的网络进行建模：

- 若顶点是人，且每条边代表人与人(朋友、家人、同事)之间的任何关系，则可以建模一个社交网络。
- 若顶点是信息结构，如网页、文档或论文，边代表逻辑连接，如超链接、引用或交叉引用，则可以建模一个信息网络。

---

1 在这种情况下，用动词建模以简化方式表示系统或现象。建模的目的在于用一种便于计算机系统处理的方式来表示数据。

- 若顶点是计算机或其他可以转发消息的设备，边代表可以传输消息的直接链接，则可以建模一个通信网络。
- 若顶点是城市，边代表使用航班、火车或公路的直接连接，则可以建模一个交通网络。

这组示例演示了同一个图如何通过为边和顶点分配不同的语义从而表示多个网络。图 1.9 说明了不同类型的网络。

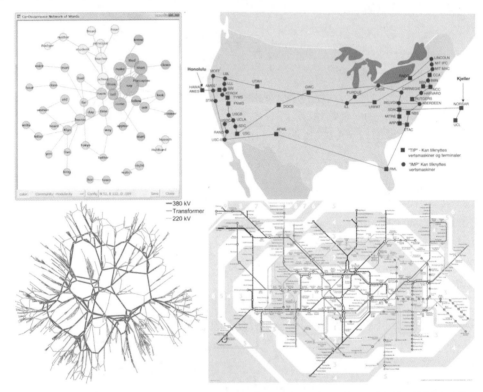

图 1.9　从左上角开始顺时针方向依次是共现网络[1]、ARPA 网络 1974[2]、伦敦地铁网络[3] 和电网[4]

根据图 1.9，我们可以发现图的另一个有趣特征：它们具有高度的流动性。图能够清晰地表示信息，这就是人们常将其用作信息图的原因。将数据表示为网络并使用图算法，可以：

- 查找复杂模式。
- 使它们为人类所用，以供进一步调查和解释。

---

1 Higuchi Koichi——KH 编码器的共现屏幕截图(https://en.wikipedia.org/wiki/Co-occurrence_network)。

2 Yngvar——截至 1974 年 9 月的 ARPANET 的符号表示(https://en.wikipedia.org/wiki/ARPANET)。

3 由伦敦交通局提供 (http://mng.bz/G6wN)。

4 Paul Cuffe——高压传输系统的网络图，显示了不同电压等级之间的交互(https://en.wikipedia.org/wiki/Electrical_grid)。

当机器学习与人脑的力量相结合时，可以进行高效、先进和复杂的数据处理和模式识别。通过突出显示元素间的连接，网络可用于显示数据。报纸和新闻网站使用网络的频率越来越高，这不仅可以帮助人们导航数据，还可以为人们提供一种强大的调查工具。最近(在撰写本书时)，巴拿马报纸[1]展示了网络的惊人特征。国际调查记者联盟(International Consortium of Investigative Journalists，ICIJ)分析了泄露的财务文件，此举曝光了世界上最富有的精英人群使用的高度连接离岸税收结构网络。记者从文件中提取实体(人、组织和任何类型的中介)和关系(保护人、受益人、股东、董事等)，将它们存储在网络中，并使用可视化工具对其进行分析。结果如图 1.10 所示。这里，网络、图算法和图可视化使无法靠传统数据挖掘工具发现的信息变得显而易见。

Valdis Krebs[2]是一位专门研究社交网络应用程序的组织顾问，他博客中的文章也提供了许多相关的有趣示例。示例包含通过图可视化将图机器学习与人类思维相结合。这里，我们引用其中最著名的例子之一。

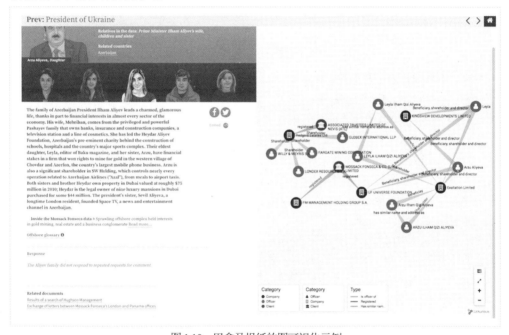

图 1.10　巴拿马报纸的图可视化示例

图 1.11 中的数据来自 Amazon.com，代表了 2008 年在美国购买最多的政治书籍[Krebs, 2012]。Krebs 对数据进行了网络分析，以创建与当年总统选举相关的书籍地图。如果某两本书经常被同一客户购买，则这两本书是相链接的。这些书被称为 "同购对" (因为购买了这本书的顾客同时购买了那本书)。

1　https://panamapapers.icij.org。

2　http://www.thenetworkthinkers.com。

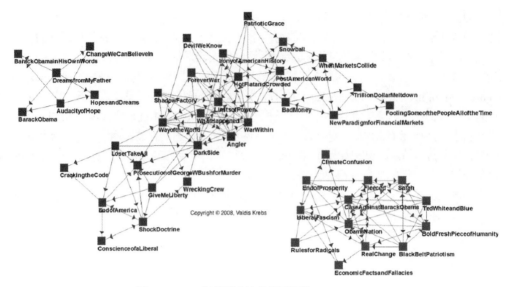

图 1.11 2008 年美国政治书籍网络图(Krebs，2012)

有三个不同且不重叠的簇:

- 左上角的奥巴马书籍簇。
- 中间的民主党(蓝色)簇。
- 右下角的共和党(红色)簇。

2008 年，美国政治环境两极分化严重。这一事实反映在亚马逊的政治书籍数据中，图1.11 显示了保守派和自由派选民之间的巨大分歧。红皮书和蓝皮书之间没有联系或中介;每个簇都与其他簇完全不同。如前所述，某一群人在阅读总统候选人巴拉克·奥巴马的传记，但他们显然没有兴趣阅读或购买其他的政治书籍。

四年后，在 2012 年，同样的分析产生了一个看起来截然不同的网络(图 1.12)。该网络展示了许多作为簇间桥梁的书籍。此外，潜在选民似乎在阅读有关两位主要候选人的书籍。因此得出了一个更复杂的网络，其没有孤立的簇。

政治书籍网络的例子介绍了网络的一个重要方面。如果图是一个只存在于其柏拉图式世界中的纯数学概念[1]，那么网络作为某些具体系统或生态系统的抽象概念，会受到作用于它们的力的影响，从而导致其结构发生变化。我们将这些力量称为周围环境:这种因素存在于网络顶点和边之外，但影响着网络结构如何随时间演变。这种环境的性质和力的类型特定于网络的类型。例如，在社交网络中，每个人都有一组独特的个人特征，两个人的特征之间的相似度和兼容性会影响链接的创建或删除[Easley 和 Kleinberg, 2010]。

---

1 数学柏拉图主义(http://mng.bz/zG2Z)是一种形而上学的观点，其认为存在独立于我们和我们的语言、思想和实践的抽象数学对象。

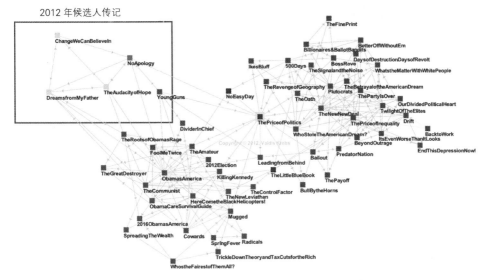

图 1.12 2012 年美国政治书籍网络图[Krebs, 2012]

决定社交网络结构的最基本概念之一是同质性(该词来自希腊语，意思是对同一事物的爱)：社交网络中的链接倾向于将相似的人联系起来。更正式地说，如果两个人的特征在他们所来自的人群或他们所在的网络中的匹配比例大于预期，则他们就更有可能相互联系[Verbrugge, 1977]。反之亦然：如果两个人相互联系，那么他们更有可能具有共同特征或属性。因此，(例如)我们在 Meta 上的朋友并不像是偶然遇到，相反，在民族、种族和地理维度，他们与我们大体相似；他们的年龄、职业、兴趣、信仰和观点往往与我们的相似。这种观察由来已久，早在 Mark Zuckerberg 写下他的第一行代码之前就开始了。在柏拉图("相似度产生友谊")和亚里士多德(人们"爱与自己相似的人")的著作中以及民间谚语(例如"物以类聚、人以群分")中都可以找到该种观察的基本思想。同质性原则也适用于群体、组织、国家或社会单元的任何方面。

了解周围环境和作用于网络上的相关力量有助于以下列多种方式完成机器学习任务：

- 网络是一把双刃剑。营销人员总是试图了解并说服人们。若能像滚雪球一样解决问题，那么人与人间接触是最有效的。这个概念就是所谓病毒式营销的基础。
- 了解这些力量后，则可以预测网络将如何随时间演变，并使数据科学家能够主动应对此类变化或将其用于特定业务目的。
- 社会学和心理学的研究发现表明，一个人的社交网络在一定程度上决定了其品位、偏好和活动。这一信息有助于构建推荐引擎。与推荐引擎相关的问题之一是冷启动问题：因为你没有新用户的历史记录，所以无法为他们预测任何事情。可以利用社交网络和同质性原则，根据相连接用户的品位进行推荐。

1.4 图在机器学习中的作用

图可用于描述感兴趣目标之间的交互，用于对简单和复杂的网络进行建模，或者更常用于表示现实世界的问题。因为图具有严格而直接的形式，所以图被用于从计算机科学到历史科学的许多科学领域。作为一种强大的工具，图被广泛用于机器学习中，可以实现人们的想法，并提供许多有用的特征，我们不必对此感到惊讶。随着时间的推移，图机器学习变得越来越普遍，超越了许多传统技术。

不论规模大小，许多公司都在使用这种方法，为其客户提供更高级的机器学习特征。一个著名例子是谷歌，它使用图机器学习作为其 Expander 平台的核心。这项技术为用户几乎每天都在使用的许多 Google 产品及特征提供支持，例如 Gmail 收件箱中的提醒或 Google 相册中最新的图像识别系统[1]。

构建一个图机器学习平台有很多好处，因为图不仅可以克服之前所述的挑战，还可以提供更高级的特征，而如果没有图的支持，这些特征就无法实现。

图 1.13 说明了机器学习和图之间的主要联系点，其中考虑到了不同任务的目标。

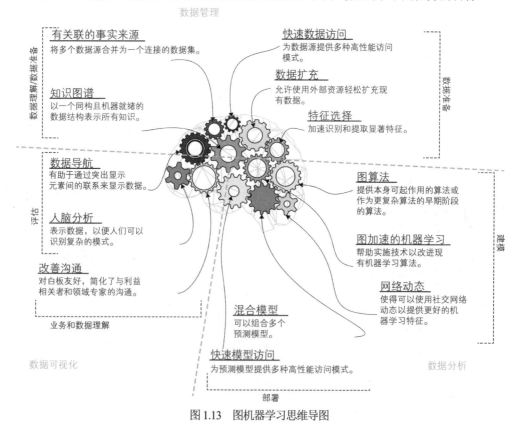

图 1.13 图机器学习思维导图

---

1 http://mng.bz/0rzz。

可以使用该思维导图快速地在概念上将图在机器学习中的作用可视化。在图 1.13 中，图特征分为三个主要区域：

- 数据管理——该区域包含图提供的特征，其帮助机器学习项目处理数据。
- 数据分析——该区域包含对学习和预测有用的图特征和算法。
- 数据可视化——该区域强调了图作为一种可视化工具的实用性，可帮助人们通过人脑进行交流、与数据交互并产生观点。

该模式还显示了基于图的技术与 CRISP-DM 模型中的阶段之间的映射。

1.4.1 数据管理

图使学习系统可以探索更多的数据，更快地获取数据，并轻松地清洗数据和扩充数据。传统学习系统在研究人员准备的单个表上进行训练，而图原生系统可以访问的不仅仅是这个表。

图驱动的数据管理特征包括：

- 有关联的事实来源——图使你能将多个数据源合并为一个统一的、连接的数据集，从而为训练阶段做好准备。此特征可减少数据稀疏性、增加可用数据量并简化数据管理，显示出了巨大优势。
- 知识图谱——在前一点的基础上，知识图谱提供了一种同构的数据结构，不仅可以组合数据源，还可以组合预测模型、手动提供的数据和外部知识源。生成的数据是机器就绪的，可以用于训练、预测或可视化过程。
- 快速数据访问——表提供与行和列过滤器相关的单一访问模式。另一方面，图为同一组数据提供了多个访问点。此特征将要访问的数据量减少到特定需求集的基线最小值，从而提高了性能。
- 数据扩充——除了可以轻松地使用外部资源扩展现有数据，图的无模式特性和图数据库中提供的访问模式还有助于数据清洗和合并。
- 特征选择——识别数据集中的相关特征是多项机器学习任务(如分类)的关键。通过快速访问数据和多种查询模式，图可以加速特征识别和提取。

在 CRISP-DM 模型的数据理解和数据预处理阶段，有关联的事实来源和知识图谱十分重要，而快速数据访问、数据扩充和特征选择在数据预处理阶段十分有用。

1.4.2 数据分析

图可用于建模，并分析实体之间的关系及其属性。这可以带来另一个信息维度，即图机器学习可以将其用于预测和分类。图提供的模式灵活性还允许不同的模型共存于同一数据集中。

图驱动的数据分析特征包括：

- 图算法——有几种图算法有助于识别数据中的见解并进行分析，如聚类、PageRank 和链接分析算法。此外，它们可以用作更复杂分析过程中的第一个数据预处理步骤。

- 图加速的机器学习——前面讨论的图驱动特征提取是说明图如何加速或提高学习系统质量的一个例子。图可以帮助在训练阶段前或训练期间过滤、清洗、扩充和合并数据。
- 网络动态——了解周围环境和作用于网络的相关力量，将使你不仅可以了解网络动态，还可以将其用于提高预测质量。
- 混合模型——利用灵活快速的访问模式，多个模型可以共存于同一个图中，前提是它们可以在预测阶段被合并。此特征提高了预测的最终准确性。此外，有时可以用不同方式使用相同模型。
- 快速模型访问——实时使用需要快速预测，这意味着要尽可能快地访问模型。图为这些任务提供了正确的模式。

图算法、图加速的机器学习和网络动态主要参与建模阶段，因为与其他特征相比，它们与学习过程的联系更多。部署阶段使用混合模型和快速模型访问方法，因为它们在预测阶段运行。

1.4.3 数据可视化

图具有很强的交流能力，可以用易于人脑理解的方式同时显示多种类型的信息。此特征在机器学习项目中非常重要，可用于共享结果、分析结果或帮助人们导航数据。

图驱动的数据可视化特征包括：

- 数据导航——网络可通过突出显示元素之间的连接来显示数据。它们既可以帮助人们正确导航数据，也可以用作强大的调查工具。
- 人脑分析——通过将机器学习与人脑相结合，以图的形式表示数据，这将释放机器学习的效能，实现高效、先进、复杂的数据处理和模式识别。
- 改善交流——图(尤其是属性图)是"白板友好型的"，这意味着当存储在数据库中时，在概念上它们表示在板上。此特征缩小了复杂模型的技术性与复杂模型被传达给领域专家或利益相关者的方式之间的差距。有效沟通可以提高最终结果的质量，因其减少了对领域、业务目标以及项目需求和约束的理解方面的问题。

在业务和数据理解阶段，改善沟通尤为重要，而数据导航和人脑分析主要与评估阶段相关。

1.5 本书心智模型

本章中提供的思维导图可帮助你轻松地将图在机器学习项目中的作用进行可视化。这并不意味着，在所有项目中，你都要对其中列出的所有内容使用图。在本书的几个例子中，图被用来解决问题或(在质量和数量方面)提高性能；通过查看一个简单的图，使用心智模型可以帮助你了解该图在特定情况下的作用。

下一个模式将图机器学习思维导图中的关键特征(接触点)分类归入机器学习工作流的四个主要任务中：

- 管理数据源，指为学习阶段收集、合并、清洗和准备训练数据集的所有任务。
- 算法，涉及将机器学习算法应用于训练数据集。
- 存储并访问模型，包括存储预测模型的方法和用于提供预测的访问模式。
- 可视化，指的是可以将数据可视化，从而辅助分析的方式。

图 1.14 所示的思维导图中总结了这些要点。

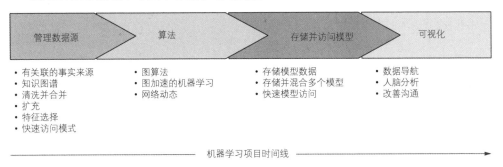

图 1.14　描述一个机器学习项目四个阶段的心智模型

该图将在本书中经常出现。该模式将帮助你快速定位当前讨论在项目工作流中的位置。

这种心智模型从整个流程的角度展示了机器学习项目，并且是确定你在机器学习生命周期中所处位置的最佳方式。但是，从更广泛的、面向任务的角度考虑项目也很有用。

1.6　本章小结

- 机器学习旨在开发能够自主从样本数据中获取经验的计算机程序，在不明确编程的情况下将其转化为专业知识。
- 机器学习项目不仅是一个软件项目，还是一个人工过程，涉及一群具有不同技能的人和大量工作。需要使用定义明确且系统的方法才能成功。CRISP-DM 提供正式的项目生命周期来推动这样的项目，帮助得出正确的结果。
- 任何机器学习项目都必须面对的难题主要与数据管理——无论是在训练数据集还是预测模型方面——以及学习算法的性能有关。
- 图是简单的数学概念，可用于对复杂网络进行建模和分析。网络外部的周围环境对其起作用，决定了其演变方式。
- 图和网络可以通过多种方式为机器学习项目提供支持，体现在三个维度：数据管理、数据分析和数据可视化。

(注：本章的参考文献，请扫描本书封底的二维码进行下载。)

第 *2* 章

图数据工程

第 1 章强调了数据在机器学习项目中的关键作用。正如我们所见,相比于微调或替换算法本身,在大量高质量数据上训练学习算法更能提高模型的准确性。Greg Linden 为亚马逊发明了如今广泛使用的条目间协同过滤算法,他在一篇关于大数据的综述中[Coyle, 2016]提到:

亚马逊的推荐如此有效,关键在于大数据。大数据可以调整搜索并帮助我们找到需要的东西。大数据使网络和手机变得智能化。

在过去几年中,信息技术、工业、医疗保健、物联网(Internet of Things,IoT)等多个领域产生的数据量呈指数级增长。数据来源数不胜数:用于收集气候信息的传感器、社交媒体网站上的帖子、数字图片和视频、购买交易记录和手机 GPS 信号,这些仅是其中几例。这些数据即大数据。图 2.1 显示了每分钟从知名应用程序或平台生成的当前数据量的一些统计数据[Domo, 2020]。

是什么导致过去十年间产生这种巨大变化?原因既不是互联网用户数量的爆炸式增长,也不是数据传感器等新系统的创建,而在于人们更加意识到数据作为知识来源的重要性。人们想要更多地了解各种用户、客户、企业和组织,这种强烈愿望对数据采集、收集和处理提出了新的需求和要求,且使数据科学家采用不同的方式收集数据并进行分析。多年前,他们还不得不在杂乱无章的数据中寻找格式奇怪的数据。现在,随着公司逐渐认识到其生成数据中隐藏的价值,数据科学家已经成为引领数据生成和收集工作的核心力量。

图 2.1　2020 年每分钟生成的数据(Domo, Inc. 提供)

例如，一个旅游网站曾经可能只收集星级评价，将结果应用于一个简单的推荐引擎，但现在该网站利用每个用户评论中的可用信息，将其作为更详细的知识来源。这种心智过程会产生一种良性循环(图 2.2)，其能够在每个循环中收集更多数据。

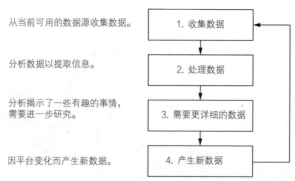

从当前可用的数据源收集数据。　　　1. 收集数据

分析数据以提取信息。　　　　　　　2. 处理数据

分析揭示了一些有趣的事情，
需要进一步研究。　　　　　　　　　3. 需要更详细的数据

因平台变化而产生新数据。　　　　　4. 产生新数据

图 2.2　数据收集循环

这种数据源的可用性前所未有，使机器学习从业者能够访问多种形式的海量数据。查找和访问这些数据还相对容易，然而存储和管理数据则完全不同。具体来说，机器学习过程中，识别和提取所观察现象的相关特征(或是可测量特性或特征)很有必要。选择信息丰富、有辨别力且独立的特征是创建有效学习算法的关键步骤，因为这些特征定义了算法训练阶段的输入结构并决定了预测的准确性。若算法的类别不同，对特征列表的要求也会相应地变化，但一般而言，更准确的数据生成的模型更好。将 300 个因素纳入考虑得出的预测结果优于仅考虑 6 个因素得出的结果。然而，如果因素过多，就会面临过拟合的风险。

用于分析大数据系统的生命周期由一系列步骤组成，第一步就是从多个数据源收集数据。需要用专门的工具和框架将不同来源的数据提取到已定义的大数据存储中。数据存储在特定的可扩展解决方案中(如分布式文件系统或非关系数据库)。更正式地说，完成这些任务所需步骤如下：

- 收集。汇集并收集来自多个数据源的数据。
- 存储。以适当的方式将数据存储在单个(有时为多个)易于访问的数据存储中，为下一阶段做好准备。
- 清洗。使用统一、同构的模式合并、清洗和(只要有可能)归一化数据。
- 访问。数据处于可用状态。提供多个视角或访问模式以简化并加快访问将用于训练的数据集。

本章重点介绍这四个步骤中的后三步：存储、清洗和访问数据。本章描述了大数据的主要特征并讨论了处理数据的方法，且详细说明了基于图模型和图数据库的特定方法，并提供了最佳实践。

2.1　处理大数据

为了解决难题——定义大数据分析平台的要求——我们需要了解它。下面介绍使大数据“大”的基本特征。

2001 年(没错，20 多年前！)，META 集团的分析师 Doug Laney 发表了一篇题为 “3D Data Management：Controlling Data Volume，Velocity，and Variety”的研究报告[Laney, 2001]。

尽管在 Laney 的报告中并没有出现"三 V"一词，但十年后，"三 V"——数量(volume)、速度(velocity)和多样性(variety)——已成为大众普遍接受的定义大数据的三个维度。

后来又增加了另一个维度：真实性(veracity)，指数据集或数据源的质量、准确性或真实性。随着新的、不受信任的且未经验证的数据源的出现(例如 Web 2.0 中用户生成的内容)，所收集信息的可靠性和质量成为一个大问题，这使得人们普遍接受将真实性作为大数据平台的重要维度。图 2.3 总结了"四 V"的主要方面，之后将对其进行更详细的描述。

多年来，随着"大数据"一词受到广泛关注并逐渐流行，分析师和科技记者在维度列表中添加了越来越多的 V。截止本书撰写时，已经提出了 42 个 V[Shafer, 2017]；毫无疑问，随着时间的推移，还会加入更多 V。

我们重点关注最初的"三 V"以及真实性，因为它们仍然是最为广泛接受的。这些维度贯穿全书，用于强调图模型和数据库对于管理大量数据的作用。

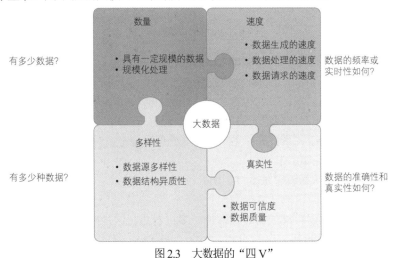

图 2.3 大数据的"四 V"

2.1.1 数量

数量带来的好处(图 2.4)——处理大量信息的能力——是大数据用于机器学习的主要优势。拥有更多且更好的数据胜过拥有更好的模型。若有大量数据，即使是简单的数学运算也可能十分高效。

假设你想要使用机器学习方法，利用多种电子健康记录(Electronic Health Record，EHR)数据，从而对不同症状所需的治疗类型进行实时预测。患者健康数据的数量呈指数级增长，这意味着 EHR 数据的数量也在猛增。根据 Health Data Archiver[2018]：

EMC 和研究公司 IDC 的一份报告通过新颖的方式将健康数据的剧增可视化，预计健康数据的总体年增长率为 48%。该报告显示 2013 年的医疗保健数据量为 153 EB。按照预计增长率，到 2020 年，数量将增长到 2,314 EB。

图 2.4　大数据的数量

　　如前所述，现代 IT、工业、医疗保健、IoT 等系统生成的数据量都呈指数级增长。这种增长一方面是由于数据存储和处理架构的成本降低，另一方面是因为能够从数据中提取有价值的信息(这创造了新需求)——可以改善业务流程、效率和为最终用户或客户提供的服务。尽管对于数据量来说不存在固定的阈值用以判断数据是否为"大"，但该术语通常表示一定规模的数据，"使用传统关系数据库系统和数据处理架构难以对数据进行存储、管理和处理" [Bahga and Madisetti, 2016]。

　　持续收集和分析这些大数据已成为 IT 所有领域的主要挑战之一。应对这一挑战的解决方案分为两大类：

- 可扩展存储——扩展存储通常是指添加更多机器并在这些机器上分配负载(读取、写入或同时进行这两项工作)。此过程称为水平扩展。还可以通过查询或访问机制来实现可扩展性，这些机制为完整数据存储的一个子集提供多个访问点，而不需要使用过滤器或索引查找来遍历整个数据集。原生图数据库属于第二类情况，相关内容将在 2.3.4 节中讨论。

- 可扩展处理——处理过程的水平扩展不仅意味着多台机器并行执行任务；它还需要使用一种分布式查询方法、一个通过网络进行有效通信的协议、编排、监控以及分布式处理的特定范式(如分治、迭代和流程)。

　　在 CRISP-DM 生命周期的数据理解和数据预处理阶段(见图 2.5)，需要确定数据源和每个阶段的大小和结构，用于设计模型并确定待使用的数据库管理系统(Database Management System，DBMS)。

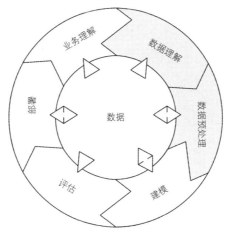

图 2.5　CRISP-DM 模型中的数据理解和数据预处理

在这些阶段，图可以提供有价值的支持，帮助解决数据数量方面存在的问题。基于图的模型使来自多个数据源的数据可以存储在高度连接的单一同质事实来源中，该来源可提供多种快速访问模式。具体来说，在大数据平台中，图通过以下两种方法帮助解决数量问题：

- 主数据源——在这种情况下，图包含具有最低粒度的所有数据。学习算法直接访问图以执行分析。从这个意义上说，根据分析的类型，一个合适的大数据图数据库必须展示：
  - 一个索引结构(在其他 SQL 和 NoSQL 数据库中很常见)，以支持随机访问。
  - 一种仅访问小部分图的访问模式，不需要复杂的索引查找或数据库扫描。
- 物化视图——在这种情况下，图代表主数据集的一个子集或其中数据的一个聚合版本，这对于分析、可视化或结果评估很有用。视图可以是分析过程的输入或输出，在这种情况下，图提供的全局和局部访问模式也很有帮助。

2.2 节通过展示两个示例场景及其相关实现来说明这些方法。

2.1.2　速度

速度(图 2.6)指生成、累积或处理数据有多快。例如，在一小时内接收并处理 1,000 个搜索请求不同于在不到一秒内接收并处理相同数量的请求。一些应用程序对数据分析有严格的时间约束，包括股票交易、在线欺诈检测和实时应用程序。数据速度的重要性遵循与数量相似的模式。以前局限于行业特定部门的问题现在出现在更广泛的场景中。

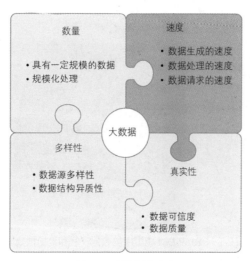

图 2.6　大数据的速度

假设你在研究自动驾驶汽车。每辆自动驾驶汽车都可以访问许多传感器，如摄像头、雷达、声呐、GPS 和激光雷达[1]。每个传感器每秒都会产生大量数据，如表 2.1[Nelson, 2016]所示。

表 2.1　某自动驾驶汽车传感器每秒产生的数据

传感器	每秒产生的数据量
摄像头	约 20-40 MB/s
雷达	约 10-100 KB/s
声呐	约 10-100 KB/s
GPS	约 50 KB/s
激光雷达	约 10-70 MB/s

在这种情况下，你设计的系统不仅应该能快速处理这些数据，还应该能尽快地生成预测，以避免撞到过马路的行人(一个示例)。

但是传入数据的速度并不是唯一需要考虑的问题，例如，可以将快速移动的数据传输到大容量存储器，以供后续进行批量处理。速度的重点在于反馈循环的整体速度(见图2.7)，这涉及获取从输入到决策过程中所产生的数据：

通过反馈循环，系统监控预测的有效性并在需要时进行再训练，从而持续学习。机器学习的核心是监控并使用由此产生的反馈[2]。

---

1 "激光雷达和雷达的工作原理非常相似，但它不发射无线电波，而是发射红外光脉冲——也就是肉眼不可见的激光——并测量它们在击中附近目标后返回所需的时间。"来源：http://mng.bz/jBZ9。

2 Puget and Thomas [2016]。

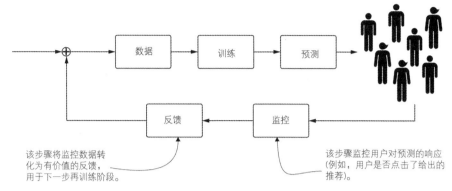

该步骤将监控数据转化为有价值的反馈，用于下一步再训练阶段。

该步骤监控用户对预测的响应（例如，用户是否点击了给出的推荐）。

图 2.7 反馈循环示例

IBM 的一则广告表明，如果需要获取一张 5 分钟前的交通快照，那你根本就不会过马路。这个例子说明，有时人们无法等待报告运行或 Hadoop 作业完成。换句话说，"反馈循环越紧密，竞争优势就越大"[Wilder-James, 2012]。理想情况下，在数据生成时，实时机器学习平台应该能够立即对其进行分析。

随着时间的推移，出现了用于管理大数据的机器学习架构最佳实践。Lambda 架构[Marz 和 Warren, 2015]作为一种用于构建实时数据密集型系统的架构模式，就是其中一种实践；我们将在 2.2.1 节中呈现基于图的实现。

应对速度的数据基础设施必须能够快速访问必要数据，这些数据可能是整体数据的一部分。假设你要为出租度假屋实现一个实时推荐引擎。学习算法根据用户最近的点击和搜索记录来推荐房子。在这种情况下，引擎不必访问整个数据集；它检查最后 N 次点击或最后 X 时间范围内的点击记录并进行预测。原生图数据库(2.3.4 节中对其进行描述)维护每个节点的关系列表。从最后一次点击开始，并使用一个合适的图模型，引擎可以根据每个返回节点的关系返回到之前的点击。该示例展示了图在提供高性能访问数据集，以应对速度要求方面的显著优势。

2.1.3 多样性

多样性(图 2.8)与所分析数据的不同类型和性质有关。数据的格式、结构和大小各不相同；其形式通常杂乱无章，很少处于准备好进行处理的状态。由于大数据来源不同，因此其具有多种形式(结构化、非结构化或半结构化)和格式；它可以包括文本数据、图像、视频、传感器数据等。任何大数据平台都需要足够灵活，以应对这种多样性，当考虑到数据潜在不可预测的演变时更是如此。

假设你想对分布在多个数据源中的有关某公司的所有知识进行整理，从而为信息引擎创建知识库[1]。数据可以采用不同格式，涵盖从结构良好的关系数据库到对公司提供的产品或服务的非结构化用户评论，从 PDF 文档到社交网络数据。为了方便机器学习平台处理，

---

1 "信息引擎应用相关性方法来描述、发现、组织和分析数据。这使得数字工作者、客户或成员在办理业务期间，可以及时主动或交互式地提供现有或合成的信息。"(来源：http://mng.bz/WrwX)。

需要以同构方式将数据作为一个单元进行组织、存储和管理。

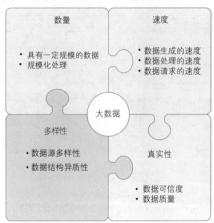

图 2.8　大数据的多样性

尽管关系数据库很流行且广为人知，但它们不再是大数据平台的首选。不同类型的数据适用于不同类型的数据库。例如，社交网络关系本质上是图，因此非常适合存储在诸如Neo4j(附录 B 中介绍)之类的图数据库中，从而使得对连接数据的处理变得简单高效。此外，由于图在管理连接数据方面具有多功能性，因此其他类别的数据也非常适合使用图模型。正如 Edd Wilder-James[2012]所说：

即使数据类型基本匹配，关系数据库的一个缺点仍然在于其模式具有静态性。在灵活的探索环境中，计算结果将随着对更多信号的检测和提取而不断变化。而半结构化 NoSQL 数据库满足了对这种灵活性的需求：它们提供了足够灵活的结构来整理数据，但在存储数据之前不需要知道数据的确切模式。

作为 NoSQL 数据库的一种，图数据库也不例外。这种基于节点和边的简单模型在数据表示方面展现出极大的灵活性。此外，新类型的节点和边可以在设计过程的后期呈现，而不会影响先前定义的模型，由此赋予了图高度的可扩展性。

2.1.4　真实性

真实性(图 2.9)与所收集数据的质量和/或可信度有关。只有当数据正确、有意义且准确时，数据驱动的应用程序才能受益于大数据。

假设你想利用评论为旅游网站创建推荐引擎。这类引擎是推荐领域的新趋势，因为评论包含的信息比传统的星级评定包含的信息多得多。问题在于此类评论的真实性：

对于在线零售商来说，打击虚假评论是现在的主要业务。如今，当评论提交给TripAdvisor 时，评论会通过一个跟踪系统。该系统检查数百个不同的属性，涵盖基本数据点(如评论者的 IP 地址)和更详细的信息(如用于提交评论的设备的屏幕分辨率)[1]。

1　Parkin [2018]。

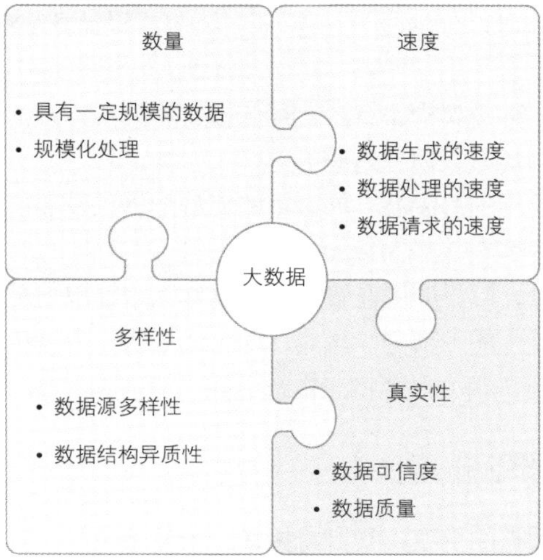

图 2.9 大数据的真实性

如第 1 章所述,训练数据集中数据的质量和数量会直接影响推断所得的模型质量。错误数据可能会影响整个处理流程。预测结果一定会受到影响。

数据很少会完全准确并完整,这就是必须对其进行清洗的原因。该任务可以用图方法来完成。具体来说,根据数据元素之间的关系,图访问模式使得可以轻松发现问题。此外,还可以通过在单一有关联的事实来源中组合多个来源,以此合并信息,从而减少数据稀疏性。

2.2 大数据平台中的图

处理大数据是一项复杂的任务。机器学习平台需要访问数据以提取信息并向终端用户提供预测服务。表 2.2 总结了与"四 V"相关的挑战,每个 V 与存储、管理、访问和分析数据的要求匹配。

表 2.2 大数据挑战

大数据的"四 V"	挑战
数量	数据库应该能够存储大量数据,或定义的模型应能够通过聚合压缩数据,从而实现快速访问,但模型可以执行所有所需的分析
速度	通常数据传输速度很快,因此需要一个队列来解耦数据获取与存储机制。获取率和存储率必须充分平衡,以便可以对数据进行快速转换和存储,防止队列中元素的累积
多样性	数据库模式应具备较强的灵活性,从而同时存储多种信息,使用的模型可以存储当前所有类型数据以及项目后期可能会出现的任何类型数据
真实性	设计的模型和选择的数据库应该可以简单、快速地导航数据并识别不正确、无效或不需要的数据。还需要清洗数据,从而消除噪声。简化和合并数据(以对抗数据稀疏性)的任务也应受到支持

应对这些挑战的方法可以分为两类：方法论方法(或设计)和技术方法。为了获得最佳效果，你可将二者有机结合使用。

方法论方法包括所有涉及架构、算法、存储模式和清洗方法的设计决策，我们将在本节中结合一些特定的具体场景来研究这些方法。

技术方法包括与要使用的 DBMS、要采用的集群配置以及要提供的解决方案的可靠性相关的设计方面。这些内容在 2.3 节中介绍。

这里展示了两个场景，以说明图在管理大数据并从中提取信息方面的价值，其中大数据作为机器学习项目流程中的一部分。虽然这两个场景都与方法论方法相关，但它们也强调了技术方法的某些方面，相关内容将在本章后面讨论。

2.2.1　图对于大数据很有价值

为了了解图对于大数据的价值，我们将探索一个复杂用例，其需要处理大量数据才能起效。在本例中，只要有一组完整的特征来存储、处理和分析数据，那么图就可以处理问题复杂性。考虑以下场景：

你是一名警察。你如何用蜂窝塔的数据来跟踪嫌疑人？这些数据是通过连续监控每台手机向它能到达的所有蜂窝塔发送(或从其接收)的信号来收集的。

Eagle、Quinn 和 Clauset[2009]撰写的一篇有趣的文章解决了使用蜂窝塔数据的问题，这些数据是从手机与每个塔台交换的连续监测信号中收集的(图 2.10)。我们的示例场景旨在使用此类监控数据创建一个预测模型，该模型识别与目标生活相关的位置集群，并根据目标的当前位置来预测后续移动。

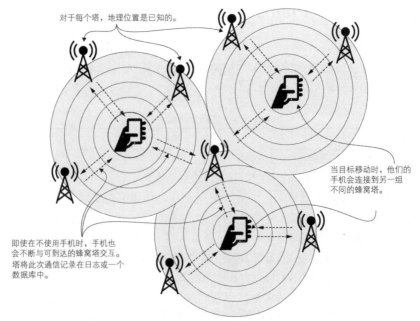

图2.10　手机与蜂窝塔通信

　　这种方法的核心思想是，它使用图来折叠并整理来自蜂窝塔的可用数据，并针对目标的移动创建一个基于图的物化视图。使用可识别位置集群的图算法来分析生成的图。这些位置可用于分析流程中的下一个算法，从而构建位置预测模型。这里我不赘述算法的细节，因为该场景的目的是展示如何使用图模型来预处理和组织复杂问题中的数据。该图将信息压缩，使其适用于后续分析。

　　对于本场景中的心智模型，使用图模型来存储和管理数据源，处理流程中使用图算法，并使用图来存储中间模型(图 2.11)。

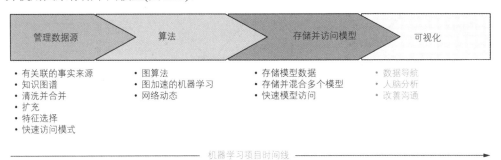

图 2.11　思维导图中与此场景相关的思维导图区域

　　今天，每部手机都可以持续访问有关附近蜂窝塔的信息。研究这些数据流可以很大程度上帮助了解用户的移动和行为。获取连续蜂窝塔数据的方法有：

- 在手机上安装日志应用程序以捕获连续的数据流。
- 使用来自蜂窝塔的原始连续数据(如果可用的话)。

　　本示例使用连续数据聚合过程来合并特定手机的数据，因此我们通过此场景中的第一个用例来简化叙述。

　　每个目标的手机每隔 30 秒就记录下四个最近的塔——信号最强的塔。数据被收集后，其可以表示为蜂窝塔网络(Cellular Tower Network，CTN)，其中节点是唯一的蜂窝塔。在同一记录中同时出现的每对节点之间有一条边，并且根据每对节点在所有记录中同时出现的总时间，对每条边进行加权。为每个目标生成一个 CTN，包括在监控期间由目标的手机记录的每个塔[Eagle、Quinn 和 Clauset, 2009]。图 2.12 显示了单个目标得到的图的示例。

　　对节点所有边的权重求和，从而确定节点的强度。总边权重最高的节点识别出最常靠近目标手机的塔。因此，高权重节点组应与目标停留了大量时间的位置相对应。基于这个想法，可以通过使用不同的聚类算法将图分成多个簇(从第 II 部分开始，我们将讨论这些算法)。这种聚类过程的结果将类似于图 2.13。

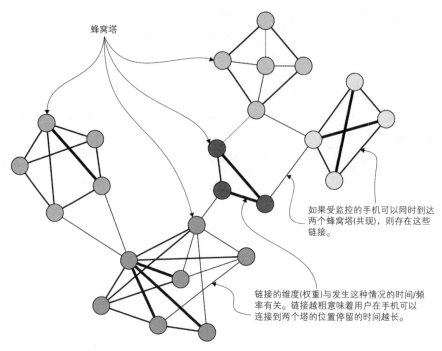

蜂窝塔

如果受监控的手机可以同时到达
两个蜂窝塔(共现)，则存在这些
链接。

链接的维度(权重)与发生这种情况的时间/频
率有关。链接越粗意味着用户在手机可以
连接到两个塔的位置停留的时间越长。

图2.12　单个目标的CTN图表示

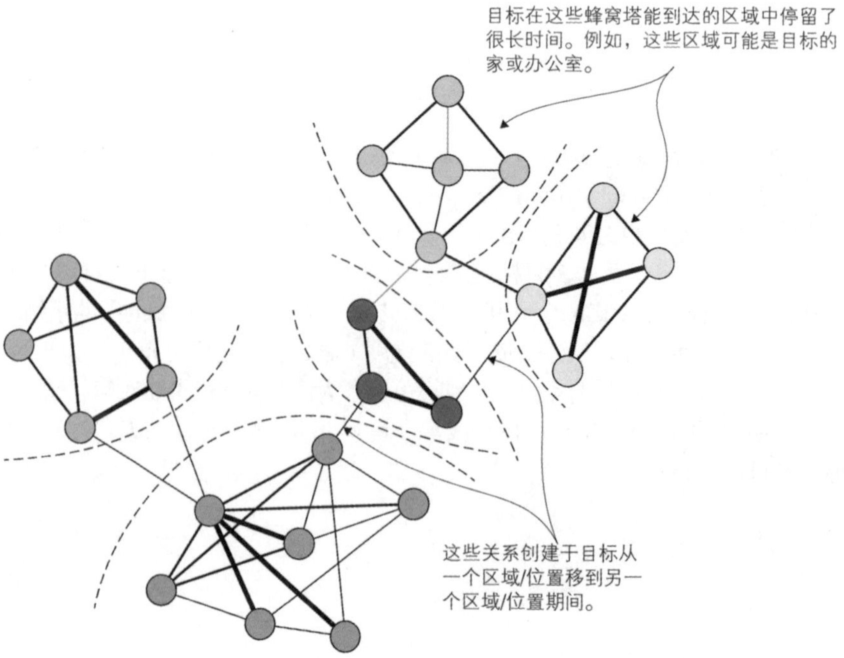

目标在这些蜂窝塔能到达的区域中停留了
很长时间。例如，这些区域可能是目标的
家或办公室。

这些关系创建于目标从
一个区域/位置移到另一
个区域/位置期间。

图2.13　CTN 簇视图

簇代表目标停留时间较长的区域——可能是在家里、办公室、健身房或商店。簇间的关系(连接两个不同簇中的节点)代表两个不同区域之间的转换,例如早上从家移到办公室,下午则进行反向移动。

可识别蜂窝塔的簇可以转换为动态模型的状态。给定一个目标曾去过的一系列位置,就可以学习它们的行为模式并计算将来其移到不同位置的概率(为此可以使用不同的技术,但这些技术超出了本书的讨论范围)。在计算预测模型时,考虑到从同一数据源显示的最后位置,预测模型可以用于预测目标的未来移动。

此场景展示了一种方法论方法,其中图模型作为强大的数据视图,可用作某些机器学习算法的输入或分析师的可视化工具。此外,由于图模型无模式,所以历史数据的聚合版本(通常是大量数据,包含目标在每个位置停留的时间)和实时值(目标的手机当前能够访问的蜂窝塔,其可以表示他们当前所处的位置)可以共存于同一模型中。

从特定模型中,可以提炼出更通用的方法。问题和过程总结如下:

- 有大量事件形式的数据(可从蜂窝塔或手机获得的监控数据)。
- 数据分布在多个数据源(每个蜂窝塔或手机)中。
- 应以简化进一步流程和分析的形式聚合并整理数据(CTN)。
- 根据聚合格式,创建了一些视图(聚类算法和位置预测模型)。
- 同时,需要存储最近事件的实时视图,以便对这些事件做出快速反应。

此数据流的一些重要相关方面会影响机器学习项目架构:

- 由手机或蜂窝塔记录的事件是原始的、不变的且真实的。分析并不会改变已发生的事件。当手机连接到蜂窝塔时,该事件不会因为分析目的的不同而发生改变。有必要将这些事件以原始格式一次性存储起来。
- 在此数据上创建多个视图作为函数(聚合就是一个示例),视图随用于分析的算法而改变。
- 通常是在整个数据集上构建视图,这个过程较为耗时,尤其在处理大量数据时更是如此,正如我们这一特定用例所示。处理这些数据所耗费的时间导致当前事件的视图和先前事件的视图之间产生差距。
- 为获得数据的实时视图,就必须弥补这一差距。实时视图需要一种流过程来读取事件并向视图中添加信息。

Nathan Marz 和 James Warren 所著 *Big Data: the Lambda Architecture* 一书中介绍的一种特定类型的架构可以解决上述架构问题,该架构"提供了一种在任意数据集上运用任意函数的通用方法,使函数以低延迟返回其结果"[Marz and Warren, 2015]。Lambda 架构的主要概念是将大数据系统构建为三层:批处理、服务和速度。架构模式如图 2.14 所示。

每一层都满足一部分需求,并以其他层提供的功能为基础。一切都从方程 query = function(all data)开始。在我们的示例场景中,查询为"获取用户长时间停留的位置"。

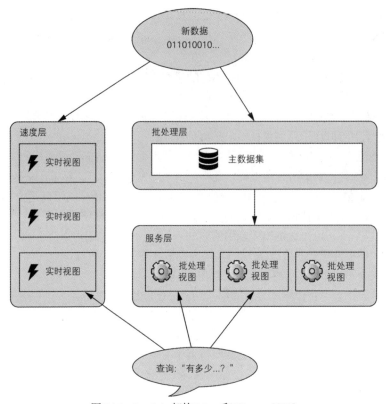

图 2.14 Lambda 架构[Marz 和 Warren, 2015]

理想情况下，我们可以即时运行查询以获取结果。但是由于要处理的数据量很大和要访问的数据源具有分布式特性，这种方法通常不可行。而且，这会占用大量资源，成本十分高昂，而且耗时较长。它也不适合任何实时监控和预测系统。

首选的替代方法是预先计算查询函数的结果或能加速最终查询结果的中间值。我们将预先计算的(最终或中间)查询结果称为批处理视图。我们并不动态计算查询，而是从这个视图中计算结果，这使得需要以一种提供快速访问的方式进行存储。那么前面的方程分解如下：

batch view = function(all data)

query = function(batch view)

所有原始格式的数据都存储在批处理层中。该层还用于原始数据访问以及批处理视图计算和提取。产生的视图存储在服务层中，其中以适当的方式对它进行索引并在查询期间进行访问(图 2.15)。

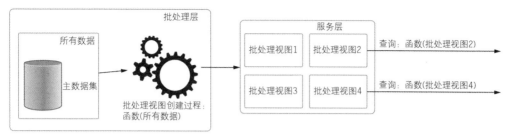

图 2.15 批处理层流程

在蜂窝塔场景中，第一个批处理视图是 CTN，这是一个图。处理这种视图的函数是图聚类算法，它可产生另一个视图：聚类网络。图 2.16 显示了以批处理视图的形式生成目标图的批处理层。为图 2.12 所示的每个受监控目标计算这些视图。

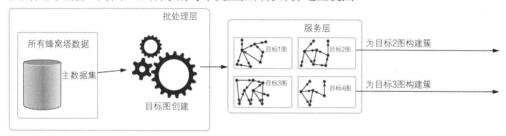

图 2.16 生成图视图的批处理层流程

图 2.16 中的主要区别在于批处理视图和后来的实时视图都被建模为图。这种建模决策在多个场景中具有优势，在这些场景中，图表示不仅使我们可以更快地回复查询，而且有助于分析。在所考虑的特定场景中，CTN 被创建为收集到的所有原始蜂窝数据的函数，并支持聚类算法。

每当批处理层完成对批处理视图的预计算时，服务层就会被更新。由于预计算需要时间，到达架构入口点的最新数据在批处理视图中并未体现。速度层通过提供最近数据的一些视图来解决这个问题，从而填补批处理层和最新传入数据之间的空白。这些视图可以具有与服务层相同的结构，也可以具有不同的结构并用于不同的目的。

两个层之间的一大区别是速度层只查看最近的数据，而批处理层查看所有数据。在蜂窝塔场景中，实时视图提供有关目标的最后位置和位置之间转换的信息。

Lambda 架构与技术无关；可以使用不同的方法来实现它。具体使用哪种技术可能会根据需求而变化，但 Lambda 架构定义了一种一致的方法来选择这些技术并将它们连接在一起以满足你的要求。

本节中介绍的场景展示了如何使用图模型作为服务层和速度层的一部分。由此产生的最终架构表示为图 2.17。

这种新的 Lambda 架构子类型可以定义为基于图的 Lambda 架构。在本例中，速度层仅根据每个目标的手机到达的最后一个蜂窝塔来跟踪每个目标的最后一个已知位置。然后将这些信息与聚类和预测模型结合使用，以预测目标将到达的位置。

图 2.17 架构中的主数据集可以存储在任何数据库管理系统或一个可以容纳大量数据的

简单数据存储中。最常用的数据存储是 HDFS、Cassandra 和类似的 NoSQL DBMS。

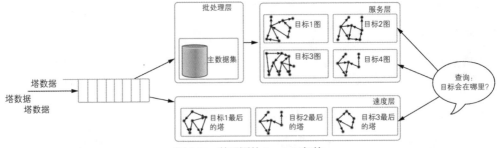

图 2.17 基于图的 Lambda 架构

在所考虑的特定场景中，需要先合并数据，然后再以图的形式提取数据。HDFS 基于文件系统存储提供基本访问机制，而 Cassandra 提供的访问模式更灵活。存储图视图需要图数据库。2.3 节介绍了此类数据库和特定工具的一般特征。

基于图的 Lambda 架构和这里描述的场景便是一个示例，可以说明图在机器学习领域中对于大数据分析所起的重要作用。可以在多个场景中使用相同的架构，包括：

- 分析银行交易以检测欺诈。
- 分析网络农场中的服务器日志以识别网络攻击。
- 分析通话数据以识别人群。

2.2.2 图对于主数据管理意义重大

在 2.2.1 节中，我们了解了如何使用图在主数据集(批处理层)或部分可用数据的实时(速度层)表示之上创建视图。在这种方法中，交易数据存储在主数据集中。当你能查询并分析存储在服务层中的聚合数据时，该方法非常有用。

但是，无法在数据的聚合版本中执行其他类型的分析。此类算法需要更详细的信息才能生效；它们需要访问数据的细粒度版本来完成任务。这种类型的分析还可以使用图模型来表示连接并从数据中提取信息。理解数据之间的联系并从这些链接中得出意义提供了不基于图的传统分析方法无法提供的功能。在这种情况下，图是知识的主要来源，它对一个单一有关联的事实来源进行建模。这个概念使我们思考第二个示例场景：

你要为银行创建一个简单但有效的欺诈检测平台。

银行和信用卡公司每年因欺诈而损失数十亿美元。传统的欺诈检测方法(例如基于规则的方法)在减少损失方面发挥着重要作用。但是欺诈者不断开发越来越复杂的方法来逃避检测，这使得基于规则的欺诈检测方法变得脆弱不堪，很快就被淘汰。在此，我们将关注一种特定类型的欺诈：信用卡盗窃。犯罪分子可以通过多种方法窃取信用卡数据，包括使用安装在自动提款机中的蓝牙数据扫描设备、大规模的黑客入侵，或者供收银员或餐厅工作人员刷卡的小型设备。任何可以合法使用你的卡的人甚至可以将卡的信息记录下来 [Villedieu, n.d.]。为了揭露这种欺诈行为，有必要确定"入侵"的来源：信用卡窃贼以及他们操作的地点。将信用卡交易表示为图，我们可以寻找共性并追踪欺诈的源点位置。与大多数其他查看数据的方式不同，图旨在表达相关性。图数据库可以发现使用传统表示(如表格)难以检测的模式。

假设表 2.3 中的交易数据库包含对某些交易提出异议的用户子集的数据。

表2.3　用户交易 [a]

用户标识符	时间戳	金额	商家	有效性
用户 A	01/02/2018	250 美元	Hilton Barcelona	无争议
用户 A	02/02/2018	220 美元	AT&T	无争议
用户 A	12/03/2018	15 美元	Burger King New York	无争议
用户 A	14/03/2018	100 美元	Whole Foods	有争议
用户 B	12/04/2018	20 美元	AT&T	无争议
用户 B	13/04/2018	20 美元	Hard Rock	无争议
用户 B	14/04/2018	8 美元	Burger King New York	无争议
用户 B	20/04/2018	8 美元	Starbucks	有争议
用户 C	03/05/2018	15 美元	Whole Foods	无争议
用户 C	05/05/2018	15 美元	Burger King New York	无争议
用户 C	12/05/2018	15 美元	Starbucks	有争议

a 此处以商家名称为例，以使用例更加具体。

我们可根据该交易数据集定义一个图模型。每笔交易都涉及两个节点：一个人(客户或用户)和一个商家。节点由交易本身链接。每笔交易都有一个日期和一个状态：合法交易无争议；欺诈交易有争议。图 2.18 将数据显示为图。

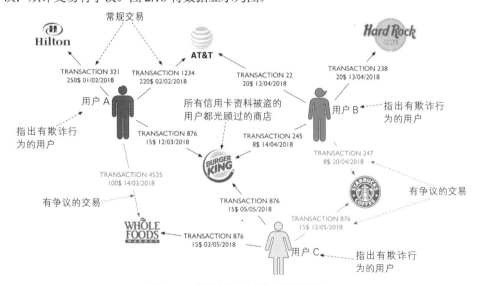

图2.18　信用卡欺诈检测示例图模型

在这个图中，红色连接是有争议的交易；其他连接是常规(无争议的)交易。得到的图很大，但图的维度不会影响必须执行的分析类型。从这种数据集中可得，找出欺诈来源的分析步骤如下：

(1) 过滤欺诈交易。确定被攻击的人和卡的信息。

(2) 找出欺诈的源点位置。搜索欺诈开始前的所有交易记录。

(3) 隔离窃贼。确定一些常见模式，例如常见的商家，这可能是欺诈的源点位置。

根据图 2.18 中的样本图，欺诈交易和受影响的人列于表 2.4 中。

表 2.4　有争议的交易

用户标识符	时间戳	金额	商家	有效性
用户 A	14/03/2018	100 美元	Whole Foods	有争议
用户 B	20/04/2018	8 美元	Starbucks	有争议
用户 C	12/05/2018	15 美元	Starbucks	有争议

所有这些交易都发生在不同的月份。现在，对于每个用户，找出在有争议交易发生日期之前其进行的所有交易以及相关商家。结果如表 2.5 所示。

表 2.5　有争议的交易发生前的所有交易

用户标识符	时间戳	金额	商家	有效性
用户 A	01/02/2018	250 美元	Hilton Barcelona	无争议
用户 A	02/02/2018	220 美元	AT&T	无争议
用户 A	12/03/2018	15 美元	Burger King New York	无争议
用户 B	12/04/2018	20 美元	AT&T	无争议
用户 B	13/04/2018	20 美元	Hard Rock	无争议
用户 B	14/04/2018	8 美元	Burger King New York	无争议
用户 C	03/05/2018	15 美元	Whole Foods	无争议
用户 C	05/05/2018	15 美元	Burger King New York	无争议

我们按商店名称对交易进行分组。结果列于表 2.6 中。

表 2.6　聚合交易

商家	数量	用户
Burger King New York	3	[用户 A、用户 B、用户 C]
AT&T	2	[用户 A，用户 B]
Whole Foods	1	[用户 A]
Hard Rock	1	[用户 B]
Hilton Barcelona	1	[用户 A]

从这张表中可以清楚地看出，窃贼在 Burger King 餐厅进行了欺诈行为，因为这是所有用户都光顾过的唯一商家，并且在每个案例中，欺诈都发生在那里进行的交易之后。

根据这个结果，可进行深入分析，使用图搜索其他类型的模式，并将搜索结果转化为一个防范行动，阻止来自己识别源点的任何进一步交易，查到进行更深入的调查。

在这种情况下，图用于存储单一事实来源，通过使用图查询对其进行分析。此外，可以以图的形式将数据可视化，以供进一步分析和调查。相关的心智模型如图 2.19 所示。

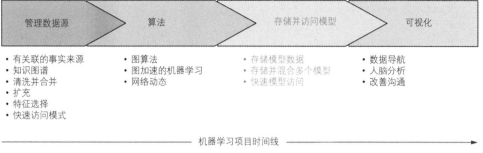

图 2.19　思维导图中与此场景相关的区域

此示例简化了揭示欺诈的方法，但它展示了使用图数据库进行此类分析的一些优势。这些优势可以总结如下：

- 可以将多个数据源(例如地理位置或 GPS 信息、社交网络数据、用户个人资料、家庭数据等)合并到单一有关联的事实来源中。
- 可以使用外部知识源(商店位置、人员地址等)或上下文信息(新商店、其他投诉等)扩展现有数据，并且这些信息可用于改进分析。
- 同一数据模型可以支持多种分析技术(例如用于发现诈骗团伙[1])。
- 可以将数据可视化为图以加速手动分析。
- 考虑到多个跃点，分析可以扩展到多个级别的交互。
- 由于图模型提供了灵活的访问模式，该结构简化了合并和清洗操作。

在欺诈分析场景中，图代表了已合并、清洗和扩展数据的主要知识来源，在此基础上执行分析，并基于此做出决策。与 2.2.1 节中描述的基于图的 Lambda 架构不同，这里的图作为主数据集，并且还是主数据管理(Master Data Management，MDM)的基础，MDM 用于识别、清洗、存储和管理数据[Robinson et al., 2015]。MDM 的主要关注点包括：

- 管理由组织结构改变、业务合并和业务规则变化所导致的变化。
- 合并新的数据源。
- 用外部数据源补充现有数据。
- 满足报告、合规性和商业智能消费者的需求。
- 当数据的值和模式更改时，更新数据版本。

尽管 MDM 和 DW(Data Warehousing，DW)这两种实践有很多共同之处，但 MDM 不是数据仓库的替代或现代版本。DW 存储历史数据，而 MDM 处理当前数据。MDM 解决方案包含某公司内所有业务实体的现有完整信息。DW 只包含历史数据，并将其用于某种静态分析。如果操作正确，MDM 具有许多优点，可总结如下：

1　根据法律词典(https://thelawdictionary.org/fraud-ring)，诈骗团伙是"一个专注于诈骗他人的组织。伪造、虚假索赔、盗用身份、伪造支票和货币都是欺诈行为。"

- 简化人员和部门之间的数据共享。
- 促进多系统架构、平台和应用程序中的计算。
- 消除数据的不一致和重复。
- 减少搜索信息时的不必要失败。
- 简化业务流程。
- 改善整个组织间的沟通。

此外，如果有适当的 MDM 解决方案，系统提供的数据分析就更加可靠，从而基于该数据所做的决策也更加可信。在这种情况下，图数据库"不提供完整的 MDM 解决方案，但它们非常适合于建模、存储和查询层次结构、主数据元数据和主数据模型。这些模型包括类型定义、约束、实体之间的关系以及模型与潜在源系统之间的映射"[Robinson et al., 2015]。

基于图的 MDM 具有以下优点：

- 灵活性——可以轻松更改捕获的数据，从而使其包含其他属性和对象。
- 可扩展性——该模型中，模型使得主数据模型可以根据业务需求的变化快速演变。
- 搜索功能——每个节点、每个关系以及它们的所有相关属性都是搜索入口点。
- 索引功能——图数据库由关系和节点自然索引，与关系数据相比其访问速度更快。

基于图的 MDM 解决方案处理不同类型的功能。在欺诈检测场景以及本书的其余部分中，它被认为是分析/机器学习平台的一部分，作为主要数据源运行并由结果模型进行扩展，代表了基于图的 Lambda 架构的一种替代方法。

另一个有趣的场景是在推荐引擎中，其中图可以表示存储数据用于训练的 MDM 系统。在这种情况下，图可以存储用户到条目(user-to-item)矩阵，其包含用户和条目之间的交互历史。我们将在第 3 章中更详细地介绍这种情况。

2.3　图数据库

2.2 节介绍了一些使用图的机器学习方法论方法，并提供了具体示例，说明了如何使用图作为数据的存储和访问模型，以此来增强预测分析能力。要以最佳方式使用此类模型，存储、操作和访问图的方式必须能与在数据流或算法中处理它们的方式相同。要完成此任务，你需要一个图数据库来作为存储引擎。这个图数据库可供你存储和操作实体(也称节点)以及这些实体之间的连接(也称关系)。

本节描述与图管理相关的技术方面。这种观点与机器学习项目的整个生命周期相关，在此期间你所操作、存储和访问的必须是真实数据。此外，在大多数情况下，你将处理大数据，因此必须考虑可扩展性问题。本节介绍了分片(跨多个服务器水平划分数据)和复制(跨多个服务器复制数据，以实现高可用性和可扩展性)。

许多图数据库都可用，但并非都是原生的(即一开始就是为图构建)；相反，它们在非图存储模型之上提供了一个图"视图"。这种非原生方法会导致存储和查询时出现性能问题。另一方面，适当的原生图数据库使用图模型来存储和处理数据，使图操作简单、直观且高效。2.3.4 节中重点介绍这两种图数据库的主要区别。

在许多情况下，也可以说几乎所有情况下，你需要使用至少一个节点标识，所以向节点和关系添加一些属性是很有帮助的。换句话说，必须对同一类中的节点进行分组。这些"特征"极大地提高了图数据库的表达能力和建模能力。2.3.5 节介绍了满足这些需求的标签属性图。

尽管本书中介绍的所有理论、示例和用例都与技术完全无关，但我们将使用 Neo4j(在附录 B 中介绍)作为参考数据库平台。Neo4j 不仅是为数不多的可提供高性能的可用图数据库之一，还拥有强大且直观的查询语言，其被称为 Cypher[1]。

2.3.1 图数据库管理

要想在机器学习项目中使用图，你需要存储、访问、查询并管理每个图。所有这些任务都属于图数据库管理的一般类别，如图 2.20 所示。

图 2.20 图数据库管理任务

该图显示了可以将图数据管理任务分组为三个主要区域：

- 图建模——一般来说，图模型是数据库系统蕴含的基本抽象概念——是一种用于建模现实世界实体及实体间关系的概念工具。建模非结构化数据所具有的简单性是图结构的主要特征之一。图模型中模式和数据之间的分离程度低于传统关系模型中的分离程度[Angles 和 Gutierrez, 2017]。同时，图模型具有灵活性和可扩展性。在图模型中可以用多种方式对现实的相同方面或相同问题进行映射。不同的模型可以从不同的角度解决不同的问题，因此定义正确的模型需要努力尝试和经验积累。幸运的是，图的"无模式"性质意味着，即使是对于在项目早期阶段定义的模型，花费较少的精力也可以对其进行更改。另一方面，当你使用其他类型的 NoSQL 数据库或关系数据库时，更改模型可能需要完全重新导入数据。但这种对于大数据的操作极其耗费时间、人力和财力。此外，模型设计会影响在图上执行的所有查询和分析的性能。因此，建模是数据管理的一个重要方面。本章前面介绍了一些模型示例，在接下来的章节中，我们将查看更多用例并讨论相关模型的优缺点。

---

1 https://www.opencypher.org。

- 图存储——定义模型时，必须将数据存储在持久层中。图 DBMS 专门管理类似图的数据，遵循数据库系统的通用原则：持久数据存储、内存使用、缓存、物理/逻辑数据独立性、查询语言、数据完整性和一致性等。此外，图数据库供应商必须处理与可扩展性、可靠性和性能相关的所有方面，如备份、恢复、水平和垂直可扩展性以及数据冗余。在本节中，我们将讨论图 DBMS 的关键概念——重点讨论在处理过程中影响模型以及数据访问方式的概念。

- 图处理——这些任务涉及用于处理和分析图的框架(例如工具、查询语言和算法)。有时，处理图需要使用多台机器来提高性能。一些处理特征(如查询语言和一些图访问模式)在图 DBMS 上可用；其他特征可用作算法或外部平台，必须在图和图 DBMS 之上实现。

图处理是一个涵盖内容广泛的主题，相关任务大致可以分为几类。Özsu[2015]提出了一种对图处理进行分类的有趣方法，根据三个维度进行分类：图动态、算法类型和工作负载类型(见图 2.21)。

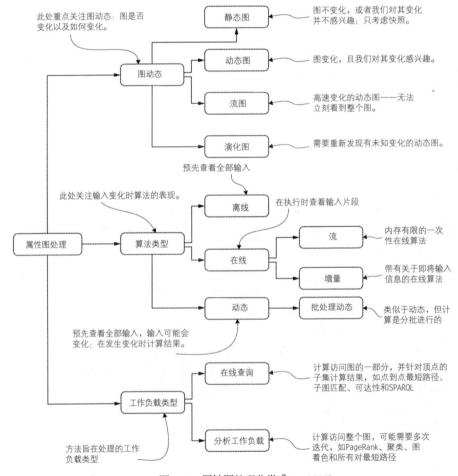

图 2.21　属性图处理分类[Özsu, 2015]

图处理这一复杂主题将贯穿全书。讨论过程中将介绍不同的算法，并将它们与特定的实际用例或应用程序示例进行映射，在这些例子中，算法有助于提取信息。

2.3.2　分片

只从数据存储的角度来看大数据应用，主要的"四 V"挑战如下：

● 数量——涉及的数据量很大，导致很难将数据存储在单一机器上。

● 速度——一台机器只能为有限数量的并发用户提供服务。

尽管垂直扩展(例如添加增加的计算、存储和内存资源)可以作为临时方案，用于处理大量数据并缩短多个并发用户的响应时间，但最终数据会变得太大而无法存储在单个节点上，且用户数量太多，导致单台机器不足以对其进行处理。

在 NoSQL 数据库中，一种常见的扩展技术是分片，这种技术将一个大型数据集划分为多个子集，子集分布在不同服务器上的多个分片中。这些分片或子集通常跨多个服务器复制而来，从而提高了可靠性和性能。分片策略决定将哪些数据分区发送到哪些分片。可以通过各种策略来实现分片，其可以由应用程序管理，也可以由数据存储系统本身管理。

对于面向聚合的数据模型，如键/值、列族和文档数据库[Fowler 和 Sadalage, 2012]，表达概念之间关系的唯一方法就是使用值或文档将它们聚合在单个数据条目中，这是较为明智的解决方案。在这些类型的存储中，用于检索任何条目的键是已知且稳定的，并且查找机制速度很快且可预测，因此很轻松便可以将想要存储或获取数据的客户指引到适当的分片[Webber, 2011]。

另一方面，图数据模型是高度以关系为导向的。每个节点都可以与任何其他节点相关，因此图不能进行可预测的查找。它的结构还高度可变：即使新的链接和节点很少，链接结构也可能发生重大变化。在这些情况下，对图数据库进行分片难度较大[Webber, 2011]。一种可能的解决方案是共同定位相关节点，从而共同定位相关边。这种解决方案将提高图的遍历性能，但在同一个数据库分片上，连接节点太多会使其负载过重，因为大量数据将出现在同一个分片上，从而导致分布不平衡。图 2.22 和图 2.23 说明了这些概念。

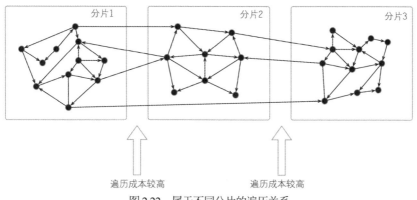

图 2.22　属于不同分片的遍历关系

图 2.22 显示了导航一个图可能涉及多次跨越分片边界。这种跨分片遍历成本较高，因为它需要很多网络跃点，导致查询时间大大延长。在这种情况下，与所有操作都发生在同一个分片上的情况相比，其性能会迅速下降。

在图 2.23 中，为了克服这个问题，将相关节点存储在同一个分片上。图遍历速度更快，但分片之间的负载高度不平衡。此外，由于图具有动态特性，运行时，图及其访问模式可以快速且不可预测地变化，使得该解决方案在实践中难以实现。

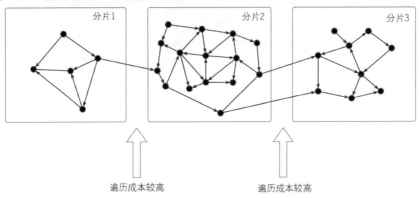

图 2.23　单个分片(分片 2)的过载

考虑到这些挑战，一般来说，有三种扩展图数据库的技术：

● 应用级分片——在这种情况下，数据分片是在应用端通过使用特定领域的知识来完成的。对于全球业务，可以在一台服务器上创建与北美相关的节点，而在另一台服务器上创建与亚洲相关的节点。这种应用级分片需要了解：节点存储在物理位置不同的数据库中。分片还可以基于必须对数据执行的不同类型的分析或图处理。在这种情况下，每个分片都包含执行算法所需的所有数据，并且可以跨分片复制一些节点。图 2.24 描述了应用程序级分片。

● 增加 RAM 或使用缓存分片——可以垂直扩展服务器，添加更多 RAM 以使整个数据库适用于内存。这种解决方案使得图遍历速度极快，但对于大型数据库来说既不合理也不可行。在这种情况下，可以采用缓存分片技术，从而在容量远远超过主存空间的数据集上保持高性能。因为我们希望每个数据库实例上都存在完整的数据集，所以这里的缓存分片并不是传统意义上的分片。为了实现缓存共享，我们对每个数据库实例的工作负载进行分区，以增加针对给定请求命中热缓存的可能性(像 Neo4j 这样的图数据库中的热缓存是高性能的)。

● 复制——通过添加更多(相同的)数据库副本作为具有只读访问权限的从数据库实例，可以实现数据库的扩展。当你将数量相对较多的只读从数据库实例与少量主数据库实例配对时，可以实现高级别的可扩展性。该技术在 2.3.3 节中描述。其他技术也有各自的优点和缺点，这里不一一讨论。

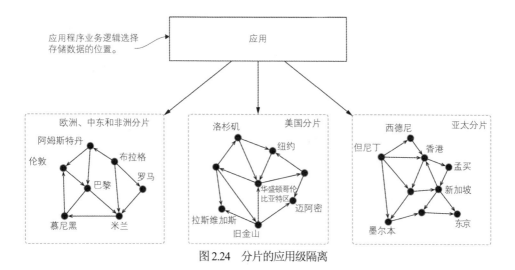

图 2.24　分片的应用级隔离

分片在某些情况下更有效。考虑本章前面讨论的两种情况：

- 在蜂窝塔监控示例中，为每个监控目标创建了一个图，因此机器学习模型会生成多个独立的、将被单独访问的图。在这种情况下，应用程序级分片非常简单，因为所有图都是独立存在的。总结来说，在基于图的 Lambda 架构场景中，通过在同一数据集上创建多个图视图，我们可以将这些视图存储在多个数据库实例中，因为可以独立对其进行访问。
- 在第二个用例(欺诈检测)中，分片会很困难，因为理论上所有节点都可以连接。可以应用一些启发式方法来减少跨分片遍历或将经常访问的节点保持在同一个分片上，但不能像前面的用例那样将图划分为多个孤立的图。在这种情况下，还有一种方法，即使用复制来扩展读取性能并加快分析时间。

2.3.3　复制

如 2.3.2 节所述，分片是图数据库中的一项艰巨任务。处理速度和可用性的一个有效替代方案是复制。数据复制包括在不同的计算机上维护多个称为副本的数据副本。复制有以下几个目的[Özsu 和 Valduriez, 2011]：

- **系统可用性**——复制使数据可以从多个站点访问，从而消除分布式 DBMS 存在的单点故障。即使某些集群节点关闭，数据也应该仍旧可用。
- **性能**——复制通过将数据定位在更靠近其访问点的位置，从而减少延迟。
- **可扩展性**——复制允许系统在地理空间和访问请求数量方面增长，同时保持可接受的响应时间。
- **应用程序要求**——作为其操作规范的一部分，应用程序可能需要维护多个数据副本。

数据复制的好处显而易见，但让不同副本保持同步并非易事。定义复制协议的基本设计决策是在何处首先执行数据库更新。这些技术的特点如下：

- 如果首先在主副本上执行更新，则为集中式。当系统中的所有数据项只有一个主数据库副本时，集中式技术可进一步被识别为单一主副本；当每个数据项(集)都可以有一个主副本时，集中式技术可以被识别为主副本。
- 如果允许对任何副本进行更新，则为分布式。

由于图具有高度连接性，实现集中式主副本协议或分布式协议较为困难，会严重影响系统性能和数据一致性，这一点是最关键的(在图中，数据项可以是一个节点或一个关系；根据定义，一个关系连接到另外两个数据项——节点——并且一个节点可能通过多个关系连接到其他节点)。因此，我们将重点关注单一主副本的集中式方法，也称主/从复制。

在这种方法中，将一个节点指定为数据的权威来源，称为主节点、领导节点或主要节点。该节点通常负责更新该数据。即使从节点设备接受写入，这些操作也必须通过要执行的主节点(见图 2.25)。如果你的大部分数据访问是读取，则主/从复制最有用。通过添加更多从节点并将所有读取请求路由到从节点，你可以将其水平扩展。主/从复制还提供弹性读取：如果主节点失败，从节点仍然可以处理请求[Fowler 和 Sadalage, 2012]。

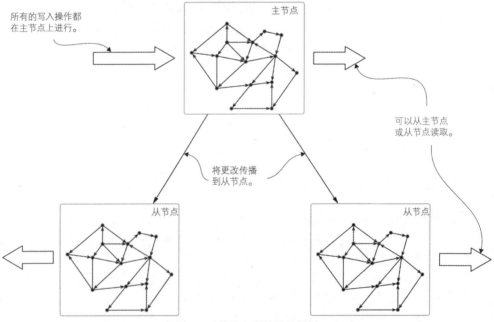

图2.25 基于主/从协议的复制

大多主/从协议的实现都允许从节点在当前主节点不可用时连接到不同的主节点。这种方法提高了架构栈的可用性和可靠性。具体来说，在机器学习项目中，复制使得可以在训练或预测阶段将读取负载分散到所有节点。

2.3.4　原生与非原生图数据库

本书描述了多种方法，通过这些方法，图可以为机器学习项目提供支持。为了最大化利用图模型，需要使用一个合适的图 DBMS 来存储、访问和处理图。尽管在多个图数据库实现中模型本身相当一致，但在不同的数据库引擎中有许多方法可以对图进行编码和表示。从查询语言到数据库管理引擎和文件系统，从集群到备份和监控，为处理整个计算栈中的图工作负载而构建的 DBMS 被称为原生图数据库[Webber, 2018]。原生图数据库旨在以一种不仅理解图而且能支持图的方式使用文件系统，这意味着对于图工作负载而言，它们既高效又安全。更详细地说，原生图 DBMS 表现出一种名为无索引邻接的特性，这意味着每个节点都维护对其相邻节点的直接引用。邻接表是表示稀疏图的最常见方式之一。

形式上，图 $G=(V, E)$ 的这种表示由列表数组 *Adj* 组成，每个 *Adj* 对应 *V* 中的每个顶点。对于 *V* 中的每个顶点 *u*，邻接列表 *Adj*[*u*] 包含所有顶点 *v*，在 *E* 中的 *u* 和 *v* 之间存在一条边 E_{uv}。换句话说，*Adj*[*u*] 由 *G* 中与 *u* 相邻的所有顶点组成[Cormen et al., 2009]。

图 2.26(b)是图 2.26(a)中无向图的邻接表表示。例如，顶点 1 有两个邻节点 2 和 5，所以 *Adj*[1]是列表[2, 5]。顶点 2 有三个邻节点 1、4 和 5，所以 *Adj*[2]是[1, 4, 5]。其他列表的创建方式相同。这表示法并不重要，因为关系中没有顺序，列表中也没有特定的顺序；因此，*Adj*[1]可以是[2,5]，也可以是[5, 2]。

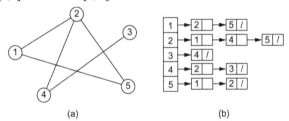

图 2.26　(a)无向图和(b)作为邻接表的相关表示

同理，图 2.27(b)是图 2.27(a)中有向图的邻接表表示。将这样的列表可视化为一个链接列表，其中每个条目都包含对下一个条目的引用。在节点 1 的邻接表中，第一个元素是节点 2，对下一个元素的引用是节点 5 的元素。这是存储邻接表最常用的方法之一，因为它可以提高添加和删除元素的效率。在这种情况下，我们只考虑传出关系，但对于传入关系，可以进行同样的操作；重要的是在创建邻接表的过程中选择一个方向并保持一致。这里，顶点 1 只有一个与顶点 2 的传出关系，所以 *Adj*[1]将是[2]。顶点 2 有两个传出关系，分别为 4 和 5，因此 *Adj*[2]为[4, 5]。顶点 4 没有传出关系，因此 *Adj*[4]为空([])。

如果 *G* 是有向图，则所有邻接表的长度之和为|*E*|。因为每条边都可以在一个方向上遍历，所以 E_{uv} 只会出现在 *Adj*[*u*]中。如果 *G* 是无向图，则所有邻接表的长度之和为 2×|*E*|，这是因为如果 E_{uv} 是无向边，则 E_{uv} 会出现在 *Adj*[*u*]和 *Adj*[*v*]中。有向图或无向图的邻接表表示所需的内存与|*V*|+|*E*|成正比。

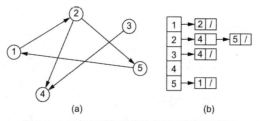

图2.27 (a)有向图和(b)作为邻接表的相关表示

通过在 $Adj[u]$ 中存储边 E_{uv} 的权重 w，可以很容易地用邻接表表示加权图。对邻接列表表示也可以进行类似的修改，以支持其他变体图。在这样的表示中，每个节点都充当其他附近节点的微索引，这比使用全局索引的成本低得多。在这种数据库中，遍历关系的成本是恒定的，与图的大小无关。此外，查询次数与图的总大小无关；相反，它们与搜索的图数量成正比。

还有一种方案是使用非原生图数据库。这种方案中的数据库系统可以分为两类：

- 在现有不同数据结构之上对图 API 进行分层的系统，如键/值、关系、文档或基于列的存储。
- 多模型语义的系统，其中一个系统可以支持多个数据模型。

非原生图引擎针对替代存储模型进行了优化，如列、关系、文档或键/值数据，因此在处理图时，DBMS 与数据库主模型之间的转换成本昂贵。执行者可以尝试通过彻底的非归一化来优化这些转换，但在查询图时这种方法通常会导致高延迟。换句话说，非原生图数据库实际上永远不会像原生图数据库那样高效，原因很简单：它需要转换过程。

了解图的存储方式有助于为其创建更好的模型，图数据库的"原生"性质至关重要。这样的考虑也与本书的核心思想有关：

在一个成功的机器学习项目中，每一方面都与向最终用户提供高效和高性能的服务相关，其中高效和高性能不仅意味着准确，还意味着按时提供。

例如，如果网站上的精准推荐需要30秒才能提供，那么它将毫无用处，因为到那时，用户可能已切换到其他页面了。

有时，这些方面并非首要。常见的误解是认为非原生图技术已经足够好了。为了更好地理解机器学习项目数据库引擎中对图的原生支持的意义，可参考以下例子：

你必须执行一个供应链管理系统，其分析整个供应链，从而预测未来的库存问题或发现网络中的瓶颈。

供应链管理专业委员会将供应链管理定义为一个系统，该系统"涵盖采购、转换和所有物流管理活动中涉及的所有活动的规划和管理。"[1] 可以将供应链自然地建模为一个图，如图2.28 所示。

---

1 http://mng.bz/8WXg。

现在假设你想利用关系数据库或任何其他基于全局索引的 NoSQL 数据库来存储供应链网络模型。供应链中各要素之间的关系如图 2.29 所示。

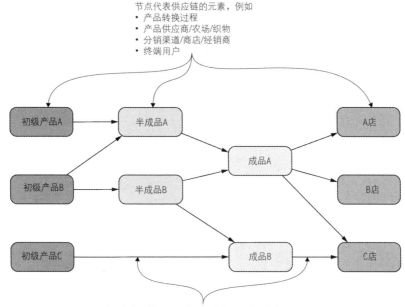

图 2.28　一个供应链网络

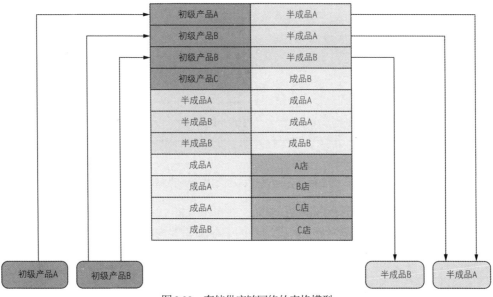

图 2.29　存储供应链网络的表格模型

如图所示，这些索引为每次遍历增加了一层间接性，从而增加了计算成本。要想查找产出成品 B 后交付的位置，我们首先必须进行索引查找，这需要耗时 $O(\log n)^1$，然后获取链中后续节点的列表。对于偶尔的或浅层查找，这种方法是可以接受的，但是当我们反转遍历方向(例如，为找到创建成品 C 所需的中间步骤)时，耗时则长得离谱。

假设现在初级产品 A 被污染或不再可用，我们需要在链中找到所有受此问题影响的产品或商店。因此我们不得不执行多个索引查找，对于初级产品和商店之间链中的每个节点执行一个索引查找，这使得耗时更长。找出成品 B 将交付到哪里需耗时 $O(\log n)$，而要遍历 m 个步骤的网络，索引方法将耗时 $O(m \log n)$。在具有无索引邻接的原生图数据库中，可有效地预先计算双向连接并将该连接作为关系存储在数据库中，如图 2.30 所示。

在这个表示中，当你有第一个节点时，遍历一个关系将耗时 $O(1)$，这意味着它直接指向下一个节点。现在，执行以前的相同遍历只需耗时 $O(m)$。图引擎不仅更快，而且成本仅与跳数(m)有关，与关系的总数(n)无关。

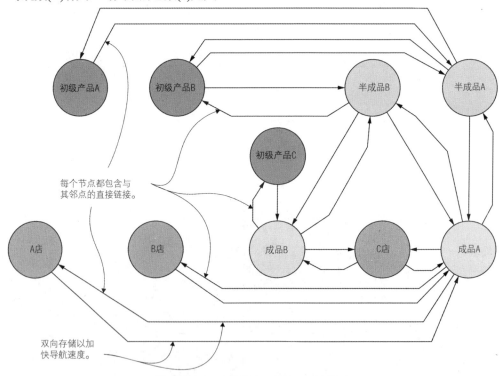

图 2.30　用于存储供应链的基于图的模型

现在假设你需要识别出供应链中的瓶颈。找出网络瓶颈的一种常用方法是利用介数中心性，其计算节点之间的最短路径，是对图的中心性(重要性)的一种度量。每个节点的介数中心性为通过该节点的最短路径的数量。在这种情况下，索引查找耗时——$O(\log n)$——

---

1 大写 O 符号 "用于描述计算机科学中算法的性能或复杂性。尤其用于描述最坏的情况，可用于描述算法所需的执行时间或使用的空间(例如在内存中或磁盘上)。" (来源和例子：https://mng.bz/8WXg)。

将极大地影响计算性能。

回顾一下，原生图架构具有许多优势，使其在管理图模型方面往往优于非原生方法。这些优势总结如下：

- "分钟到毫秒"性能——原生图数据库进行连接数据查询的速度远远快于非原生图数据库。即使在一般的硬件上，原生图数据库也可以轻松在单台机器上处理图中节点之间每秒数百万次的遍历和每秒数千次的事务性写入[Webber, 2017]。
- 读取效率——原生图数据库可以使用无索引邻接进行恒定时间遍历，不需要复杂的架构设计和查询优化。直观的属性图模型不需要创建任何额外的、复杂的应用程序逻辑来处理连接[Webber, 2017]。
- 磁盘空间优化——为了提高非原生图中的性能，可以将索引非归一化或创建新索引，或将二者结合使用，但这会影响存储相同数量信息所需的空间量。
- 写入效率——索引非归一化也会对写入性能产生影响，因为所有这些额外的索引结构也需要更新。

2.3.5　标签属性图

相比简单的节点和关系列表，用于表示复杂网络的图需要存储的信息更多。幸运的是，可以很容易地将这种简单结构扩展为更丰富的模型，这种模型包含属性形式的附加信息。此外，还需要对类中的节点进行分组，并分配不同类型的关系。图数据库管理系统供应商引入了标签属性图模型，将一组属性与图结构(节点和关系)联系起来，并对节点和关系进行分类。该数据模型允许使用任何 DBMS 典型的更复杂的查询特征集，如投影、过滤、分组和计数。

根据 openCypher 项目[1]，标签属性图被定义为"具有自边[2]的有向、顶点标签、边标签的多重图，其中边有自己的身份。"在属性图中，我们使用节点来表示顶点，使用关系来表示边。

属性图具有以下属性(此处以与平台无关的方式定义)：

- 该图由一组实体组成。一个实体代表一个节点或一个关系。
- 每个实体都有一个标识符，在整个图中可以对其进行唯一标识。
- 每个关系都有一个方向、一个标识关系类型的名称、一个起始节点和一个结束节点。
- 实体可以具有一组属性，这些属性通常表示为键/值对。
- 可以用一个或多个标签对节点进行标记，这些标签将节点分组并表明它们在数据集中所起的作用。

属性图仍然是图，但沟通功能比以前更强大。在图 2.31 中，你很容易发现 Person 的属性 Alessandro 与 Company 的属性 GraphAware 存在 WORKS_FOR 关系，Michal 和 Christophe 也是如此。name 是节点 Person 的属性，而 start_date 和 role 是关系

---

1 http://mng.bz/N8wX。

2 自边，也称 sloop，是源节点和目标节点相同的边。

WORKS_FOR 的属性。通过使用关系 HAS_NATIONALITY 存储每个 Person 的国籍，就可以将 Person 连接到 Country 节点，该节点具有存储国家名称的属性 name。

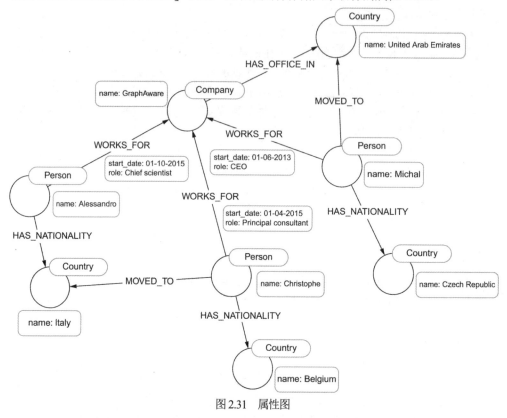

图 2.31　属性图

对于关系数据库，有一些定义图模型的最佳实践或样式规则。例如，节点的标签应该是单数，因为它们代表一个特定实体，而关系的名称则应该反映方向。

显然，可以用多种方式表示同一组概念。例如，在图 2.31 所示的模型中，可以将国籍存储为 Person 节点的一个属性。根据访问模式和潜在图 DBMS 的特定需求，模式可能会发生显著变化。在本书的第 II 部分，我们将看到许多用于表示数据的模型，每个模型都有特定范围并满足目标应用程序的特定要求。

2.4　本章小结

本章描述了机器学习应用程序中与数据管理相关的一些问题，并讨论了图模型如何帮助解决这些挑战。本章通过使用具体场景并描述相关的基于图的解决方案来说明某些特定方面。你学到了以下内容：

- 如何处理大数据的"四 V": 数量、速度、多样性和真实性。"四 V"模型描述了机器学习项目在数据规模、新数据生成速度、数据呈现的异构结构以及来源的不确定性方面面临的多个重要问题。
- 如何设计架构来处理大量训练数据。训练期间,预测分析和机器学习一般需要大量数据才能有效。拥有更多的数据比拥有更好的模型更为重要。
- 如何设计合适的 Lambda 架构,以使用图来存储数据视图。在基于图的 Lambda 架构中,图模型用于存储和访问批处理或实时视图。这些视图代表主数据集的预先计算和易于查询的视图,其中包含原始格式的原始数据。
- 如何规划你的 MDM 平台。MDM 指的是识别、清洗、存储和(最重要)管理数据。在这种情况下,图展示了数据模型中具有的更大灵活性和可扩展性以及搜索和索引功能。
- 如何确定适合应用程序需求的复制模式。复制使得你可以在图数据集群中的多个节点之间分配分析负载。
- 原生图数据库的优势是什么。原生图 DBMS 优于非原生图 DBMS,是因为它们将模型(我们表示数据的方式)与潜在数据引擎一对一映射。这样的匹配提高了性能。

(注: 本章的参考文献,请扫描本书封底的二维码进行下载。)

第 *3* 章
图在机器学习应用中的作用

本章内容
- 图在机器学习工作流中的作用
- 如何正确存储训练数据和生成模型
- 基于图的机器学习算法
- 利用图可视化进行数据分析

本章我们将更详细地探讨如何将图和机器学习结合在一起，这有助于为终端用户、数据分析师和业务人员提供更好的服务。第 1 章和第 2 章介绍了机器学习中的一般概念，例如：
- 组成通用机器学习项目的不同阶段(具体来说是 CRISP-DM 模型的六个阶段：业务理解、数据理解、数据预处理、建模、评估和部署)。
- 数据质量和数量对于创建一个能提供准确预测的、有价值且有意义的模型的重要性。
- 如何使用图数据模型来处理大量数据(大数据)。

本章我们将了解到如何利用图模型来表示数据，使其易于访问和分析，以及如何基于图论来利用机器学习算法的"智能"。我想以一张图(图 3.1)开始本章内容的介绍，该图表示如何将来自多个来源的原始数据转换为超越简单知识或洞察力的东西：智慧。

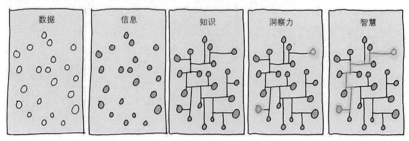

图 3.1　David Somerville 的插图，源于 Hugh McLeod 原著[1]

1　www.smrvl.com。

我们被数据淹没,数据无处不在。新闻、博客文章、电子邮件、聊天和社交媒体只是我们周围的众多数据生成源中的几个例子。此外,在撰写本书时,我们正处于物联网爆炸的时代。如今连我的洗衣机都在向我发送数据,提醒我裤子洗干净了;我的车知道我什么时候应该停止驾驶,休息一下。

然而,数据本身是无用的,就其本身而言,它不具有任何价值。为了理解数据,我们必须与其交互并对其进行组织。这个过程就会产生信息。将这些信息转化为知识,从而揭示信息之间的关系(一项质变)需要付出进一步的努力。这个转换过程连接各点,使以前不相关的信息具备场景、意义和逻辑语义。知识可以带来洞察力和智慧,其不仅相关,而且能够提供指导,并可以转化为行动:生产更好的产品、提升用户满意度、降低生产成本、提供更好的服务等。这一过程位于转换路径末端,是数据的真正价值所在——机器学习提供了从中提取价值的必要智能。

图 3.1 在某种程度上代表了本章第 I 部分的学习路径:

(1) 数据和信息来自一个或多个来源。数据为训练数据,任何学习都将基于该数据进行,并以图的形式进行管理(3.2 节)。

(2) 当以知识的形式组织数据并用适当的图表示数据时,机器学习算法就可以在此基础上提取并构建洞察力和智慧(3.3 节)。

(3) 机器学习算法对知识进行训练后创建的预测模型会被存储回图中(3.4 节),从而使预测的智慧永久可用。

(4) 最后,可视化(3.5 节)以人脑容易理解的方式显示数据,从而使衍生的知识、洞察力和智慧易于访问。

此路径使用与第 1 章和第 2 章中相同的心智模型,以突出并组织图在机器学习项目中提供宝贵帮助的多种方式(图 3.2)。

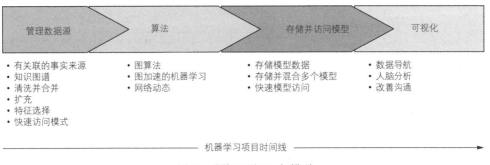

图 3.2　图机器学习心智模型

我们将从这个心智模型开始并深入探讨,展示一些使用图特征来提供更好的机器学习项目的技术和方法。

3.1　机器学习工作流中的图

根据第 1 章[Wirth and Hipp, 2000]中描述的 CRISP-DM 模型,可以定义一个通用的机器学习工作流，在我们的讨论中，该工作流可以分解为以下宏观步骤：

(1) 选择数据源、收集数据并准备数据。

(2) 训练模型(学习阶段)。

(3) 提供预测。

一些学习算法没有模型[1]。基于实例的算法没有单独的学习阶段；其在预测阶段使用训练数据集中的条目。尽管在这些情况下图方法也可以提供有效的支持，但我们的分析中将不考虑这些算法。

此外，很多时候，数据需要被可视化为多种形式，以达到分析的目的。因此，可视化作为完成机器学习工作流的最后一步发挥着重要作用，需要进行进一步调查。

此工作流描述与图 3.2 中的心智模型相匹配，你将持续在本章(和本书)中看到它，以帮助你弄清楚我们在每个步骤中的位置。在这样的工作流中，从可操作、基于任务和数据流的角度来看图的作用是十分重要的。图 3.3 说明了数据如何贯穿学习过程，以可视化或预测的形式从数据源流向终端用户。

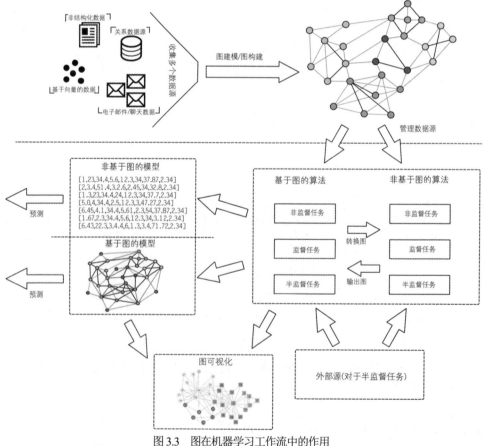

图3.3　图在机器学习工作流中的作用

---

1 详见附录 A。

与往常一样,该过程从可用数据开始。不同的数据源将具有不同的模式、结构和内容。通常,机器学习应用中使用的数据可以归类为大数据(我们在第 2 章讨论了如何处理大数据)。必须在学习过程开始之前对这些数据进行组织和管理。图模型通过创建一个连接的且组织良好的事实来源来帮助进行数据管理。可通过多种技术将原始数据形式转换为图,这些技术可以分为两类:

- 图建模——通过建模模式将数据转换为某种图表示。信息是相同的,只是格式不同,或者汇总了数据以使其更适合用于学习过程。
- 图构建——从可用数据开始创建一个新图。得到的图包含比以前更多的信息。

在此准备之后,数据以结构良好的格式存储,为下一阶段的学习过程做好准备。数据的图表示不仅仅支持基于图的算法;它可以为多种类型的算法提供信息。具体来说,图表示有助于完成以下任务:

- 特征选择——查询关系数据库或从 NoSQL 数据库的值中提取关键字是一项复杂的工作。但图易于查询并且可以合并来自多个来源的数据,因此通过图可以更简单地查找和提取用于训练的变量列表。
- 数据过滤——目标之间易于导航的关系使得可以在训练阶段开始之前轻松过滤掉无用的数据,从而加快模型构建过程。我们将在 3.2.4 节中看到一个示例,其中将考虑推荐场景。
- 数据预处理——图使得可以轻松清洗数据(从而删除虚假条目)以及合并来自多个来源的数据。
- 数据扩充——使用外部知识源(例如语义网络、本体和分类)来扩展数据或循环建模阶段的结果以构建更大的知识库,用图来完成该过程会很简单。
- 数据格式化——可以轻松地以任何必要的格式导出数据:向量、文档等。

在这两种情况下(基于图或非基于图的算法),结果可能是一个非常适合图表示的模型;在这种情况下,它可以被存储回图中或以二进制或专用格式存储。

只要预测模型允许,将模型存储回图中使你有可能在图上以查询形式(具有或多或少的复杂性)执行预测。此外,该图提供了从不同角度和不同范围访问同一模型的途径。如 3.2.4 节中所述,推荐则是这种方法潜在优势的一个示例。

最后,可以使用图模型以图格式来将数据可视化,通常这意味着其在交流能力方面占很大优势。图是白板友好的,因此在机器学习项目的早期阶段,可视化还可以改善企业所有者和数据科学家之间的沟通。

此处描述的所有阶段和步骤并非都是强制性的;根据机器学习工作流的需要,只有一些步骤可能有用或必要。后面几节介绍了一系列具体的示例场景。对于介绍的每个场景,书中都清楚地说明了图的作用。

3.2 管理数据源

正如我们所见,图对于编码信息非常有用,而且图格式的数据越来越多。在机器学习的许多领域——包括自然语言处理、计算机视觉和推荐——图被用来建模孤立数据项(用户、条目、事件等)之间的局部关系，并根据局部信息构建全局结构[Zhao 和 Silva, 2016]。在处理机器学习或数据挖掘应用中产生的问题时，将数据表示为图通常是一个必要的步骤(有时只是一个理想的步骤)。特别是，当我们想将基于图的学习方法应用于数据集时，它变得至关重要。图 3.4 突出了图在机器学习项目中与数据源管理相关的作用。

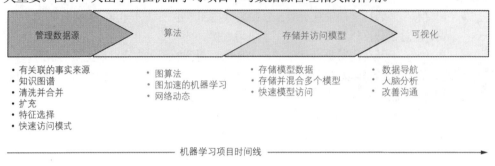

图 3.4　心智模型中的管理数据源

可以以无损方式完成从结构化或非结构化数据到图表示的转换，但对于学习算法而言，这种无损表示并不总是必要的(或可取的)。有时，数据的聚合视图才是更好的模型。例如，如果你正对两个人之间的通话进行建模，则可以在每次通话的两个实体(呼叫者和接收者)之间建立关系，也可以建立一个聚合所有通话的单一关系。你可以通过以下两种方式根据输入数据集来构建图：

- 通过设计一个表示数据的图模型
- 通过使用一些方便的图形成标准

在第一种情况下，图模型是数据集本身或多个数据集中可用的相同信息的替代表示。图中的节点和关系仅仅是原始来源中可用数据的表示(聚合或非聚合)。此外，在这种情况下，图充当连接数据源，合并来自多个异构源的数据，在流程末端作为单一可信的事实来源运行。有多种方法、技术和最佳实践可用于应用此模型转换，并以图的形式表示数据，我们将在此处讨论其中一些，同时考虑多种场景。其他数据模型模式将在本书的其余部分中介绍。

在第二种场景中——使用一些方便的图形成标准——数据项存储在图中(通常作为节点)，并通过某种边构建机制来创建图。假设在你的图中，每个节点代表一些文本，例如一个句子或整个文档。这些条目是孤立的条目。除非节点明确连接(例如通过论文中的引用)，否则节点之间没有关系。在机器学习中，文本通常表示为一个向量，每个条目包含一个词的权重或文本中的一个特征。可以利用向量之间的相似度或相异度值来创建(构建)边。从不相关的信息开始创建一个新图。在这种情况下，生成的图比原始数据集嵌入了更多的信息。这些附加信息由多种成分组成，其中最重要的是数据关系的结构或拓扑信息。

这两个过程的结果是一个表示输入数据的图，其成为相关机器学习算法的训练数据集。在某些情况下，这些算法本身就是图算法，因此它们需要数据的图表示；在其他情况下，图是访问相同数据的更好方式。此处描述的示例和场景代表了这两种情况。

图 3.5 显示了将数据转换为其图表示(或将其创建为图)过程中所需的步骤。

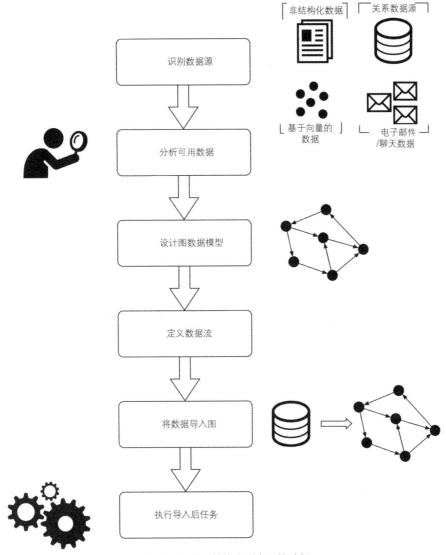

图 3.5　将数据转换为图表示的过程

下面是每一步的细节:

(1) **识别数据源**。识别可用于算法训练的数据,以及可以从中提取此类数据的来源。此步骤对应于机器学习项目的第二阶段,即在目标确定之后(CRISP-DM 数据模型的数据预处理阶段)。

(2) **分析可用数据**。分析每个可用的数据源,并根据其质量和数量评估内容。为了在训练阶段取得好的结果,必须拥有大量优质数据。

(3) 设计图数据模型。这一步需要完成两项任务。根据具体的分析要求，你必须：

　　a 确定要从数据源中提取的有意义的信息。

　　b 根据可用数据、访问模式和可扩展性，设计一个特定的图模型。

(4) 定义数据流。使用设计的模式来设计获取过程(称为 ETL 过程)的架构，该过程将来自多源的数据提取、转换并加载到图数据库中。

(5) 将数据导入图。启动步骤(4)中定义的 ETL 过程。通常，步骤(3)、(4)和(5)是迭代进行的，直到你获得正确的模型和正确的 ETL 过程。

(6) 执行导入后任务。在开始分析之前，可能需要对图中的数据进行一些预处理。这些任务包括：

　　a 数据清洗——删除或更正不完整或不正确的数据。

　　b 数据扩充——使用外部知识源或从数据本身提取的知识来扩展现有数据源。后一种情况属于图创建。

　　c 数据合并——由于数据来自多个源,因此可以将数据集中的相关元素合并为一个元素，也可以通过新的关系将其连接。

步骤(5)和(6)可以颠倒或混合。在某些情况下，数据在被获取之前可能会经过一个清洗过程。无论如何，当这六个步骤结束时，数据已为下一阶段做好准备，这涉及学习过程。

数据的新表示有几个优势，这里我们将通过多个场景和多个模型进行研究。有些场景是首次出现，但有些场景已在第 1 章和第 2 章中介绍，并将在整本书中进一步扩展。对于每个场景，我描述其背景和目的——定义正确模型，理解图方法在存储和管理数据方面的价值，以及将图作为分析后续步骤输入的关键方面。

从第II部分开始，本书详细描述了使用图模型表示不同数据集的技术。本章通过示例场景强调了使用图来管理可用于训练预测模型的数据的主要优势。

3.2.1　监控目标

再次假设你是一名警察。你试图通过利用由每部手机向它能到达的所有蜂窝塔发送(或从其接收)连续监控信号所收集的蜂窝塔数据，来追踪嫌疑人并预测他们的未来移动。使用图模型和图聚类算法，可以构建蜂窝塔数据，并以简单、清晰的方式表示目标的位置和移动。然后你可以创建一个预测模型[1]。

此场景的目的是监控目标并创建一个预测模型，该模型可识别与目标生活相关的位置集群，并能够根据目标的当前位置和最后移动来预测其后续移动[Eagle、Quinn and Clauset , 2009]。该场景中的数据是由目标的手机和蜂窝塔之间的交互生成的蜂窝塔数据，如图 3.6 所示。

出于此类分析的目的，可以从蜂窝塔或受监控目标的手机收集数据。通过使用必要的权限可以轻松获取来自蜂窝塔的数据，但需要进行大量的清洗(删除不相关的数字)和合并(来自多个蜂窝塔的数据)。从手机中搜集数据需要破解，但这并不总是可行的，而且这些

---

1 第 2 章中出于不同目的的介绍过此场景。这里，它被扩展并划分为构成心智模型的多个任务。请允许我为微小的(但必要的)重复道歉。

数据已经被清洗与合并。在 Eagle、Quinn 和 Clauset 的论文中，他们考虑了第二个数据源，我们在这里也这样做，但无论数据来源如何，结果和考虑因素都是相同的。

图 3.6　手机与蜂窝塔通信

假设手机将提供表 3.1 所示格式的数据。

表 3.1　在每个时间戳上都具有四个蜂窝塔(由 ID 标识)的单个手机提供的数据示例

手机标识符	时间戳	蜂窝塔 1	蜂窝塔 2	蜂窝塔 3	蜂窝塔 4
562d6873b0fe	1530713007	eca5b35d	f7106f86	1d00f5fb	665332d8
562d6873b0fe	1530716500	f7106f86	1d00f5fb	2a434006	eca5b35d
562d6873b0fe	1530799402	f7106f86	eca5b35d	2a434006	1d00f5fb
562d6873b0fe	1531317805	1d00f5fb	665332d8	f7106f86	eca5b35d
562d6873b0fe	1533391403	2a434006	665332d8	eca5b35d	1d00f5fb

为简单起见，该表代表单个手机提供的数据(手机标识符始终相同)。手机每隔 30 秒记录四个信号最强的蜂窝塔。

分析需要我们确定受监控目标所停留的位置。手机上可用的蜂窝塔数据本身无法提供此信息，因为它仅包含信号最强的四个塔的标识符。但是从这些数据着手，可以通过数据的图表示和图算法来识别关键位置。因此，可以将此数据建模为表示蜂窝塔网络(Cellular Tower Network，CTN)的图。正如第 2 章中所述，图中的每个节点都是一个独特的蜂窝塔；

边存在于同一记录中同时出现的任何两个节点之间，并且根据该对节点共同出现在一个记录中的总时间量，为每条边分配一个权重。为目标生成一个 CTN，显示在监控期间他们的手机记录的每个塔。结果如图 3.7 所示。

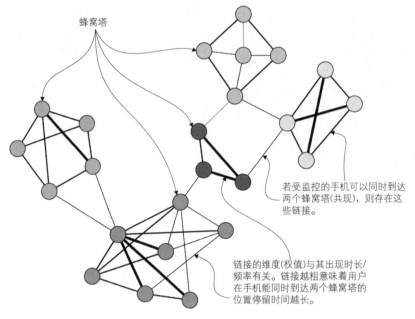

图 3.7　单个对象的 CTN 图表示

将图聚类算法应用于该图，以识别目标停留时间较长的主要位置(办公室、家、超市、教堂等)。分析结果如图 3.8 所示，其中识别并隔离出了多个簇群。

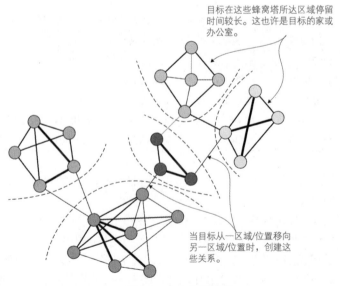

图 3.8　CTN 集群视图

此场景显示了图模型可以很好地表示用于此特定分析的数据。通过使用社区检测算法来执行基于图的分析，我们可以轻松识别目标停留时间较长的区域——若使用其他表示或分析方法，即使可以做到，也是很困难的任务。

此处描述的图建模说明了一种图构建技术。得到的图可以概括为共现图。节点代表实体(在本例中指蜂窝塔)，而关系代表两个实体属于一个共同集合或群体的事实(在 CTN 中，集合是表中的行，表示在一个特定时间点，手机可以到达两个塔)。这项技术十分强大，在许多算法和机器学习应用程序中被用作分析前的数据预处理步骤。通常，这种类型的图构建技术用于与文本分析相关的应用程序；我们将在 3.3.2 节中看到一个例子。

3.2.2 检测欺诈

再次假设你想为银行创建一个欺诈检测平台，以揭示信用卡盗窃的源点。交易的图表示可以帮助你识别盗窃位置，甚至可以将其可视化[1]。

在这种情况下，可用数据是信用卡交易，包括有关日期(时间戳)、金额、商家以及交易是否存在争议的详细信息。当一个人的信用卡详细信息被盗时，其交易历史中的真实操作将与非法或欺诈操作混在一起。分析的目标是确定欺诈开始的源点——盗窃发生的商店。该商店的交易是真实的，但之后发生的任何交易都可能是欺诈性的。可用数据如表 3.2 所示。

表 3.2 用户交易的一个子集

用户标识符	时间戳	金额	商家	有效性
用户 A	01/02/2018	250 美元	Hilton Barcelona	无争议
用户 A	02/02/2018	220 美元	AT&T	无争议
用户 A	12/03/2018	15 美元	Burger King New York	无争议
用户 A	14/03/2018	100 美元	Whole Foods	有争议
用户 B	12/04/2018	20 美元	AT&T	无争议
用户 B	13/04/2018	20 美元	Hard Rock Cafe	无争议
用户 B	14/04/2018	8 美元	Burger King New York	无争议
用户 B	20/04/2018	8 美元	Starbucks	有争议
用户 C	03/05/2018	15 美元	Whole Foods	无争议
用户 C	05/05/2018	15 美元	Burger King New York	无争议
用户 C	12/05/2018	15 美元	Starbucks	有争议

我们的目标是确定一些常见模式，揭示用户开始对其交易提出争议的点，这将帮助我们找到信用卡详细信息被盗的地点。可以通过使用交易的图表示来进行这一分析。可以在交易图中建模表 3.2 中的数据，如图 3.9 所示。

---

1 出于与上例相同的原因，这与第 2 章有一些重复。在本章中，更详细地描述了该场景。

如第 2 章所述，通过从交易的这种表示开始分析并使用图查询，我们可以确定盗窃发生在 Burger King(得出这个结论所采取的步骤在 2.2.2 节中有描述，这里不再重复)。

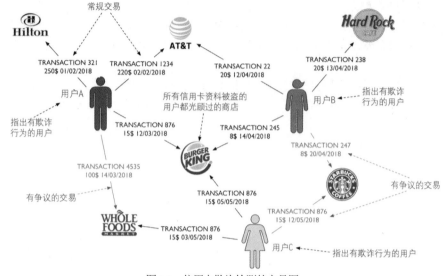

图 3.9　信用卡欺诈检测的交易图

交易图使我们能够轻松确定盗卡者的活动范围。在这种情况下，分析是在图上执行的，因为其出现在 ETL 阶段后，且不需要其他中间转换。这种数据表示表达信息的方式使得可以快速识别一长串交易中的行为模式并找出问题所在。

图 3.9 所示的交易图可以表示任何涉及两个实体的事件。通常，这些图用于以未聚合的方式建模货币交易，这意味着每个操作都可以与图的特定部分相关。在大多数情况下，结果图中的每笔交易都以下两种方式之一表示：

- 表示为参与交易的两个实体之间的一个有向边。如果用户 A 在商店 B 购物，则此事件被转换为从用户 A 开始并在商店 B 终止的一个有向边。在这种情况下，有关购物的所有相关详细信息(如日期和金额)都将作为边的属性存储(图 3.10(a))。
- 表示为包含有关事件所有相关信息的一个节点，并通过边连接到相关节点。在用户购物的情况下，交易本身被建模为一个节点；然后它连接到购买的来源和目的地(图 3.10(b))。

第一种方法通常用于与事件相关的信息量较小的情况。当事件本身包含可以与其他信息项相关联的有价值的信息，或当事件涉及两个以上的条目时，通常首选第二种方法。

交易图在欺诈检测分析和所有机器学习项目中非常常见，其中每个事件都包含相关信息，如果聚合这些事件，这些信息就会丢失。

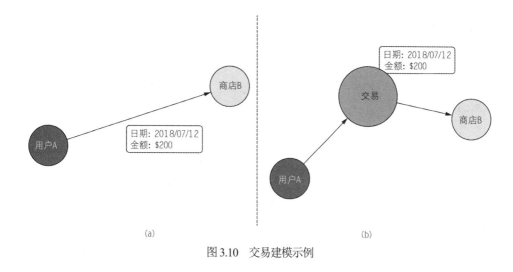

图 3.10 交易建模示例

3.2.3 识别供应链中的风险

假设你必须启用风险管理系统来识别或预测供应链中可能存在的风险。供应链网络 (Supply Chain Network，SCN)是在图中表示供应链元素及其交互的常用方法。这样的表示，再加上适当的图分析算法，使得可以轻松快速地发现整个供应链中的问题。

近年来，这种情况变得越来越重要，原因有很多，其中包括：

● 随着全球经济的发展，任何供应链都可以具有全球维度，因此供应链管理面临的问题变得越来越复杂。

● 位于供应链末端的客户对他们所购买产品的来源越来越感兴趣。

管理中断风险并使供应链更加透明是所有供应链中的强制性任务。供应链本质上是脆弱的，面临着各种威胁，从自然灾害到原材料污染、交货延迟和劳动力短缺[Kleindorfer and Saad，2005]。此外，由于链条的各个部分复杂且相互关联，一个部分的正常运行——以及整个供应链的高效运行——往往依赖于其他部分的正常运行。供应链的成员包括供应商、制造商、分销商、客户等。所有成员都相互依赖，通过物质、信息和资金流动进行合作，但他们也是独立运作的实体，可能为多家公司提供相同的服务。因此，在这种情况下可用的数据将分布在具有不同结构的多个公司中。任何对基于这种形式的数据的分析都是一项复杂的任务，从多个成员那里收集所需的信息并进行整理需要付出很多努力。

此处分析的目的是发现链中的元素，若其被损害，可能会破坏整个(或大部分)网络或显著影响其正常行为。图模型可以通过不同的网络分析算法来支持这样的分析任务。我们将在 3.3 节讨论算法的细节，此处将重点介绍可用于从多个可用来源构建图表示的图构建技术。

可以使用以下方法在图中表示供应链：

- 供应链的每个成员都由一个节点表示。成员可以是原材料供应商(初级供应商)、二级供应商、中间分销商、转换过程、大公司的组织单位、最终零售商等。图的粒度与所需的风险评估有关。
- 图中的每个关系代表供应链两个成员之间的依赖关系。这些关系可能包括从供应商到中间分销商的运输、两个加工步骤之间的依赖关系、给最终零售商的交付等。
- 对于每个节点，可以关联一些能够存储历史信息和预测信息的时间数据。

网络结构也可能随着时间的推移而演变。可以设计图模型来跟踪变化，但是对于本示例而言，这种设计会使它变得过于复杂。我们的示例图模型如图 3.11 所示。

该模型代表了一种以有机且同质的方式收集并整理数据的重要方法，它为风险管理所需的分析类型提供了合适的表示。有关执行分析以揭示链中高风险元素的算法将在 3.3.1 节中讨论。

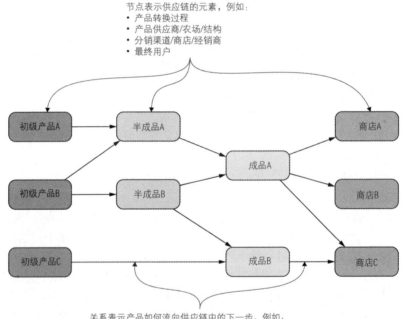

图 3.11　一个供应链网络

3.2.4　推荐条目

假设你想利用之前的交互(点击、购买、评分等)数据，向电子商务商店中的用户推荐商品条目。图可以以一种加快访问速度的方式帮助你存储 User-Item 数据集，并且将预测模型存储在图中不仅可以促进预测，还可以顺利合并多个模型。

机器学习中图最常见的用例之一是推荐。2012 年，我编写了第一个基于 Neo4j 构建的推荐引擎。这就是我的图职业生涯的开始，也是我十分关心这个特定主题的原因。在整本书中，通过多个示例，我们发现使用图构建多模型推荐引擎的巨大优势，但在这里，我们将从一个简单的示例开始，考虑最基本的实现。

可以使用多种方法来提供推荐。在这个特定的例子中，所选择的方法基于一种称为协同过滤的技术。用协同过滤方法进行推荐的主要原理，是利用现有用户群体过去行为或意见的相关信息，来预测系统当前用户最有可能喜欢或感兴趣的条目[Jannachet al.., 2010]。纯协同过滤方法将任何类型的给定 User-Item 交互(查看、过去购买、评分等)矩阵作为输入，并产生以下类型的输出：

- 一个(数字)预测，表明当前用户喜欢或不喜欢某个条目的可能性(相关性分数)。
- 基于预测值(从最可能到最不可能)为用户推荐的前 n 个推荐条目的有序列表。

相关性由基于用户反馈估计的效用函数 f 来衡量[Frolov 和 Oseledets, 2016]。更正式地，相关函数可以定义为：

f: 用户(User)×条目(Item)→相关性分数

其中 User 是所有用户的集合，Item 是所有条目的集合。此函数可用于计算没有可用信息的所有元素的相关性分数。预测所基于的数据可以由用户直接提供(通过评分、喜欢/不喜欢等)或通过观察用户的行为(页面点击、购买等)隐式收集。可用信息的类型决定了可用于构建推荐的技术类型。如果可以利用有关用户(个人资料属性、偏好)和条目(内在属性)的信息，则可采用基于内容的方法。如果只有隐式反馈可用，则需要使用协同过滤方法。

在预测所有未预见(或未购买)条目的相关性分数后，我们可以对它们进行排序并向用户显示前 n 个条目，从而执行推荐。像之前一样，我们从可用数据开始讨论。本例中的数据源如表 3.3 所示(其中 1 表示低评分，5 表示用户对该条目有很高的评价)。

表 3.3　用矩阵表示的 User-Item 数据集示例

用户	条目 1	条目 2	条目 3	条目 4	条目 5
Bob	-	3	-	4	?
用户 2	3	5	-	-	5
用户 3	-	-	4	4	-
用户 4	2	-	4	-	3
用户 5	-	3	-	5	4
用户 6	-	-	5	4	-
用户 7	5	4	-	-	5
用户 8	-	-	3	4	5

　　该表是一个经典的 User-Item 矩阵，包含用户和条目之间的交互(在本例中为评分)。带有符号-的单元格表示用户尚未购买或评价该条目。在我们正在研究的电子商务场景中，可能包含有大量的用户和条目，因此得到的表可能非常稀疏；每个用户只会购买可用条目的一小部分，因此生成的矩阵将有很多空单元格。在示例表中，我们想要预测用户 Bob 未预见或未购买的元素中，他对条目 5 感兴趣的程度。

　　从可用数据(以描述的形式)和协同过滤的基本理念开始，存在多种实现这种预测的方法。出于这个场景的目的，在本书的这一部分，我们将考虑使用基于条目的算法。基于条目的算法的主要原理是使用条目之间的相似度来计算预测。因此，我们将逐列考虑表格，每列描述一个元素向量(称为评分向量)，其中符号-被替换为 0 值。我们来检查 User-Item 数据集，并对 Bob 的条目 5 进行预测。首先，比较其他条目的所有评分向量，并寻找与条目 5 相似的条目。现在，基于条目的推荐的原理是查看 Bob 对这些相似条目的评分。基于条目的算法计算这些其他评分的加权平均值，并使用该平均值来预测用户 Bob 对条目 5 的评分。

　　为了计算条目之间的相似度，必须定义一个相似度度量。余弦相似度是基于条目的推荐方法中的标准指标：它通过计算两个向量之间夹角的余弦来确定两个向量之间的相似度[Jannach et al., 2010]。在机器学习应用中，这种度量通常用于比较两个文本文档，它们表示为术语向量；我们将在本书中频繁使用它。

　　计算两个向量之间夹角的余弦值，进而计算两个条目 a 和 b 之间的相似度的公式如下：

$$sim(\vec{a}, \vec{b}) = \cos(\vec{a}, \vec{b}) = \frac{\vec{a} \cdot \vec{b}}{|\vec{a}| \times |\vec{b}|}$$

·符号表示两个向量的点积。$|\vec{a}|$ 是向量的欧几里得长度，它被定义为向量与自身的点积的平方根。

　　图 3.12 显示了二维空间中余弦距离的表示。

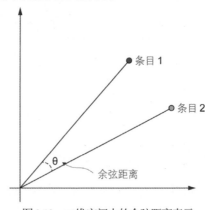

图 3.12　二维空间中的余弦距离表示

为了进一步解释该公式,我们考虑条目 5 的余弦相似度,由评分向量[0, 5, 0, 3, 4, 0, 5, 5]描述,条目 1 由向量[0, 3, 0, 2, 0, 0, 5, 0]描述。计算如下:

$$sim(\vec{I5},\vec{I1}) = \frac{0\times0+5\times3+0\times0+3\times2+4\times0+0\times0+5\times5+5\times0}{\sqrt{5^2+3^2+4^2+5^2+5^2}\times\sqrt{3^2+2^2+5^2}}$$

上式中的分子是两个向量之间的点积,由两个数字序列的相应条目的乘积之和计算得出。分母是两个向量的欧几里得长度的乘积。欧几里得距离是向量的多维空间中两点之间的距离。图 3.13 在二维空间中说明了这一概念。

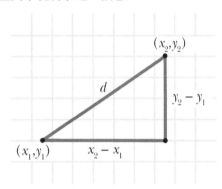

图 3.13 二维空间中的欧几里得距离

公式如下:

$$|x,y| = \sqrt{(x_1-y_1)^2+(x_2-y_2)^2}$$

欧几里得长度是向量到空间原点(在本例中是向量[0,0,0,0,0,0,0,0])的欧几里得距离:

$$|x| = \sqrt{x_1^2+x_2^2}$$

相似度值的范围为 0~1, 1 表示相似度最强。现在考虑我们必须为数据库中的每对条目计算这个相似度,所以如果有 100 万个产品,需要计算 1M × 1M 个相似度值。我们可以将这个数字减少一半,因为相似度是可交换的——cos(a,b) = cos(b,a)——但我们仍然要进行很多计算。在这种情况下,图可以帮助加快机器学习算法的推荐速度。User-Item 数据集可以轻松转换为图 3.14。

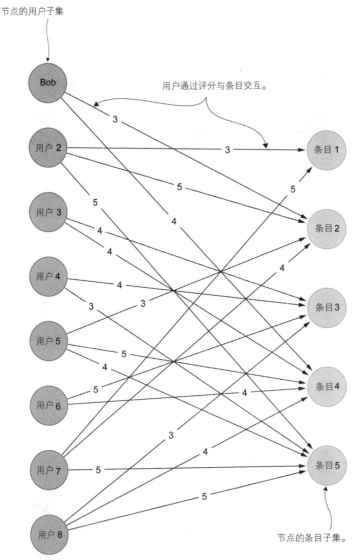

图 3.14　表示 User-Item 数据集的二部图

　　在此图表示中，所有用户都在左侧，所有条目都在右侧。关系仅从一个子集中的节点到另一子集中的节点，同一集合的节点之间没有关系。该图是二部图或双图的示例。更正式地说，二部图是一种特殊类型的图，其顶点(节点)可以分为两个不相交且独立的集合 U 和 V，这样每条边都将 U 中的一个顶点连接到 V 中的一个顶点，反之亦然。顶点集 U 和 V 通常称为图的部分[Diestel, 2017]。

　　二部图表示如何减少我们必须执行的相似度计算的数量？要理解这个概念，有必要更好地理解余弦相似度(尽管该原理可以扩展到更广泛的相似度函数集)。余弦相似度指标衡量两个 n 维向量之间的角度，因此当它们正交(垂直)时，这两个向量的余弦相似度等于 0。

在我们的示例中，当两个条目之间没有重叠用户(对两个条目都进行评分的用户)时，就会发生这种情况。在这种情况下，分式的分子将为 0。我们可以计算条目 2(由向量[3, 5, 0, 0, 3, 0, 4, 0]描述)和条目 3(由向量[0, 0, 4, 4, 0, 5, 0, 3]描述)之间的距离，如下：

$$sim(\vec{I2}, \vec{I3}) = \frac{3 \times 0 + 5 \times 0 + 0 \times 4 + 0 \times 4 + 3 \times 0 + 0 \times 5 + 4 \times 0 + 0 \times 3}{\sqrt{3^2 + 5^2 + 3^2 + 4^2} \times \sqrt{4^2 + 4^2 + 5^2 + 3^2}}$$

在这种情况下，相似度值为 0(图 3.15)。在稀疏的 User-Item 数据集中，正交的概率相当高，因此相应地，无用计算的数量也很多。使用图表示，很容易使用一个简单的查询来查找至少有一个共同评分用户的所有条目。然后可以只计算当前条目和重叠条目之间的相似度，这大大减少了所需的计算数量。在原生图引擎中，搜索重叠条目的查询速度很快。

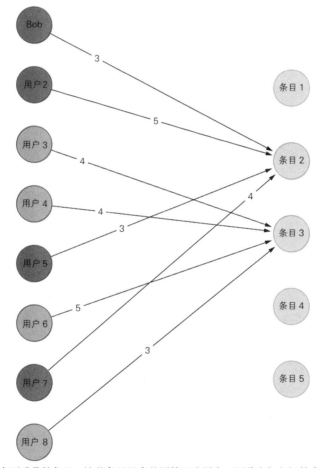

图 3.15　两个不重叠的条目。这些条目没有共同的评分用户，因此它们之间的余弦相似度为 0

另一种方法是将二部图分成簇群，仅计算属于同一簇群的条目之间的距离。

在本节介绍的场景中，图模型通过减少计算条目之间相似度所需的时间来帮助提高性能，从而减少推荐。在 3.4 节中，我们将看到如何从这个图模型开始，存储相似度计算的结果以快速执行推荐。此外，余弦相似度将用作图构建的技术。

3.3　算法

3.2 节描述了图模型在表示用于学习阶段的训练数据方面的作用。如前所述，无论学习算法是否基于图，这种事实来源的表示具有多种优势。

本节再次使用多个场景描述一些使用图算法来实现项目目标的机器学习技术。我们将考虑以下两种方法：

- 图算法作为主要学习算法。
- 图算法作为更复杂算法流程中的促进者。

图 3.16 突出了基于图的算法在机器学习项目中的作用。

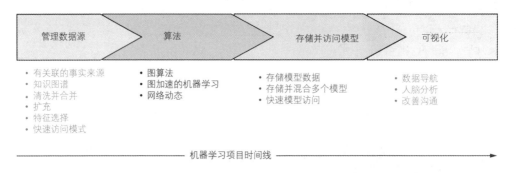

图 3.16　心智模型中的算法

在本书的其余部分，通过实现示例详细描述了整个算法。本章的目的是强调图算法在向最终用户提供预测方面的作用。与传统方法相比，这些技术提供了新颖的替代方法来解决机器学习用例带来的挑战性问题。这里(以及本书其余部分)的重点是展示如何在实际应用中使用这些技术，但我们也会考虑设计所介绍的方法，这些方法在性能和计算复杂度方面是互补的或有帮助的。

3.3.1　识别供应链中的风险

供应链风险管理主要旨在确定供应链对中断的敏感程度，也称供应链脆弱性[Kleindorfer 和 Saad, 2005]。评估供应链生态系统的脆弱性具有挑战性，因为它无法直接被观察或测量。单节点的故障或过载可能导致级联故障蔓延到整个网络。其结果是，供应链系统内部将遭到严重的破坏。因此，脆弱性分析必须考虑到整个网络，评估每个节点中断所产生的影响。这种方法需要识别的节点比其他节点更能代表网络中的关键元素。如果将供应链表示为一个网络，如图 3.17 所示，则可以用几种图算法来识别使供应链更容易受到攻击的节点。

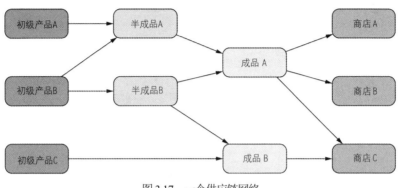

图 3.17　一个供应链网络

分析的目的是确定网络中最重要或最中心的节点。这种类型的分析将揭示供应链中值得关注的节点——最可能的攻击目标和最需要保护的节点，因为若其中断会严重影响整个供应链及其正常运行的能力。例如，在图 3.17 中，因初级产品 B 处在通往所有商店的路径上，所以由其产生的供应问题(中断可能发生在供应商端或连接端)将影响整个供应链。

重要性有许多定义，因此，许多中心性度量可以应用于网络。我们将考虑其中的两个，不仅因为它们对供应链的特定场景很有用，而且还因为它们是本书后面部分示例中应用到的强大技术：

- PageRank——该算法通过计算节点边的数量和质量来粗略估计节点的重要性。由 Google 创始人为其搜索引擎开发的 PageRank 模型实现的基本概念是投票或推荐。当一个节点通过一条边连接到另一个节点时，它基本上是在为那个节点投票。某节点获得的选票越多，它就越重要——但"选民"的重要性也很关键。因此，与节点相关联的分数是根据为它投的票和投这些票的节点的分数得出的。
- 介数中心性——该算法通过考虑节点位于其他节点之间最短路径上的频率来衡量节点的重要性。它适用于网络理论中的广泛问题。例如，在供应链网络中，介数中心性较高的节点将对网络拥有更多控制权，因为流经该节点的条目更多。

图 3.18 说明了这两种算法。

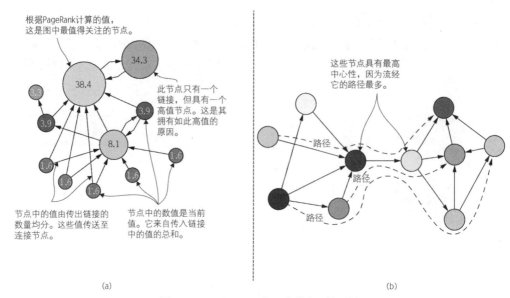

图 3.18　(a)PageRank 和(b)介数中心性示例

在供应链脆弱性用例中，两种算法都可用于确定供应链网络中最值得关注的节点，但它们是从两个不同的角度来考虑的：

- 介数中心性使我们可以在供应链中，通过节点对流经其中的产品的控制力来判断其影响力。具有最高中心性的节点也就是从供应链网络中移除后最会中断产品流动的节点，因为它们位于产品所流经节点数量最多的路径上。假设在供应链中，一家公司是供应链中所有产品的基本组件的唯一供应商，或者假设一家公司是某特定产品的唯一经销商。在这两种情况下，该组件或产品流经节点的最多路径数量，以及这些节点的任何严重中断都会影响整个供应链。

- PageRank 使我们可以根据节点所连接的节点的相对重要性来识别网络中具有较高值的节点。在这种情况下，中断一个重要节点可能只影响网络的一小部分，但中断的影响可能仍然很严重。假设在供应链中，转换过程将产品转换为仅适合供应链中某个最大终端客户的形式。在这种情况下，通过这个过程的路径并不多，所以节点的介数中心性很低，但节点的值很高，因为破坏它会影响链中的一个重要元素。

正如这些例子所示，图算法为供应链网络提供了强大的分析机制。这种方法可以推广到许多类似的场景，例如通信网络、社交网络、生物网络和恐怖分子网络。

3.3.2　在文档中查找关键词

假设你想自动识别一组最能描述文档或整个语料库的词语。使用基于图的排序模型，你可以通过无监督学习方法在文本中找到最相关的单词或短语。

无论是为最终用户提供服务还是供内部流程使用，公司通常需要管理和处理大量数据。大多数数据都采用文本形式。由于文本数据具有非结构化性质，访问和分析这一庞大的知识来源可能是一项极具挑战的复杂任务。关键词可以帮助识别主要概念，进而对大量文档进行有效访问。关键词提取还可用于为文档集合构建自动索引，构建特定领域的词典，或执行文本分类或总结任务[Negro et al., 2017]。

可以使用多种技术(或简单或复杂)从语料库中提取关键词列表。最简单的方法是使用相对频率标准(识别出现频率最高的词语)来选择文档中的重要关键词——但这种方法缺乏复杂性，通常会导致结果较差。另一种方法涉及使用监督学习方法，训练系统以基于词汇和句法特征来识别文本中的关键词——但是需要大量标记数据(带有手动提取的相关关键词的文本)来训练一个模型，使其足够准确以产生良好的结果。

图可以成为解决此类复杂问题的秘密武器，它提供了一种机制，通过使用数据的图表示和类似 PageRank 等图算法，以无监督方式从文本中提取关键词或句子。TextRank [Mihalcea 和 Tarau, 2004]是一种基于图的排序模型，可用于此类文本处理。

在这种情况下，我们需要构建一个图来表示文本，并用有意义的关系将词或其他文本实体连接起来。根据目的，提取的文本单元——关键词、短语或用于总结的完整句子——都可以成为节点被加入图中。同理，最终范围定义了用于连接节点的关系类型(词汇或语义关系、上下文重叠等)。无论添加到图中的元素的类型和特征如何，TextRank 在自然语言文本中的应用包括以下步骤[Mihalcea 和 Tarau, 2004]：

(1) 确定与所处理的任务相关的文本单元，并将它们作为节点添加到图中。

(2) 识别连接文本单元的关系。节点之间的边可以是有向的或无向的，也可以是加权的或未加权的。

(3) 迭代基于图的排序算法，直到收敛或达到最大迭代次数。

(4) 根据最终分数对节点进行分类，将这些分数用于排序/选择决策，并最终将两个或多个文本单元合并到一个(短语)关键词中。

因此，节点是从文本中提取的一个或多个词汇单元的序列，它们是将要被排序的元素。可以在两个词汇单元之间定义的任何关系都是可以在节点之间添加的潜在有用的连接(边)。对于关键词提取，识别关系的最有效方法之一是共现。在这种情况下，如果两个节点都出现在一个最多有 N 个单词(N-gram)的窗口内(N 通常在 2 到 10 之间)，则两个节点连接在一起。这种情况是使用共现图的另一个例子(可能是最常见的例子之一)，图 3.19 展示了一个结果示例。此外，可以使用句法过滤器仅选择特定词性的词汇单位(例如，仅选择名词、动词和/或形容词)。

构建图后，可以在图上运行 TextRank 算法来识别最重要的节点。图中的每个节点最初都被赋值为 1，算法运行直到收敛到给定的阈值以下(通常在 0.0001 的阈值下进行 20~30 次迭代)。在为每个节点确定最终分数后，将按分数对节点进行逆序排序，并对前 T 个节点(通常在 5 到 20 之间)进行后处理。在此后处理过程中，文本中接连出现并且相关的单词被合并为一个单独的关键词。

这种无监督的基于图的算法实现的准确性与任何监督算法的准确性相匹配[Mihalcea 和 Tarau, 2004]。这一结果表明，通过使用图方法，可以避免监督算法为诸如此处描述的任务提供预标记数据所需做的大量工作。

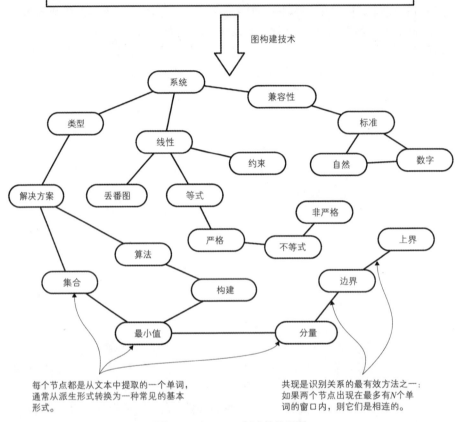

线性约束系统对自然数集的兼容性。

研究了线性Diophantine方程组、严格不等式和非严格不等式的兼容性标准。
给出了最小解集分量的上界，以及为所有类型系统构建最小生成解集的算法。

这些标准和构建最小支持解集的相应算法，可用于求解所有考虑的系统类型
和混合类型系统。

图构建技术

每个节点都是从文本中提取的一个单词，通常从派生形式转换为一种常见的基本形式。

共现是识别关系的最有效方法之一：如果两个节点出现在最多有N个单词的窗口内，则它们是相连的。

图 3.19　TextRank 创建的共现图

3.3.3　监控目标

我们继续讨论如何使用蜂窝塔数据监控目标的移动。在本章前面，我们讨论了如何将分布在多个塔或多个手机上并以表格格式存储的数据转换为称为 CTN 的同构图(如图 3.20 所示)。如第 2 章所述，图中具有最高总边权重的节点对应于目标手机中最常可见的塔 [Eagle、Quinn 和 Clauset, 2009]。

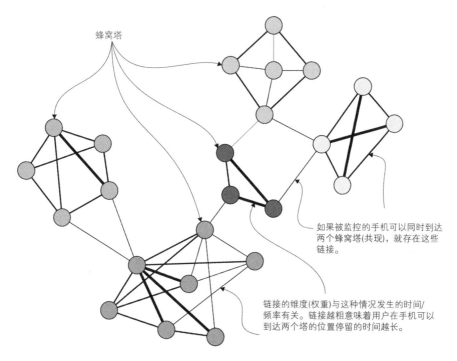

蜂窝塔

如果被监控的手机可以同时到达两个蜂窝塔(共现),就存在这些链接。

链接的维度(权重)与这种情况发生的时间/频率有关。链接越粗意味着用户在手机可以到达两个塔的位置停留的时间越长。

图 3.20 单一目标的 CTN 图表示

本章前面描述的图构建是使用图聚类算法的一项初步任务,它使我们可以识别塔组。此处的逻辑是由权重较大的边相互连接,并由权重较小的边连接到其他节点的一组节点应该对应于被监控目标停留时间较长的位置。图聚类是一种无监督学习方法,旨在将图的节点分组为簇,同时考虑图的边结构,使得每个簇内应该有很多边,而簇之间应该有相对较少的边[Schaeffer, 2007]。有多种技术和算法可以达成这一目的,本书的其余部分对其进行了广泛讨论。

当该图被整理成多个标识位置的子图时,下一步是使用此信息构建一个预测模型,该模型能够根据目标当前的位置指示其下一步可能去的地方。先前识别的塔组可以作为动态模型的状态被纳入[1]。给定一个目标去过的位置序列,该算法学习目标行为的模式,并能够计算目标在未来移到不同位置的概率。此处用于建模的算法[Eagle, Quinn and Clauset, 2009]是一个动态贝叶斯网络,3.4.2 节中将引入一种更简单的方法,即马尔可夫链进行介绍。

在之前的场景中,应用图算法(TextRank)是主要也是唯一必要的操作,而在这里,由于问题更为复杂,因此图算法被用作学习流程的一部分,以创建高级预测模型。

3.4 存储并访问机器学习模型

工作流第三步涉及向最终用户提供预测。学习阶段的输出是一个模型,其中包含推理

---

1 动态模型用于表示或描述状态随时间变化的系统。

过程的结果，并可以让我们对未预见的实例进行预测。该模型必须存储在永久存储器或内存中，以便在需要新预测时可以访问它。我们访问模型的速度会影响预测性能。时间是机器学习项目成功的基础。如果生成的模型准确性高，但预测所需时间长，系统将无法正常完成任务。

图 3.21 总结了图在这个阶段所起的作用。

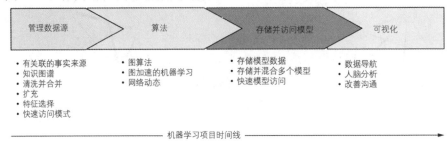

图 3.21　在心智模型中存储并访问模型

考虑电子商务网站的推荐场景。用户正在寻找某物，但对具体购买什么产品没有想法，因此他们通过文本搜索开始导航，然后在结果列表中到处单击，浏览多个选项。此时，系统开始根据导航路径和点击向用户推荐商品。所有这一切操作都在片刻之间完成：如果网络状态良好，用户可以快速导航，每 5~10 秒或更短的时间内就可以从一个网页切换到另一个网页。因此，如果推荐过程需要 10 秒以上，则它就毫无用处。

这个例子显示了拥有一个能够快速提供预测的系统的重要性。从这个意义上说，提供对模型的快速访问是成功的一个关键方面，同样，图可以发挥重要作用。本节通过一些解释性场景探讨如何使用图来存储预测模型，并提供对模型的快速访问。

3.4.1　推荐条目

作为学习阶段的结果，基于条目(或基于用户)的协同过滤方法会产生一个 Item-Item 矩阵，该矩阵包含 User-Item 数据集中每对条目之间的相似度。得到的矩阵如表 3.4 所示。

表 3.4　相似度矩阵

	条目 1	条目 2	条目 3	条目 4	条目 5
条目 1	1	0.26	0.84	0	0.25
条目 2	0.26	1	0	0.62	0.25
条目 3	0.84	0	1	0.37	0.66
条目 4	0	0.62	0.37	1	0.57
条目 5	0.25	0.25	0.66	0.57	1

确定了条目之间的相似度后，可以通过计算 Bob 对与条目 5 相似的条目的评分的加权和来预测Bob 对条目 5 的评分。形式上，我们可以如下预测用户 u 对产品 p 的评分[Jannach et al., 2010]：

$$pred(u,p) = \frac{\sum_{i \in ratedItems(u)} sim(i,p) \times r_{u,i}}{\sum_{i \in ratedItems(u)} sim(i,p)}$$

在这个公式中，分子为 Bob 评价的每个产品与目标产品的相似度值与他对该产品的评分的乘积之和。分母为 Bob 评价的条目与目标产品的所有相似度值的总和。

我们只考虑表 3.5 中所示的 User-Item 数据集的那一行(从技术上讲，是 User-Item 矩阵的一部分)。

表3.5　用户 Bob 的 User-Item 部分

用户	条目 1	条目 2	条目 3	条目 4	条目 5
Bob	–	3	–	4	?

前面的公式将如下所示：

$$pred(\text{Bob,item 5}) = \frac{0.25 \times 3 + 0.57 \times 4}{0.25 + 0.57} = 3.69$$

表 3.4 中的 Item-Item 相似度矩阵可以很容易地存储在图中。从为存储 User-Item 矩阵而创建的二部图开始，存储这个矩阵就是添加将某些条目连接到其他条目的新关系(所以该图将不再是二部图)。关系的权重是相似度的值，介于 0(在这种情况下，不存储任何关系)和 1 之间。得到的图如图 3.22 所示。

在该图中，为了减少连接节点的弧，表示出条目之间的双向关系；在现实中，它们是两种不同的关系。此外，由于关系的数量是 $N \times N$，因此在读取和写入时存储所有关系可能非常困难。典型的方法是只存储每个节点的前 K 个关系。当每个条目的所有相似度都被计算出来时，从最相似到最不相似将它们按照相似度值的降序排列，并且只存储前 K 个关系，因为在预测的计算过程中，只有前 K 个关系会被使用。以这样的方式存储数据时，计算用户最感兴趣的条目只需要在图中跳几步即可。根据公式，将目标用户评分的所有条目纳入考虑(在我们的例子中，条目 2 和 4 连接到用户 Bob)，然后对每个条目，取与目标条目(条目 5)的相似度。用于计算预测的信息对用户来说是局部的，因此使用提供的图模型进行预测的速度很快。不需要进行长时间的数据查找。

此外，可以在预测期间存储更多类型的关系并同时对它们进行导航，以基于多个相似度度量提供组合预测。这些预测可以基于纯协同过滤以外的方法。我们将在本书的第Ⅲ部分讨论计算相似度或距离的其他技术(从不同的角度来看相同的概念)。

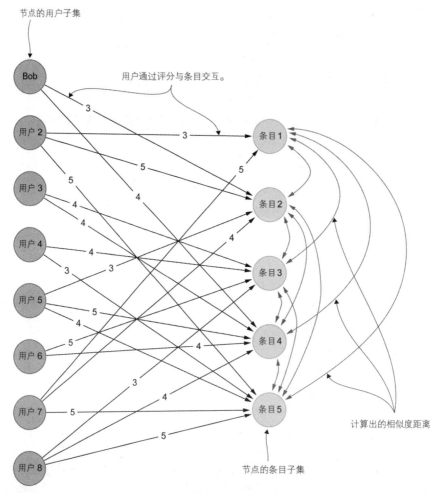

图 3.22　原始二部图中存储的相似度距离模型

3.4.2　监控目标

在目标监控场景中，当识别出代表目标停留时间较长的位置的塔群之后，算法继续学习目标行为的模式。然后我们可以使用动态模型(如动态贝叶斯网络)来构建预测模型，用于预测目标位置。

贝叶斯网络是一个有向图，其中每个节点都标注有定量概率信息(如 50%或 0.5、70%或 0.7)。贝叶斯网络(又名概率图模型或信念网络)代表了概率论和图论的混合，其中变量之间的依赖关系以图方式表示。该图不仅可以帮助用户了解某些变量会影响哪些其他变量，还可以有效计算推理和学习可能需要的边际概率和条件概率。完整说明如下[Russell 和 Norvig, 2009]：

每个节点对应一个随机变量。这些变量可以是可观察变量、潜在变量、未知参数或假设。

边代表条件依赖关系。如果从节点 X 到节点 Y 有一条边，则称 X 是 Y 的父节点。该图没有有向环，因此是有向无环图(Directed Acyclic Graph，DAG)。未连接的节点(贝叶斯网络中变量之间没有路径)表示条件独立的变量。

每个节点 X_i 都有一个条件概率分布 $P(X_i, Parents(X_i))$，用于量化父节点对节点的影响。换句话说，每个节点都与一个概率函数相关联，该函数取节点父变量的一组特定值(作为输入)，并给出由节点所表示的变量的概率(作为输出)，或概率分布(若适用的话)。

为了使讨论更清晰，下面考虑一个简单的示例[Russell and Norvig, 2009]:

假设你在家里安装了一个新的防盗报警器。它在检测入室盗窃方面相当可靠，但有时也会对小地震做出反应。你还有两个邻居，John 和 Mary，他们承诺当听到警报时会在你上班时给你打电话。John 几乎总是在听到警报后的第一时间打电话，但有时他可能会将电话铃声与警报声混淆，混淆时也会打电话。而 Mary 喜欢嘈杂的音乐并且经常错过警报。根据谁打过电话或没打过电话的证据，我们想估计入室盗窃的概率。

这个例子的相关贝叶斯网络如图3.23所示。盗窃和地震对警报响起的概率有直接影响，如将顶部的盗窃和地震节点连接到警报节点的有向边所示。在底部，你可以看到，是 John 还是 Mary 打电话仅取决于警报(由将警报连接到 John 打电话节点和 Mary 打电话节点的边表示)。他们并不会直接得知入室盗窃或注意到轻微的地震，并且在打电话之前他们不会互相商量。

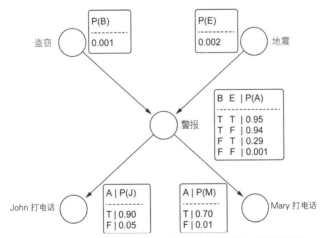

图3.23 一个典型的贝叶斯网络，显示了拓扑和条件概率表

在图 3.23 中，每个节点附近的表是条件分布，表示为条件概率表(Conditional Probability Table，CPT)。条件分布是子总体节点值的概率分布。给定父节点值的可能组合，CPT 中的每一行都包含每个节点值的条件概率。例如，P(B)表示发生盗窃的概率，P(E)表示发生地震的概率。这些分布很简单，因为它们不依赖于任何其他事件。John 打电话的概率 P(J)，和 Mary 打电话的概率 P(M)，都取决于警报。John 打电话的 CPT 表示，如果警报响起，John 会打电话的概率是 90%，而他在警报没有响时打电话的概率是 5%(前面提过，他可能

会将电话铃声与警报声混淆)。稍微复杂一点的是警报节点的 CPT，它取决于盗窃和地震节点。此时，当盗窃和地震同时发生时，P(A)(警报响起的概率)是 95%；只发生盗窃未发生地震时，P(A) 为 94%；只发生地震未发生盗窃时，P(A) 为 29%。误报很少见，概率为 0.1%。

动态贝叶斯网络(Dynamic Bayesian Network, DBN)是一种特殊类型的贝叶斯网络，它关联相邻时间步长上的变量。回到我们的目标监控场景，可用于执行位置预测的 DBN 的最简单版本是马尔可夫链。图 3.24 中显示的示例是一个纯图，是贝叶斯网络常见图表示的一个特例。在这种情况下，节点表示 t 时间点的状态(在我们的例子中为目标的位置)，关系的权重表示在 $t+1$ 时间点时状态转换的概率。

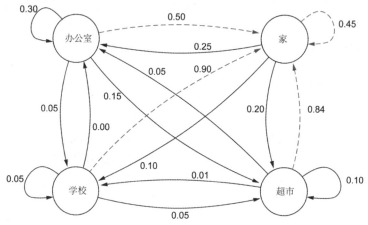

图 3.24　一个简单的马尔可夫链(最可能的移动以红色显示)

在图 3.24 中，如果目标在 t 时间点时在家，则他们最有可能留在家中(概率为 45%)。他们到办公室的概率是 25%；去超市的概率为 20%；去学校(可能会送孩子)的概率为 10%。这个例子是根据观察建立的模型的表示。从这个模型开始，计算某个位置提前 t 步的概率是找到节点之间的路径导航，其中每个节点都可以多次出现。

可以进一步扩展这种方法。Eagle、Quinn 和 Clauset[2009]注意到，人们在实践中的移动模式取决于一天中的具体时间和一星期中的具体某天(例如，星期六深夜与星期一早晨)。因此，他们创建了一个基于上下文马尔可夫链(Contextual Markov Chain, CMC)的扩展模型，其中目标在某个位置的概率还取决于一天中的某小时和一星期中的某一天(代表上下文)。此处不详细描述 CMC，但图 3.25 显示了其蕴含的基本原理。

上下文的创建考虑了一天中的具体时间，定义为"早晨""下午""傍晚"或"深夜"，以及一星期中的具体某天，分为"工作日"或"周末"。

图 3.25 中的图表示在学习每个上下文的最大似然参数后产生的马尔可夫链。图 3.25(a) 显示了周末中午的马尔可夫链，因此孩子们没有去学校上课，也不必去办公室工作。图 3.25(b) 显示了与工作日早晨相关的马尔可夫链。这样的图让我们可以通过简单查询来预测目标下一步最有可能去哪里。

马尔可夫链、CMC 和更一般的(动态)贝叶斯网络是适用于许多用例的预测模型。此处使用目标监控场景进行说明，但此类模型常被用于多种用户建模，尤其是用于 Web 分析，以预测用户意图。

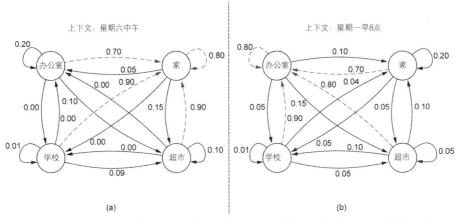

图 3.25　两个上下文值的简单上下文马尔可夫链：(a)C – {中午，周末}和(b)C = {早晨，工作日}

3.5　可视化

　　机器学习的主要目标之一是理解数据并向最终用户提供某种预测能力(尽管如本章开头所述，数据分析通常旨在从原始数据源中提取知识、见解，最终得到智慧，用来预测其潜在的一小部分用途)。在这条学习路径中，数据可视化起着关键作用，因为它使我们能够从不同的角度访问并分析数据。在机器学习工作流的思维导图中(图 3.26)，可视化通常位于过程末端，因为将初步处理后的数据进行可视化处理比将原始数据进行可视化处理要有用得多，但数据可视化可应用在工作流中的任何位置。

　　在这种情况下，图方法再次发挥了其基本作用。数据分析的一个增长趋势是将链接数据看作网络。网络分析师不仅关注数据的属性，还关注数据中的连接和产生的结构。如果图有助于组织数据以更好地理解和分析数据中包含的关系，那么可视化就有助于揭示该组织过程，从而进一步简化理解。结合这两种方法有助于数据科学家理解他们拥有的数据。此外，成功的可视化在其简单性方面具有欺骗性，可以一目了然地为观众提供新的见解和理解。

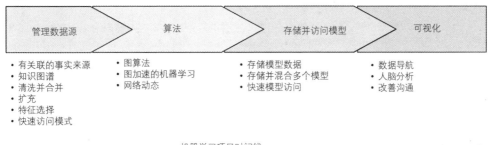

图 3.26　心智模型中的可视化

为什么可视化数据(特别是以图的形式)能使分析更容易？有以下几个原因：

- 人类是天生的视觉动物。眼睛是我们最强大的感受器官，通过信息可视化呈现数据可以充分利用我们的感知能力[Perer, 2010]。
- 如今，许多数据集太大，如果没有便于促进处理和交互的计算工具，就无法进行检查。数据可视化结合了计算机的力量和人类思维的力量，利用我们的模式识别能力来实现对数据高效且复杂的解释。如果我们能以图的形式查看数据，就更容易发现模式、异常值和差距[Krebs, 2016;Peter, 2010]。
- 图模型揭示了可能隐藏在相同数据(如表格和文档)的其他视图中的关系，并帮助我们挑选出重要的细节[Lanum, 2016]。

另一方面，选择有效的可视化可能是一个挑战，因为不同的形式具有不同的优缺点[Perer, 2010]：

并非所有信息可视化都强调了对分析师的任务来说很重要的模式、差距和异常值，此外，并非所有信息可视化都"迫使我们注意到我们从未想过会看到的东西"[Tukey, 1977]。

此外，大数据的可视化需要在过滤、组织和在屏幕上显示这些数据方面付出大量努力。尽管存在所有这些挑战，但图视图仍然吸引着许多领域的研究人员。

社交网络分析师 Valdis Krebs 的研究中出现了一些使用图表示来揭示人类行为的好例子。Krebs 的研究中值得关注的是，他能够从任何来源(旧文档、报纸、数据库或网页)获取数据；将其转换为图表示；进行一些网络分析；然后使用他自己的名为 InFlow 的软件将结果可视化。然后他分析图并得出一些结论。我们在第 1 章中看到的一个例子是，他对 2003年之前两次美国总统选举期间在亚马逊网站上购买政治书籍的分析(图 3.27)。

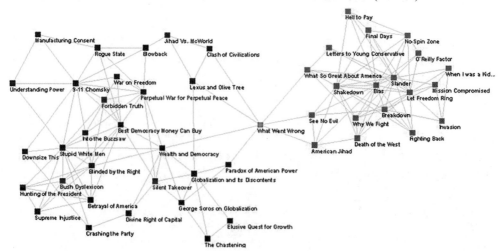

图 3.27　2003 年之前两次美国总统选举期间的政治书籍网络[Krebs, 2016]

亚马逊提供了可用于创建共现网络(我们之前在一些示例场景中看到的一种图类型)的汇总购买数据。当同一客户同时购买两本书时，这两本书就连接在一起。同时购买这两种商品的顾客越多，它们之间的关联就越强，关联商品在"购买了该商品的顾客也购买了"列表中出现的次数就越多。因此，通过使用亚马逊数据，可以生成一个网络，用于提供理解客户偏好和购买行为的重要信息。正如 Krebs 所说，"通过数据挖掘和数据可视化，我们可以深入了解亚马逊客户的习惯和选择——也就是说，我们可以在不知道一群人的个人选择的情况下了解他们。"

在图 3.27 中，可以识别出两个不同的政治簇群：红色(在印刷书中呈现灰色)和蓝色(在印刷书中呈现黑色)分别代表不同的政治簇群。只有一本书将红色和蓝色簇组合在一起；具有讽刺意味的是，那本书的名字是 *What Went Wrong*。该图可视化提供了强有力的证据，证明了美国公民在 2008 年政治选举期间的两极分化程度。但是这种"证据"对于机器学习算法来说并不那么明显，因为它需要大量的上下文信息，而人脑更容易提供这些信息：这本书或这本书作者的政治倾向，以及正在进行的政治选举的环境等。

3.6　剩余部分：深度学习和图神经网络

机器学习是一个广泛且不断发展的领域。该领域十分庞大，以至于现有书籍都不可能涵盖该实践可完成的所有任务及其可能性。本书也不例外。许多话题被有意排除在我们的讨论之外。其中至少有一点值得一提，因为在撰写本书时，它在研究甚至应用中都不容小觑，那就是深度学习。下面简单进行介绍，让你对它是什么、它如何融入机器学习以及它如何应用于图有一个深层次的理解。

正如我们目前所知，以及我们将在整本书中讨论的，机器学习算法的性能(就准确性而言)在很大程度上取决于数据的质量及其表示方式。包含在表示中并在训练和预测阶段使用的每条信息都被定义为一个特征。特征的例子是用户购买的商品列表、目标停留一段时间的地方以及文本中的标记。机器学习过程采用这些特征，并将推断出一个能够将此输入与潜在输出进行映射的模型。在需要推荐的情况下，该过程获取用户购买或评价的商品并尝试预测他们可能感兴趣的内容。在需要对目标监控的情况下，考虑到先前的位置，算法预测目标在接下来的几个小时或几天内的位置。本书解释了如何使用图数据模型来表示这些特征，以及如何简化或改进映射。

遗憾的是，对于许多任务，识别将被提取出来用于训练模型的特征并非易事。假设你需要编写一个算法来识别图片中的人脸。一个人有一双眼睛、某种颜色的头发(不是所有人都如此)、一个鼻子、一个嘴巴等。很容易用文字来描述一张脸，但我们如何用像素来描述眼睛的样子呢？

该表示问题的一种解决方案是使用机器学习，不仅可以发现从表示到输出的映射，还可以发现表示本身。这种方法被称为表征学习[Goodfellow et al., 2016]。与手工挑选的特征相比，由此产生的表示通常会具有更好的性能。此外，由于机器能够从更简单的数据(例如，仅图像或一堆文本)中学习表示，因此它可以在减少人力的情况下快速适应新任务。机器仅需要几分钟或几天的时间来学习，而对人类来说可能要花费数十年来研究。

深度学习通过引入其他更简单的表示来解决表示问题[Good-fellow et al., 2016]。在深度学习中，机器在潜在较简单的概念基础上构建多层次不断增加的复杂性。一个人的图像概念可以通过组合角和轮廓来表示，这些角和轮廓又是根据边缘来定义的。图 3.28 描述了经典机器学习和深度学习子领域之间的区别。

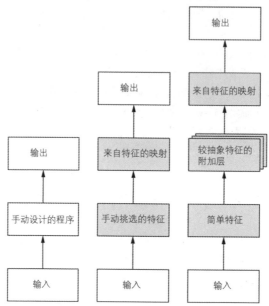

图 3.28　基于规则的方法、经典机器学习和深度学习之间的差异(受 Goodfellow et al.的启发，2016)

在前面的示例中，我们提到了图像、文本等。这些数据属于欧几里得类型，因为它们可以在多维空间中表示。如果我们想在图上使用这种方法，也许是为了识别社交网络中的一个节点是否是机器人，或者为了预测两个代表疾病的节点之间的链接(以及相关性)的形成，该怎么办？图 3.29 显示了欧几里得空间中图像和文本的表示与在这样的多维空间中无法轻易表示的图(在图中左下角，TF-IDF 代表词频-逆文档频率)。

具有多种节点类型和不同类型关系的图远非欧几里得空间。对于这个任务，图神经网络(Graph Neural Network，GNN) 将派上用场。

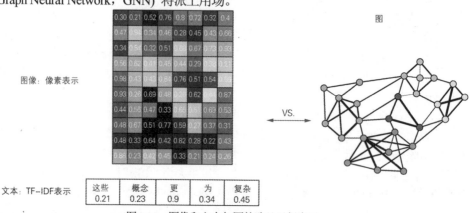

图 3.29　图像和文本与图的欧几里得表示

GNN 是基于深度学习的方法，它在图域上运行以执行复杂的任务，例如节点分类(机器人示例)、链接预测(疾病示例)等。由于其具有令人信服的性能，GNN 已成为一种广泛应用的图分析方法。

图 3.30 显示了一个通用编码函数，它能够在 d 维向量中转换节点(或关系)。该函数通常用作嵌入技术。当图元素在欧几里得空间中被迁移后，我们可以对图像和文本采用经典的机器学习技术。但这种表示学习的质量会影响后续任务的质量和准确性。

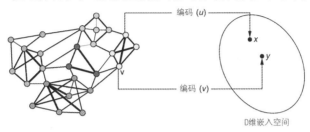

图 3.30　一个通用编码器示例

GNN 能够生成节点的表示，其依赖图结构以及我们拥有的任何特征信息。这些特征可以是节点的属性、关系类型和关系属性。这就是 GNN 能够优化最终任务的结果的原因。这些嵌入表示节点分类、链接预测和图分类等任务的输入。

这些概念更加复杂，需要对机器学习(特别是深度学习)和图有更深入的理解，这就是我宁愿将这些主题排除在本书讨论之外的原因。新技术(如深度学习和 GNN)并不会使本书中介绍的内容无效，它们建立在书中代表基本事实的原则之上。我认为这里提出的概念为读者提供了一个心智模型，有助于读者理解最新方法，进而能够评估何时应使用何种方法。

3.7　本章小结

本章介绍了机器学习项目中图的全面用例。在本章中，你学习了：
- 如何使用图和图模型来管理数据。设计合适的图模型使得可以将多个数据源合并到一个相互连接且组织良好的事实来源中。这种方法很有用，不仅因为它创建了可以在多个项目之间共享的单一知识库——知识图谱，还因为它组织数据的方式适用于所执行的分析。
- 如何使用图算法来处理数据。图算法支持广泛的分析，可以单独使用，也可以作为更复杂且明确的分析流程的一部分使用。
- 如何设计一个图来存储训练产生的预测模型，以便在预测阶段简化并加速访问。
- 如何以图的形式可视化数据。数据可视化是预测分析的一个重要方面。图可以成为对数据进行建模的一种模式，以便分析人员可以高效且有效地对其进行可视化；人脑可以做剩下的事情。
- 什么是深度学习和图神经网络。

(注：本章的参考文献，请扫描本书封底的二维码进行下载。)

第 II 部分

推　　荐

一般而言，表示是机器学习和计算机科学中最复杂和最引人注目的任务之一。华盛顿大学计算机科学教授 Pedro Domingos 发表了一篇文章[Domingos, 2012]，其中他将机器学习分解为三个主要部分：表示、评估和优化。表示具体影响机器学习项目生命周期的三个核心方面：

- 在将训练数据集作为输入传递给学习过程之前表达训练数据集的形式语言(或模式)
- 学习过程的结果——预测模型——的存储方式
- 在预测阶段，如何在预测期间访问训练数据和预测模型

所有这些方面都将受到学习算法的影响，这些学习算法用于观测训练集中的示例，从而推断泛化的学习算法的影响，并且它们还会影响预测准确性以及训练和预测性能(速度)方面的整体性能。

从第 II 部分开始，本书重点介绍数据建模：用于表示训练数据集和推断模型(学习过程的结果)的形式结构，以便计算机程序(学习智能体[1])可以处理和访问它，为最终用户提供预测或分析。因此，考虑了两种不同的模型：

- 描述性模型是为特定学习目的而创建的现实(训练数据集)的简化表示。简化基于与手头的特定目的相关和不相关的一些假设，或者有时基于对可用信息的约束。
- 预测模型是用于估计感兴趣的未知值的公式：目标。这样的公式可以是数学公式、对数据结构(例如数据库或图)的查询、诸如规则的逻辑语句或以上这些的任意组合。它以一种有效的格式表示训练数据集上学习过程的结果，而且可以对其访问以执行实际预测。

本书的其余部分说明了用于数据建模的基于图的技术，这些技术可同时用于以上两种模型。在某些情况下(当学习算法是图算法时)，决定使用图作为数据模型是必要的。在其他情况下，图方法比表格或其他替代方法更好。

第 2 章和第 3 章在高层次上展示了一些建模示例，例如使用蜂窝塔网络来监视目标，使用共现图来查找关键字，以及在推荐引擎中表示 User-Item 数据集的二部图。这些示例显示了在这些特定场景中用于建模的图方法的优势。在本书的第二部分，我们会更深入了解。通过使用三个不同的宏观目标——推荐、欺诈分析和文本挖掘——这一部分和接下来部分

---

1 如第 1 章所定义，如果智能体在观察世界后能够提高其在未来任务中的表现，则认为它正在学习。

中的章节更详细地介绍了一系列建模技术和最佳实践，用于表示训练数据集、预测模型和访问模式。尽管如此，重点仍然是图建模技术和预测算法。主要目的是提供将预测技术的输入或输出表示为图的智能工具，从而显示图方法的内在价值。此外展示了示例场景，并且在可能和适当的情况下，将设计技术(带有必要的扩展和考虑)投影到其他相关的场景中。

从现在开始一直到本书结束的章节都很实用。此部分内容详细介绍和讨论了真实数据集、代码片段和查询。对于每个示例场景，都会选择数据集，设计和摄取模型，并创建和访问预测模型以获得预测。对于查询，我们将使用一种标准的图查询语言 Cypher (https://www.opencypher.org)。这种类似 SQL 的语言最初是作为一种专用于 Neo4j 数据库的专有查询机制，但自 2015 年以来，它已成为一个开放标准。其他几家公司(如 SAP HANA 和 Databricks)和项目(如 Apache Spark 和 RedisGraph)已经将它作为图数据库的查询语言。

这部分不需要任何关于 Cypher 语言的知识，并且在整本书中，所有的查询都有详细描述和注释。如果你有兴趣了解更多信息，我建议你查看官方文档和一些详细描述该主题的书籍[Robinson et al., 2015，以及 Vukotic et al., 2014]。此外，为了你能更好地理解本部分和下一部分的内容，我建议你安装和配置 Neo4j 并运行查询。这让你有机会学习新的查询语言，使用图，并在你的脑海中更好地修复这里呈现的概念。附录 B 提供了 Neo4j 和 Cypher 的快速介绍，并解释了为什么在本书中使用 Neo4j 作为参考图数据库。附录 B 和 Neo4j 开发人员站点(https://neo4j.com/docs/operations-manual)上都有安装指南。查询和代码示例使用 4.x 版进行了测试，这是撰写本文时可用的最新版本。

本部分的章节重点介绍应用于推荐引擎的数据建模。由于本主题是一个常见的图相关机器学习主题，因此非常详细地介绍了几种技术。

术语推荐系统(Recommender System, RS)是指所有软件工具和技术，通过使用他们可以收集的有关用户和相关条目的知识，为特定用户可能感兴趣的条目给出建议[Ricci et al., 2015]。这些建议可能与各种决策过程有关，例如购买什么产品、听什么音乐或看什么电影。在这种情况下，条目是用于识别系统向用户推荐什么的通用术语。RS 通常侧重于特定类型或类别的条目，例如要购买的书籍、要阅读的新闻文章或要预订的酒店。用于生成推荐的整体设计和技术经过定制，可为特定类型的条目提供有用且相关的建议。有时，可以使用从一类物品收集的信息来提供对其他类型物品的推荐。例如，购买西装的人也可能对商业书籍或昂贵的手机感兴趣。

虽然 RS 的主要目的是帮助公司销售更多的商品，但从用户的角度来看，它们也有很多优势。用户不断被各种选择所淹没：阅读什么新闻、购买什么产品、观看什么节目等。不同供应商提供的条目集正在快速增长，用户不能再筛选所有条目。从这个意义上说，推荐引擎提供了一种定制化的体验，帮助人们更快地找到他们寻找的或他们可能感兴趣的东西，并在短时间内获得相关结果，这样用户的满意度会提高。

越来越多的服务供应商正在利用这组工具和技术[Ricci et al., 2015]，其原因包括：
- 增加销售商品的数量——比起在没有任何推荐的情况下，帮助供应商销售更多商品成为 RS 的关键功能。之所以能实现这一目标，是因为推荐的商品很可能符合用户的需求和愿望。由于在大多数情况下都有大量可用的条目(新闻文章、书籍、手表或其他任何东西)，用户经常被大量信息侵袭，以至于他们找不到自己真正想要的东西，导致他们无止境地开启会话。从这个意义上说，RS 代表了在细化用户需求和期望方面的有效帮助。

- 销售更多样的商品——RS 可以实现的另一个重要功能是允许用户选择在没有精确推荐的情况下很难找到的商品。例如，在旅游 RS 中，服务供应商可能希望推广该地区特定用户可能感兴趣的地方，而不仅仅是最受欢迎的地方。通过提供定制化建议，供应商可显著降低可能不符合用户兴趣的推广地点的风险。通过向用户建议或宣传不太受欢迎(在鲜为人知的意义上)的地方，RS 可以提高他们在该地区的整体体验质量，并允许新的地方被发现并变得受欢迎。

- 提高用户满意度——设计合理的 RS 可以改善用户的应用体验。有多少次，在浏览像亚马逊这样的在线书店时，你是否看过推荐并想，"哇，那本书看起来确实很有趣"？如果用户发现这些推荐有趣、相关并且由精心设计的前端提出，他们就会喜欢使用该系统。有效、准确的推荐和可用界面的无敌组合将提升用户对系统的主观评价，而且很可能他们会再次访问。因此，这种方法提升了系统的使用率、模型构建的可用数据量、推荐的质量及用户满意度。

- 提高用户忠诚度——网站和其他以客户为中心的应用程序通过识别回访用户，将他们视为有价值的访问者来欣赏和鼓励忠诚度。跟踪回访用户是 RS 的常见要求(有一些例外)，因为算法使用之前交互期间从用户那里获取的信息，例如他们对商品的评分，以便在用户下次访问过程中做出推荐。因此，用户与站点或应用程序交互的频率越高，用户模型就越精细；他们的偏好的表现得到了提升，推荐者输出的有效性得到了提高。

- 更好地了解用户所需——正确实施 RS 的另一个重要作用是它为用户的偏好创建了一个模型，这些模型是由系统本身明确收集或预测的。服务供应商可以将由此产生的新知识再次用于其他目标，例如改进对商品库存或生产的管理。在旅游领域，目的地管理组织可以决定向新的客户部门宣传特定地区或使用通过分析 RS 收集的(用户交易)数据得出的特定类型的促销信息。

在 RS 的设计过程中必须考虑这些方面，因为它们不仅影响系统收集、存储和处理数据的方式，而且影响其用于预测的方式。由于这里列出的一些原因(如果不是全部)，数据的图表示和基于图的分析可以通过简化数据管理、挖掘、通信和交付发挥重要作用。本部分重点介绍了这些方面。

值得注意的是，我们正在谈论个性化推荐。换句话说，每个用户都会根据他们的偏好收到不同的推荐列表，这些推荐列表是根据以前的交互或通过不同方法收集的信息推断出来的[Jannach et al., 2010]。提供个性化推荐要求系统了解每个用户和每个条目的一些(或很多)信息。因此，RS 必须开发和维护一个用户模型(或用户配置文件)，其中包含诸如有关用户偏好的数据，以及包含有关商品特征或其他细节信息的条目模型(或条目配置文件)。

用户和条目模型的创建是每个推荐系统的核心。然而，收集、建模和利用这些信息的方式取决于特定的推荐技术和相关的学习算法。根据用于构建模型的信息类型以及用于预测用户兴趣和提供预测的方法，可以实现不同类型的推荐系统。

本部分探讨了四种主要的推荐技术。这些技术只是可用解决方案的一个示例，但我选择它们是因为它们涵盖了广泛的机会和建模示例。这四种方法是：

- 基于内容的推荐(第 4 章) ——推荐引擎使用条目描述(手动创建或自动提取)和用户配置文件，为不同的特征分配重要性。它学习查找内容上与用户过去喜欢(与之交互)的条目相似的条目。一个典型的例子是新闻推荐系统，它将用户之前阅读的文章与最新的文章进行比较，以找到内容相似的条目。

- 协同过滤(第 5 章) ——协同推荐蕴含的基本概念是，如果用户过去有相同的兴趣——例如购买类似的书籍或观看类似的电影—— 他们将来会有相同的行为。这种方法最著名的例子是亚马逊的推荐系统，它使用 User-Item 交互历史来提供用户推荐。

- 基于会话的推荐(第 6 章) ——推荐引擎根据会话数据进行预测，例如会话点击和点击条目的描述。当用户配置文件和过去活动的详细信息不可用时，基于会话的方法很有用。它使用当前用户交互的信息并将其与其他用户之前的交互进行匹配。一个例子是能够提供酒店、别墅和公寓详细信息的旅游网站；用户通常会在流程结束时才登录，此时需要预订。在这种情况下，没有关于用户的历史记录可用。

- 上下文感知推荐(第 7 章)——推荐引擎通过使它们适应用户的特定上下文来生成相关推荐[Adomavicius et al., 2011]。上下文信息可能包括位置、时间或公司(用户所在的公司)。许多移动应用程序使用上下文信息(位置、天气、时间等)来优化提供给用户的推荐。

此列表并非详尽无遗，也不是唯一可用的分类。从某些角度看，基于会话和上下文感知的推荐可能被视为协同过滤的子类别，具体取决于用于实现它们的算法类型。然而，这个列表反映了本书将描述这些方法的方式。

每种方法都有优点和缺点。混合推荐系统结合了克服这些问题的方法，并为用户提供更好的推荐。第 7 章还讨论了混合推荐方法。

(注：本部分的参考文献，请扫描本书封底的二维码进行下载。)

第4章

基于内容的推荐

本章内容
- 为基于内容的推荐引擎设计合适的图模型
- 将现有(非图)数据集导入设计的图模型
- 实现基于内容的推荐引擎

假设你想为本地视频租赁商店构建一个电影推荐系统。Netflix(http://mng.bz/0rBx)等新的流媒体平台基本上已淘汰了老式的 Blockbuster 式租赁商店，但仍有一些这样的商店存在。我们镇上就有一个。上大学的时候(很久以前)，我每个星期天都会和哥哥一起去那里租一些动作片(记住这个偏好，以后会有用！)这里的重要事实是，这种场景与更复杂的在线推荐系统有很多共同之处，包括以下内容：

- 用户社区小——用户或客户数量很少。正如我们稍后将讨论的，大多数推荐引擎需要大量活跃用户(就交互数量而言，例如查看、点击或购买)才能有效。
- 一组有限的精心策划的条目——每个条目(在这种情况下，一部电影)都可以有很多相关的细节。对于电影，这些详细信息可能包括情节描述、关键字、类型和演员。这些详细信息在其他情况下并不总是可用，例如条目只有一个标识符的情况。
- 了解用户偏好——店主或店员知道几乎所有顾客的偏好，即使他们只租了几部电影或游戏。

在我们继续讨论技术细节和算法之前，先花点时间考虑一下实体店。想想老板或职员以及他们为取得成功所做的事情。他们通过分析客户以前的租赁习惯并记住与他们的对话，努力了解他们的客户。他们试图为每个客户创建一份个人资料，其中包含有关他们的喜好(恐怖和动作片而不是浪漫喜剧)、习惯(通常在周末或工作日租用)、条目偏好(电影而不是视频游戏)等的详细信息。他们随着时间的推移收集信息来建立这份档案，并使用所创建的心智模型以有效的方式欢迎每个客户，为他们推荐可能感兴趣的东西，或者当遇到对商店来说的潜在新客户时向其发送消息。

现在有一个虚拟店员，接待网站的用户，并为他们推荐可供租借的电影或者游戏，或者在客户有可能感兴趣的新商品进货时向他们发送电子邮件。前面描述的条件排除了一些推荐方法,因为它们需要更多数据。在我们考虑的案例中(真实和简化的虚拟商店),基于内容的推荐系统(CBRS)是一个有价值的解决方案。CBRS 依靠条目和用户描述(内容)来构建条目表示(或条目配置文件)和用户配置文件从而建议与目标用户过去喜欢的条目类似的条目(这些类型的推荐系统也称为语义感知 CBRS)。这种方法允许系统即使在可用数据量非常小(即用户、条目或交互数量有限)时也能提供建议。

　　生成基于内容的推荐的基本过程包括将目标用户配置文件的属性(其中对偏好和兴趣建模)与条目的属性进行匹配,以找到与用户过去喜欢的条目相似的条目。结果是预测目标用户对这些条目感兴趣程度的相关性分数。通常,用于描述条目的属性是从与该条目相关联的元数据中提取的特征或与该条目有某种关联的文本特征——描述、评论、关键字等。这些内容丰富的条目本身包含大量信息,可根据用户之间交互的条目列表进行比较或推断用户的兴趣。由于这些原因,CBRS 不需要大量数据即可生效。

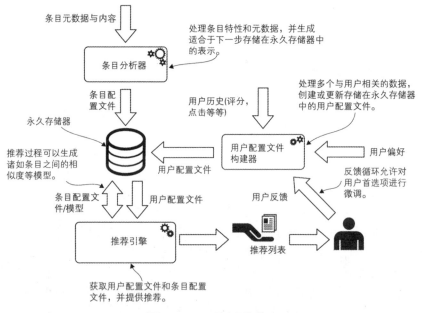

图 4.1　CBRS 的高层架构

图 4.1 显示了 CBRS 的高级架构,这是许多可能的架构之一,也是本节中使用的架构。该图将推荐过程分解为三个主要部分:

- 条目分析器——该组件的主要目的是分析条目,提取或识别相关特征,并以适合后续处理步骤的形式表示条目。它将来自一个或多个信息源的条目内容(例如一本书的内容或产品描述)和元信息(例如一本书的作者、电影中的演员或电影类型)作为输入,并将它们转换为稍后用于提供推荐的条目模型。在这里描述的方法中,这种转换产生了不同类型的图模型。此类图表示用于提供推荐过程。

- 用户配置文件构建器——此过程收集代表用户偏好的数据并推测用户配置文件。该信息集可能包括通过询问用户兴趣收集的显式用户偏好或通过观察和存储用户行为收集的隐式反馈。结果得出一个模型——特别是图模型——表示用户对某些条目、条目特征或以上两者的兴趣。在图 4.1 所示的架构中，条目配置文件(在条目分析阶段创建)和用户配置文件(在此阶段创建)汇聚在同一个数据库中。而且，因为两个进程都返回图模型，它们的输出可以组合成一个连接的、易于访问的图模型，用作下一阶段的输入。
- 推荐引擎——该模块利用用户个人配置文件和条目表示，通过将用户兴趣与条目特征相匹配来推荐相关条目。在此阶段，你将构建一个预测模型并使用它为每个用户的每个条目创建相关性分数。该分数用于对要向用户建议的条目进行分类和排序。一些推荐算法会预先计算相关值，例如条目相似度，以使预测阶段更快。这里提出的方法中，这些新值存储回图中，以这种方式丰富了从条目配置文件中推断出的其他数据。

4.1 节中更详细地描述了每个模块。具体来说，描述了如何使用图模型来表示条目和用户配置文件，它们分别是条目分析和配置文件构建阶段的输出。这种方法简化了推荐阶段。

与本章的其余部分以及从现在开始的大部分内容一样，使用公开可用的数据集和数据源展示了真实示例。MovieLens 数据集(https://grouplens.org/datasets/ movielens)包含真实用户提供的电影评分，是推荐引擎测试的标准数据集。然而，这个数据集并不包含很多关于电影的信息，基于内容的推荐系统需要内容才能工作。这就是为什么在我们的示例中，它与 Internet 电影数据库(Internet Movie Database, IMDb)[1]中的可用数据结合使用，如情节描述、关键字、类型、演员、导演和作者。

4.1　表示条目特征

在基于内容的推荐方法中，一个条目可以用一组特征来表示。特征(也称特性或属性)是该条目的重要或相关特征。在简单的案例中，这些特征很容易被发现、提取或收集。在电影推荐的例子中，每部电影都可以用以下特征来描述：

- 类型或类别(恐怖、动作、卡通、戏剧等)
- 情节描述
- 演员
- 手动(或自动)分配给电影的标签或关键字
- 制作年份
- 导演
- 作者

1　IMDb (https://www.imdb.com)是一个在线数据库，包含与电影、电视节目、家庭视频、视频游戏和互联网流相关的信息，包括演员和制作人员的详细信息、情节摘要、琐事，以及粉丝评论和评分。

● 制片人

考虑表 4.1 中提供的信息(来源：IMDb)。

表4.1　电影相关数据示例

电影名	体裁	导演	作者	演员
Pulp Fiction	Action(动作)，Crime(犯罪)，Thriller(惊悚)	Quentin Tarantino	Quentin Tarantino，Roger Avary	John Travolta, Samuel Jackson, Bruce Willis, Uma Thurman
The Punisher(2004)	Action(动作)，Adventure(冒险)，Crime(犯罪)，Drama(剧情)，Thriller(惊悚)	Jonathan Hensleigh	Jonathan Hensleigh，Michael France	Thomas Jane, John Travolta, Samantha Mathis
Kill Bill: Volume 1	Action(动作)，Crime(犯罪)，Thriller(惊悚)	Quentin Tarantino	Quentin Tarantino，Uma Thurman	Uma Thurman, Lucy Liu, Vivica A. Fox

　　这些特征通常被定义为元信息，因为它们实际上不是条目的内容。遗憾的是，有些类别的条目很难找到或识别其特征，如文档集、电子邮件消息、新闻文章和图像。

　　基于文本的条目往往没有现成的特性集。尽管如此，其内容可以通过识别一组描述它们的特征来表示。一种常见的方法是识别表征主题的词。完成此任务存在不同的技术，其中一些技术在 12.4.2 节中进行了描述；结果是生成了描述条目内容的特征列表(关键字、标签、相关词)。这些特征能够与此处元信息完全相同的方式来表示基于文本的条目，因此当元信息特征易于访问或必须从内容中提取特征时，可以应用从现在开始描述的方法。从图像中提取标签或特征超出了本书的讨论范围，但是提取这些特征后，方法与本节中讨论的方法完全相同。

　　尽管在图中表示这样的特征列表——更准确地说，是属性图[1]——很简单，但在设计条目模型时应该考虑一些建模的最佳操作。比如一个简单的例子，用于描述表 4.1 中电影数据的图 4.2 中建立的图模型及其相关特征。

　　在该图中，使用了条目的最简单可能的表示，以及相关的属性列表。对于每个条目，都会创建一个节点，并将特征建模为节点的属性。代码清单 4.1 显示了用于创建这三部电影的 Cypher 查询(一次运行一个查询)。Neo4j 的基本信息、安装指南以及 Cypher 的快速介绍，请参阅附录 B。你将在整本书中了解其余部分。

　　1　第 2 章介绍的属性图将数据组织为节点、关系和属性(存储在节点或关系上的数据)。

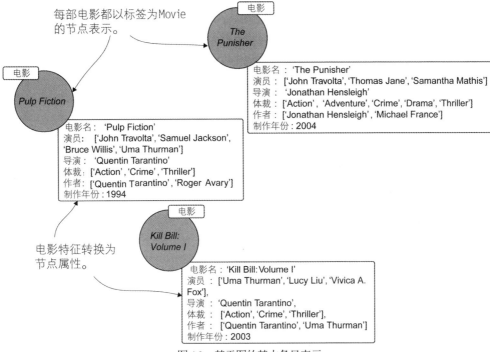

图 4.2 基于图的基本条目表示

每个 CREATE 语句都会创建一个以 Movie 为标签
的新节点。

花括号定义节点的键/值属性列
表，以电影名开始。

```
CREATE (p:Movie {
    title: 'Pulp Fiction',
    actors: ['John Travolta', 'Samuel Jackson', 'Bruce Willis', 'Uma Thurman'],
    director: 'Quentin Tarantino',
    genres: ['Action', 'Crime', 'Thriller'],
    writers: ['Quentin Tarantino', 'Roger Avary'],
    year: 1994
})
```

属性可以有不同的类型:字符串、数组、
整数、浮点数等等。

圆括号定义了
所创建的节点
实例的边界。

```
CREATE (t:Movie {
    title: 'The Punisher',
    actors: ['Thomas Jane', 'John Travolta', 'Samantha Mathis'],
    director: 'Jonathan Hensleigh',
    genres: ['Action', 'Adventure', 'Crime', 'Drama', 'Thriller'],
    writers: ['Jonathan Hensleigh', 'Michael France'],
    year: 2004
})

CREATE (k:Movie {
    title: 'Kill Bill: Volume 1',
    actors: ['Uma Thurman', 'Lucy Liu', 'Vivica A. Fox'],
```

```
    director: 'Quentin Tarantino',
    genres: ['Action', 'Crime', 'Thriller'],
    writers: ['Quentin Tarantino', 'Uma Thurman'],
    year: 2003
})
```

在 Cypher 查询中，CREATE 让你可以创建新节点(或关系)。括号定义了所创建节点实例的边界，在这些情况下，这些边界由 p、t 和 k 标识，并且特定标签 Movie 被分配给每个新节点。标签指定节点的类型或节点在图中扮演的角色。使用标签不是强制性的，但它是在图中组织节点的常见且有用的做法(并且比为每个节点分配 type 属性更高效)。标签有点像老式关系数据库中的表，用于标识节点的类别，但在属性图数据库中，属性列表没有约束(就像关系模型中的列一样)。每个节点，无论分配给它什么标签，都可以包含任何属性集，甚至不包含任何属性。此外，一个节点可以有多个标签。属性图数据库的这两个特性——对属性列表和多个标签没有约束——使得生成的模型非常灵活。最后，在花括号内指定了一组用逗号分隔的属性。

单节点设计方法的优点是节点和具有所有相关属性的条目之间一对一映射。基于有效的索引配置，通过特征值检索电影很快。例如，用于检索 Quentin Tarantino 导演的所有电影的 Cypher 查询类似于以下代码清单。

代码清单 4.2　查询以搜索 Quentin Tarantino 导演的所有电影

MATCH 子句定义了要匹配的图模式: 在本例
中，是一个标签为 Movie 的节点。

                                          WHERE 子句定义了
                                          过滤器的条件。

```
    MATCH (m:Movie)
    WHERE m.director = 'Quentin Tarantino'
    RETURN m
```

RETURN 子句指定要返回的
元素的列表。

在此查询中，MATCH 子句用于定义要匹配的图模式。这里，我们正在寻找所有 Movie 节点。WHERE 子句是 MATCH 的一部分，并为它添加了约束——过滤器——就像在关系 SQL 中一样。在此示例中，查询按导演姓名进行过滤。RETURN 子句指定要返回的内容。图 4.3 显示了在 Neo4j 浏览器中运行此查询的结果。

简单模型有多个缺点，包括:

- 数据重复——在每个属性中，数据都是重复的。例如，导演姓名在同一导演的所有电影中都是重复的，作者、类型等也是如此。数据重复是数据库所需的磁盘空间和数据一致性的问题(我们如何知道 "Q. Tarantino" 是否与 "Quentin Tarantino" 相同?)，并且它使更改变得困难。

- 容易出错——特别是在数据提取期间，这个简单模型容易出现拼写错误的值和属性名称等问题。这些错误很难确定数据是否在每个节点中都是独立存在的。

- 难以扩展/丰富——如果在模型的生命周期中需要进行扩展，例如对类型进行分组以提高搜索能力或提供语义分析，则这些特征很难提供。

- 导航复杂性——任何访问或搜索都基于值比较，或者更糟的是，基于字符串比较。
  这样的模型并没有发挥图的真正作用，而图可以有效地导航关系和节点。

图 4.3　Neo4j 浏览器查询简单模型的结果

为了更好地理解为什么这种模型在导航和访问模式方面的表现很糟糕，下面假设你想查询"在同一部电影中合作的演员"。这样的查询可以如代码清单 4.3 所示。

代码清单 4.3　查找一起工作的演员的查询(简单模型)

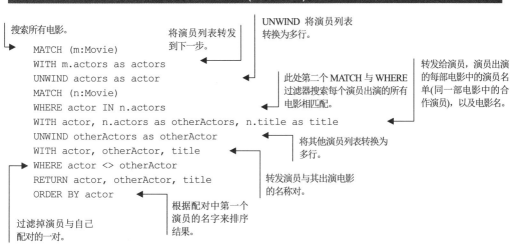

搜索所有电影。

将演员列表转发到下一步。

UNWIND 将演员列表转换为多行。

```
MATCH (m:Movie)
WITH m.actors as actors
UNWIND actors as actor
MATCH (n:Movie)
WHERE actor IN n.actors
WITH actor, n.actors as otherActors, n.title as title
UNWIND otherActors as otherActor
WITH actor, otherActor, title
WHERE actor <> otherActor
RETURN actor, otherActor, title
ORDER BY actor
```

此处第二个 MATCH 与 WHERE 过滤器搜索每个演员出演的所有电影相匹配。

转发给演员，演员出演的每部电影中的演员名单(同一部电影中的合作演员)，以及电影名。

将其他演员列表转换为多行。

转发演员与其出演电影的名称对。

根据配对中第一个演员的名字来排序结果。

过滤掉演员与自己配对的一对。

此查询的工作方式如下：

(1) 第一个 MATCH 搜索所有电影。

(2) WITH 用于将结果转发到下一步。第一个 WITH 只转发 actors 列表。

(3) 使用 UNWIND，你可以将任何列表转换回单个的行。每部电影中的演员列表被转换为演员序列。

(4) 对于每个演员，下一个带有 WHERE 条件的 MATCH 会找到他们出演的所有电影。

(5) 第二个 WITH 转发本次迭代中考虑的演员、他们出演的每部电影中的演员列表以及电影名。

(6) 第二个 UNWIND 转换其他演员的列表，并转发演员-其他演员对以及他们一起出演的电影的名称。

(7) 最后一个 WHERE 过滤掉演员与他们自己配对的对。

(8) 查询返回每一对中的演员名字和两人都出演的电影的名称。

(9) 结果使用 ORDER BY 子句按对中第一个演员的姓名进行排序。

在这样的查询中，所有比较都基于字符串匹配，因此如果存在拼写错误或格式不同(例如，"U.Thurman"而不是"Uma Thurman")，结果将不正确或不完整。图 4.4 显示了在我们创建的图数据库上运行此查询的结果。

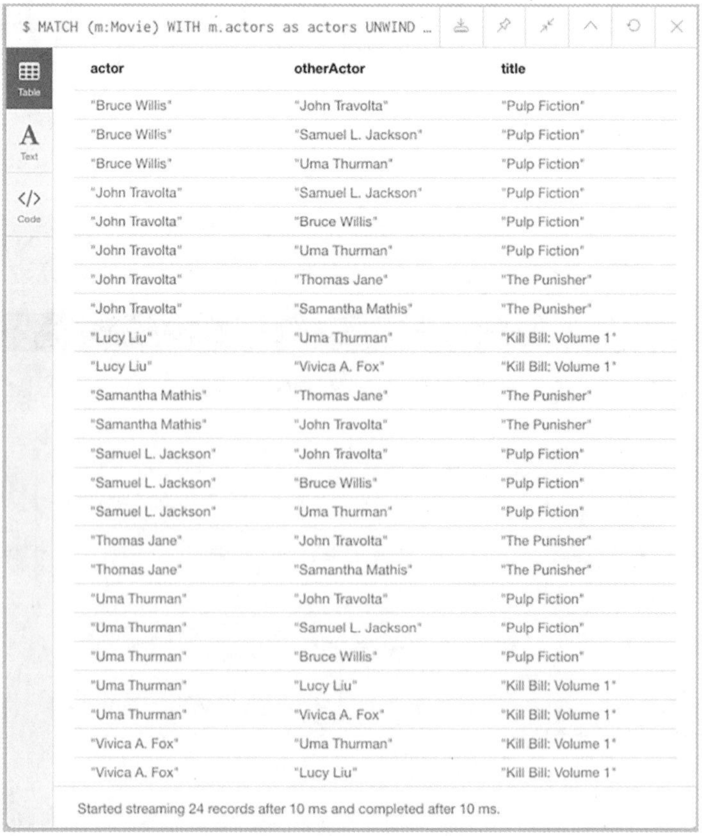

actor	otherActor	title
"Bruce Willis"	"John Travolta"	"Pulp Fiction"
"Bruce Willis"	"Samuel L. Jackson"	"Pulp Fiction"
"Bruce Willis"	"Uma Thurman"	"Pulp Fiction"
"John Travolta"	"Samuel L. Jackson"	"Pulp Fiction"
"John Travolta"	"Bruce Willis"	"Pulp Fiction"
"John Travolta"	"Uma Thurman"	"Pulp Fiction"
"John Travolta"	"Thomas Jane"	"The Punisher"
"John Travolta"	"Samantha Mathis"	"The Punisher"
"Lucy Liu"	"Uma Thurman"	"Kill Bill: Volume 1"
"Lucy Liu"	"Vivica A. Fox"	"Kill Bill: Volume 1"
"Samantha Mathis"	"Thomas Jane"	"The Punisher"
"Samantha Mathis"	"John Travolta"	"The Punisher"
"Samuel L. Jackson"	"John Travolta"	"Pulp Fiction"
"Samuel L. Jackson"	"Bruce Willis"	"Pulp Fiction"
"Samuel L. Jackson"	"Uma Thurman"	"Pulp Fiction"
"Thomas Jane"	"John Travolta"	"The Punisher"
"Thomas Jane"	"Samantha Mathis"	"The Punisher"
"Uma Thurman"	"John Travolta"	"Pulp Fiction"
"Uma Thurman"	"Samuel L. Jackson"	"Pulp Fiction"
"Uma Thurman"	"Bruce Willis"	"Pulp Fiction"
"Uma Thurman"	"Lucy Liu"	"Kill Bill: Volume 1"
"Uma Thurman"	"Vivica A. Fox"	"Kill Bill: Volume 1"
"Vivica A. Fox"	"Uma Thurman"	"Kill Bill: Volume 1"
"Vivica A. Fox"	"Lucy Liu"	"Kill Bill: Volume 1"

Started streaming 24 records after 10 ms and completed after 10 ms.

图4.4 使用我们创建的示例数据库进行查询的结果

用于表示条目的更高级模型，对于这些特定目的来说效果更佳，它将重复属性表示为节点。在这个模型中，每个实体，如演员、导演或体裁，都有自己的表示——自己的节点。这些实体之间的关系在图中由边表示。边还可以包含一些属性来进一步表征关系。图 4.5 显示了新模型在电影场景中的样子。

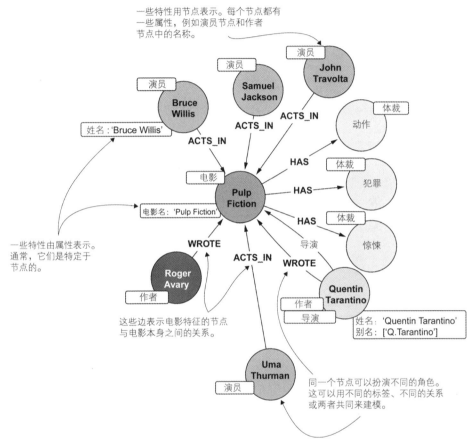

图 4.5　基于图的高级条目表示

高级模型中的新节点表示每个特征值，特征类型由体裁、演员、导演和作者等标签指定。一些节点可以有多个标签，因为它们可以在相同或不同的电影中扮演多个角色。每个节点都有一些描述自身的属性，例如演员和导演的 name 以及体裁的 genre。现在电影只有 title 属性，因为这个属性特定于条目本身；没有理由提取它并将其表示为一个单独的节点。为电影示例创建这个新图模型的查询如代码清单 4.4 中所示[1]。

---

1 请使用 MATCH(n) DETACH DELETE n 整理你的数据库。

代码清单 4.4　用于创建电影表示的高级模型的查询

每个语句都在数据库中创建一个唯一的约束。

每个 CREATE 只创建以电影名作为属性的电影。

```
CREATE CONSTRAINT ON (a:Movie) ASSERT a.title IS UNIQUE;
CREATE CONSTRAINT ON (a:Genre) ASSERT a.genre IS UNIQUE;
CREATE CONSTRAINT ON (a:Person) ASSERT a.name IS UNIQUE;

CREATE (pulp:Movie {title: 'Pulp Fiction'})
FOREACH (director IN ['Quentin Tarantino']
| MERGE (p:Person {name: director}) SET p:Director MERGE (p)-[:DIRECTED]
  -> (pulp))
```

FOREACH 在一个列表上循环，并为每个元素执行 MERGE。

MERGE 首先检查节点是否已经存在，在此情况下使用导演名称的唯一性；如果不存在，则会创建节点。

```
FOREACH (actor IN ['John Travolta', 'Samuel L. Jackson', 'Bruce  Willis',
'Uma Thurman']
| MERGE (p:Person {name: actor}) SET p:Actor MERGE (p)-[:ACTS_IN]->(pulp))
FOREACH (writer IN ['Quentin Tarantino', 'Roger Avary']
| MERGE (p:Person {name: writer}) SET p:Writer MERGE (p)-[:WROTE]->(pulp))
FOREACH (genre IN ['Action', 'Crime', 'Thriller']
| MERGE (g:Genre {genre: genre}) MERGE (pulp)-[:HAS]->(g))

CREATE (punisher:Movie {title: 'The Punisher'})
FOREACH (director IN ['Jonathan Hensleigh']
| MERGE (p:Person {name: director}) SET p:Director MERGE (p)-[:DIRECTED]->
  (punisher))
FOREACH (actor IN ['Thomas Jane', 'John Travolta', 'Samantha Mathis']
| MERGE (p:Person {name: actor}) SET p:Actor MERGE (p)-[:ACTS_IN]->
  (punisher))
FOREACH (writer IN ['Jonathan Hensleigh', 'Michael France']
| MERGE (p:Person {name: writer}) SET p:Writer MERGE (p)-[:WROTE]->
  (punisher))
FOREACH (genre IN ['Action', 'Adventure', 'Crime', 'Drama', 'Thriller']
| MERGE (g:Genre {genre: genre}) MERGE (punisher)-[:HAS]->(g))

CREATE (bill:Movie {title: 'Kill Bill: Volume 1'})
FOREACH (director IN ['Quentin Tarantino']
| MERGE (p:Person {name: director}) SET p:Director MERGE (p)-[:DIRECTED]->
  (bill))
FOREACH (actor IN ['Uma Thurman', 'Lucy Liu', 'Vivica A. Fox']
| MERGE (p:Person {name: actor}) SET p:Actor MERGE (p)-[:ACTS_IN]->(bill))
FOREACH (writer IN ['Quentin Tarantino', 'Uma Thurman']
| MERGE (p:Person {name: writer}) SET p:Writer MERGE (p)-[:WROTE]->(bill))
FOREACH (genre IN ['Action', 'Crime', 'Thriller']
| MERGE (g:Genre {genre: genre}) MERGE (bill)-[:HAS]->(g))
```

虽然图数据库通常被称为无模式，但在 Neo4j 中，可以在数据库中定义一些约束。在这种情况下，前三个查询分别为 Movie 中 title 的唯一性、Genre 的值和 Person 的名字创建了三个约束，这将防止同一个人(演员、导演或作者)在数据库中多次出现。如前所述，在新模型中，单个实体由数据库中的单个节点表示。约束有助于强制执行此建模决策。

创建约束后，CREATE 子句(重复 3 次，在示例中分别为每部电影各运行一次)像之前一样运行，以 title 为属性创建每个新 Movie。然后 FOREACH 子句分别遍历导演、演员、作者和体裁，对于每个元素，它们会搜索节点以连接到 Movie 节点，如有必要，创建一个新节点。在包含演员、作者和导演的情况下，通过 MERGE 子句创建带有标签 Person 的通用节点。MERGE 确保所提供的模式存在于图中，要么通过重用符合所提供预测的现有节点和关系，要么通过创建新的节点和关系。在这种情况下，SET 子句根据需要为节点分配一个新的特定标签。FOREACH 中的 MERGE 检查(并在必要时创建)Person 和 Movie 之间的关系。类似的方法用于体裁。总体结果如图 4.6 所示。

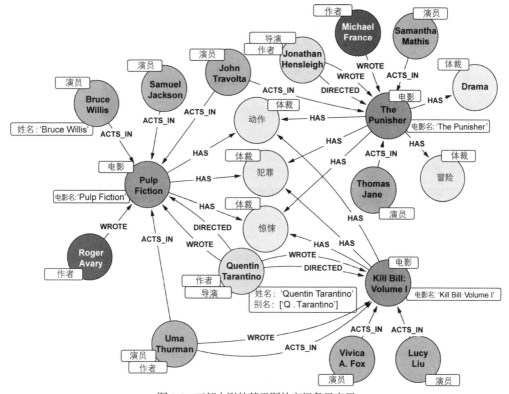

图 4.6　三部电影的基于图的高级条目表示

建模专业提示

你可以为同一节点使用多个标签。在这种情况下，这种方法既有用又必要，因为在模型中，我们希望每个人都是唯一的，无论他们在电影中扮演的角色如何(演员、作者或导演)。出于这个原因，我们选择 MERGE 而不是 CREATE 并为所有这些节点使用通用标签。同时，图模型为该人所拥有的每个角色分配一个特定的标签。分配后，标签将分配给节点，因此运行诸如"找到所有制片人"的查询将变得更容易且性能更高。

新的描述模型不仅解决了前面描述的所有问题，而且具有多种优势：

- 无数据重复——将每个相关实体(人物、体裁等)映射到特定节点可防止数据重复。同一个实体可以扮演不同的角色，拥有不同的关系(Uma Thurman 不仅是 *Kill Bill: Volume I* 中的女演员，也是作者之一)。此外，对于每个条目，可以存储替代形式或别名的列表("Q. Tarantino" "Director Tarantino" "Quentin Tarantino")。这种方法有助于搜索并防止在多个节点中表示相同的概念。

- 容错——防止数据重复可保证更好地容错。与之前的模型不同，拼写错误很难被发现，因为它作为一个属性分布在所有节点中，这里的信息集中在孤立和非复制的实体中，使得错误易于识别。

- 易于扩展/丰富——实体可通过使用公共标签或创建新节点并将其连接到相关节点来分组。这种方法可以提高查询性能或风格。我们可以在一个共同的 Drama 节点下连接多种体裁，如 Crime 和 Thriller。

- 易于导航——每个节点甚至每个关系都可以是导航的入口点(演员、体裁、导演等)，而在之前的模式中，唯一可用的入口点是节点中的特征。这种方法支持多种更有效的数据访问模式。

再次考虑对"在同一部电影中合作的演员"的查询。在新模型中，构建此查询要容易得多，如代码清单 4.5 所示。

代码清单 4.5　查询所有一起工作的演员(高级模型)

```
MATCH (actor:Actor)-[:ACTS_IN]->(movie:Movie)<-[:ACTS_IN]-(otherActor:Actor)
WHERE actor <> otherActor
RETURN actor.name as actor, otherActor.name as otherActor,
movie.title as title
ORDER BY actor
```

该标识对将被删除。

在这种情况下，MATCH 子句指定了一种更复杂的图模式。

代码清单 4.5 产生与代码清单 4.4 完全相同的结果，但它更简单、更清晰，甚至更快——显然它更好地使用了 MATCH 子句。这里，查询描述了我们正在寻找的整个图模式，而不是描述单个节点；我们正在寻找两位在同一部电影 movie 中合作的演员，并且 WHERE 过滤掉了原始演员。结果如图 4.7 所示。

值得注意的是，此处没有进行字符串比较。此外，查询要简单得多，并且在更大的数据库上，它会执行得更快。如果你还记得我们对原生图数据库的讨论(2.3.4 节)以及 Neo4j 如何实现无邻接节点关系的索引(附录 B)，它将比代码清单 4.3 中所需的字符串索引查找快得多。

```
$ MATCH (a:Actor)-[:ACTS_IN]->(m)<-[:ACTS_IN]-(o:Actor) WHERE a <> o RETURN a.name as...
```

actor	otherActor	title
"Bruce Willis"	"John Travolta"	"Pulp Fiction"
"Bruce Willis"	"Samuel L. Jackson"	"Pulp Fiction"
"Bruce Willis"	"Uma Thurman"	"Pulp Fiction"
"John Travolta"	"Samuel L. Jackson"	"Pulp Fiction"
"John Travolta"	"Bruce Willis"	"Pulp Fiction"
"John Travolta"	"Uma Thurman"	"Pulp Fiction"
"John Travolta"	"Thomas Jane"	"The Punisher"
"John Travolta"	"Samantha Mathis"	"The Punisher"
"Lucy Liu"	"Uma Thurman"	"Kill Bill: Volume 1"
"Lucy Liu"	"Vivica A. Fox"	"Kill Bill: Volume 1"
"Samantha Mathis"	"John Travolta"	"The Punisher"
"Samantha Mathis"	"Thomas Jane"	"The Punisher"
"Samuel L. Jackson"	"John Travolta"	"Pulp Fiction"
"Samuel L. Jackson"	"Bruce Willis"	"Pulp Fiction"
"Samuel L. Jackson"	"Uma Thurman"	"Pulp Fiction"
"Thomas Jane"	"John Travolta"	"The Punisher"

Started streaming 24 records after 6 ms and completed after 6 ms.

图 4.7　代码清单 4.5 中创建的示例数据库的结果

我们设计了最终的基于图的模型来表示条目。在真正的机器学习项目中，下一步是创建数据库，从一个或多个源导入数据。如本节开头所述，MovieLens 数据集被选为测试数据集。你可以从 GroupLens(https://grouplens.org/datasets/ movielens)下载该数据集。代码仓库包含在正确目录中下载并设置代码以使其正常运行的说明和过程。取决于你愿意等待多久才能看到第一个图数据库，你可以选择合适的数据集大小(如果你不愿等待，请选择最小的数据集)。该数据集仅包含有关每部电影的少量信息，例如标题和体裁列表，但还包含对 IMDb 的引用，其中可以访问有关电影的各种详细信息：情节、导演、演员、作者等。这些数据正是我们所需要的。

代码清单 4.6 和 4.7 包含从 MovieLens 数据集中读取数据、存储图中的第一个节点，然后使用 IMDb 上可用的信息丰富它们所需的 Python 代码(你应该整理你的数据库，但这并非强制)。

代码清单 4.6　从 MovieLens 导入基本电影信息

创建约束，保证人物和体裁的独特性。如果约束已经存在，
则函数 executeNoException 将包装生成的异常。

```python
def import_movies(self, file):
    with open(file, 'r+') as in_file:          ← 从 CSV 文件中读取值
        reader = csv.reader(in_file, delimiter=',')  (movies.csv)。
    next(reader, None)
    with self._driver.session() as session:    ← 启动一个连接到 Neo4j 的
        self.executeNoException(session,          新会话。
            "CREATE CONSTRAINT ON (a:Movie) ASSERT a.movieId IS UNIQUE; ")
        self.executeNoException(session,
            "CREATE CONSTRAINT ON (a:Genre) ASSERT a.genre IS UNIQUE; ")
```

```
tx = session.begin_transaction()

i = 0;
j = 0;
for row in reader:
    try:
        if row:
            movie_id = strip(row[0])
            title = strip(row[1])
            genres = strip(row[2])
            query = """
                CREATE (movie:Movie {movieId: $movieId,
                ➥ title: $title})
                with movie
                UNWIND $genres as genre
                MERGE (g:Genre {genre: genre})
                MERGE (movie)-[:HAS]->(g)
            """
            tx.run(query, {"movieId": movie_id, "title": title,
            ➥ "genres": genres.split("|")})
            i += 1
            j += 1

          if i == 1000:
            tx.commit()
            print(j, "lines processed")
            i = 0
            tx = session.begin_transaction()
    except Exception as e:
        print(e, row, reader.line_num)
tx.commit()
print(j, "lines processed")
```

开始一个新的事务，它将允许在数据库上执行原子性操作(全部进入或全部退出)。

创建电影和体裁(MERGE 可防止多次创建同一体裁)并将它们连接起来。

专业提示：为了避免最后提交的内容过大，此检查可确保每处理 1000 行代码就对数据库进行提交。

代码清单 4.7　使用 IMDb 上提供的详细信息丰富数据库

```
def import_movie_details(self, file):
    with open(file, 'r+') as in_file:
        reader = csv.reader(in_file, delimiter=',')
        next(reader, None)
        with self._driver.session() as session:
            self.executeNoException(session, "CREATE CONSTRAINT ON (a:Person)
            ➥ ASSERT a.name IS UNIQUE;")
            tx = session.begin_transaction()
            i = 0;
            j = 0;
            for row in reader:
                try:
                    if row:
                        movie_id = strip(row[0])
                        imdb_id = strip(row[1])
```

创建一个新的约束条件，使人物保持唯一。

从 IMDb 获取电影
细节。

```
        movie = self._ia.get_movie(imdb_id)
        self.process_movie_info(movie_info=movie, tx=tx,
        ➡ movie_id=movie_id)
        i += 1
        j += 1
```

处理来自 IMDb 的信息并将其
存储在图中。

```
            if i == 10:
                tx.commit()
                print(j, "lines processed")
                i = 0
                tx = session.begin_transaction()
```

与代码清单 4.4
相同，只是该电
影已经存在。

```
        except Exception as e:
            print(e, row, reader.line_num)
    tx.commit()
    print(j, "lines processed")

def process_movie_info(self, movie_info, tx, movie_id):
    query = """
        MATCH (movie:Movie {movieId: $movieId})
        SET movie.plot = $plot
        FOREACH (director IN $directors | MERGE (d:Person {name: director})
        ➡ SET d:Director MERGE (d)-[:DIRECTED]->(movie))
        FOREACH (actor IN $actors | MERGE (d:Person {name: actor}) SET
        ➡ d:Actor MERGE (d)-[:ACTS_IN]->(movie))
        FOREACH (producer IN $producers | MERGE (d:Person {name: producer})
        ➡ SET d:Producer MERGE (d)-[:PRODUCED]->(movie))
        FOREACH (writer IN $writers | MERGE (d:Person {name: writer}) SET
        ➡ d:Writer MERGE (d)-[:WROTE]->(movie))
        FOREACH (genre IN $genres | MERGE (g:Genre {genre: genre}) MERGE
        ➡ (movie)-[:HAS]->(g))
    """
    directors = []
    for director in movie_info['directors']:
        if 'name' in director.data:
            directors.append(director['name'])

    genres = ''
    if 'genres' in movie_info:
        genres = movie_info['genres']

    actors = []
    for actor in movie_info['cast']:
        if 'name' in actor.data:
            actors.append(actor['name'])

    writers = []
    for writer in movie_info['writers']:
        if 'name' in writer.data:
            writers.append(writer['name'])

    producers = []
```

```
      for producer in movie_info['producers']:
          producers.append(producer['name'])

plot = ''
if 'plot outline' in movie_info:                          从影片信息中获取 plot 值，以在节点
  plot = movie_info['plot outline']                       上创建 plot 属性。

tx.run(query, {"movieId": movie_id, "directors": directors,
 ➟  "genres": genres, "actors": actors, "plot": plot,
          "writers": writers, "producers": producers})
```

这段代码过于简单，但因为访问和解析 IMDb 页面需要时间，所以需要很长时间才能完成运行。在本书的代码仓库中，除了代码的完整实现，还有一个并行版本的函数 import_movie_details，其中创建了多个线程来同时下载和处理多个 IMDb 页面。完成后，生成的图具有图 4.6 中描述的结构。

练习

使用新创建的数据库并编写查询以执行以下操作：

(1) 搜索在同一部电影中工作的成对演员。

提示: 使用代码清单 4.3，在查询末尾添加 LIMIT 50；否则，查询会产生很多结果。

(2) 数一数，对于每个演员，他们出演了多少部电影。

(3) 获取一部电影(通过 movieId)，并列出所有特征。

这些条目(此处是电影)被正确建模并存储在真实的图数据库中。在 4.2 节中，我们将对用户进行建模。

4.2 对用户进行建模

在 CBRS 中，存在多种用于收集和建模用户配置文件的方法。所选的设计模型将根据偏好的收集方式(隐式或显式)以及过滤策略或推荐方法的类型而有所不同。收集用户偏好的一种直接方法是询问用户。用户可能对特定体裁或关键字，或者对特定演员或导演感兴趣。

从高层次的角度来看，用户配置文件和定义的模型的目的是帮助推荐引擎为每个条目或条目特征分配一个分数。该分数有助于对推荐给特定用户的条目进行从高到低排序。因此，推荐系统属于机器学习领域，称为排序学习。

可以通过为用户添加节点并将他们连接到感兴趣的特征，从而为我们正在设计的模型添加偏好或兴趣。生成的模式将如图 4.8 所示。

为用户偏好建模而定义的图模型扩展了之前描述条目的模型，为每个用户添加了一个新节点并将其连接到用户感兴趣的特征。

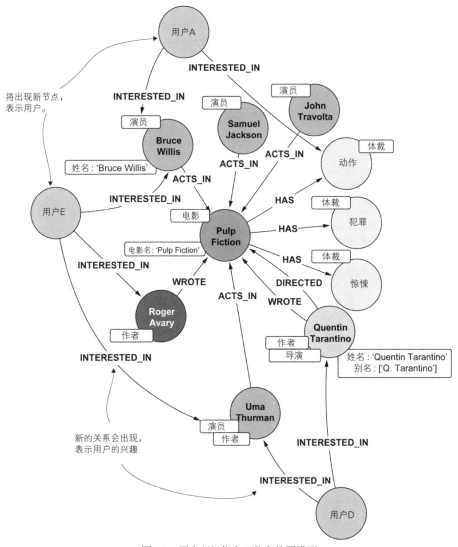

图 4.8 用户兴趣指向元信息的图模型

建模笔记

为条目设计的高级模型更适合这种情况,因为特征是图中的节点,因此可以通过边连接到用户——与更简单的模型相比的另一个优势是,这种对兴趣的建模会更加让人感到困难和痛苦。

或者,系统可以明确要求用户对某些条目进行评分。最佳方法是选择有助于我们在最广泛意义上理解用户品味的条目。生成的图模型如图 4.9 所示。

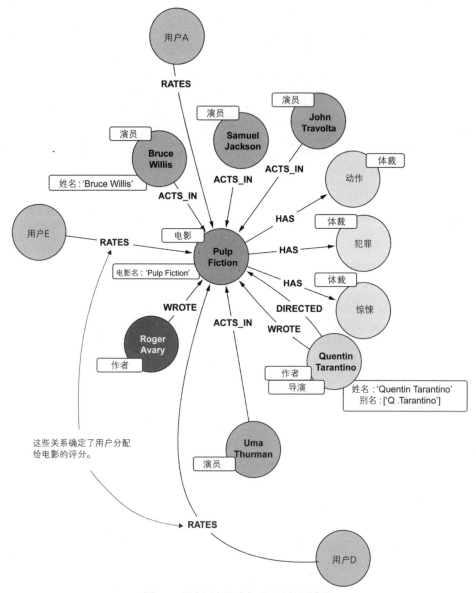

图4.9 具有用户显式条目评分的图模型

在这种情况下，用户节点连接到电影节点。评分作为属性存储在边上。这些方法被称为显式方法，因为系统要求用户表现出他们自己的品位和偏好。

另一种方法是通过考虑每个用户与条目的交互来隐式推断用户的兴趣、品位和偏好。例如，如果我购买豆浆，我很可能对类似的产品感兴趣，如豆奶。在这种情况下，大豆是相关特征。同样，如果用户观看《指环王》三部曲的第一部，他们很可能会对其他两部或同一奇幻动作体裁的其他电影感兴趣。生成的模型如图4.10所示。该模型与图4.9中的模型相同；唯一的区别是图4.10中的系统收集和存储用户行为数据以隐式推断用户的兴趣。

　　值得注意的是，当系统对用户和条目之间的关系建模时，无论用户兴趣信息是隐式收集还是显式收集，可通过使用不同的方法来推断用户对特定条目特征的兴趣。从图 4.9 和4.10 中描绘的图开始，代码清单 4.8 中的 Cypher 查询计算用户和特征之间的新关系，然后通过在图中创建新的边来实现它们(存储为新关系以提高访问性能)。

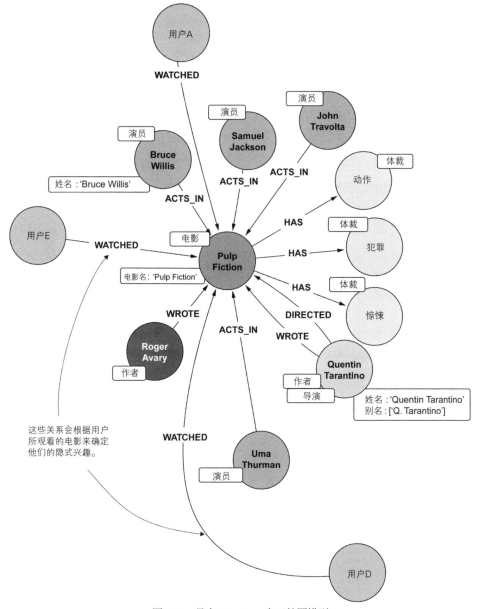

图 4.10　具有 User-Item 交互的图模型

代码清单 4.8　查询用户和条目特征之间的计算关系[1]

|允许你在 MATCH 模式中指定多个
关系类型。

```
MATCH (user:User)-[:WATCHED|RATED]->(movie:Movie)-
    [:ACTS_IN|WROTE|DIRECTED|PRODUCED|HAS]-(feature)
WITH user, feature, count(feature) as occurrences
WHERE occurrences > 2
MERGE (user)-[:INTERESTED_IN]->(feature)
```

WITH 子句聚合用户
和特性，计算发生的
次数。

此 WHERE 子句允许你只考虑在用户观看的
至少三部电影中出现的特性。

创建关系。使用 MERGE 而不是 CREATE 可
以防止相同节点对之间的多个关系。

此查询搜索用户观看或评分的所有电影的所有图模式((u:User)-[:WATCHED|RATED]->(m:Movie))。其用以下代码来识别特征：

```
(movie:Movie)-[:ACTS_IN|WROTE|DIRECTED|PRODUCED|HAS]-(feature)
```

对于每个用户特征对，WITH 的输出还表明用户观看具有该特定特征(可能是演员、导演、体裁等)电影的频率。WHERE 子句过滤掉出现次数少于 3 次的所有特征，只保留最相关的特征，而不是用无用的关系填充图。最后，MERGE 子句创建关系，防止在相同的节点对间存储多个关系(如果使用 CREATE 会发生这种情况)。生成的模型如图 4.11 所示。

图 4.11 中描述的模型包含了以下关系：

- 用户和条目(在建模示例中，我们使用了显式观看关系，但同样适用于显式评分)。
- 用户和特征。

第二种类型是从第一种开始计算的，使用简单的查询。此示例显示了起始模型的另一种可能扩展。在这种情况下，模型不使用外部知识源，而是从图本身推断新信息。在这种特定情况下，图查询用于提取知识并将其转换为新的关系，以便更好地导航。

MovieLens 数据集包含基于用户评分的显式 User-Item 配对(配对被认为是显式，因为用户决定对条目进行评分)。在代码清单 4.9 中，评分用于构建图 4.10 中的图模型，唯一的区别是 WATCHED 被 RATED 取代，因为它代表了用户显式评分的内容。该函数从 CSV 文件中读取数据、创建用户，并将他们连接到所评分的电影。

---

1 只有在如代码清单 4.9 所示导入用户评分后才能执行此查询。

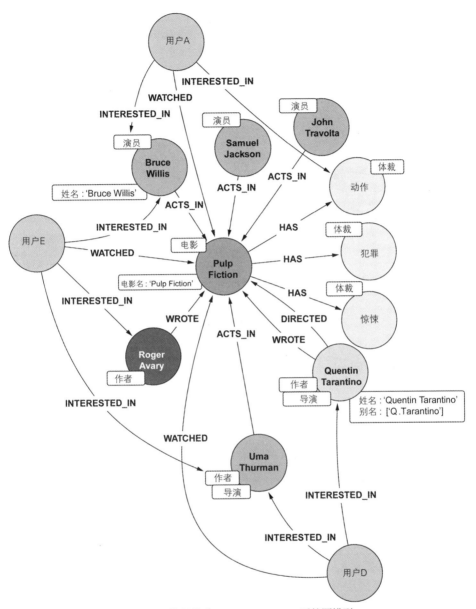

图 4.11 推断关系 INTERESTED_IN 后的图模型

代码清单 4.9 从 MovieLens 导入 User-Item 配对

```
def import_user_item(self, file):
    with open(file, 'r+') as in_file:
        reader = csv.reader(in_file, delimiter=',')
        next(reader, None)
        with self._driver.session() as session:
            self.executeNoException(session, "CREATE CONSTRAINT ON (u:User)
```

```
                ⟜    ASSERT u.userId IS UNIQUE")

            tx = session.begin_transaction()
            i = 0;
            for row in reader:
              try:
                  if row:
                      user_id = strip(row[0])
                      movie_id = strip(row[1])
                      rating = strip(row[2])
                      timestamp = strip(row[3])
                      query = """
                          MATCH (movie:Movie {movieId: $movieId})
                          MERGE (user:User {userId: $userId})
                          MERGE (user)-[:RATED {rating: $rating,
                          ⟜   timestamp: $timestamp}]->(movie)
                      """
                      tx.run(query, {"movieId":movie_id, "userId": user_id,
                      ⟜   "rating":rating, "timestamp": timestamp})
                      i += 1
                  if i == 1000:
                      tx.commit()
                      i = 0
                      tx = session.begin_transaction()
              except Exception as e:
                  print(e, row, reader.line_num)
          tx.commit()
```

创建一个约束条件，以保证 User 的唯一性。

该查询通过 movieId 搜索电影，如果电影不存在，则创建 User 并将其连接起来。

此时，我们设计的图模型能够正确地表示条目和用户，还可以容纳多种变体或扩展，例如语义分析和隐式或显式信息。我们通过组合 MovieLens 数据集和来自 IMDb 的信息获得的数据创建并填充了一个真实的图数据库。

练习

使用数据库并编写查询执行以下操作:

(1) 获取用户(通过 userId)，并列出用户感兴趣的所有特征。

(2) 找到具有共同兴趣的用户对。

4.3 节讨论了如何在我们假设的电影租赁场景中使用此模型向最终用户提供推荐。

4.3 提供推荐

在推荐阶段，CBRS 使用用户配置文件将用户与他们最可能感兴趣的条目进行匹配。根据可用信息以及为用户和条目定义的模型，可以为此目的使用不同的算法或技术。从前面描述的模型开始，本节描述了几种用于预测用户兴趣并提供推荐的技术，并以复杂性和准确性的递增顺序呈现。

第一种方法基于图 4.12 中展示的模型，其中明确要求用户表明他们对特征的兴趣，或者从 User-Item 交互中推断出兴趣。

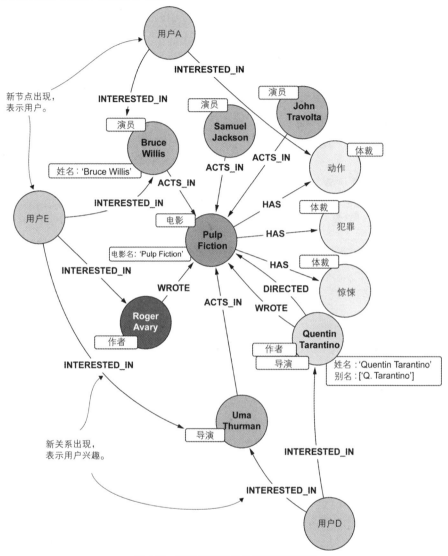

图4.12　用户兴趣指向元信息的图模型

这种方法适用于：

- 条目由与条目相关的特征列表表示，如标签、关键词、体裁和演员。这些特征可能由用户手动添加(标签)或专业人士(关键字)策划，或通过一些提取过程自动生成。
- 用户配置文件通过将用户连接到他们感兴趣的特征来表示。这些连接以二进制形式描述：喜欢(在图中表示为用户和特征之间的边)和不喜欢/未知(表示为用户和特征之间没有边)。当关于用户兴趣的显式信息不可用时，可以使用图查询从其他来源(显式或隐式)推断兴趣，如前所述。

这种方法与电影租赁示例等场景高度相关，其中元信息可用并且更好地描述了条目本身。该场景中的整个推荐过程可以总结为如图4.13所示。

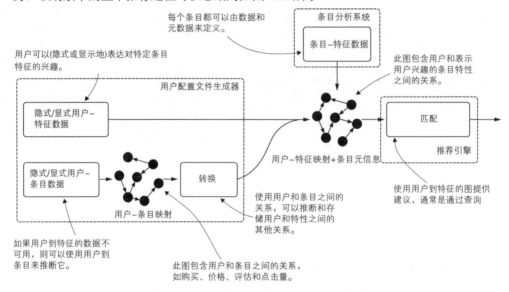

图4.13 基于内容推荐的第一种场景的推荐流程

此高级图突出显示了整个过程如何基于图。这种方法不需要复杂或花哨的算法来提供推荐。使用适当的图模型，只需一个简单的查询就可以完成这项工作。数据已经包含了足够多的信息，图结构有助于计算分数并将有序列表返回给用户，不必预先构建任何模型：描述和预测模型重叠。这种纯基于图的方法很简单，但有很多优点：

- 它产生了良好的结果。考虑到此方法所需的工作量有限，其推荐质量很高。
- 操作简单。在提供推荐之前，它不需要复杂的计算或复杂的代码来读取和预处理数据。如果数据在图中正确建模，如前所示，就可以实时执行查询并回复用户。
- 可扩展。该图可以包含其他信息，这些信息可用于根据其他数据源或上下文信息来细化结果。可以轻松更改查询以将新信息考虑在内。

提供推荐的任务是通过类似于代码清单4.10中的查询来完成的。

代码清单4.10 向用户提供推荐的查询

从用户开始，MATCH 子句搜索具有该用户感兴趣的特征的所有电影。

NOT exists() 会过滤掉所有用户已经观看或评分的电影。

```
MATCH (user:User)-[i:INTERESTED_IN]->(feature)-[]-(movie:Movie)
WHERE user.userId = "<user Id>" AND NOT exists((user)-[]->(movie))
RETURN movie.title, count(i) as occurrences
ORDER BY occurrences desc
```

按反向顺序排序有助于将与所选用户共享更多的电影置于顶部。

这个查询从用户开始(WHERE 将一个 userId 指定为字符串)，识别用户感兴趣的所有特征，并找到包含它们的所有电影。对于每部电影，查询计算重叠特征并根据该值对电影进行排序：重叠特征的数量越多，用户对条目感兴趣的可能性就越大。

这种方法可以应用于我们之前创建的数据库。MovieLens 数据集包含用户和条目之间的联系，但不包含用户和用户感兴趣的特征之间的联系；这些特征在数据集中不可用。我们通过使用 IMDb 作为电影特征的知识来源丰富了数据集，并且通过应用代码清单 4.8，可以计算用户和条目特征之间的缺失关系。使用代码和查询来使用图数据库并提供推荐。速度不快，但它运行正常。图 4.14 显示了在导入的数据库上运行代码清单 4.7 的结果。值得注意的是，此处显示的示例中的用户 598 已经对 *Shrek* 和 *Shrek 2* 进行了评分。

```
$ MATCH (user:User)-[i:INTERESTED_IN]->(feature)-[]-(movie:Movie)  WHERE user.userId = "598" …
```

movie.title	occurrences
"Shrek the Third (2007)"	15
"Shrek Forever After (a.k.a. Shrek: The Final Chapter) (2010)"	12
"Confessions of a Dangerous Mind (2002)"	10
"Monsters vs. Aliens (2009)"	9
"Batman: Mask of the Phantasm (1993)"	9
"Shrek the Halls (2007)"	9
"Puss in Boots (2011)"	9
"Osmosis Jones (2001)"	9
"Cloudy with a Chance of Meatballs 2 (2013)"	8
"Rubber (2010)"	8
"Tenchi Muy ! In Love (1996)"	8
"Agent Cody Banks (2003)"	8
"Sinbad: Legend of the Seven Seas (2003)"	8
"Summer Wars (Sam w zu) (2009)"	8
"Escaflowne: The Movie (Escaflowne) (2000)"	7
"Cinderella (1997)"	7
"Aelita: The Queen of Mars (Aelita) (1924)"	7
"Chronicles of Narnia: Prince Caspian, The (2008)"	7
"Dragonheart 2: A New Beginning (2000)"	7
"Nancy Drew (2007)"	7
"Green Hornet, The (2011)"	7
"The Book of Life (2014)"	7
"Ernest & C lestine (Ernest et C lestine) (2012)"	7
"Interstate 60 (2002)"	7

Started streaming 9343 records after 567 ms and completed after 586 ms, displaying first 1000 rows.

图 4.14 在导入的 MovieLens 数据库上运行代码清单 4.10 的结果

本章和本书的后面部分描述了提高性能的不同技术和方法；但在这里，重点是了解不同的图建模技术和设计选项。

练习

重写代码清单 4.10，仅考虑特定体裁或特定年份的电影。

提示

使用 EXISTS 向 WHERE 子句添加条件。

这种方法效果很好，也很简单，只需付出很少的努力，就可以得到很大的改进。第二种方法通过考虑可以改进的两个主要方面来扩展前一种方法：

- 在用户配置文件中，对条目特征是否感兴趣由布尔值表示。该值是二进制的，仅代表用户对该特征感兴趣的事实。它没有赋予这种关系任何权重。
- 计算用户配置文件和条目之间的重叠特征是不够的。我们需要一个函数来计算用户兴趣和条目之间的相似度或共性。

关于第一点，正如本书中经常提到的，模型是现实的表示，而现实是我们正在为一个可能对一些特征更感兴趣的用户建模(例如，喜欢动作片但喜欢与 Jason Statham 合作的电影)。这些信息可以提高推荐的质量。

关于第二点，代替计算重叠特征的更好方法是为特定用户寻找感兴趣的条目，其中包括测量用户配置文件和条目特征之间的相似度——越接近越好。这种方法需要：

- 测量相似度函数。
- 条目和用户配置文件的通用表示，以便可以测量相似度。

所选函数定义了条目和用户配置文件所需的表示。可以使用不同的函数。最准确的函数之一是余弦相似度，相关内容第 3 章中已进行过介绍：

$$sim(\vec{a},\vec{b}) = \cos(\vec{a},\vec{b}) = \frac{\vec{a}\cdot\vec{b}}{|\vec{a}|\times|\vec{b}|}$$

与大多数常见的相似度函数一样，该函数要求将每个条目和每个用户配置文件投影到一个公共向量空间模型(Vector Space Model, VSM)中，这意味着每个元素都必须由一个固定维度的向量表示。第二种场景中的整个推荐过程可以用图 4.15 中的高级图来总结。

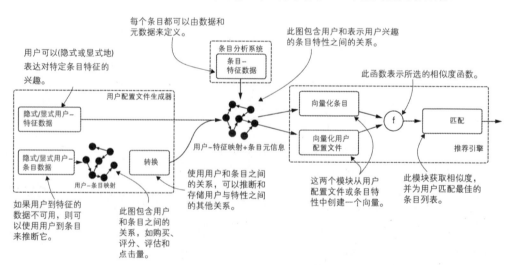

图4.15 基于内容的推荐中第二种场景的推荐流程

与之前的方法相比，在这种情况下，推荐过程之前的中间步骤将条目投影，并将用户配置文件投影到 VSM。为了描述将条目和用户配置文件转换为 VSM 中的表示的过程，让我们考虑电影推荐场景。假设我们的电影数据集如图 4.16 所示。

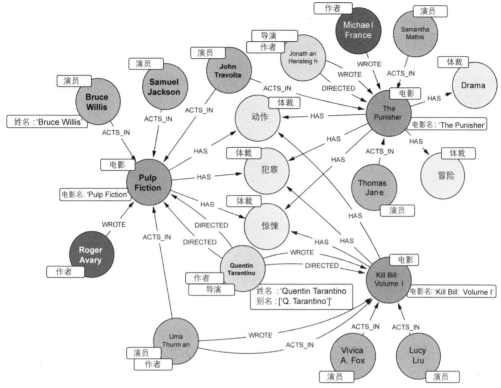

图 4.16　电影高级模型

每个条目都可以表示为一个向量，考虑元信息，如体裁和导演(我们可以使用所有可用的元信息，但下一个表会太大)。在这种情况下，每个向量的维度由体裁和导演的所有可能值的列表来定义。表 4.2 显示了我们手动创建的简单数据集中这些向量的情况。

表 4.2　将条目转换为向量

	动作	戏剧	犯罪	惊悚	冒险	Quentin Tarantino	Jonathan Hensleigh
Pulp Fiction	1	0	1	1	0	1	0
The Punisher	1	1	1	1	1	0	1
Kill Bill: Vol I	1	0	1	1	0	1	0

这些向量是布尔向量，因为值只能是 0(表示不存在)和 1(表示存在)。代表三部电影的向量是：

```
Vector(Pulp Fiction) =[1,0,1,1,0,1,0]
Vector(The Punisher) = [1,1,1,1,1,0,1]
Vector(Kill: Volume 1) = [1,0,1,1,0,1,0]
```

这些二元向量可以通过以下查询从图 4.16 所示的图模型中提取。

代码清单 4.11 提取电影的布尔向量

OPTIONAL MATCH 允许我们考虑所有的特征，
即使它们与所选的电影无关。

搜索电影 Pulp Fiction。使用 STARTS WITH 比精确
的字符串比较更好，因为电影名中通常包含年份。

搜索导演或体裁的所有特性，使用标签函数获
得分配给节点的标签列表。

```
MATCH (feature)
WHERE "Genre" in labels(feature) OR "Director" in labels(feature)
WITH feature
ORDER BY id(feature)
MATCH (movie:Movie)
WHERE movie.title STARTS WITH "Pulp Fiction"
OPTIONAL MATCH (movie)-[r:DIRECTED|HAS]-(feature)
RETURN CASE WHEN r IS null THEN 0 ELSE 1 END as Value,
CASE WHEN feature.genre IS null THEN feature.name ELSE feature.genre END as
   ➡ Feature
```

CASE 子句返回导演的名
字或体裁。

如果不存在关系，则此 CASE 子句
返回 0，否则返回 1。

该查询首先查找代表体裁或导演的所有节点，并返回按节点标识符排序的所有节点。顺序很重要，因为在每个向量中，特定体裁或导演必须在相同的位置表示。然后查询按标题搜索特定电影，OPTIONAL MATCH 检查电影是否与该特征相关联。与过滤掉不匹配元素的 MATCH 不同，如果关系不存在，OPTIONAL MATCH 则返回 null。在 RETURN 中，如果不存在关系第一个 CASE 子句则返回 0，否则返回 1；第二个子句返回导演的名字或体裁。图 4.17 显示了对从 MovieLens 导入的数据库运行查询的结果。

从图 4.17 中的屏幕截图可以明显看出，实向量很大，因为存在很多可能的维度。虽然这种完整的表示可以通过这里讨论的实现来管理，但第 5 章介绍了一种更好的方法来表示这种长向量。

添加索引

在 MovieLens 数据库上运行此查询可能需要较长时间。时间花费在过滤条件 movie.title STARTS WITH "Pulp Fiction" 上。添加索引可以大大提高性能。运行以下命令，然后再次尝试查询：

```
CREATE INDEX ON :Movie(title)
```

快得多，不是吗？

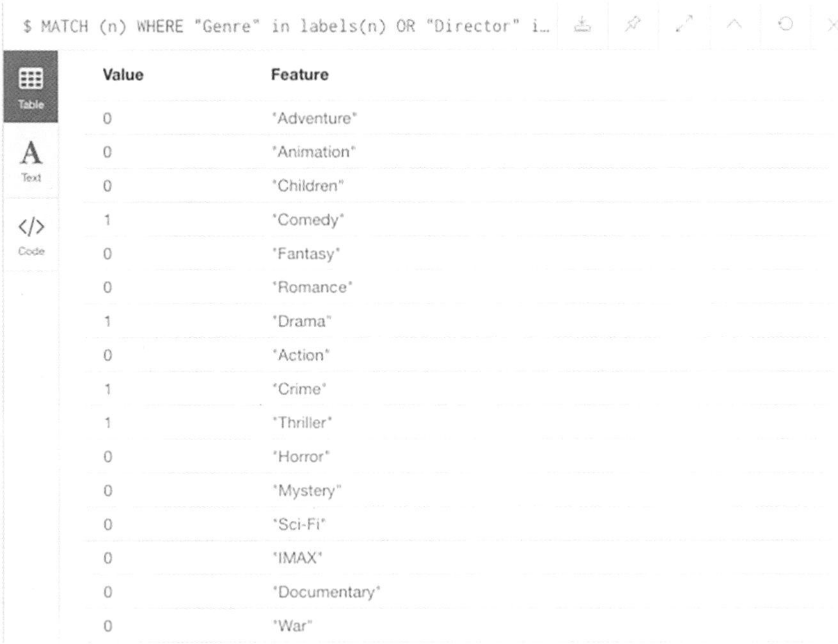

Value	Feature
0	"Adventure"
0	"Animation"
0	"Children"
1	"Comedy"
0	"Fantasy"
0	"Romance"
1	"Drama"
0	"Action"
1	"Crime"
1	"Thriller"
0	"Horror"
0	"Mystery"
0	"Sci-Fi"
0	"IMAX"
0	"Documentary"
0	"War"

图 4.17　在 MovieLens 数据集上运行代码清单 4.11 的结果

可以将此向量方法推广应用到所有类型的特征，包括具有数值的特征，例如我们电影场景中的平均评分[1]。在向量表示中，相关组件包含这些特征的确切值。在我们的例子中，三部电影的向量表示变成：

```
Vector(Pulp Fiction) = [1,0,1,1,0,1,0,4 ]
Vector(The Punisher) = [1,1,1,1,1,0,1,3.5 ]
Vector(Kill Bill: Volume 1) = [1,0,1,1,0,1,0,3.9]
```

最后一个元素代表平均评分。向量的某些分量是布尔值还是其他值、是实数值或整数值并不重要[Ullman 和 Rajaraman, 2011]。仍然可以计算向量之间的余弦距离，但如果这样做，我们应该考虑对非布尔分量进行一些适当的缩放，这样它们既不会在计算中占主导地位，也不会不相关。为此，我们将这些值乘以一个缩放因子：

```
Vector(Pulp Fiction) = [1,0,1,1,0,1,0,4α]
Vector(The Punisher) = [1,1,1,1,1,0,13.5α]
Vector(Kill Bill: Volume 1) =  [1,0,1,1,0,1,0,3.9α]
```

在这种表示中，如果将 α 设置为 1，则平均评分将主导相似度的值；如果设置为 0.5，效果将会减半。每个数值特征的缩放因子可以不同，它取决于在结果相似度中分配给该特征的权重。

1 平均评分不是一个有价值的特征，但它会在我们的例子中起到作用。

有了适当的条目向量表示，我们需要将用户配置文件投影到同一个 VSM，这意味着需要按照与描述用户偏好的条目向量中相同的顺序创建具有相同分量的向量。如 4.2.2 节所述，基于内容的案例中关于用户偏好或品味的可用信息可以是 User-Item 对或用户-特征对。二者都可以隐式或显式收集。因为向量空间以特征值作为维度，所以投影的第一步是将 User-Item 矩阵迁移到用户-特征空间(除非它已经可用)。这种转换可以使用不同的技术，包括通过聚合来计算用户以前喜欢的(liked)[1]条目列表中每个特征的出现次数。此选项适用于布尔值；另一种选择是计算数值特征的平均值。在电影场景中，每个用户配置文件都可以表示为如表 4.3 所示。

表4.3 在与电影相同的向量空间中表示的用户配置文件

	动作	戏剧	犯罪	惊悚	冒险	Quentin Tarantino	Jonathan Hensleigh	总数
用户 A	3	1	4	5	1	3	1	9
用户 B	0	10	1	2	3	0	1	15
用户 C	1	0	3	1	0	1	0	5

每个单元格代表用户观看了多少具有该特定特征的电影。例如，用户 A 看过 Quentin Tarantino 导演的三部电影，但用户 B 没有看过他导演的任何电影。该表还包含一个新列，表示每个用户观看的电影总数；该值将有助于创建将数值归一化的向量。

这些具有相关计数的用户-特征对很容易从我们迄今为止用于表示 User-Item 交互的图模型中获得。为了简化接下来的步骤，我建议将这些值具体化，从而将它们正确存储在图本身中。在属性图数据库中，代表用户对特定条目特征感兴趣程度的权重可以用用户和特征之间关系的属性来建模。修改之前用于推断用户和特征之间关系的代码清单 4.8，可以提取此信息、创建新关系并将这些权重添加到边上。新查询如代码清单 4.12 所示。

代码清单 4.12 用于提取用户和特征之间加权关系的查询

```
MATCH (user:User)-[:WATCHED|RATED]->(m:Movie)-
  [:ACTS_IN|WROTE|DIRECTED|PRODUCED|HAS]-(feature)
WITH user, feature, count(feature) as occurrence
WHERE occurrence > 2
MERGE (user)-[r:INTERESTED_IN]->(feature)
SET r.weight = occurrence
```

SET 会添加或修改 INTERESTED_IN 关系上的权重属性。

在这个版本中，`occurrence` 作为关系 `INTERESTED_IN` 的属性来存储，而在代码清单 4.8 中，它仅用作过滤器。图 4.18 显示了生成的模型。

---

1 Liked 这里是指用户和条目之间进行的任何类型的交互：观看、评分等。

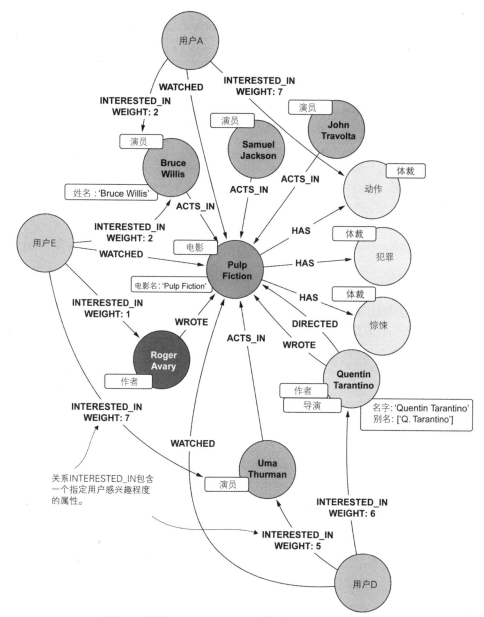

图4.18　推断 INTERESTED_IN 与权重关系后生成的图模型

就其本身而言，表中的数字可能会导致错误计算用户配置文件向量和条目向量之间的相似度。它们必须被归一化以更好地代表用户对特定特征的真实兴趣。例如，如果用户观看了 50 部电影并且只有 5 部是戏剧，我们可能会得出结论，相较于在总共 10 部电影中观看了 3 部戏剧的用户，第一个用户对这种体裁电影的兴趣更弱，即使他观看了更多这种类型的电影。

如果我们用观看的电影总数对表 4.3 中的每个值进行归一化，会看到第一个用户对戏剧体裁的兴趣为 0.1，而第二个用户为 0.6。表 4.4 显示了归一化的用户配置文件。

表 4.4　表 4.3 的归一化版本

	动作	戏剧	犯罪	惊悚	冒险	Quentin Tarantino	Jonathan Hensleigh
用户 A	0.33	0.11	0.44	0.55	0.11	0.33	0.11
用户 B	0	0.66	0.06	0.13	0.2	0	0.06
用户 C	0.2	0	0.6	0.2	0	0.2	0

建模专业提示

我不建议将归一化过程的结果存储为图中的权重，因为这些结果受用户观看的电影总数的影响。存储这些值需要我们在用户每次观看新电影时重新计算每个权重。如果我们只将计数存储为权重，那么当用户观看新电影时，只需更新受影响的特征。例如，如果用户观看冒险电影，则只需更新该体裁的计数。

在显式场景中，可以通过要求用户为一组可能的条目特征分配评分来收集此权重信息。相关值可以存储在用户和特征之间边的 weight 属性中。

在此过程结束时，我们会以一个通用且可比较的方式来表示条目和用户配置文件。我们可以通过计算用户配置文件向量表示与每部尚未看过的电影之间的相似度，将它们从高到低排序并返回前 N 个值，其中 N 可以是 1、10 或应用所需的任何值，来为每个用户完成推荐任务。在这种情况下，推荐任务需要完成查询无法完成的复杂操作，因为它们需要进行复杂的计算、循环、转换等。

代码清单 4.13 显示了在如图 4.18 所示存储数据时如何提供推荐。代码仓库中的完整代码位于 ch04/recommendation/content_based_recommendation_ second_approach.py。

代码清单 4.13　使用第二种方法提供推荐的方法

该函数提供推荐。

```python
def recommendTo(self, userId, k):
    user_VSM = self.get_user_vector(userId)
    movies_VSM = self.get_movie_vectors(userId)
    top_k = self.compute_top_k (user_VSM, movies_VSM, k);
    return top_k

def compute_top_k(self, user, movies, k):
    dtype = [ ('movieId', 'U10'),('value', 'f4')]
    knn_values = np.array([], dtype=dtype)
    for other_movie in movies:
        value = cosine_similarity([user], [movies[other_movie]])
        if value > 0:
            knn_values = np.concatenate((knn_values, np.array([[(other_movie,
                value)], dtype=dtype)))
    knn_values = np.sort(knn_values, kind='mergesort', order='value' )[::-1]
    return np.array_split(knn_values, [k])[0]
```

该函数计算用户配置文件向量与电影向量之间的相似度，并获得与用户配置文件最匹配的前 k 部电影。

我们使用 scikit-learn 提供的 cosine_similarity 函数。

```
    def get_user_vector(self, user_id):
        query = """
```

该函数创建用户配置文件，注意它是如何提供单个查询并与向量映射的。

```
            MATCH p=(user:User)-[:WATCHED|RATED]->(movie)
            WHERE user.userId = $userId
            with count(p) as total
            MATCH (feature:Feature)
            WITH feature, total
            ORDER BY id(feature)
            MATCH (user:User)
            WHERE user.userId = {userId}
            OPTIONAL MATCH (user)-[r:INTERESTED_IN]-(feature)
            WITH CASE WHEN r IS null THEN 0 ELSE
      (r.weight*1.0f)/(total*1.0f) END as value
            RETURN collect(value) as vector
        """
```

顺序至关重要，因为它允许我们获得可比较的向量。

```
        user_VSM = None
        with self._driver.session() as session:
            tx = session.begin_transaction()
            vector = tx.run(query, {"userId": user_id})
            user_VSM = vector.single()[0]
        print(len(user_VSM))
        return user_VSM;
```

该函数提供电影向量。

```
    def get_movie_vectors(self, user_id):
        list_of_moview_query = """
```

该查询只获得与用户相关的未知电影，这加快了处理过程。

```
                MATCH (movie:Movie)-[r:DIRECTED|HAS]-(feature)<-
                  [i:INTERESTED_IN]-(user:User {userId: $userId})
                WHERE NOT EXISTS((user)-[]->(movie)) AND EXISTS((user)-[]->
                  (feature))
                WITH movie, count(i) as featuresCount
                WHERE featuresCount > 5
                RETURN movie.movieId as movieId
            """
        query = """
```

该查询创建电影向量。

```
                MATCH (feature:Feature)
                WITH feature
                ORDER BY id(feature)
                MATCH (movie:Movie)
                WHERE movie.movieId = {movieId}
                OPTIONAL MATCH (movie)-[r:DIRECTED|HAS]-(feature)
                WITH CASE WHEN r IS null THEN 0 ELSE 1 END as value
                RETURN collect(value) as vector;
            """
        movies_VSM = {}
        with self._driver.session() as session:
            tx = session.begin_transaction()
        i = 0
        for movie in tx.run(list_of_moview_query, {"userId": user_id}):
            movie_id = movie["movieId"];
            vector = tx.run(query, {"movieId": movie_id})
            movies_VSM[movie_id] = vector.single()[0]
            i += 1
```

```
    if i % 100 == 0:
        print(i, "lines processed")
print(i, "lines processed")
print(len(movies_VSM))
return movies_VSM
```

如果为用户 598(与前一个场景中的用户相同)运行此代码,你会发现推荐电影列表与前一个案例中得出的结果没有太大区别,但这些新结果应该具有更好的预测准确性。得益于图,可以轻松获取包含至少五个与用户配置文件具有相同特征的电影。

另请注意,此推荐过程需要一段时间才能产生结果。不要担心;此处的目标是以最简单的方式展示概念,本书稍后将讨论各种优化技术。如果你有兴趣,可以在代码仓库中找到此代码的优化版本,该版本使用不同的方法来创建向量和计算相似度。

练习

假设使用代码清单 4.13 中的代码,

(1) 重写代码以使用不同的相似度函数,例如 Pearson 相关(https://libguides.library.kent.edu/SPSS/PearsonCorr),而不是余弦相似度。

提示

搜索 Python 实现,并替换 cosine_similarity 函数。

(2) 查看代码仓库中的优化实现,并弄清楚新向量是如何创建的。现在快了多少?第 5 章介绍了稀疏向量的概念。

基于内容推荐的第三种方法可以描述为"推荐与用户过去喜欢的条目相似的条目"[Jannach et al., 2010]。这种方法在一般情况下效果很好,并且是当可以计算条目之间的相关相似度,但很难或无法以相同方式表示用户配置文件时的唯一选择。

考虑我们的训练数据集,如图 4.9 和图 4.10 所示。用户偏好是通过将用户连接到条目,而不是将用户连接到条目的元信息来建模的。当每个条目的元信息不可用、有限或不相关时,这种方法是必要的,因此不可能(或必须)提取有关用户对某些特征感兴趣的数据。尽管如此,与每个条目相关的内容或内容描述以某种方式可用;否则,基于内容的方法将不适用。即使元信息可用,该第三种方法在推荐准确性方面也大大优于前一种方法。这种被称为基于相似度的检索方法的技术很有价值,原因如下:

- 它在第 3 章中介绍过。这里,不同的条目表示用于计算相似度。
- 相似度很容易作为条目之间的关系存储在图中。这个例子代表了图建模的完美用例,导航相似关系提供了快速推荐。
- 它是 CBRS 最常见和最强大的方法之一。
- 无论每个条目可用的数据/信息类型如何,它都十分灵活和通用,可用于不同场景。

这个场景中的整个推荐过程可以用图 4.19 中的高级图来总结。

值得注意的是,这是与第 5 章中描述的协同过滤方法的最大区别,即条目之间的相似度,都仅可使用与条目相关的数据来进行计算。User-Item 交互仅可在推荐阶段使用。

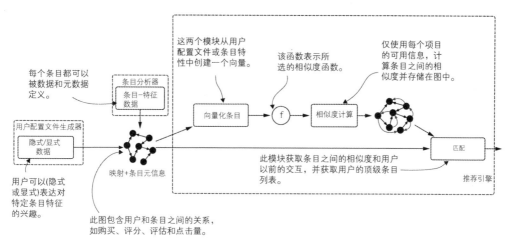

图4.19　基于内容推荐的第三种方法的推荐流程

根据图4.19，在这种情况下需要具备三个关键要素：

- 用户配置文件——用户配置文件通过对用户与条目的交互(如评分、购买或观看)进行建模来表示。在图中，这些交互表示为用户和条目之间的关系。
- 条目表示/描述——为了计算条目之间的相似度，有必要以可衡量的方式表示每个条目。如何做到这一点取决于为测量相似度而选择的函数。
- 相似度函数——给定两个条目表示，我们需要一个函数，用于计算它们之间的相似度。我们描述了将第 3 章中的余弦相似度度量应用于协同过滤的简化示例。此处更详细地描述了应用于基于内容的推荐的不同技术。

与第二种方法一样，列出的前两个元素是紧密相关的，因为每个相似度公式都需要特定条目表示。相反，根据每个条目包含的可用数据，一些函数可用，而其他函数则不可用。

适用于多值特征的典型相似度度量是骰子系数[Dice, 1945]。它的工作原理如下。每个条目 I_i 由一组特征 $features(I_i)$ 描述——如一组关键字。骰子系数测量条目 I_i 和 I_j 之间的相似度为：

$$dice\_coefficient(I_i, I_j) = \frac{2 \times \left|keywords(I_i) \cap keywords(I_j)\right|}{\left|keywords(I_i)\right| + \left|keywords(I_j)\right|}$$

在此公式中，keywords 返回描述条目的关键字列表。在分子中，公式计算重叠/交叉关键字的数量并将结果乘以 2。在分母中，它对每个条目中的关键字数量求和。这个公式很简单，keywords 可以用任何内容替换——在我们的电影示例中，如体裁、演员等(见图4.20)。计算相似度后，可以将它们存储回图中，如图4.21 所示。

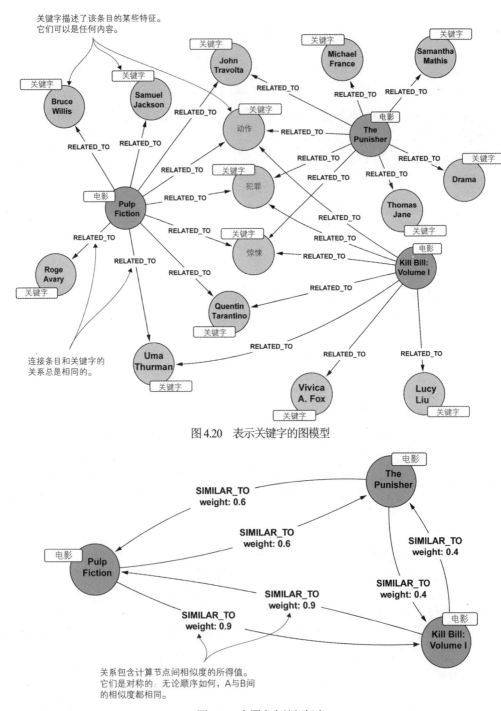

图 4.20 表示关键字的图模型

图 4.21 在图中存储相似度

不需要存储每对节点之间的相邻关系(尽管需要计算所有节点)。一般只存储一小部分相邻关系。你可以定义最小相似度阈值,也可以定义 k 值并仅保留前 k 个相似项。出于这个原因,无论选择的相似度函数如何,这种方法中描述的方法被称为 k-最近邻(k-NN)方法。

k-NN 方法用于从推荐到分类的许多机器学习任务。它们在数据类型方面很灵活,可以应用于文本数据和结构化数据。在推荐中,k-NN 方法的优点是实施起来相对简单——即使我们需要考虑计算相似度所需的时间(我们将在 6.3 和 9.2 节中解决这个问题)——并且可以快速适应数据集中的最近变化。

这些技术在整本书中都发挥着重要作用,不仅因为其在机器学习领域被广泛采用,还因为它们非常适合图空间——作为一种在机器学习任务中有多种用途的常见模式,其中许多学习任务都将在本书中介绍。本部分的其余章节将讨论最近邻方法在推荐任务中的优势。在第 9 章中,类似的方法将被应用于欺诈检测。

在所有这些应用中,图提供了一个合适的数据模型来存储 k 个最相关的近邻。这样的图称为 k-最近邻图(或网络),k-NN 技术在许多上下文中被用作网络形成方法。

从形式的角度来看,如果 v_j 是与 v_i 最相似的 k 个元素之一,则该图是创建来自 v_i 和 v_j 的边的图。k-NN 网络通常是一个有向网络,因为 v_j 可以是 v_i 的 k 最近邻之一,但反之则不然(节点 v_i 可以有一组不同的近邻)。在预测或分析阶段访问 k-NN 网络。

再看一下图4.21。当对于每个相关节点,前 k 个相似节点(例如推荐引擎中的条目或反欺诈系统中的交易)已被识别时,它们可以通过使用适当的关系类型进行连接。相对相似度值存储为关系的属性。结果图在推荐阶段使用。

骰子系数很简单,但结果推荐的质量很差,因为它仅使用少量信息来计算相似度。一种更强大的计算条目之间相似度的方法则是基于余弦相似度。这些条目可以完全按照第二种方法来表示。不同之处在于,余弦函数不是计算用户配置文件和条目之间的余弦相似度,而是计算条目之间的相似度。这个相似度是为每对条目计算的;然后将每个条目的前 k 个匹配项作为相似关系存储回图中。考虑表 4.5 中列出的相似度。

表4.5　电影之间的余弦相似度

	Pulp Fiction	*The Punisher*	*Kill Bill: Volume I*
Pulp Fiction	1	0.612	1
The Punisher	0.612	1	0.612
Kill Bill: Volume I	1	0.612	1

表格的内容可以存储在图中,如图 4.21 所示。需要注意的是,与第一种和第二种方法中的推荐过程按原样使用数据不同,这里的推荐过程需要一个中间步骤:k-NN 计算和存储。在这种情况下,描述模型和预测模型不匹配。

代码清单 4.14 显示了一个 Python 脚本,用于计算 k-NN 并将此数据存储回图中。它适用于我们从 MovieLens 数据集导入的图数据库。

代码清单4.14 创建 *k*-NN 网络的代码

为所有电影执行所有任务的函数。

```python
def compute_and_store_similarity(self):
    movies_VSM = self.get_movie_vectors()
    for movie in movies_VSM:
        knn = self.compute_knn(movie, movies_VSM.copy(), 10);
        self.store_knn(movie, knn)
```

该函数在 VSM 中投影每个电影。

```python
def get_movie_vectors(self):
    list_of_moview_query = """
                MATCH (movie:Movie)
                RETURN movie.movieId as movieId
        """

    query = """
                MATCH (feature:Feature)
                WITH feature
                ORDER BY id(feature)
                MATCH (movie:Movie)
                WHERE movie.movieId = $movieId
                OPTIONAL MATCH (movie)-[r:DIRECTED|HAS]-(feature)
                WITH CASE WHEN r IS null THEN 0 ELSE 1 END as value
                RETURN collect(value) as vector;
            """
    movies_VSM = {}
    with self._driver.session() as session:
      tx = session.begin_transaction()

      i = 0
      for movie in tx.run(list_of_moview_query):
            movie_id = movie["movieId"];
            vector = tx.run(query, {"movieId": movie_id})
            movies_VSM[movie_id] = vector.single()[0]
            i += 1
            if i % 100 == 0:
                print(i, "lines processed")
        print(i, "lines processed")
      print(len(movies_VSM))
      return movies_VSM
```

该函数计算每部电影的 *k*-NN。

```python
def compute_knn(self, movie, movies, k):
    dtype = [ ('movieId', 'U10'),('value', 'f4')]
    knn_values = np.array([], dtype=dtype)
    for other_movie in movies:
        if other_movie != movie:
            value = cosine_similarity([movies[movie]], [movies[other_movie]])
                if value > 0:
                knn_values = np.concatenate((knn_values,
                    np.array([(other_movie, value)], dtype=dtype)))
```

此处,它使用了 scikit 中可用的 cosine_similarity。

```
knn_values = np.sort(knn_values, kind='mergesort', order='value' )[::-1]
return np.array_split(knn_values, k)[0]
```

> 该函数将 *k*-NN 存储在图数据库中。

```
def store_knn(self, movie, knn):
    with self._driver.session() as session:
        tx = session.begin_transaction()
        test = {a : b.item() for a,b in knn}
        clean_query = """MATCH (movie:Movie)-[s:SIMILAR_TO]-()
                WHERE movie.movieId = $movieId
                DELETE s
        """
        query = """
            MATCH (movie:Movie)
            WHERE movie.movieId = $movieId
            UNWIND keys($knn) as otherMovieId
            MATCH (other:Movie)
            WHERE other.movieId = otherMovieId
            MERGE (movie)-[:SIMILAR_TO {weight:$knn[otherMovieId]}]-(other)
        """
        tx.run(clean_query, {"movieId": movie})
        tx.run(query, {"movieId": movie, "knn": test})
        tx.commit()
```

> 在存储新的相似度之前,先删除旧的相似度。

此代码可能需要一段时间才能完成。这里,我仅提出了基本的概念;在 6.3 和 9.2 节中,我讨论了实际项目的几种优化技术。此外,我想提一下,Neo4j 为数据科学提供了一个名为 Graph Data Science Library8 [1] (GDS)的插件,其中包含许多相似度算法。如果你使用的是 Neo4j,我建议你使用这个库。前面的代码更通用,可以在任何情况下使用。

练习

通过代码清单 4.14 中的代码计算出 *k*-NN 后,编写查询执行以下操作:

(1) 获取一部电影(通过 movieId),并获取 10 个最相似条目的列表。

(2) 搜索 10 对最相似的条目。

如图 4.19 所示,第三种方法中推荐过程的下一步包括进行推荐,我们通过利用 *k*-NN 网络和用户对条目的隐式/显式偏好来进行推荐。目标是预测用户可能感兴趣的那些尚未看到/购买/点击的条目。

这个任务可以通过不同的方式来完成。最简单的方法[Allan, 1998]是,基于考虑与条目 *d* 最相似的 *k* 个条目(在我们的场景中,为电影)的投票机制,用户 *u* 尚未看到对条目 *d* 的预测。如果用户观看或评价了 *d*,则这些相似条目中的每一项都"表达"了对 *d* 的投票。例如,如果当前用户喜欢与 *d* 最相似的条目 *k* = 5 个中的 4 个,则系统猜测用户喜欢 *d* 的可能性也会相对较高。

另一种更准确的方法来自协同过滤的启发,特别是基于条目的协同过滤推荐[Sarwar et

---

1 https://neo4j.com/product/graph-data-science-library/。

al., 2001 和 Deshpande and Karypis, 2004]。这种方法通过考虑目标条目与用户之前交互的其他条目的所有相似度的总和来预测用户对特定条目的兴趣:

$$interest(u,p) = \sum_{i \in Items(u)} sim(i, p)$$

这里, *Items(u)*返回用户与之交互的所有条目(喜欢、观看、购买、点击)。返回值可用于对所有未预见的条目进行排序,并将前 *k* 个条目作为推荐返回给用户。下面的代码清单实现了最后一步:为该第三种情况提供推荐。

代码清单 4.15　获取用户条目排序列表的代码

此函数向用户提供推荐。

此查询返回推荐;它需要先前构建的模型。

```
def recommendTo(self, user_id, k):
    dtype = [('movieId', 'U10'), ('value', 'f4')]
    top_movies = np.array([], dtype=dtype)
    query = """
        MATCH (user:User)

        WHERE user.userId = $userId
        WITH user
        MATCH (targetMovie:Movie)
        WHERE NOT EXISTS((user)-[]->(targetMovie))
        WITH targetMovie, user
        MATCH (user:User)-[]->(movie:Movie)-[r:SIMILAR_TO]->(targetMovie)
        RETURN targetMovie.movieId as movieId, sum(r.weight)/count(r) as
        ➥ relevance
        order by relevance desc
        LIMIT %s
    """
    with self._driver.session() as session:
        tx = session.begin_transaction()
        for result in tx.run(query % (k), {"userId": user_id}):
            top_movies = np.concatenate((top_movies,
    np.array([(result["movieId"], result["relevance"])], dtype=dtype)))

    return top_movies
```

当运行这段代码时,你会发现它速度很快。创建模型时,提供推荐只需花费几毫秒。

也可以使用其他方法,但它们超出了本章和本书的范围。这里的主要目的是展示当为条目、用户以及它们之间的交互定义了合适的模型时,如何使用多种方法来提供推荐,而不需要更改定义的基本图模型。

练习

重写计算条目之间相似度的方法,以使用与余弦相似度不同的函数,如 Jaccard 指数(http://mng.bz/qePA)、骰子系数或欧几里得距离(http://mng.bz/7jmm)。

4.4　图方法的优点

本章中，我们讨论了如何通过使用图和图模型来创建 CBRS，以存储不同类型的信息，这些信息可用作推荐过程中某些步骤的输入和输出。具体来说，使用图进行基于内容推荐这一方法的主要方面和优势是：

- 有意义的信息必须作为唯一节点实体存储在图中，以便这些实体可以在条目和用户之间共享。
- 当元信息可用且有意义时，将用户-条目数据转换为用户-特征数据是一项十分简单的任务；你需要一个查询来计算它并将其具体化。
- 可以从同一个图模型中为条目和用户配置文件提取多个向量表示。提取多种类型向量的能力可以轻松改进特征选择，因为它减少了尝试不同方法所需的工作量。
- 可以存储使用不同函数计算的不同相似度值并将其组合使用。
- 代码显示了在不同模型之间切换甚至组合它们(如果它们由适当的图模型描述)有多么容易。

最大的优势是信息的图表示所提供的灵活性，使相同的数据模型能够以较小的适应性服务于许多用例和场景。此外，所有场景可以共存于同一个数据库中，这使得数据科学家和数据工程师不必处理相同信息的多种表示。以下章节中描述的所有推荐方法都具有这些优点。

4.5　本章小结

本章介绍了基于图的数据建模技术。在本章中，我们重点介绍了推荐引擎，探讨了如何对用于训练的数据源进行建模、如何存储生成的模型以及如何访问它以进行预测。

在本章中，你学习了：

- 如何为用户-条目和用户-特征数据集设计图模型。
- 如何将原始格式的数据导入你设计的图模型中。
- 如何将用户配置文件和条目数据以及元数据投影到向量空间模型中。
- 如何使用余弦相似度和其他函数来计算用户和条目配置文件之间以及条目对之间的相似度。
- 如何在图模型中存储条目相似度。
- 如何查询结果模型以执行预测和推荐。
- 如何使用越来越复杂的不同方法，从端到端设计并实现图驱动的推荐引擎。
- k-NN 和 k-NN 网络在一般机器学习和基于图的机器学习中的作用。

(注：本章的参考文献，请扫描本书封底的二维码进行下载。)

第5章

协 同 过 滤

第4章中描述的基于内容(也称为内容过滤或认知)的推荐方法为用户和条目创建配置文件以对其进行表征。配置文件允许系统将用户与相关条目进行匹配。基于内容的方法的一般原则是识别从用户那里得到好评(正面评价、购买、点击)的物品的共同特征，然后向该用户推荐具有这些特征的新物品。基于内容的策略需要收集可能并非易于获得、易于收集或直接相关的信息。

内容过滤的替代方案仅依赖于过去的用户行为，例如以前的交易或条目评分，或根据现有用户社区的意见来预测用户最有可能喜欢或感兴趣的条目，而不必根据条目特征为条目和用户创建显式配置文件。这种方法被称为协同过滤，它是第一个推荐系统Tapestry[Goldberg et al., 1992]的开发者创造的术语。协同过滤分析用户之间的关系和条目之间的相互依赖性，以预测新的 User-Item 关联。图 5.1 表示考虑了输入和输出的协同过滤推荐的心智模型。

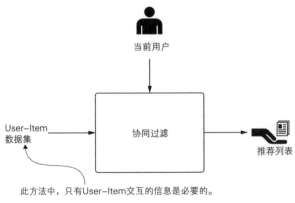

图 5.1　协同过滤心智模型

协同过滤的一个主要吸引力在于它是无域的，不需要获取有关条目的任何详细信息。它可以应用于各种各样的用例和场景，并且可以通过使用内容过滤来解决通常难以理解和分析的数据。

尽管它通常比基于内容的技术更准确，但由于无法为新条目和用户提供合理的(就准确性而言)推荐，或者在有限的交互数据可用的情况下，协同过滤会遇到所谓的冷启动问题。尽管如此，确实存在通过使用不同算法来减轻冷启动问题的影响的机制，例如图方法(5.5节中讨论)或其他知识来源，例如社交网络。

协同过滤技术通常分为两种主要方法或领域：

- 基于记忆——基于记忆假设如果用户喜欢电影《拯救大兵瑞恩》，他们可能会喜欢类似的电影，如战争电影、斯皮尔伯格电影和汤姆汉克斯电影[Koren et al., 2009]。为了预测特定用户对《拯救大兵瑞恩》的评分，我们将寻找该用户已评分电影的最近邻。或者，该算法可以根据他们观看的电影集寻找相似的用户，并推荐当前用户尚未观看的内容。在这些方法中，存储的 User-Item 数据集直接用于预测条目的评分。

  这些方法也被称为近邻方法，因为它们以计算条目或用户之间的关系为中心。条目导向的方法基于同一用户对相邻条目的评分来预测用户对条目的偏好。条目的近邻是其他条目，当被同一用户评分时，往往会获得相似的评分。相比之下，以用户为导向的方法可以识别志同道合的用户，他们可以补充彼此的评分。换句话说，在这种情况下，推荐过程包括寻找与当前用户相近的其他用户(对条目进行了类似的评价或购买了相同的东西)并建议这些用户与之交互的条目(评价、购买或点击)。

- 基于模型——这些方法为用户和条目创建模型，通过一组因素或特征以及这些特征对每个条目和每个用户的权重来描述他们的行为。在电影示例中，发现的因素可能衡量明显的维度，例如体裁(喜剧、戏剧、动作)或儿童取向；不太明确的维度，例如性格发展的深度或怪癖；或无法解释的维度。对于用户来说，每个因素都表达了用户对在相应因素上得分高的电影的喜爱程度。在这些方法中，原始数据(User-Item 数据集)首先进行离线处理，并使用评分或之前购买的信息来创建此预测模型。运行时，在推荐过程中，只需要预先计算或学习模型来进行预测。潜在因素模型代表了此类技术中最常见的方法。他们试图通过根据评分模式推断出的 20 到 100 个因素对条目和用户进行表征来解释评分。从某种意义上说，这些因素构成了基于内容的推荐系统中采用的人工创建特征的计算机化替代方案。

注意： 尽管最近的调查表明，最先进的基于模型的方法在预测评分任务中优于近邻方法[Koren, 2008 和 Takács et al., 2007]，但人们逐渐认识到仅仅是良好的预测准确性并不能保证用户获得有效并令人满意的体验[Herlocker et al., 2004]。

正如第II部分的介绍中所述，公司实现推荐引擎的一些主要原因是为了提高用户满意度和忠诚度，以及销售更多样的商品。此外，如果用户不知道某部电影是由他们最喜欢的导演执导的，那么推荐这部电影给他们就成了一种新颖的推荐，但用户可能会自己发现这部电影[Ning et al., 2015]。

这个例子显示了另一个相关因素：偶然性[Herlocker et al., 2004 和 Sarwar et al., 2001]，该因素在用户对推荐系统的评价中起着重要作用。偶然性通过帮助用户找到他们未曾发现的有趣条目来扩展新奇的概念。推荐的这一因素提高了用户满意度，并帮助公司销售更多样化的商品。

这个例子说明了基于模型的方法在描述包含潜在因素的用户偏好方面的优势。在电影推荐系统中，这样的方法可以确定给定用户喜欢既有趣又浪漫的电影，而不必定义有趣和浪漫的概念。因此，该系统将能够向用户推荐他们可能不知道的浪漫喜剧。在预测准确性方面，这种方法提供了可能得到的最佳结果，但系统可能难以推荐不太匹配这种高级体裁的电影(例如恐怖电影的滑稽模仿)。

另一方面，近邻方法捕获数据中的局部关联。因此，如果最近邻(用户)给了某部电影很高的评价，基于这种方法的电影推荐系统有可能推荐一部与用户通常口味截然不同的电影，或者推荐一部不太为人所知的电影。这种推荐不能保证成功，就像浪漫喜剧一样，但它可以帮助用户发现新的体裁，或者新的最喜欢的演员或导演。基于邻域的方法有许多优点，例如：

- 简单性——基于邻域的方法直观且实施起来相对简单。在最简单的形式中，只有一个参数(预测中使用的近邻数)需要微调。另一方面，基于模型的方法通常使用通过优化算法实现的矩阵分解技术来寻找接近最优的解决方案。这些优化技术，如随机梯度下降[1](Stochastic Gradient Descent, SGD)和交替最小二乘法[2](Alternating Least Squares, ALS)，有很多超参数必须经过仔细微调以避免陷入局部最小值。

- 合理性——这些方法为计算出的预测提供了简洁直观的理由。在基于条目的推荐中，相邻条目列表以及用户对这些条目的评分可以作为推荐的理由呈现给用户。这种解释可以帮助用户更好地理解推荐过程以及相关性是如何计算的，从而增加用户对推荐系统(以及提供它的平台)的信任。它还可以作为交互系统的基础，在该系统中，用户选择应该在推荐中给予更高重要性的邻域[Bell et al., 2007]。

- 效率——基于领域的系统的强项之一是它们的时间效率。与大多数基于模型的系统相比，它们需要更少的代价昂贵的训练阶段，而这些阶段需要在大型商业应用中频繁出现。这些系统可能需要在离线步骤中预先计算最近邻，但通常比基于模型方法中的模型训练便宜得多。此外，当有新信息可用时，可以确定一小部分要重新计算的模型。这些特征有助于提供近乎即时推荐。此外，存储这些最近邻只需要很少的内存，使这种方法可扩展到包含数百万用户和条目的应用程序。

---

1 随机梯度下降是机器学习中常见的一种优化技术。它试图通过迭代方法最小化目标函数(特别是可微的目标函数)。之所以称为随机，是因为样本是随机(或混洗)选择的，而不是作为单个组(如标准梯度下降)或按照它们在训练集中出现的顺序选择的。在协同过滤中，它用于矩阵分解。

2 交替最小二乘法是另一种优化技术，其优点是易于并行化。

- 稳定性——基于这种方法的推荐系统的另一个有用特性是它们几乎不受添加用户、条目和评分的影响，这在大型商业应用程序中通常会观察到。当计算出条目相似度后，基于条目的系统可以很容易地向新用户进行推荐，而不需要重新训练。此外，当为新条目输入了一些评分时，只需计算该条目与系统中已有条目之间的相似度。
- 基于图——与本书主题相关的另一个巨大优势是原始数据集和最近邻模型可以很容易地映射到图模型中。生成的图在模型更新或预测期间为本地数据导航、合理性和访问效率方面提供了巨大的优势。它还有助于解决 5.5 节中描述的冷启动问题。

由于这些原因，本章主要关注此类协同过滤推荐系统。但是，尽管基于邻域的方法因这些优点而受到欢迎，但它们仍存在覆盖范围有限的问题，这将导致某些条目永远不会被推荐。此外，当系统对新用户和条目只有少数评分或没有评分时，该类别中的传统方法对评分的稀疏性和冷启动问题很敏感。在 5.5 节中，我讨论了缓解或解决冷启动问题的技术。最后，没有一种推荐引擎的单一方法可以适用于所有情况，这就是混合方法通常用于生产就绪的推荐引擎系统的原因所在。这些方法在第 7 章中会进行描述。

5.1 协同过滤推荐

在本节中，你将学习如何设计图模型和算法，以实现电子商务网站的推荐系统，该系统使用协同过滤方法向用户推荐他们可能感兴趣的商品。

该站点可能销售多种类型的商品，如书籍、计算机、手表和服装。每个商品的细节未经策划；有些商品只有一个标题、一张或多张图片，以及一个小而无用的描述。而且由于商品数量和供应商数量众多，供应商无法提供很多信息，让内部团队大规模处理这项任务有点不切实际[1]。在网站上，用户只有在注册并登录后才能购买商品。通过 cookie，用户可以在获取网站地址后就自动登录。每个用户的信息几乎不会被跟踪——只跟踪付款和运输所需的信息。

在这种情况下，第 4 章中描述的基于内容的方法则不适用。通常，没有可用于创建有关用户或条目配置文件的数据。尽管如此，用户的活动仍被跟踪。每个用户大部分时间都处于登录状态，这样就可以收集和存储用户与条目之间的大量交互(购买、点击、搜索和评分)。协同过滤方法使用这些数据向用户提供推荐。利用图模型的整体推荐过程可以通过图 5.2 中的高级模式来总结。

---

1 在实际项目中，你可能会遇到这些类型的问题。内容策划的问题在电子商务网站上很常见，我在关注的很多项目中都看到过。

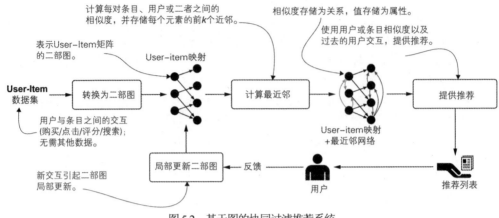

图 5.2 基于图的协同过滤推荐系统

　　该图显示了协同过滤推荐引擎的主要元素和任务,该引擎使用图作为 User-Item 数据集和最近邻网络的数据表示。假设用户 John 从电子商务网站购买了两本书:关于机器学习和图的技术书籍。第一步,将 User-Item 矩阵转换为二部图。在这种情况下,由一个节点表示的 John 将连接到表示购买了两本书的两个节点。根据推荐算法,通过计算用户、条目或两者之间的相似度,生成的图用作创建最近邻网络的输入。因此,John 与对图和机器学习感兴趣并购买了相同书籍的用户相似。这两本书也与购买过同一套书的其他用户所购买的其他书相似,它们可能属于同一主题。然后,每个元素(用户或条目)的前 k 个近邻被存储回原始图中,用户、条目或二者之间的这些新关系得以丰富。相似度值存储为关系属性,并为其分配权重。该权重值越高,用户之间的关系就越相似。此时为用户提供推荐就需要使用他们之前的交互和最近邻网络。这样的任务可以通过一个简单的图匹配查询来完成。然后向用户提供推荐列表。

　　进一步的交互可以循环回系统以更新模型。这个任务可以使用图模型所提供的局部性;新的交互只会影响一小部分最近邻网络。如果用户观看一部新电影,将很容易找到受影响的电影(与受更改影响的用户共享至少一个用户观看的所有电影)并计算它们的新相似度。这种方法还允许推荐引擎更容易适应用户口味的演变。基于关系遍历的图导航促进了这些更新以及推荐阶段的完成。

　　考虑到作为心智模型的高级架构,以下部分详细描述了如何创建和导航二部图、如何计算最近邻网络以及如何提供推荐。在这个场景中,以一个具体的电子商务数据集为例。

5.2 为 User-Item 数据集创建二部图

　　在第 4 章讨论的基于内容的方法中,大量信息可用于条目和用户,并且对于创建配置文件非常有用。我们使用图模型来表示这些配置文件,将每个条目与其特征连接起来,并将每个用户与感兴趣的特征连接起来。即使是最近的近邻网络也是仅用这些信息构建的。

另一方面，协同过滤方法依赖于与用户和条目之间不同类型交互相关的数据。此类信息通常称为 User-Item 数据集。第 3 章描述了此类数据集的一个示例；这里，讨论得到了扩展和完善。图 5.3 突出显示了推荐过程中从 User-Item 数据集创建的二部图。

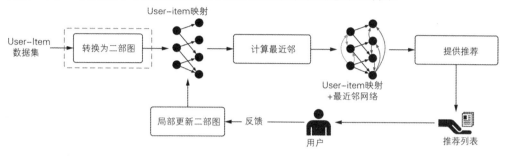

图 5.3　推荐过程中的二部图创建

表 5.1 显示了一个示例数据集。条目是不同用户购买的书籍。

表 5.1　电子商务场景的示例 User-Item 数据集

	流利的 Python	机器学习：概率视角	图分析和可视化	贝叶斯推理	欺诈分析	深度学习
用户 A	1	1	1	1	1	1
用户 B	0	1	0	0	0	1
用户 C	1	0	0	0	0	0
用户 D	0	1	0	1	0	1

此表仅包含一种交互类型的数据：购买。多种类型的交互(查看、点击、评分等)可以在不同场景中(包括电子商务网站在内)使用，并且可以在推荐过程中使用。多模式推荐系统[da Costa and Manzato, 2014]结合多种交互类型来提供推荐。最好的方法之一是为每种交互类型创建一个独立的推荐系统，然后将这些交互组合到一个混合推荐系统中。因为这里的重点是数据建模和协同过滤算法，我们将专注于单一类型，但扩展到其他更多类型很简单，将在 7.2 节中对其进行讨论。

User-Item 数据集(在现实生活中会比此处显示的样本大得多) 表示协同过滤器中推荐过程的输入。这个初始数据很容易获得。这里有一些例子：

- 在线商家保留记录，顾客购买了哪些产品、何时购买，以及他们是否喜欢这些产品。
- 连锁超市通常使用奖励卡为老顾客保存购买记录。

人们对事物的偏好，例如零售商销售的某些产品，可以表示为推荐网络中的图[Newman, 2010]并用于推荐系统。基本和最常见的推荐网络表示是二部图或双图。我们在第 3 章中查看了这些图。图 5.4 显示了一个简单通用二部图，其中节点是类型 U 或 V。

将这个简单的概念应用于我们的场景和使用协同过滤方法的推荐系统。在推荐网络中，一种顶点类型代表产品(或通常来讲的条目)，另一种类型代表用户。边将用户连接到与之交互的条目(例如，购买或喜欢)。还可以在边上表示优势或权重，以表明一个人购买商品的频率或喜欢它的程度[Newman, 2010]。

使用此模型，可以在二部图中转换 User-Item 数据集。根据表 5.1 中电子商务网站的简单数据集，可以创建图 5.5 中所示的图。

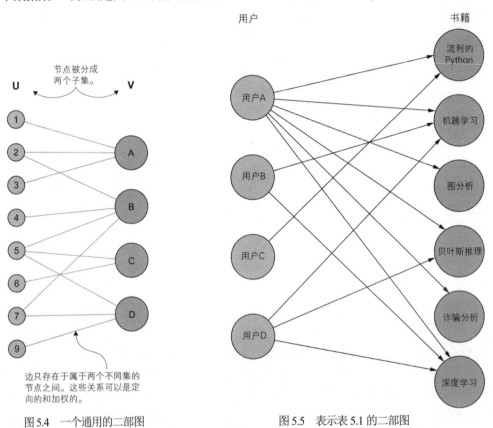

图 5.4　一个通用的二部图　　　　图 5.5　表示表 5.1 的二部图

虽然二部图可以表示整个推荐网络，但处理只有一种类型的顶点之间的直接连接通常更为方便和有用。从二部图中，可以推断出相同类型节点之间的连接，从而创建单模投影。可以为每个二部图生成两个投影。第一个投影连接 U 节点(用户)，第二个连接 V 节点(书籍)。图 5.6 显示了根据图 5.5 中的二部图计算的两个投影。

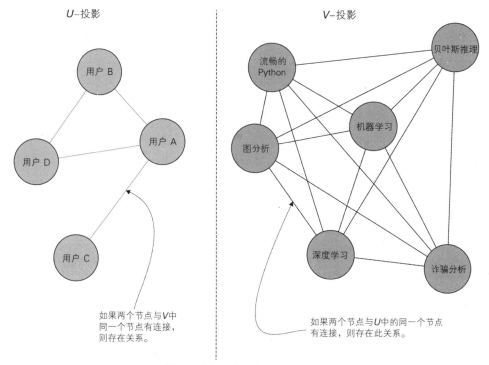

图5.6 图5.5中图的两种可能投影

二部图的投影显示了购买相同书籍(甚至只有一本)的用户之间的关系，以及同一用户购买的书籍(尽管只有一本)之间的关系。这种单模投影通常很有用并且被广泛使用，但它的构造隐藏了原始二部图的大量信息，因此从某种意义上说，它在表示方面没有那么强大。对条目和用户来说，它没有显示有多少用户同时购买了这两个商品。为了解决这个问题，可以向关系添加一个属性(其值捕获此信息)使这种投影加权。该投影是一个共现网络(第 3 章中描述)，其来源是二部图。在 User-Item 矩阵中，如果两个条目同时出现在至少一个用户的偏好中，则它们在 V 模式投影中连接。

二部图的投影(加权和未加权)表示数据的方式使我们比使用原始格式更容易执行某些分析。因此，投影通常用于推荐系统[Grujić, 2008]。通常，在这些网络上执行图聚类分析(第 3 部分中讨论)以揭示通常一起购买的条目组，或者在其他投影中根据对某些特定条目集的偏好来识别客户群。投影也是强大的可视化技术，可以揭示在原始格式中难以发现或识别的模式。

回顾一下图模型的优势，特别是 User-Item 数据集的二部图表示。

● 它以紧凑且直观的方式表示数据。User-Item 数据集本质上是稀疏的；通常，它包含很多用户和很多条目，但用户仅与一小部分可用条目进行交互。表示这种相互作用的矩阵将包含大量零和少量的有用值。而图仅包含表示有意义信息的关系。

- 从二部图中导出的投影信息丰富，可以进行不同类型的分析，包括图分析(可视化后)和算法分析(例如图聚类)。客户细分和条目聚类等分析对本节讨论的经典推荐算法具有较大帮助。
- 可以通过对具有相同顶点集但使用不同边的多个二部图进行建模来扩展该表示。此扩展帮助我们表示用作多模式推荐引擎输入的数据。这些引擎使用多种类型的交互来提供更好的推荐。
- 如 5.3 节所述，当计算最近邻网络时，可以将其存储，共享二部图的用户和条目节点。这种方法通过提供对包含用户偏好和最近邻网络的单一数据结构的访问来简化推荐阶段。

现在你了解了描述 User-Item 数据集的图模型，让我们开始实践并创建一个真正的数据库。代码清单 5.1 类似于基于内容的场景所使用的代码清单，从 Retail Rocket[1]数据集 (https://retailrocket.net)导入数据，并将 User-Item 矩阵转换为二部图。

代码清单 5.1　导入 User-Item 数据集的代码

```
def import_user_item(self, file):
    with open(file, 'r+') as in_file:
        reader = csv.reader(in_file, delimiter=',')
        next(reader, None)
        with self._driver.session() as session:
            self.executeNoException(session, "CREATE CONSTRAINT ON (u:User)
            ➥ ASSERT u.userId IS UNIQUE")
            self.executeNoException(session, "CREATE CONSTRAINT ON (u:Item)
            ➥ ASSERT u.itemId IS UNIQUE")
            tx = session.begin_transaction()
            i = 0
            j = 0
            query = """
                MERGE (item:Item {itemId: $itemId})
                MERGE (user:User {userId: $userId})
                CREATE (user)-[:PURCHASES{ timestamp: $timestamp}]->(item)
"""
        for row in reader:
            try:
                if row:
                    timestamp = strip(row[0])
                    user_id = strip(row[1])
                    event_type = strip(row[2])
                    item_id = strip(row[3])

                    if event_type == "transaction":
                        tx.run(query, {"itemId":item_id, "userId":
                        ➥ user_id, "timestamp": timestamp})
                        i += 1
                        j += 1
```

创建约束条件以防止重复。每个用户和条目都必须是唯一的。

当用户或条目不存在时，查询将使用 MERGE 创建用户或条目。PURCHASES 关系的 CREATE 为每一个购买存储一个关系。

数据集拥有多种事件类型(查看、加入购物车等等)。在此我们仅考虑已完成的交易或实际购买情况。

---

1 数据可通过 Kaggle 获得，网址为 http://mng.bz/8W8P。

```
                    if i == 1000:
                        tx.commit()
                        print(j, "lines processed")
                        i = 0
                        tx = session.begin_transaction()
          except Exception as e:
                  print(e, row, reader.line_num)
tx.commit()
print(j, "lines processed")
```

在导入结束前，还需要几秒钟，可以运行以下查询并将图的一部分进行可视化处理：

```
MATCH p=()-[r:PURCHASES]->() RETURN p LIMIT 25
```

由二部模型创建的图代表下一阶段的切入点，如图 5.2 中流程的心智模型所述。5.3 节描述了如何计算和存储最近邻网络。

练习
使用新创建的数据库，运行查询以执行以下操作：
- 找到最畅销的商品(购买次数最多的商品)。
- 找到最佳买家(购买次数最多的用户)。
- 查找经常性购买(同一用户多次购买的商品)。

5.3　计算最近邻网络

推荐过程中的下一个任务是计算元素(用户或条目或二者)之间的相似度，并构建最近邻网络。图 5.7 突出显示了最近邻网络的创建，以丰富推荐过程中生成的二部图。

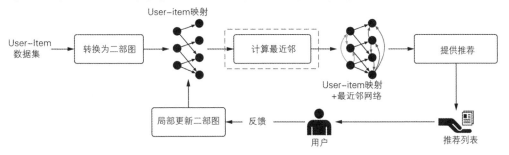

图 5.7　推荐过程中计算最近邻网络

如前所述，基于记忆的协同过滤推荐有两种可能的方法：
- 基于条目——根据与条目交互的用户(评分、购买、点击等)计算条目之间的相似度。
- 基于用户——根据用户交互的条目列表计算用户之间的相似度。

需要注意的是，与基于内容的情况不同，使用近邻方法时，用于计算相似度的信息仅与 User-Item 数据集中可用的交互相关。每个条目和用户只能通过一个 ID(或一个没有任何与标识符不同的相关属性的节点)来标识。这种方法的优点是不需要可用于条目和用户的详细信息,便可以创建模型。尽管如此,计算相似度的过程与基于内容的方法相同:

(1) 识别/选择一个相似度函数,该函数允许你计算图中同质元素之间的距离(例如,用户或条目之间)。

(2) 以适合所选相似度函数的方式表示每个元素。

(3) 计算相似度,并将它们存储在图中。

图模型具有极大的灵活性,允许我们在选择函数时,轻松提取用户或条目的各种表示。为简单起见,并且因为它最适合我们的示例场景,我们将再次使用余弦相似度[1]。不同之处在于如何提取计算所需的向量空间模型(Vector Space Model, VSM)中的向量。考虑一个简单的二部图,它对更大的 User-Item 数据集的简化版本进行建模,如图 5.8 所示。

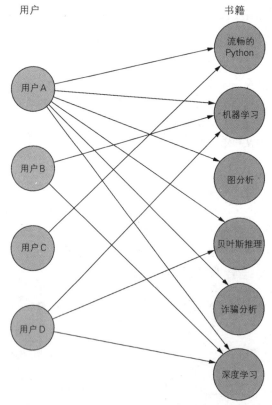

图 5.8　表示按比例缩小的 User-Item 数据集的二部图

根据我们必须计算的相似度——用户之间或条目之间——可以从该图中提取两个向量表示。此场景中的向量创建过程与基于内容的方法基本相同。在这种情况下,考虑可能描述它的可用特征集,为每个条目创建一个向量。然后,对于每个条目,我们考虑对它感兴

---

1 到这里,你应该已经熟悉了这个公式,这个公式和之前描述的所有用例都是一样的,这里不再赘述。如果你需要复习,请参阅 4.2.3 节。

趣的用户集，同时考虑用户过去喜欢的条目。表5.2和5.3显示了这项任务是如何完成的。

表5.2 图5.8中的用户向量表

	流利的Python	机器学习：概率观点	图分析和可视化	贝叶斯推理	欺诈分析	深度学习
用户A	1	1	1	1	1	1
用户B	0	1	0	0	0	1
用户C	1	0	0	0	0	0
用户D	0	1	0	1	0	1

在表5.2中，每一行代表一个用户，每一列代表一个条目(一本书)。向量创建期间的列顺序必须始终相同；否则，无法比较两个向量。在这个例子中，向量是二进制或布尔值：我们不考虑用户和条目之间关系的值，只考虑它们存在这一事实。这样的值可以对用户给一本书的评分、用户点击产品的次数等因素进行建模，并在图模型中表示为关系的属性。转换到非二进制表示需要将用户和条目之间关系权重的实际值替换为1。

在4.1节中，我们看到可以在同一个向量构造中混合二进制值和实数(整数、浮点数和双精度)值。当我们想为每个条目创建一个表示更多关系类型的向量时，这种方法很有用，如在多模式推荐中。为简单起见，此处不考虑这种情况。

从表5.2中，我们可以提取 VSM 中用户的以下压缩表示：

Vector(User A) = [1, 1, 1, 1, 1, 1]
Vector(User B) = [0, 1, 0, 0, 0, 1]
Vector(User C) = [1, 0, 0, 0, 0, 0]
Vector(User D) = [0, 1, 0, 1, 0, 1]

表5.3 给出条目向量。

表5.3 条目向量表

	用户A	用户B	用户C	用户D
流利的 Python	1	0	1	0
机器学习：概率视角	1	1	0	1
图分析和可视化	1	0	0	0
贝叶斯推理	1	0	0	1
欺诈分析	1	0	0	0
深度学习	1	1	0	1

此表对条目采用相同的方法。在这种情况下，每一行都是一个条目，每一列代表一个不同用户。列顺序在这里也很重要。得到的向量表示如下所示：

Vector(流利的 Python) =[1, 0, 1, 0]

Vector(机器学习) =[1, 1, 0, 1]

Vector[图分析] =[1, 0, 0, 0]

Vector[贝叶斯推理] =[1, 0, 0, 1]

Vector[诈骗分析] = [1, 0, 0, 0]

Vector[深度学习] = [1, 1, 0, 1]

在这两种情况下,这些向量都可以通过使用查询轻松地从图数据库中提取。这个例子再次表明,图不仅是一种合适的数据表示模型,可用易于访问和导航的格式来保存复杂数据,同时还提供了适合不同学习过程的格式,用于灵活导出数据。类似的模型可以同时提供基于内容的方法和近邻方法,这些方法甚至可以共存于同一个图中。我们才刚刚开始发现图的作用!

在检查向量查询本身之前,让我们快速了解一些注意事项,它们可以帮助你在数据提取和处理方式方面获得显著改进。以内存高效的方式表示向量并有效地访问它们的值是重要的机器学习任务。向量表示的最佳方法因向量的性质及其使用方式而异。在基于内容的场景中,条目的向量创建依赖于少量可能的向量维度。向量数据的稀疏或密集是最重要的考虑因素。图 5.9 显示了每种类型向量的示例。

如果回忆一下我们对基于预定义特征的电影向量创建的讨论,可能特征的数量是相对有限的。考虑到所有可能的演员和导演以及所有体裁等因素,特征的数量不会超过 10,000 或 20,000 个。使用文本创建向量也是如此。在这种情况下,向量的大小由语言词汇或使用的语言中的单词数定义。尽管与向量的维数相比,非零值的数量很少,但总体而言,向量很小。

稀疏向量

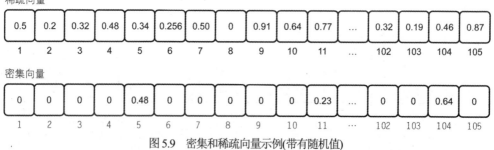

图 5.9 密集和稀疏向量示例(带有随机值)

与其大小相关的非零值相对较多的向量称为密集向量。这样的向量可以通过将值存储在双精度数或浮点数数组中的实现来表示。向量索引直接对应于数组索引。密集向量的优势是速度:由数组支持,可以快速访问和更新其任何值。

另一方面,一个典型的电子商务网站包含超过 100 万个条目和(对他们来说是理想的)大量相同数量级的用户。每个用户,即使是有强迫性电子购物障碍的用户(就像我对书籍所做的那样)也只能购买全部可能商品的一小部分。另一方面,每件商品——即使是最畅销的商品——都只有较少的用户购买,因此各个向量中非零值的总数将始终很小。这种非零值的总百分比很小的向量称为稀疏向量。用数组表示稀疏向量不仅浪费内存,而且使任何计算都变得昂贵。

可以用不同的方式表示稀疏向量以优化内存并简化操作。在 Java 中，Apache Mahout[1]中提供了一些最常用的方法，它是一个分布式线性代数框架，用于创建可扩展的高性能机器学习应用程序。对于相似度计算，我对仍然使用浮点数或双精度数数组作为基本数据结构的稀疏向量使用了不同的表示。我首选的稀疏向量实现的结构如图 5.10 所示。

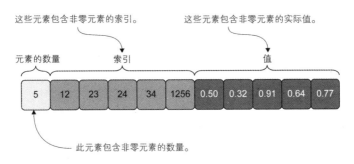

图 5.10　稀疏向量表示

图 5.10 显示了如何以紧凑格式表示稀疏向量。第一个元素包含原始数组中非零值的数量。我们将其定义为 N。第二部分，从位置 1 开始(记住向量索引从 0 开始)到位置 N 结束，包含非零值索引。最后一部分从 $N+1$ 开始并一直持续到向量的末尾，包含实际值。

这种表示的优点是其使用单个小数组，可以表示长而复杂的稀疏向量。该数组需要的内存最少，并且可以轻松存储为节点的属性。当你必须处理大量数据时，这一优势非常重要。在 ch05/java 目录的代码仓库中可以找到我的个人 Java 实现。

为了使本章与其余章节保持一致，代码清单 5.2 包含 Python 中稀疏向量的表示。在这种编程语言中，稀疏向量可以表示为字典，其中键是元素在向量中的位置，值是有效元素值。在这种情况下，非零元素的数量就是字典的规模大小，从而使得表示足够简单。相关代码可以在 util/sparse_vector.py 文件的代码仓库中找到。

代码清单 5.2　Python 中的稀疏向量实现

```python
def convert_sparse_vector(numbers):
    vector_dict = {}
    for k, c in enumerate(numbers):
        if c:
            vector_dict[k] = c
    return vector_dict

if __name__ == '__main__':
    print(convert_sparse_vector([1, 0, 0, 1, 0, 0])) #{0: 1, 3: 1}
    print(convert_sparse_vector([1, 1, 0, 0, 0, 0])) #{0: 1, 1: 1}
    print(convert_sparse_vector([1, 1, 0, 0, 0, 1])) #{0: 1, 1: 1, 5: 1}
```

根据向量创建字典(稀疏向量)的函数。

检查该值是否为空或为0。

循环通过向量，取位置和值。

对于使用稀疏向量还是密集向量，你不应该考虑真正的阈值。通常，我更喜欢使用稀

1　例如，参见 http://mng.bz/EVjJ 或 http://mng.bz/N8jD。

疏向量，因为它们可以优化相似度计算。因此在本书以后的大多数示例中，我们将使用稀疏向量。

现在我们拥有用于提取用户和条目向量，以及计算它们之间相似度所需的所有元素。下面两个代码清单显示了为用户和条目提取每个向量的非零元素的查询。

注意： 在这些查询中，我们使用节点 ID 作为索引，但任何整数或长值都可用。我们可以使用任何数字 ID 来标识条目，如 itemId。

代码清单 5.3　为用户提取稀疏向量的查询

```
MATCH (u:User {userId: "121688"})-[:PURCHASES]->(i:Item)
return id(i) as index, 1 as value
order by index
```

代码清单 5.4　用于提取条目的稀疏向量的查询

```
MATCH (i:Item {itemId: "37029"})<-[:PURCHASES]-(u:User)
RETURN id(u) as index, 1 as value
ORDER BY index
```

在 MATCH 子句中，关系 PURCHASES 用于查找用户购买的所有商品或购买了商品的所有用户。RETURN 子句可提取结果向量的非零元素。因为没有值可以表示关系的权重，所以使用二进制方法，因此在默认情况下为每个值赋值为 1。

练习

将前面的查询更改为使用 itemId 和 userId 而不是节点 ID。

提示

考虑将查询存储为字符串，即使它们是整数，并记住我们需要一个数字值作为索引。

下一步是计算和存储相似度。对于每个用户或条目，我们必须执行以下操作：

(1) 计算与所有其他元素的相似度(同构：每个用户与其他用户以及每个条目与其他条目)。

(2) 按降序排列相似度。

(3) 只保留前 k 个元素，其中 k 的值是预定义的。或者，固定一个阈值或最小相似度值，只保留高于它的相似度。

(4) 将图中前 k 个相似元素存储为用户或条目之间的新关系。

图 5.11 分解了推荐过程的"计算最近邻"部分，并总结了前面的步骤序列。

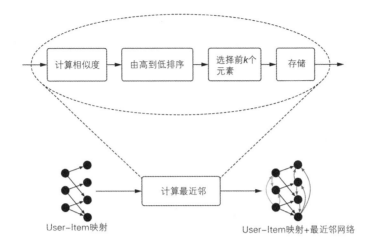

图5.11 计算最近邻的细节

以下代码清单使用稀疏向量表示显示了此任务的 Python 实现。该代码位于 ch05/recommendation/collaborative_filtering/recommender.py 文件中。

代码清单 5.5 相似度计算

为基于用户的相似度设置一些变量：节点的标签和具有元素 id 的属性。这些条目的变量在代码仓库中。

```python
label = "User"
property = "userId"
sparse_vector_query = """
    MATCH (u:User {userId: $id})-[:PURCHASES]->(i:Item)
    return id(i) as index, 1.0 as value
    order by index
"""
def compute_and_store_KNN(self, size: int) -> None:
    print("fetching vectors")
    vectors = self.get_vectors()
    print(f"computing KNN for {len(vectors)} vectors")
    for i, (key, vector) in enumerate(vectors.items()):
        # index only vectors
        vector = sorted(vector.keys())
        knn = FixedHeap(size)
        for (other_key, other_vector) in vectors.items():
            if key != other_key:
                # index only vectors
                other_vector = sorted(other_vector.keys())
                score = cosine_similarity(vector, other_vector)
                if score > 0:
                    knn.push(score, {"secondNode": other_key, "similarity":
                    ➥ score})
        self.store_KNN(key, knn.items())
        if (i % 1000 == 0) and i > 0:
```

查询以提取用户所购买条目的向量。返回的每一行中的第一个元素是 itemId；第二个元素被固定为 1，因为我们只对购买事件感兴趣，而不是对用户购买条目的次数感兴趣。见代码清单 5.3。

入口点函数计算和存储所有用户的相似度。更改变量后，你将得到相同的条目结果。

使用所有用户的稀疏向量来循环字典，计算所有相似度，只保留每个节点的 k 个最大值，并调用该函数来存储 k-NN。

```
                print(f"{i} vectors processed...")
        print("KNN computation done")

    def get_vectors(self) -> Dict:
        with self._driver.session() as session:
            tx = session.begin_transaction()
            ids = self.get_elements(tx)
            vectors = {id_: self.get_sparse_vector(tx, id_) for id_ in ids}
            return vectors
```

创建一个字典的函数，其中的键是 userId，值是用户的稀疏向量。

通过查询数据库来返回元素的(用户或条目)ID 列表的函数。

```
    def get_elements(self, tx) -> List[str]:
        query = f"MATCH (u:{self.label}) RETURN u.{self.property} as id"
        result = tx.run(query).value()
        return result

    def get_sparse_vector(self, tx: Transaction, current_id: str) -> Dict[int,
    ➥ float]:
        params = {"id": current_id}
        result = tx.run(self.sparse_vector_query, params)
        return dict(result.values())
```

通过查询图数据库，为指定用户(或条目)返回相关稀疏向量的函数。

```
    def store_KNN(self, key: str, sims: List[Dict]) -> None:
        deleteQuery = f"""
            MATCH (n:{self.label})-[s:SIMILARITY]->()
            WHERE n.{self.property} = $id
            DELETE s"""

        query = f"""
            MATCH (n:{self.label})
            WHERE n.{self.property} = $id
            UNWIND $sims as sim
            MATCH (o:{self.label})
            WHERE o.{self.property} = sim.secondNode
            CREATE (n)-[s:SIMILARITY {{ value: toFloat(sim.similarity) }}]->
            ➥ (o)"""

        with self._driver.session() as session:
            tx = session.begin_transaction()
            params = {
                "id": key,
                "sims": sims}
            tx.run(deleteQuery, params)
            tx.run(query, params)
            tx.commit()
```

在数据库中存储 k-NN 的函数。

查询以删除该节点的所有相似度。

查询以一次性存储所有的相似度。

从前面的代码可以明显看出，相似度计算需要执行 $N \times N$ 次计算，其中 N 为 $|U|$ 或 $|I|$。当 N 很大时，此操作可能需要一段时间。

图 5.12 显示了当关系存储在图中时，得到的图模型的样子。由于图较小，将 k 值设置为 2。

图 5.12 中的图不再是二部图，因为现在同一分区中的元素之间存在关系。但是通过只考虑节点和关系的一个子集，我们可以得到同一个图的多个子图，因此可以将图拆分为三

个高度相关的子图:

- 以 U 和 $I(U$ 代表所有用户，I 代表所有条目)为节点的子图，只有 PURCHASES 关系是我们之前的二部图。
- 以 U 作为节点和以 SIMILARITY 作为关系的子图是 U 的最近邻网络(U 的 k-NN)。
- 以 I 作为节点和 SIMILARITY 作为关系的子图是 I 的最近邻网络(I 的 k-NN)。

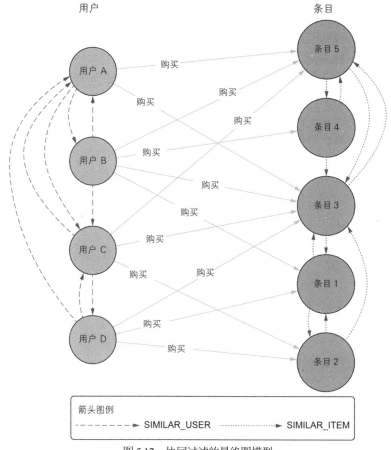

图 5.12 协同过滤的最终图模型

在 5.4 节中，这些图是最后一个任务的输入，可提供推荐，但重要的是要注意这些图已经包含了很多信息。该过程从二部图中提取新知识并以除推荐之外可以用于各种目的的方式将其存储:

- 聚类条目——在条目的最近邻网络上应用一些图聚类算法，可以识别(例如)通常一起购买的产品组或同一组用户观看的电影。
- 用户细分——可以在用户的最近邻网络上应用相同的聚类算法，得到一组通常购买相同产品或观看相同电影的(细分)用户。
- 寻找相似的产品——条目的最近邻网络十分有用。如果用户正在查看特定产品，通过查询图可以根据 SIMILARITY 关系显示类似产品的列表，并且此操作很快。

图方法不仅让我们将信息存储在灵活的数据结构中，以混合信息，还为我们提供了在同构数据环境中访问数据、揭示模式、提取知识和执行分析的可能。

专业建模提示

本节和第 4 章中的等效节描述了将不同类型的数据转换为图的技术。这种技术通常被称为图构建技术。在基于内容的情况下，数据由元数据和内容定义，例如演员、体裁，甚至电影情节，而在协同过滤的情况下，数据是 User-Item 矩阵。在这两种情况下，相似度函数和对向量空间模型的适当数据转换使我们可以创建一个图，该图比原始数据版本拥有更多的知识和更强的交流能力。

在机器学习的许多领域，图可以对数据元素之间的局部关系进行建模，并根据局部信息构建全局结构[Silva and Zhao, 2016]。构建图有时对于处理机器学习或数据挖掘中的应用程序产生的问题很有帮助，而在其他时候，它有助于管理数据。需要注意的是，从原始数据到图数据表示的转换始终可以以无损的方式执行。但反过来并非总是正确的。出于这些原因，这里描述的技术和用例代表了如何执行这些图转换的具体示例；这些示例可能不仅在描述的场景中有用，而且在许多实际用例中也有用。使用你拥有的数据，并尝试将其转换为图。

到目前为止，我们一直使用余弦相似度作为计算相似度的基本函数。人们已经提出了其他度量标准——例如调整余弦相似度、Spearman 秩相关系数、均方差和皮尔逊系数——并且通常用作此函数的替代方法。具体来说，皮尔逊系数优于基于用户的推荐的其他度量标准[Herlocker et al., 1999]，而余弦相似度对于基于条目的推荐是最佳选择。

在本书的这一部分中，重点是数据建模，因此余弦相似度是参考函数。本书后面会介绍其他合适的解决方案。

练习

查询通过运行计算相似度的代码获得的图，找到以下内容：

- 给定一个条目，求得相似条目的列表。
- 给定一个用户，求得相似用户的列表。
- 相似度的最高值(搜索数据库了解原因)。

5.4 提供推荐

推荐过程的最终任务是在此列表必要或有价值时，向用户提供推荐列表。图 5.13 突出显示了推荐过程中的推荐规定。

在我们的场景中，当用户浏览电子商务网站时，我们希望在某些框中为该用户提供定制的推荐。在高层次上，推荐过程产生以下类型的输出：

- 相关性分数——数值预测表明当前用户喜欢或不喜欢某个条目的程度。
- 推荐——N 个推荐条目的列表。当然，这样的 top-N 列表不应该包含当前用户已经购买的条目，除非本次购买的条目可以重复购买。

在协同过滤的近邻方法中，第一个输出——相关性分数——可以通过查看用户的最近邻(基于用户的方法)网络或条目的最近邻(基于条目的方法)网络来产生。让我们仔细看看这两种方法。

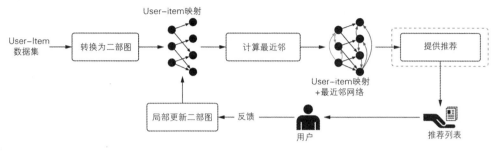

图5.13 推荐过程的最后一步

基于用户的方法的基本原理是，给定当前用户作为输入、表示交互数据库的二部图和最近邻网络，对于用户未查看或购买的每个产品 p，预测是基于对等用户(该用户的最近邻网络中的用户)对 p 的评分。考虑图5.14中的图表。

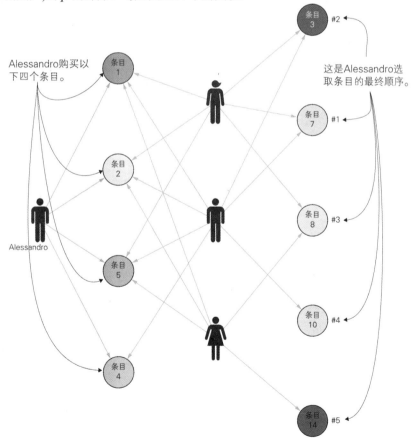

图5.14 基于用户的方法进行协同过滤的基本原理

Alessandro 购买了左边的四种产品。基于用户的方法的原理是找到也购买了这些产品的类似用户，然后找到他们购买但 Alessandro 尚未购买的其他产品。这些方法的基本假设 [Jannach, et al., 2010]是：

● 如果两个用户过去有相似的品位，他们将来也会有相似的品位。

● 随着时间的推移，用户的偏好保持稳定和一致。

有些方法可以缓解这种假设，但它们不在我们考虑的方案范围内。

让我们将用文字和图像表达的思想转换为计算机可以理解的公式。可能发生两种情况。一种情况是，用户和条目之间的交互(点击、购买和查看)不包含任何权重。这种情况称为二进制或布尔模型。第二种情况是，交互作用(例如评分)具有权重。这种情况的公式是：

$$pred(a,p) = \frac{\sum_{b \in KNN(a)} sim(a,b)}{\sum_{b \in KNN(a)} sim(a,b)} \times r_{b,p}$$

该公式预测用户 a 将分配给条目 p 的评分。$KNN(a)$表示用户 a 的 k 个最近邻，$r_{b,p}$ 表示用户 b 对产品 p 的评分。如果用户 b 不对条目 p 进行评分，则该评分为 0。该公式存在一些变体，但它们超出了本章的讨论范围。

布尔情况有点棘手，因为在文献中，没有一种方法被认为是最好的方法。以下公式 [Sarwar et al., 2000]在我看来是最合理的公式之一，并广泛应用于电子商务网站：

$$score(a,p) = \frac{1}{|KNN(a)|} \times \sum_{b \in KNN(a)} r_{b,p}$$

这里，如果用户 b 购买了产品 p，则 r_{bp} 将为 1，否则为 0，因此总和将返回 a 的最近邻中有多少用户购买了产品 p。该值使用 $a(|KNN(a)|$的值)的最近邻数进行归一化。

代码清单 5.6 包含 Python 中的示例实现，它使用之前创建的最近邻网络。该代码在 ch05/recommended/collaborative_filtering/recommender.py 文件中可用。

代码清单5.6　通过基于用户的方法提供推荐

```
score_query = """
    MATCH (user:User)-[:SIMILARITY]->(otherUser:User)        ◄─ 查询基于用户间相似
    WHERE user.userId = $userId                                  度的条目评分。
    WITH otherUser, count(otherUser) as size
    MATCH (otherUser)-[r:PURCHASES]->(target:Target)
    WHERE target.itemId = $itemId
    return (+1.0/size)*count(r) as score
"""

def get_recommendations(self, user_id: str, size: int) -> List[int]:    ◄─
    not_seen_yet_items = self.get_not_seen_yet_items(user_id)
    recommendations = FixedHeap(size)                                  提供推荐的
    for item in not_seen_yet_items:                                    函数。
        score = self.get_score(user_id, item)
        recommendations.push(score, item)
    return recommendations.items()
```

```
def get_not_seen_yet_items(self, user_id: str) -> List[int]:
    query = """
        MATCH (user:User {userId:$userId})
        WITH user
        MATCH (item:Item)
        WHERE NOT EXISTS((user)-[:PURCHASES]->(item))
        return item.itemId
    """
    with self._driver.session() as session:
        tx = session.begin_transaction()
        params = {"userId": user_id}
        result = tx.run(query, params).value()
    return result


def get_score(self, user_id: str, item_id: str) -> float:
    with self._driver.session() as session:
        tx = session.begin_transaction()
        params = {"userId": user_id, "itemId": item_id}
        result = tx.run(self.score_query, params)
        result = result.value() + [0.0]
    return result[0]
```

提供未看(本案例
中为未购买)条目
列表的函数。

通过使用简单
查询预测用户
对条目评分的
函数。该查询已
在变量中指定。

尽管基于用户的方法已成功应用于不同的领域,但在大型电子商务网站上仍然存在一些严峻的挑战,其中需要处理数百万个用户和数百万个目录项。特别是,由于需要扫描大量潜在的近邻,即使使用图方法,也几乎不可能实时计算预测。因此,大型电子商务网站通常使用不同的技术。其中有一项技术就是基于条目的推荐,因为即使是面对大型评分矩阵,它们也可以进行实时计算推荐[Sarwar et al., 2001]。

基于条目的算法的主要原理是通过使用条目之间,而非用户之间的相似度来计算预测。让我们看一个具体的例子,让这个原理更加清晰。考虑图 5.15 中所示的图数据库,假设我们需要预测用户 Alessandro 对条目 5 的评分。

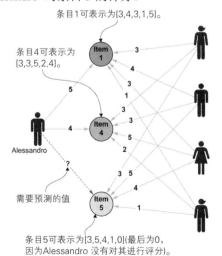

图 5.15　基于条目的方法进行协同过滤的基本原理

首先，我们比较其他条目的评分向量，寻找评分与条目 5 相似(即与条目 5 相似)的条目。在示例中，我们看到条目5[3, 5, 4, 1, 0]的评分与条目 1[3, 4, 3, 1, 5]的评分相似(两项相同，两项相差 1，并且 0 出现是因为 Alessandro 没有对条目 5 进行评分)且与条目 4[3, 3, 5, 2, 4]有部分相似度(1 项相同，3 项相差 1)。基于条目的推荐的原理是查看 Alessandro 对这些相似条目的评分。他给条目 1 打了 5 分，给条目 4 打了 4 分。基于条目的算法就会计算这些其他评分的加权平均值，并预测条目 5 介于 4 和 5 之间的评分。

同样，为了将这些词转换为一个具体的公式以提供给计算机程序，我们需要考虑两种用例：具有明确评分的情况和具有一个简单布尔值的情况，布尔值表明用户是否与该条目进行了交互(购买它、单击它等等)。在使用布尔值的情况下，目标不是预测评分(例如 0-5)，而是预测 Alessandro 对条目 5 感兴趣的程度，范围从 0 到 1(0 =不感兴趣，1 =最有可能感兴趣)。

如果原始 User-Item 数据集包含评分值, 则数据集中预测尚未看到的产品的评分公式为[Sarwar et al., 2001]：

$$
pred(a,p) = \frac{\sum_{q \in ratedItem(a)} (sim(p,q) \times r_{a,q} \times |KNN(q) \cap \{p\}|)}{\sum_{q \in ratedItem(a)} (sim(p,q) \times |KNN(q) \cap \{p\}|)}
$$

根据你所决定的导航数据方式, 可以以不同的形式重写此公式。在我们的例子中，

- $q \in ratedItem(a)$考虑用户 a 评分的所有产品。
- 对于每个 q，它乘以三个值：
  — q 与目标产品 p 之间的相似度。
  — 用户分配给 q 的评分。
  — $|KNN(q) \cap \{p\}|$，如果 p 在 q 的最近邻集合中，则其值为 1，否则为 0。可以只考虑 q 的最近邻，而不是所有的相似度。
- 分母将值归一化为不超过评分的最大值。

考虑图 5.15 中的数据。这三个条目之间的相似度为：

- 条目 1 与条目 4：0.943
- 条目 1 与条目 5：0.759
- 条目 4 与条目 5：0.811

因为只有三个条目，所以我们考虑最近邻的所有相似度；因此，对于$|KNN(q) \cap \{p\}|$其值总是 1。用户 Alessandro 将条目 1 评为 5 星，将条目 4 评为 4 星。预测 Alessandro 对条目 5 的兴趣/星级的公式是：

$$
pred(a,p) = \frac{0.759 \times 5 + 0.811 \times 4}{0.759 + 0.811} = \frac{7.039}{1.57} = 4.48
$$

与基于用户的方法一样，对于使用布尔值的情况，没有公认的计算分数的标准方法，因此我将介绍我最喜欢的方法之一[Deshpande 和 Karypis, 2004]：

$$
score(a,p) = \sum_{q \in ratedItem(a)} (sim(p,q) \times |KNN(q) \cap \{p\}|)
$$

在这种情况下没有评分,所以公式更简单。此外,它不会返回预测,而是返回分数。这样的分数可以以不同的方式归一化以促进比较。

以下代码清单展示了近邻方法的基于条目版本的示例实现。该代码位于 ch05/recommendation/colaborative_filtering/recommender.py 文件中。

代码清单 5.7　使用基于条目的方法提供推荐

从代码清单 5.6 开始,唯一需要进行的更改是 score_query 参数。这里,值是通过考虑以前用户购买的商品和目标商品之间的相似度来计算的。

```
score_query = """
    MATCH (user:User)-[:PURCHASES]->(item:Item)-[r:SIMILARITY]->(target:Item)
    WHERE user.userId = $userId AND target.itemId = $itemId
    return sum(r.value) as score
"""

def get_recommendations(self, user_id: str, size: int) -> List[int]:

[… See Listing 5.6 …]
```

练习

运行上述代码清单中的代码(可在本书的代码仓库中找到),更改用户并观察推荐列表如何变化。然后使用查询检查图数据库,查看推荐的商品是否与用户之前购买的商品一致。

5.5　处理冷启动问题

在结束本章关于协同过滤问题的讨论之前,重要的是讨论一个影响协同过滤推荐系统的问题:数据稀疏性。在现实世界的电子商务应用程序中,User-Item 矩阵往往是稀疏的,因为客户通常只购买(或评分)目录中的一小部分产品。对于没有交互或交互很少的新用户或新产品,问题更加严重。这个问题被称为冷启动问题,它进一步说明了解决数据稀疏问题的重要性。

一般来说,与冷启动问题相关的挑战是在可用信息相对较少时,如何计算出良好的预测。处理此问题的一个直接选择是利用有关用户的额外信息,例如性别、年龄、教育、兴趣或任何其他可帮助对用户进行分类的可用数据。还存在其他方法,例如创建混合推荐系统,它在单个预测机制中合并多种方法(第 7 章)。

这些方法不再是纯粹的协同,并且出现了关于如何获取附加信息和组合不同分类器的新问题。尽管如此,为了达到协同方法所需的用户群临界值,此类技术可能在新安装的推荐服务的启动阶段有所帮助。

在多年来提出的各种方法中,基于图的方法[Huang et al., 2004]通过过去的交易和反馈来探索消费者之间的传递关联(相似度)。这种方法的主要原理是利用客户共享产品时假设的品位可传递性。用户的偏好由条目及其与条目的交互来表示。

下面的例子说明了在推荐系统中探索传递关联的想法。假设我们有一个简单的

User-Item 数据集，如表 5.4 中的数据集所示。

表 5.4　一个 User-Item 数据集示例

	条目 1	条目 2	条目 3	条目 4
用户 1	0	1	0	1
用户 2	0	1	1	1
用户 3	1	0	1	0

在本书此处，你应该能够轻松地将此表表示为二部图。结果应该如图 5.16 所示。

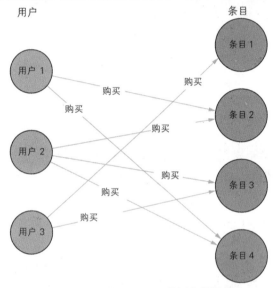

图 5.16　表 5.4 中 User-Item 数据集的图表示

所提出的方法使用这种表示方法来解决数据稀疏问题。此外，可以为每条边分配一个权重，例如其相应评分的值。

假设推荐系统需要为用户 1 推荐商品。当我们使用标准的协同过滤方法时，用户 2 将被视为用户 1 的同类人，因为两个用户都购买了条目 2 和条目 4。条目 3 将被推荐给用户 1，因为该用户的最近邻用户 2 也购买或喜欢它。用户 1 和用户 3 之间没有发现很强的相似度。

在传递关联方法中，通过计算条目节点和用户节点之间的关联，可以在基于图的模型中轻松实现推荐方法。通过确定用户和条目之间的路径来确定推荐。标准的协同过滤方法，包括基于用户和基于条目的方法，只考虑长度等于 3 的路径(提醒一下，路径长度是通过考虑路径中的边来计算的)。

考虑我们的例子。在图 5.16 所示的二部图中，用户 1 和条目 3 之间的关联由连接用户 1 和条目 3 的所有长度为 3 的路径决定。从图中不难看出，两条路径连接了用户 1 和条目 3：用户 1–条目 2–用户 2–条目 3 和用户 1–条目 4–用户 2–条目 3。图 5.17 突出显示了图 5.16

所示的图中所有长度为 3 的路径。

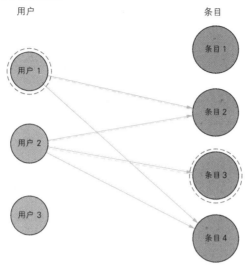

图 5.17　用户 1 和条目 3 之间长度为 3 的路径

　　这种强关联导致向用户 1 推荐条目 3。将条目节点连接到用户节点的唯一路径的数量越多，这两个节点之间的关联性就越强。

　　因为在稀疏评分数据库中，这种长度为 3 的路径的数量很少，所以我们认为还要考虑更长的路径——所谓的间接关联——来计算推荐。在基于图的模型中，扩展前面的方法来探索和合并传递关联是很简单的。

　　通过考虑长度超过 3 的路径，该模型可以探索传递关联。两条长度为 5 的路径连接用户 1 和条目 1，例如：用户 1-条目 2-用户 2-条目 3-用户 3-条目 1 和用户 1-条目 4-用户 2-条目 3-用户 3-条目 1。图 5.18 在图 5.16 所示的图中突出显示了所有长度为 5 的路径。

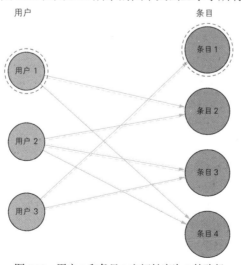

图 5.18　用户 1 和条目 1 之间长度为 5 的路径

因此，当在推荐中考虑传递关联时，可以向用户 1 推荐条目 1。

即使采用这种方法，也有必要定义评分机制来对推荐列表进行排序。在这种情况下，推荐是基于为用户节点和条目节点对计算的关联进行的。给定用户节点 *User t* 和条目节点 *Item j*，它们之间的关联 *score(User t, Item j)* 被定义为连接 *User t* 和 *Item j* 的所有不同路径的权重之和。

在该公式中，仅考虑长度小于或等于最大定义长度为 *M* 的路径。约束 *M* 是推荐系统设计者可以控制的参数。值得注意的是，由于传递关联在二部图中表示，因此 *M* 必须是奇数。

$$score(user, item) = \sum_{p \in pathsBetween(user,\ item,\ M)} \alpha^{length(p)}$$

在这个公式中，*pathsBetween(user, item, M)* 会返回 user 和 item 之间长度为 *x* 的所有路径，其中 *x*≤*M*。路径的权重计算为 *a^x*，其中 α 是一个介于 0 和 1 之间的常数，确保更长的路径影响较小。

α 特定值可以由系统设计者根据潜在应用程序域的特征来确定。在传递关联可以精准预测消费者兴趣的应用中，α 的值应该接近 1，而在传递关联往往传达很少信息的应用中，α 应该取接近 0 的值。

让我们用图 5.16 中的例子来说明这个计算。当 *M* 设置为 3 时(如标准协同过滤)，*score(User 1, Item 3)* = $0.5^3 + 0.5^3$ = 0.25，*score(User 1, Item 1)* = 0。当 *M* 为 5 时，*score(User 1, Item 3)* = $0.5^3 + 0.5^3$ = 0.25，*score(User 1, Item 1)* = $0.5^5 + 0.5^5$ = 0.0625。对于消费者用户 1，对数据集中的所有条目重复前面的分数计算。与前面的情况一样，条目按此分数以降序排序。然后将这个排序列表的前 *k* 个条目(不包括用户 1 之前购买的条目)推荐给用户 1。由于不同原因，这种方法需要我们注意：

- 即使只有少量信息可用，它也能生成高质量的推荐。
- 它使用的 User-Item 数据集与本章迄今为止使用的相同。
- 它完全基于图，并且使用我们示例中讨论的相同二部图模型。

此外，与标准的基于用户和基于条目的算法的比较表明，所提出的基于间接关联的技术可以显著提高推荐的质量，特别是当评分矩阵稀疏时。此外，对于新用户，与标准协同过滤技术相比，该算法会带来可衡量的性能提升。然而，当评分矩阵达到一定的密度时，与标准算法相比，推荐的质量会下降。

本节中描述的方法使用基于路径的相似度来计算推荐。其他基于图的方法使用更复杂的图算法。

5.6　图方法的优点

本章重点介绍使用图和图模型创建协同过滤推荐引擎。特别是，它探索了近邻方法，非常适合数据的图表示和基于图的导航。使用近邻方法实现协同过滤推荐引擎的基于图的方法的主要方面和优势如下：

- User-Item 数据集可以很容易地表示为二部图,其中每个 User-Item 对的权重表示为关系的可选属性。
- User-Item 数据集的二部图表示不仅具有允许我们只存储相关信息的优点——如在矩阵表示中避免通过存储无用的零浪费内存——还只关注在模型创建期间加速访问潜在相关的近邻。
- 可以从同一个图模型中为条目和用户提取多个向量表示。
- 结果模型由用户或条目或二者之间的相似度组成,可以自然地表示为连接用户和条目的新关系。由此产生的新图是最近邻(k-NN)网络。
- 该算法基于相似度计算,用于创建 k-NN 网络,代表了最强大和最广泛采用的图构建技术之一。由此产生的网络不仅在推荐过程中易于导航,还包含从现有 User-Item 数据集中提炼出的新知识,可用于从其他角度分析数据,例如条目聚类、客户细分等。
- 解决数据稀疏问题和冷启动问题的一种广泛采用的方法是基于图表示、导航和处理。图导航方法(如前面描述的寻路示例)和图算法(如 PageRank)用于填补一些空白并创建 User-Item 数据集的更密集表示。
- 即使在这种情况下,也可以在单个图中混合多种推荐算法,并结合多种方法的强大功能来提供推荐。

5.7 本章小结

本章通过介绍实现推荐引擎的最常见技术之一:协同过滤方法,从而继续讨论数据建模,特别是推荐。

在本章中,你学习了:

- 如何以二部图的形式对 User-Item 数据集进行建模以及如何将其投影到两个相关图中。
- 如何仅使用与 User-Item 交互相关的信息而不是有关用户和条目的静态信息来计算用户和条目之间的相似度。
- 如何在 k-NN 模型中存储这种相似度。
- 如何利用这种相似度,通过使用基于用户和基于条目的方法并考虑二进制和非二进制值,向用户提供推荐列表。
- 拥有稀疏向量的优点是什么、何时使用它,以及如何实现它。
- 如何使用基于图的技术来解决数据稀疏问题,尤其是冷启动问题。

(注:本章的参考文献,请扫描本书封底的二维码进行下载。)

基于会话的推荐

第 4 章和第 5 章介绍了两种最常见的实现推荐引擎的方法：基于内容的推荐方法和协同过滤。我们同时强调了每种方法的优点，但在讨论过程中也显现出了它们具有的一些缺点。值得注意的是，这些技术需要使用有关用户的信息，而这些信息并不总是可用的。本章介绍了另一种推荐方法，当很难或不可能访问用户交互历史或其他有关用户的详细信息时，这种方法很有用。在上述情况下，应用经典方法不会产生好的结果。

6.1 基于会话的方法

假设你想为一个在线旅游网站构建一个推荐引擎。该网站提供住宿预订，但在流程的早期阶段不需要登录或注册。使用基于会话的推荐引擎，即使在这种对用户知之甚少的情况下，也可以提供推荐。

这种情况在预订住宿的网站上很常见。在这种类型的网站上，以及在许多其他现实生活的推荐场景中，用户通常不会登录甚至注册——直到选择过程结束。只有在他们选择了自己的住宿之后，用户才登录或注册以完成预订。

传统的推荐方法依赖于根据购买历史、显式评分或其他过去的交互(例如查看和评论)所创建的用户配置文件。他们使用这些长期偏好模型来确定要呈现给用户的条目。更具体地说，基于内容的方法根据与用户个人资料中存在的条目的相似度来推荐条目，而协同过滤方法根据具有相似个人资料的用户的选择来进行预测。在这两种情况下，都假定提供信息丰富的用户配置文件可用。

然而，在许多推荐场景中，就像这里描述的那样，由于他们是第一次访问或未登录，因此大部分用户无法使用这种长期用户模型。在这些情况下，用户主要是匿名的，所以我们目前看到的推荐系统无法提供准确的结果。尽管可以使用其他用户识别方法，例如cookie 和指纹技术，但出于这些方法存在可靠性低及其隐私问题，其适用性有限[Tuan 和 Phuong，2017]。此外，创建信息丰富的配置文件要求用户过去与系统进行过充分的交互。

然而，提供能够捕获当前用户兴趣和需求的有效推荐是提供高质量服务、提高用户满意度和让用户再次回访的关键。因此，必须根据其他类型的信息来确定合适的推荐。虽然可用的数据没有采用经典格式，但并没有全部丢失；可以使用用户最近与站点或应用程序的交互来作为推荐的基础。在这种情况下，匿名的唯一用户和系统之间的交互可以组织成会话。仅依赖于用户在正在进行的会话中的操作，并使其推荐适应用户操作的推荐技术称为基于会话的推荐方法[Quadrana et al., 2018]。图 6.1 描述了基于会话的推荐引擎的关键元素及其关系。

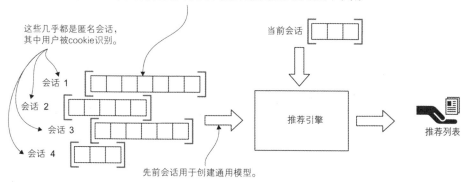

图6.1 基于会话的推荐心智模型

会话是在给定时间范围内发生的大量交互。它可能跨越一天、几天、几周甚至几个月。会话通常有时间约束，比如今晚找一家餐馆吃饭，欣赏某种风格或情绪的音乐，或者寻找下一个假期的地点。图 6.2 显示了用户在搜索度假地点之前如何改变主意，直到找到合适的地点。

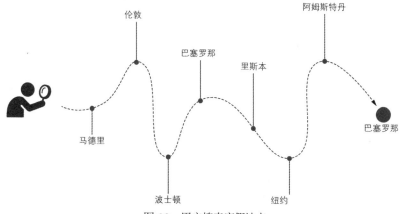

图6.2 用户搜索度假地点

根据用户会话中可用的信息，推荐系统应该为用户创建模型并进行预测。会话数据有很多重要的特征：

- 会话点击和导航本质上是连续的。点击的顺序以及导航路径可能包含有关用户意图的信息。
- 查看的条目通常具有例如名称、类别和描述之类的元数据，这些元数据可以提供有关用户品位和他们正在寻找的信息。
- 会话有时间和范围约束。会话有一个特定的目标，通常在该目标完成时结束会话：为商务旅行租一家酒店，为浪漫约会找一家餐厅等等。会话具有与特定条目相关的内在信息能力，例如最终预订的酒店或餐厅。

当将其实际应用并取得一定效果时，基于会话的推荐引擎可以提供高质量的推荐，并以高准确性预测用户的最终目标，从而缩短导航路径和满足用户特定需求所需的时间。

问题解决了，对吧？即使用户是匿名的，我们也可以轻松提供推荐。太酷了！

遗憾的是，情况并没有那么简单。使用会话的问题在于，识别会话何时开始和结束(何时完成任务或会话不再相关)并不总是容易的。想想你自己的经历。你有多少次在工作休息间隙开始考虑下一次去哪里度假？你开始寻找位于你梦寐以求的目的地的酒店；然后你就必须得回去工作。你可能会在几天甚至几周后回到任务中，也许你对想去的地方有不同的想法。对于系统而言，了解何时可以认为会话已关闭或不再相关是一项艰巨的任务。幸运的是，可以应用一些特定领域的最佳实践来确定搜索会话是否结束，例如考虑不活动的天数或成功预订酒店。

本章的示例场景说明了一些实现基于会话的推荐引擎的方法。此类方法可帮助你处理User-Item 交互数据不可用的情况。

在文献中，顺序推荐问题(以及基于会话的推荐)通常可以实现为用来预测下一个用户操作的任务。从算法的角度来看，早期的预测方法基于序列模式挖掘技术。后来，基于马尔可夫模型的更复杂的方法被提出并成功应用于该问题。最近，基于人工神经网络的深度学习方法的使用已被探索作为另一种解决方案。循环神经网络(Recurrent Neural Network,RNN)[1]能够从顺序排序的数据中学习模型，这是解决这个问题的自然选择，最近的文献报道了此类算法在预测准确性方面的重大进步[Devooght and Bersini, 2017；Hidasi and Karatzoglou, 2018；Hidasi et al., 2016 a、b；Tan et al., 2016]。

Ludewig 和 Jannach[2018]以及之前的工作[Verstrepen and Goethals, 2014；Jannach and Ludewig, 2017 a；Kamehkhosh et al., 2017]表明，在计算和概念上，基于最近邻方法通常会导致预测与基于深度学习模型的当前技术一样准确，甚至更好。存在不同的最近邻方案，它们都非常适合用于基于图的数据建模和推荐方法。

由于这些原因，本节重点介绍此类方法。图 6.3 描述了这个场景的推荐过程。

---

1 RNN 是具有非线性动力学的分布式实值隐藏状态模型。在每个时间步，RNN 的隐藏状态是从序列中的当前输入和前一步的隐藏状态中计算出来的。然后隐藏状态用于预测序列中下一个条目出现的概率。循环反馈机制记住每个过去数据样本在 RNN 的隐藏状态中的影响，克服了马尔可夫链的基本约束。因此，RNN 非常适合对用户操作序列中的复杂动态进行建模[Quadrana et al., 2017]。

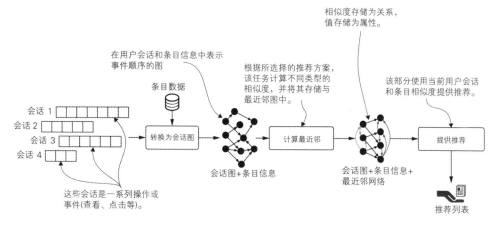

图 6.3　利用图的基于会话的推荐系统图

6.2 节描述了如何以图的形式对会话数据进行建模。6.3 节说明了用于构建预测模型和提供推荐的各种技术。

6.2　事件链和会话图

根据学习算法的类型和可用数据的性质，可以通过多种方式对会话数据进行建模。首先，考虑基于会话的推荐引擎[Tuan 和 Phuong, 2017]的一些所需属性，它们与训练数据建模的方式相关：

- 数据表示应该能够对点击流中的顺序模式进行建模。最流行的方法之一是条目到条目的 k-NN，也是我们在场景中选择的方法之一。该方法基于条目共现进行推荐，但忽略了点击顺序。为了部分解决这个问题，我们可以引入时间衰减或相关性窗口来仅考虑较长事件序列的一小部分。
- 该方法应该提供一种简单的方法来表示并组合条目 ID 与元数据。通常，一个条目与不同类型的特征相关联。例如，一个产品可能有 ID、名称和描述，它通常属于一个或多个类别(有时按类别层次结构组织)。考虑到它们之间的关系和依赖关系，拥有一种表示不同特征类型并联合建模它们的交互的通用方法会更方便。
- 用户兴趣和目标在导航过程中不断发展。用户逐渐专注于一个更具体的目标；每点击一次，他们的想法就会变得更加清晰。因此，在选择过程开始时单击的条目与稍后单击的条目相关性较低。必须正确建模时间，以便为较新的条目分配比旧条目更多的值。

图 6.4 中的图模型表示会话数据，并考虑了所需的属性。

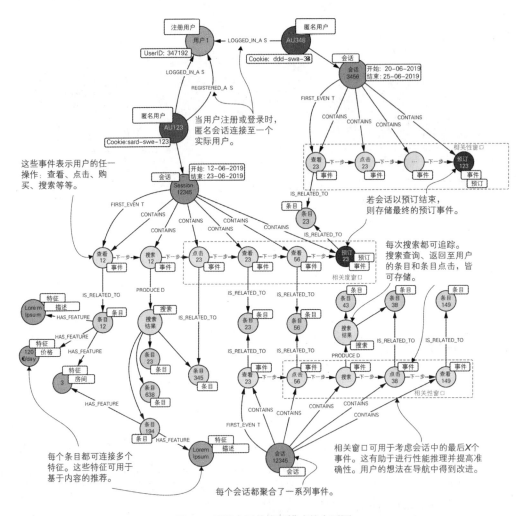

图 6.4　基于会话的推荐模式的会话图

该模型满足所有要求并支持不同类型的推荐算法。以下为更多细节:

- 模型中的主要实体(节点)是会话、用户、条目和点击。这些元素代表整个导航路径的步骤。

- 用户可以分为两类:匿名用户和已注册/已登录用户。两种类型的用户都可以连接到会话,甚至可以同时连接,因为匿名用户必须登录或注册才能完成预订或购买。匿名用户和相关注册用户之间的关系被跟踪,因此可以跟踪用户在其历史记录中点击的所有条目。这些信息对于简单 User-Item 数据集上的更传统的协同过滤方法很有用。此信息可能与发送自定义电子邮件或其他类型的营销活动(例如离线营销活动)相关。

- 会话是点击聚合器。所有点击都发生在它们所连接的特定会话中。每个会话都属于一个用户。会话可以包含一些上下文信息，如开始时间、结束时间、位置和设备。这种上下文信息可能与提高推荐质量有关。

- 条目是一个宽泛的概念，表示几个感兴趣的元素，例如页面、产品、搜索条目和搜索查询。每个条目都包含若干描述某些特定功能的属性。在基于内容的方法中，一些属性被建模为节点，然后连接到条目；其他属性(特定于条目的那些属性，如ID)被建模为条目节点的属性。

- 单击将会话连接到条目。它还包含一些信息，例如时间和位置。点击流定义了一条路径并包含非常有价值的信息。它不仅代表了一条导航路径，也代表了一条心智路径。在导航期间，用户会细化搜索，阐明他们的目标并应用一些过滤器。这些信息很有价值，必须对其进行有效建模。在图 6.4 所示的模型中，导航是使用 NEXT 关系存储的，它将每次点击与下一次点击联系起来。出于性能原因，还存储了与会话的连接。

- 用户在导航过程中细化他们的想法和目标；第一次点击的相关性低于最后一次。因此，对模型中的相关性衰减进行建模(至少在概念上)很重要。在学习和预测期间，对时间来说存在不同的选项。考虑其中两个：

  – 时间衰减—— 为较早的点击分配较低的权重。如果最后一次点击的权重(相关性)为 1.0，那么两小时前的点击可能具有 0.8 或 0.5 的相关性。可以定义不同的衰减函数(例如线性 ad 指数)，具体取决于算法忘记过去事件的速度。

  – 相关性窗口——一个或多个仅包含最后 N 个(可配置的 N 个)点击的滑动窗口约束了模型训练或预测期间考虑的数据量。

- 一个会话可以持续很长时间并包含大量点击。根据时间或点击次数指定的阈值可以定义为仅考虑相关点击并丢弃其他点击。这种方法有助于减小数据库的规模，确保只存储相关信息并保证高性能长时间持续。

- 最后一条相关信息是会话如何结束——以购买还是以离开结束。通过使用特定标签 `AddToCartItem` 标记最后一个条目，此信息可在图表示中建模。最终决定不仅代表有价值的信息，因为它允许我们识别成功的会话，而且，某些方法仅计算每个条目与带有标签 `AddToCartItem` 的条目之间的距离。

值得注意的是，这里定义的模型不仅对基于会话的推荐有用，还代表了一种对任何顺序事件进行建模以促进进一步分析的方法。

现在我们已经定义了用于对事件链建模的图，接下来考虑一个真实的例子，使用为我们的图数据库定义的模式将其导入。我们将使用的数据集由 ACM RecSys 2015 Challenge[1] 的上下文提供，并且包含六个月的(条目查看和购买)记录点击序列。数据集由两个文件组成：

- yoochoose-clicks.dat——单击事件。文件中的每条记录/行都有以下字段：

  – Session ID—— 会话的 ID。一个会话可能有一次或多次点击。

  – Timestamp—— 点击发生的时间。

---

1 https://recsys.acm.org/recsys15/challenge。

　　　　– Item ID——条目的唯一标识符。

　　　　– Category——条目的类别。

- yoochoose-buys.dat—— 购买事件。文件中的每条记录/行都有以下字段:

　　　　– Session ID—— 会话的 ID。一个会话可能有一个或多个购买事件。

　　　　– Timestamp—— 购买发生的时间。

　　　　– Item ID——条目的唯一标识符。

　　　　– Price—— 商品的价格。

　　　　– Quantity—— 该商品的购买次数。

yoochoose-buys.dat 中的会话 ID 将始终存在于 yoochoose-clicks.dat 文件中;具有相同会话 ID 的记录共同构成了会话期间某个用户点击事件的序列。会话可能很短(几分钟)或很长(几个小时),并且可能进行一次点击或数百次点击。一切都取决于用户的活动。以下代码清单显示了根据目前设计的模型来创建会话数据的代码。

代码清单 6.1　从 yoochoose 文件导入会话数据

```
def import_session_data(self, file):
    with self._driver.session() as session:
        self.executeNoException(session,
"CREATE CONSTRAINT ON (s:Session) ASSERT s.sessionId IS UNIQUE")
        self.executeNoException(session,
"CREATE CONSTRAINT ON (i:Item) ASSERT i.itemId IS UNIQUE")
        query = """
            MERGE (session:Session {sessionId: $sessionId})
            MERGE (item:Item {itemId: $itemId, category: $category})
            CREATE (click:Click {timestamp: $timestamp})
            CREATE (session)-[:CONTAINS]->(click)
            CREATE (click)-[:IS_RELATED_TO]->(item)
        """
        dtype = {"sessionID": np.int64, "itemID": np.int64, "category":
         np.object}
        j = 0;
        for chunk in pd.read_csv(file,
                            header=0,
                            dtype=dtype,
                            names=['sessionID', 'timestamp', 'itemID',
                             'category'],
                            parse_dates=['timestamp'],
                            chunksize=10**6):
            df = chunk
            tx = session.begin_transaction()
            i = 0;
            for row in df.itertuples():
                try:
                    timestamp = row.timestamp
                    session_id = row.sessionID
                    category = strip(row.category)
                    item_id = row.itemID
```

创建约束以确保会话和条目的独特性。

检查会话和条目是否存在;若不存在,则创建会话和条目。

创建点击以及条目、点击和会话之间的所有关系。

定义导入 CSV 文件的类型(有助于 Pandas 预防类型转换问题)。

读取 CSV 文件并以 10^6 行为分区来加速进程。

循环行并运行查询,传递参数,为每个会话创建新的点击。

```
                    tx.run(query, {"sessionId": session_id, "itemId": item_id,
                    ➥ "timestamp": str(timestamp), "category": category})
                    i += 1
                    j += 1
                    if i == 10000:
                        tx.commit()
                        print(j, "lines processed")
                        i = 0
                        tx = session.begin_transaction()
                except Exception as e:
                    print(e, row)
        tx.commit()
        print(j, "lines processed")
    print(j, "lines processed")
```

CSV 文件中的每一行都包含对特定条目的点击。MERGE 子句允许我们只创建一次会话和条目；然后点击节点将会话连接到条目。代码清单 6.2 将有关购买的信息添加到以购买结束的现有会话中。

代码清单 6.2　从 yoochoose 文件导入购买数据

```
def import_buys_data(self, file):
    with self._driver.session() as session:          创建购买以及条
query = """                                           目、点击和会话之
                                                     间的所有关系。
        MATCH (session:Session {sessionId: $sessionId})
搜索会话和条目。
        MATCH (item:Item {itemId: $itemId})
        CREATE (buy:Buy:Click {timestamp: $timestamp})
        CREATE (session)-[:CONTAINS]->(buy)
        CREATE (buy)-[:IS_RELATED_TO]->(item)
"""
dtype = {"sessionID": np.int64, "itemID": np.int64, "price":
➥ np.float, "quantity": np.int}           定义导入CSV文件的类型
j = 0;                                     (有助于 Pandas 预防类型
for chunk in pd.read_csv(file,             转换问题)。
                    header=0,
                    dtype=dtype,
                    names=['sessionID', 'timestamp', 'itemID',
                    ➥ 'price', 'quantity'],
                    parse_dates=['timestamp'],
                    chunksize=10**6):      读取 CSV 文件并以 10^6
    df = chunk                             行为分区来加速进程。
    tx = session.begin_transaction()
    i = 0;
    for row in df.itertuples():
        try:                               循环行并运行查询, 传递参数, 为
            timestamp = row.timestamp      每个会话创建新的点击。
            session_id = row.sessionID
            item_id = row.itemID
            tx.run(query, {"sessionId": session_id, "itemId":
            ➥ item_id, "timestamp": str(timestamp)})
            i += 1
```

```
                    j += 1
                    if i == 10000:
                        tx.commit()
                        print(j, "lines processed")
                        i = 0
                        tx = session.begin_transaction()
            except Exception as e:
                    print(e, row)
    tx.commit()
    print(j, "lines processed")
print(j, "lines processed")
```

这段代码虽然正确,但速度很慢。它易于理解且是线性的,这就是这里首选它的原因,但它可以运行数小时。在本章的代码仓库中,你会发现一个不同的版本,它的性能更高但也更复杂。

无论你运行哪个版本,结果都是一样的。以下查询允许你可视化导入的结果,考虑单个会话(ID 为 140837 的会话)。

代码清单 6.3 查询显示与特定会话相关的子图

```
MATCH p=(s:Session {sessionId: 140837})-[:CONTAINS]->(c)
MATCH q=(c)-[:IS_RELATED_TO]->(item:Item)
return p,q
```

练习

使用新数据库,并编写查询以查找以下内容:
- 点击次数最多的 10 个商品
- 最常购买的 10 件商品(它们匹配吗?)
- 最长的会话(是否包含购买?)

6.3 提供推荐

6.2 节中设计的模型十分灵活,可以为不同的推荐方法提供服务。正如本章引言中所描述的,基于会话的推荐引擎在很多场景中都很有用。这个主题被广泛研究,并且已经提出了各种各样的解决方案来提供最好的推荐。

第一种自然方法包括使用协同过滤方法,特别是 k 最近邻方法,通过使用会话-条目数据来代替用户-条目矩阵。然而,由于链中的事件具有顺序性,一些研究人员提出使用 RNN 或卷积神经网络(Convolutional Neural Network, CNN)[1] 来揭示会话中的顺序模式并使用它们来提供推荐[Jannach and Ludewig, 2017 a; Quadrana et al., 2018; Tuan and Phuong, 2017]。与

---

1 CNN 是专门用于处理具有已知网格状拓扑结构的数据的神经网络,例如 User-Item 矩阵或可以建模为一维矩阵的时间序列数据。卷积的名称源自数学线性运算卷积,它在神经网络中用于代替至少一层中的一般矩阵乘法[Goodfellow et al., 2016]。

根本上忽略实际操作序列的协同过滤方法相比，RNN 和 CNN 会考虑整体导航路径，并且可以对会话点击的顺序模式进行建模。尽管已经证明此类方法可以提供高质量的推荐，但它们实现起来相当复杂，并且需要对大量数据进行适当的训练。此外，如果实现得当，k-NN 方法在效率和质量方面都优于深度学习方法[Jannach and Ludewig, 2017 a; Ludewig and Jannach, 2018]。

出于这些原因，在本节中，我们将考虑不同的 k-NN 方法，用于处理在基于会话的推荐引擎中推荐前 N 个条目列表的问题。多年来，已经为这样的任务提出了多种实现方式。其中与我们的场景和本节的目的最相关[Ludewig 和 Jannach, 2018]的是：

- 基于条目的 k-NN(Item-KNN)——该方法由 Hidasi et al.提出[2016 a]，只考虑给定会话(当前会话)中的最后一个元素，并推荐那些与它最相似的条目，因为它们在其他会话中同时出现。如果用户当前正在查看毕尔巴鄂的别墅，则系统会在用户查看毕尔巴鄂的同一别墅时推荐在其他会话中频繁出现的其他别墅。
- 基于会话的 k-NN(SKNN)——这种方法不是只考虑当前会话中的最后一个事件，而是将整个当前会话(或其中的重要部分，只考虑最近的 N 次点击)与训练数据中之前的会话进行比较以确定要推荐的条目[Bonnin and Jannach, 2014; Hariri et al., 2012; Lerche et al., 2016]。如果用户查看毕尔巴鄂、巴塞罗那和马德里的别墅，该算法将搜索相似的会话(相似是因为它们包含或多或少相同的条目)并通过考虑有多少相似的会话包含目标项来计算所推荐的条目分值。

当然，第二种方法实现起来比第一种复杂一些，但它的准确性与更复杂的实现(如 RNN 和 CNN)相当，同时需要更少的数据来训练模型。然而，即使使用基于条目的方法也可以提供有价值的特征，因此以下部分将考虑这两种方法。

6.3.1 基于条目的 k-NN

假设你正在浏览鞋子。如果系统根据其他用户在搜到与你想要的鞋子之前和之后查看相关内容，向你展示与你当前正在查看的鞋子相似的鞋子，这是否有用？基于条目的 k-NN 方法使用会话数据来计算条目对之间的相似度。方法整体上与基于条目的协同过滤的情况相同；唯一的区别是使用会话条目数据而不是 User-Item 矩阵。与经典方法一样，第一步是在向量空间模型(Vector Space Model, VSM)中表示条目，其中每个元素对应一个会话，如果条目出现在会话中，则将元素值设置为 1。例如，可以使用余弦相似度度量来确定两个条目的相似度，并且近邻的数量 k 由所需的推荐列表长度隐式定义。整个过程如图 6.5 所示。

从概念上讲，该方法实现了"购买...的顾客也买了"这一形式。余弦相似度度量的使用使该方法不易受到流行度偏见的影响。尽管条目到条目方法相对简单，但它们在实践中很常用，有时被认为代表了一个强大的基线[Davidson et al., 2010;Linden et al., 2003]。值得注意的是，在这种情况下，甚至可以将条目元数据信息与会话数据结合使用，以计算条目之间的相似度。当你有一个没有任何历史记录的新条目时，此技术很有用。

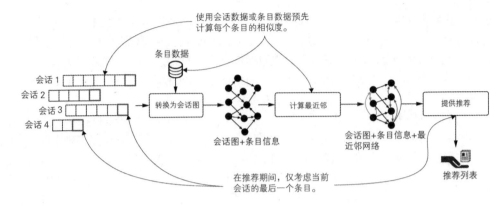

图 6.5　使用 Item-KNN 的基于会话的推荐模式

在实现方面，所有相似度值都可以在训练过程中预先计算和排序，以确保推荐时进行快速响应。需要基于时间(每 x 小时)或基于会话量(每 x 次新会话点击)进行更新。

考虑一个简单数据的例子，然后一步一步地遵循这个过程。假设我们有表 6.1 中描述的五个会话。

表 6.1　会话示例

会话#	会话内容(条目 ID 的有序列表)
1	[条目 12，条目 23，条目 7，条目 562，条目 346，条目 85]
2	[条目 23，条目 65，条目 12，条目 3，条目 9，条目 248]
3	[条目 248，条目 12，条目 7，条目 9，条目 346]
4	[条目 85，条目 65，条目 248，条目 12，条目 346，条目 9]
5	[条目 346，条目 7，条目 9，条目 3，条目 12]

目标是在会话 5 中向用户提出一些建议。当前条目为 12。第一步包括计算此条目与所有尚未预见的条目之间的距离。表 6.2(VSM 表示)对于轻松提取条目的向量表示非常有用，正如我们在第 5 章中看到的那样。

表 6.2　VSM 中表 6.1 的会话

会话#	3	7	9	12	23	65	85	248	346	562
1	0	1	0	1	1	0	1	0	1	1
2	1	0	1	1	1	1	0	1	0	0
3	0	1	1	1	0	0	0	1	1	0
4	0	0	1	1	0	1	1	1	1	0
5	1	1	1	1	0	0	0	0	1	0

重要的是要注意点击顺序丢失了。以下代码为你完成所有必要的计算。使用它进行计

算比手动计算更容易，并且它引入了 sklearn[1]，这是一个强大的机器学习库。

代码清单 6.4 计算条目 12 和所有尚未看到的条目之间的相似度

```python
from sklearn.metrics.pairwise import cosine_similarity

#Vector representation of the items
item3 = [0,1,0,0,1]
item7 = [1,0,1,0,1]
item9 = [0,1,1,1,1]
item12 = [1,1,1,1,1]
item23 = [1,1,0,0,0]
item65 = [0,1,0,1,0]
item85 = [1,0,0,1,0]
item248 = [0,1,1,1,0]
item346 = [1,0,1,1,1]
item562 = [1,0,0,0,0]

# Compute and print relevant similarities
print(cosine_similarity([item12], [item23])) # 0.63245553
print(cosine_similarity([item12], [item65])) # 0.63245553
print(cosine_similarity([item12], [item85])) # 0.63245553
print(cosine_similarity([item12], [item248])) # 0.77459667
print(cosine_similarity([item12], [item562])) # 0.4472136
```

在这种情况下，与之最相似的条目是条目 248。其他条目的相似度得分相同甚至更高，例如条目 9 和 346，但在我们的推荐策略中，我们决定避免显示用户已经看过的条目。

现在这个过程已经很清楚了，让我们把场景从简单的例子转移到真实数据库中。我们将把这个过程划分成两部分。第一部分将预先计算条目之间的相似度并存储前 k 个最近的近邻，第二部分将提供推荐。代码清单 6.5 显示了相似度预计算的代码。

代码清单 6.5 从图中提取条目向量；计算和存储相似度

```python
def compute_and_store_similarity(self):          ◀──  处理所有条目
    items_VSM = self.get_item_vectors()               的入口点。
    for item in items_VSM:
        knn = self.compute_knn(item, items_VSM.copy(), 20);
        self.store_knn(item, knn)


def get_item_vectors(self):          ◀──  搜索条目，为每个
    list_of_items_query = """             条目创建向量。
                MATCH (item:Item)
获得条目列         RETURN item.itemId as itemId
表的查询。  """
                      根据每个条目所属的会话提
                      取其向量的查询。
    query = """          ◀──
                MATCH (item:Item)<-[:IS_RELATED_TO]-(click:Click)<-
```

1 https://scikit-learn.org。

```
                        ➦ [:CONTAINS]-(session:Session)
                        WHERE item.itemId = $itemId
                        WITH session
                        ORDER BY id(session)
                        RETURN collect(distinct id(session)) as vector;
                """
        items_VSM_sparse = {}
        with self._driver.session() as session:
            i = 0
            for item in session.run(list_of_items_query):
                item_id = item["itemId"];
                vector = session.run(query, {"itemId": item_id})
                items_VSM_sparse[item_id] = vector.single()[0]
                i += 1
                if i % 100 == 0:
                    print(i, "rows processed")
            print(i, " rows processed")
        return items_VSM_sparse

    def compute_knn(self, item, items, k):
        dtype = [ ('itemId', 'U10'),('value', 'f4')]
        knn_values = np.array([], dtype=dtype)
        for other_item in items:
            if other_item != item:
                value = cosine_similarity(items[item], items[other_item])
                if value > 0:
                    knn_values = np.concatenate((knn_values,
                        ➦ np.array([(other_item, value)], dtype=dtype)))
        knn_values = np.sort(knn_values, kind='mergesort', order='value' )[::-1]
        return np.split(knn_values, [k])[0]

    def store_knn(self, item, knn):
        with self._driver.session() as session:
            tx = session.begin_transaction()
            knnMap = {a : b.item() for a,b in knn}
            clean_query = """
                MATCH (item:Item)-[s:SIMILAR_TO]->()
                WHERE item.itemId = $itemId
                DELETE s
            """
            query = """
                MATCH (item:Item)
                WHERE item.itemId = $itemId
                UNWIND keys($knn) as otherItemId
                MATCH (other:Item)
                WHERE other.itemId = otherItemId
                MERGE (item)-[:SIMILAR_TO {weight: $knn[otherItemId]}]->(other)
            """
            tx.run(clean_query, {"itemId": item})
            tx.run(query, {"itemId": item, "knn": knnMap})
            tx.commit()
```

处理所有条目的
切入点。

对于每个条目，计算所
有其他条目中的前 k 个
最近邻。

计算两个稀疏向量之间
的余弦相似度。

根据相似度值对近
邻进行分类。

存储模型(k-NN)。

清除该节点的旧
模型。

将新模型存储为当前项和前 k 个相似项之
间的关系 SIMILAR_TO。

注意，此代码类似于我们在协同过滤方法中用于基于条目进行推荐的代码。此类代码必须定期执行以保持相似度值是最新的。

在继续讨论之前，我想介绍一下你可能会遇到的问题。虽然前面代码清单中的代码在形式上是正确的，但需要一段时间(实际上是很长一段时间)才能完成。在与最近的近邻一起工作时这个问题很常见。到目前为止，我们一直在处理小数据集，所以这不是问题，但是正如我一开始向你承诺的那样，本书旨在帮助你解决实际机器学习问题，而非举一些琐碎的例子。要想计算最近邻需要你计算 $N \times N$ 相似度，当有很多条目时，这个过程可能需要很长时间。此外，考虑到有时你还必须更新最近邻网络以使其与用户的最新点击保持一致，那么上述代码在生产就绪的项目中就没有用。

你可以使用不同的技术来解决此问题。如果你的目标是计算每一对条目的相似度，则无法减少所需的工作量，尽管并行处理可以减少处理时间。你可以使用分析引擎进行大规模数据处理，例如 Apache Spark[1]或 Apache Flink[2]。

另一种方法是仅考虑 k 最近邻的近似版本。通常，我们只需要最相似的对或所有高于某个相似度下限的对。在这种情况下，我们可以只将注意力集中在可能相似的对上，而不必调查每一对。存在不同的算法来计算 k-NN 的近似版本。其中一种算法如图 6.6 所示，称为局部敏感哈希(Locality Sensitive Hashing, LSH)或近邻搜索[Ullman 和 Rajaraman, 2011]。

LSH 采用的一种通用方法是多次哈希处理条目，以这样的方式，相似条目比不同条目更有可能被散列到同一个桶中。然后我们将在任何情况下哈希处理到同一桶的任何对视为候选对，并且只检查候选对的相似度。希望大多数不同的对永远不会哈希处理到同一个桶，因此永远不会被检查。那些对同一个桶进行哈希处理的不同对是误报；我们希望这些对只是所有对的一小部分。我们还希望大多数真正相似的对至少会哈希处理到同一个桶中一次。那些不是误报的对，我们希望它们只是真正相似对的一小部分。代码仓库中提供了这种技术的实现，作为代码清单 6.5 的高级版本。

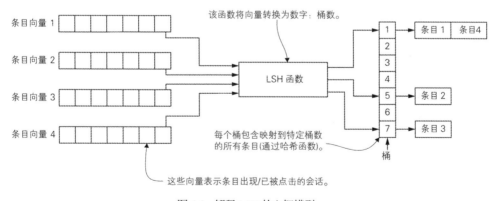

图 6.6　解释 LSH 的心智模型

1 https://spark.apache.org。

2 https://flink.apache.org。

如果每个条目的 k-NN 已经被预先计算，推荐过程是一个简单的查询，如下所示。

代码清单 6.6　使用 Item KNN 方法提供推荐的查询

```
MATCH (i:Item)-[r:SIMILAR_TO]->(oi:Item)
WHERE i.itemId = $itemId
RETURN oi.itemId as itemId, r.weight as score
ORDER BY score desc
LIMIT %s
```

这个查询在我的笔记本电脑上需要 1 毫秒即可完成，因为一切都是预先计算的，并且浏览相似度图很快。

练习

在数据库中，执行以下操作：

- 找到最接近的 10 个条目。
- 前面查询的结果将显示，由于近似，很多条目具有接近 1 甚至更高的相似度值。浏览图的该部分以了解原因。
- 搜索最畅销的商品及其近邻。它们也是最畅销的吗？

通过查询，你会注意到浏览图是多么简单。尝试自己从图中获得更多见解。

6.3.2　基于会话的 k-NN

与前一种方法相比，基于会话的方法的关键区别在于，相似度是在会话之间而不是条目之间计算的。此类相似度以 k-NN 形式存储在图中，用于对条目进行评分并将推荐返回给用户。图 6.7 描述了总体方法。

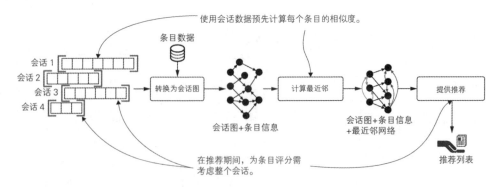

图 6.7　使用 SKNN 的基于会话的推荐模式

在这种情况下，元数据(例如标题、描述或特征列表)与所选算法无关。这种方法的另一个有趣方面是，它不需要大量信息即可生效。更详细地说，给定一个会话 s，推荐过程的流程如下：

(1) 通过应用合适的会话相似度度量来计算 k 个最相似的过去会话(近邻)，例如条目空间上二元向量的Jaccard 索引或余弦相似度[Bonnin and Jannach, 2014]。根据 Quadrana[2017]的说法，二元余弦相似度度量会产生最好的结果。此外，正如 Jannach 和 Ludewig[2017 a]所示，使用 $k = 500$ 作为要考虑的近邻数量可以为许多数据集带来良好的性能结果。

(2) 给定当前会话 s、它的近邻 k 和相似度值，计算每个条目的分数，对它们进行排序，并返回前 N 个分数。

可以使用不同的公式作为评分函数。具有较好结果的一个函数[Bonnin and Jannach, 2014]是

$$score(i,s) = \sum_{n \in KNN(s)} sim(s,n) \times 1_n(i)$$

其中：

- KNN(s)是 s 的 k 最近邻网络。
- sim(s,n)表示会话 s 和 n 之间的余弦相似度。
- $1_n(i)$是一个函数，如果会话 n 包含目标条目 i，则返回 1，否则返回 0(这个函数允许我们只考虑包含目标条目的会话，过滤掉其他的会话)。

要理解公式和整个过程，就得再参考一下表 6.1 中的示例会话及其 VSM 表示，为方便起见，表 6.3 中再次将其展示。

表6.3 VSM 中表6.1 的会话

会话#	3	7	9	12	23	65	85	248	346	562
1	0	1	0	1	1	0	1	0	1	1
2	1	0	1	1	1	1	0	1	0	0
3	0	1	1	1	0	0	0	1	1	0
4	0	0	1	1	0	1	1	1	1	0
5	1	1	1	1	0	0	0	0	1	0

在这种情况下，我们对会话向量感兴趣，可以通过逐行读取来提取这些向量。在代码清单 6.7 中，我们将计算会话 5(我们的目标)和所有其他会话之间的距离。

代码清单 6.7 计算条目 12 和所有尚未看到的条目之间的相似度

```python
from sklearn.metrics.pairwise import cosine_similarity

session1 = [0,1,0,1,1,0,1,0,1,1]
session2 = [1,0,1,1,1,1,0,1,0,0]
session3 = [0,1,1,1,0,0,0,1,1,0]
session4 = [0,0,1,1,0,1,1,1,1,0]
session5 = [1,1,1,1,0,0,0,0,1,0]

print(cosine_similarity([session5], [session1])) #0.54772256
print(cosine_similarity([session5], [session2])) #0.54772256
print(cosine_similarity([session5], [session3])) #0.8
print(cosine_similarity([session5], [session4])) #0.54772256
```

现在我们可以计算所有尚未看到的条目的分数，如下所示：

$score$(item23，session5)= 0.547 0 + 0.547 1 + 0.8 1 + 0.547 1 = 1.894

$score$(item65，session5) = 0.547 1 + 0.547 1 + 0.8 0 + 0.547 0 = 1.094

$score$(item85，session5)= 0.547 0 + 0.547 1 + 0.8 0 + 0.547 1 = 1.094

$score$(item248，session5)= 0.547 0 + 0.547 1 + 0.8 1 + 0.547 1 = 1.894

$score$(item 562，session 5) = $0.547 \times 1 + 0.547 \times 0 + 0.8 \times 0 + 0.547 \times 0 = 0.547$

在这种情况下，条目 23 和条目 248 的分数最高。

在推荐阶段，时间约束意味着先确定当前会话与过去数百万个会话之间的相似度，然后再计算每个尚未看到的条目的分数是不切实际的。可以实施多种方法来优化和加速此过程，其中许多方法可以使用图模型。我们将在这里考虑两种方法。

第一次优化

该技术通过以下方式使用图模型提供优化：

- k-NN 预计算——与前一种情况一样，可以预先计算(并保持更新)作为会话之间关系存储的 k-最近邻。后台进程可以根据某些标准(例如时间或数量)来更新这些关系。

- 后过滤——对于每个条目，我们已经与出现该条目的所有会话建立了关系。这些关系可用于过滤掉 k-NN(s)中不包含该条目的所有会话。

考虑为此场景设计的图模型，如图 6.4 所示，以下代码清单显示了如何预先计算所有会话之间的相似度。

代码清单 6.8　计算并在图中存储每个会话的 k-NN

```
def compute_and_store_similarity(self):           ◀── 计算并存储所有会话的 k-NN
    sessions_VSM = self.get_session_vectors()          模型的入口点函数。
    for session in sessions_VSM:
        knn = self.compute_knn(session, sessions_VSM.copy(), 20);
        self.store_knn(session, knn)
                                                  计算相似度的函数。
def compute_knn(self, session, sessions, k):      ◀──
    dtype = [ ('itemId', 'U10'),('value', 'f4')]
    knn_values = np.array([], dtype=dtype)
    for other_session in sessions:
        if other_session != session:
            value = cosine_similarity(sessions[session],
            ➥ sessions[other_session])
            if value > 0:
                knn_values = np.concatenate((knn_values,
                ➥ np.array([(other_session, value)], dtype=dtype)))
    knn_values = np.sort(knn_values, kind='mergesort', order='value' )[::-1]
    return np.split(knn_values, [k])[0]

def get_session_vectors(self):                    ◀── 搜索会话并根据已点击条目为每个会
    list_of_sessions_query = """                      话创建相关向量。
            MATCH (session:Session)
```

```
                RETURN session.sessionId as sessionId
            """
    query = """
                MATCH (item:Item)<-[:IS_RELATED_TO]-(click:Click)<-
                ➥ [:CONTAINS]-(session:Session)
                WHERE session.sessionId = $sessionId
                WITH item
                ORDER BY id(item)
                RETURN collect(distinct id(item)) as vector;
            """
    sessions_VSM_sparse = {}
    with self._driver.session() as session:
        i = 0
        for result in session.run(list_of_sessions_query):
            session_id = result["sessionId"];
            vector = session.run(query, {"sessionId": session_id})
            sessions_VSM_sparse[session_id] = vector.single()[0]
            i += 1
            if i % 100 == 0:
                print(i, "rows processed")
                break
        print(i, " rows processed")
    print(len(sessions_VSM_sparse))
    return sessions_VSM_sparse


def store_knn(self, session_id, knn):
    with self._driver.session() as session:
        tx = session.begin_transaction()
        knnMap = {a : b.item() for a,b in knn}
        clean_query = """
            MATCH (session:Session)-[s:SIMILAR_TO]->()
            WHERE session.sessionId = $sessionId
            DELETE s
        """
        query = """
            MATCH (session:Session)
            WHERE session.sessionId = $sessionId
            UNWIND keys($knn) as otherSessionId
            MATCH (other:Session)
            WHERE other.sessionId = toInt(otherSessionId)
            MERGE (session)-[:SIMILAR_TO {weight: $knn[otherSessionId]}]->
            ➥ (other)
        """
        tx.run(clean_query, {"sessionId": session_id})
        tx.run(query, {"sessionId": session_id, "knn": knnMap})
        tx.commit()
```

清除当前会话现有模型的查询。

创建新模型的查询。

后过滤可以帮助我们只考虑 *k*-NN 中包含当前条目的会话，可以使用以下查询来实现。

代码清单 6.9　实现后过滤的查询

```
MATCH (target:Session)-[r:SIMILAR_TO]->(otherSession:Session)-[:CONTAINS]->
```

```
(:Click)-[:IS_RELATED_TO]->(item:Item)
WHERE target.sessionId = 12547 AND item.itemId = 214828987
RETURN DISTINCT otherSession.sessionId
```

从这个查询开始,可以对其进行总结,以便我们能够使用定义的评分函数生成推荐列表。

代码清单6.10 使用此优化的推荐过程

```python
def recommend_to(self, session_id, k):
    top_items = []
    query = """
        MATCH (target:Session)-[r:SIMILAR_TO]->(d:Session)-[:CONTAINS]->
        (:Click)-[:IS_RELATED_TO]->(item:Item)
        WHERE target.sessionId = $sessionId
        WITH DISTINCT item.itemId as itemId, r
        RETURN itemId, sum(r.weight) as score
        ORDER BY score desc
        LIMIT %s
    """
    with self._driver.session() as session:
        tx = session.begin_transaction()
        for result in tx.run(query % (k), {"sessionId": session_id}):
            top_items.append((result["itemId"], result["score"]))
    top_items.sort(key=lambda x: -x[1])
    return top_items
```

到目前为止,一切进展顺利,但是如果你使用示例数据集来运行整个过程,将需要花费很长时间并需要大量内存来计算 k-NN。计算完成后,推荐过程只需要几毫秒。像往常一样,在代码仓库中,你会找到一个高级版本,它使用名为 Annoy[1](Approximate Nearest Neighbors Oh Yeah)的 Python 库作为 LSH 的替代品。但是对于包含 850,000 个会话的数据集,它仍然需要很长时间才能完成。

为了解决这些问题,我将提出第二次优化方案,其利用图存储数据的方式。

第二次优化

该技术通过以下方式来优化过程:

- k-NN 元素采样——从可能的近邻集合中,通过随机选择或使用启发式方法提取 M 个会话的子样本。最有效的启发式方法之一是关注最近的会话(如果此类信息可用);事实证明,关注最近的趋势(会话)对于电子商务中的推荐是有效的[Jannach 和 Ludewig, 2017 b],甚至比将过去的所有会话都考虑在内的结果更好。从 M 个会话的集合中,提取当前会话 s 的 k 个最近邻:k-NN(s)。
- 分数计算预过滤——提取可推荐条目 R 的集合,只考虑出现在 k-NN(s)中的某个会话中的条目。最后,该算法使用前面描述的公式来计算 R 中条目的分数。

因为不断创建新会话,所以 k-NN(s)可变性很强。因此,每个会话的 k-NN(s)不会作为关系存储在图中(它们是实时计算的),而是在采样和预过滤期间使用该图。第二次优化可

---

1 https://github.com/spotify/annoy。

以有效地完成诸如相似度计算和最终预测之类的操作。例如在 Jannach 和 Ludewig[2017 a] 报告的实验中，仅考虑数百万个现有会话中的 1,000 个最近会话并仍然获得高质量结果就足够了。

6.4 图方法的优点

在本章中，我们讨论了如何创建使用了最近邻方法的基于会话的推荐引擎。所提出的解决方案非常适合数据的图表示，它为加速推荐过程提供了正确的索引结构。此外，不同的优化可以使用图方法来优化计算和准确性。具体来说，使用最近邻方法实现基于会话的推荐引擎中基于图的方法的主要优势在于：

- 事件链，例如会话中的点击顺序，很容易用图模型表示。
- 图使按顺序访问事件变得容易并专注于最近的事件，丢弃或不考虑较旧的事件和会话，简化删除策略的实施。
- 该图提供了必要的灵活性来添加与某些算法相关的条目元数据，例如 CNN[Tuan 和 Phuong, 2017]。
- 在推荐过程中，特别是对于本章描述的算法，图提供了一种自然的索引结构，从而使我们能够更快地访问相关信息。在非基于图的方法中，通常需要创建索引和其他缓存数据结构来加速推荐过程。图提供了算法所需的所有数据访问模式，并减少了对其他工具的需求。

6.5 本章小结

本章介绍了基于会话的推荐引擎。各种数据模型展示了图的灵活性如何使它们能够满足训练数据和模型存储方面的许多需求。在本章中，你学习了：

- 当用户大多匿名时，如何使用基于会话的方法实现推荐引擎。
- 如何为训练数据和基于会话的方法建模。
- 如何使用不同的方法通过会话数据提供推荐。
- 如何使用不同的技术优化 k-NN 计算，如 LSH。

(注：本章的参考文献，请扫描本书封底的二维码进行下载。)

第 *7* 章

上下文感知和混合推荐

- 实现考虑用户上下文的推荐引擎
- 为上下文感知推荐引擎设计图模型
- 将现有数据集导入图模型
- 结合多种推荐方法

本章将之前方法忽略的另一个变量引入推荐场景中：即上下文。用户表达愿望、偏好或需要的特定条件对其行为和期望有很大影响。在推荐过程中存在不同的技术来考虑用户的上下文。我们将在本章中介绍几种主要方法。

此外，为了完成对推荐引擎模型和算法的概述，我们将看到如何使用一种混合方法来结合目前介绍的不同类型的系统。这种方法将使我们能够创建一个独特而强大的推荐生态系统，能够克服每种推荐方法存在的所有问题、局限性和缺点。

7.1 基于上下文的方法

假设你想要实现一个移动应用程序，该应用程序可以提供有关可在电影院观看的电影的推荐；我们将其称为Reco4.me。通过使用上下文感知技术，你将能够在推荐过程中考虑环境信息，例如为用户推荐当前位置附近的电影院可播放的电影。

让我们用一个具体的例子进一步细化这个场景。假设你在伦敦，想找一部可以在附近的电影院看的电影。你拿出手机，打开 Reco4.me 应用程序，并希望获取一些好的推荐。你期待什么样的推荐？你想了解当前在你所在位置附近的电影院播放的电影。理想情况下，你还希望获得符合你偏好的推荐。我不了解你，但对我来说，环境会改变我的偏好。当我一个人在家时，我喜欢看动作片或奇幻片。和孩子在一起时，我更喜欢看动画片或家庭电影。当我和我的妻子在一起时，"我们"更喜欢看爱情喜剧或浪漫喜剧。应用程序应考虑这些环境信息，并为用户提供适合当前环境的准确推荐。

这个例子展示了在推荐系统中考虑上下文是多么重要，因为它可能对用户行为和需求产生微妙但强大的影响。因此，考虑上下文会极大地影响推荐的质量，将在某些情况下可能是一个很好的提示转化为在其他情况下无用的建议。这种情况不仅在此处描述的场景中如此，在许多其他场景中也是如此。例如，想想你如何使用亚马逊等电子商务网站。你可以用它来为自己买一本书、给未婚夫买礼物或给孩子买玩具。你只有一个账户，但你的行为和偏好取决于你在浏览网站时的特定需求。因此，虽然在为儿子寻找滑板时查看你可能感兴趣的书籍推荐也许会很有用，但根据你以前给孩子买的礼物，得到适合你当前需求的推荐会更有效。

传统的推荐系统，例如基于第 4 章和第 5 章中讨论的基于内容和协同过滤方法的推荐系统，倾向于使用相当简单的用户模型。例如，基于用户的协同过滤将用户简单地建模为条目评分的向量。随着对用户偏好的额外观察，用户模型得到扩展，并且用户偏好的完整集合用于生成推荐或进行预测。因此，这种方法忽略了"情境动作"的概念[Suchman, 1987]——用户在特定上下文或特定范围内与系统交互的事实，并且在一个上下文中其对条目的偏好可能与在另一个上下文中的语境不同。在许多应用领域中，独立于上下文的表示可能会失去预测能力，因为来自多个上下文的潜在有用信息被聚合。

更正式地说，用户和条目之间的交互表现出多方面的性质。用户偏好通常不是固定的，可能会随着特定情况而改变。回到 Reco4.me 应用程序的例子，图 7.1 描述了它可能包含的上下文信息的简化模式。

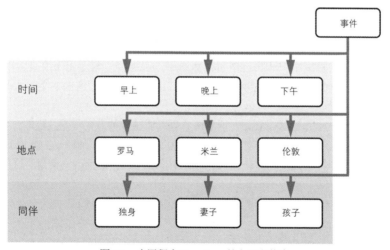

图 7.1　应用程序 Reco4.me 的上下文信息

这个例子是可以考虑的上下文信息类型的一个小子集。上下文可能包括一年中的季节或一周中的哪一天、用户使用的电子设备类型、用户的心情——几乎任何事情[Bazire and Brézillon, 2005; Doerfel et al., 2016]。另外值得一提的是，上下文信息是由系统知道或可猜测的操作或交互发生的特定条件所定义的。

在基于内容和协同过滤的方法中，推荐问题被定义为一个预测问题，其中，给定用户配置文件(以不同方式定义)和目标条目，推荐系统的任务是预测用户对该条目的评分或兴趣，从而反映用户对该条目的偏好程度。具体来说，推荐系统尝试估计评分函数：

```
f: User ×Item → ratings
```

该函数将 User-Item 对映射到一组有序的分数值。注意，f 可以被视为 User-Item 对的通用效用(或偏好)度量。所有 User-Item 对的评分都是未知的，因此必须进行推断，这就是我们讨论预测的原因。当收集到一组初始评分时，无论是采用隐式还是显式方式，推荐系统都会尝试估计用户尚未评分的条目的评分值。从现在开始，我们将这些传统的推荐系统称为二维(2D)，因为它们只考虑将用户和条目维度作为推荐过程中的输入。

相比之下，上下文感知推荐系统尝试合并或使用额外的环境证据(除了关于用户和条目的信息)来估计用户对还未见到的条目的偏好。当此类上下文证据可以作为推荐系统输入的一部分时，评分函数可被视为是多维的。在这个公式中，上下文表示一组因素，这些因素进一步描述了为 User-Item 对分配特定评分的条件：

```
f: User × Item × Contex₁ × Contex₂ × … × Contexₙ → ratings
```

这个扩展模型的基本假设是，用户对条目的偏好不仅是条目本身的函数，也是所考虑条目的上下文的函数。

上下文信息表示一组显式变量，这些变量对潜在域(时间、位置、环境、设备、场合等)中的上下文因素进行建模。不管上下文如何表示，上下文感知推荐必须能够获取与用户活动(例如购买或评分条目)相对应的上下文信息。在上下文感知推荐系统中，此类信息具有双重目的：

- 它是学习和建模过程的一部分(例如，用于发现规则、细分用户或构建回归模型)。
- 对于给定的目标用户和目标条目，系统必须能够识别特定上下文变量的值，将其作为用户与系统持续交互的一部分。该信息用于确保在考虑上下文的情况下提供正确的推荐。

无论是采用显式还是隐式方式，上下文信息可以通过多种方式获得。显式的上下文信息可以从用户本身或从旨在测量特定物理或环境信息的传感器获得[Frolov and Oseledets, 2016]。然而，在某些情况下，必须从其他观察到的数据中推导出或推断上下文信息。这里有一些例子：

- 显式——应用程序可能会要求寻找餐厅推荐的人指定他们是去约会还是与同事出去参加商务晚餐。
- 显式/隐式——如果餐厅推荐者是移动应用程序，则可以通过设备的 GPS 和其他传感器获取有关位置、时间和天气状况的附加上下文信息。
- 隐式——电子商务系统可能会尝试使用先前学习的用户行为模型来区分(例如)用户是否可能为他们的配偶购买礼物或与工作相关的书籍。

隐式推断上下文信息的方法通常需要从历史数据中构建预测模型[Palmisano et al., 2008]。

图 7.2 显示了上下文感知推荐引擎的心智模型。用户的事件——系统的输入——被上下文化并转换为图；然后可以开始构建模型并提供推荐。

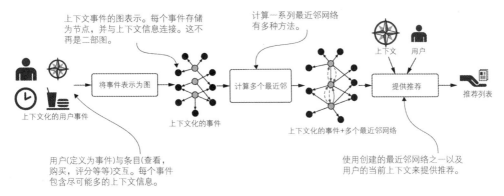

图 7.2　一个基于图的上下文感知推荐系统

7.1.1　表示上下文信息

在基于内容和协同过滤的方法中，用户与条目的交互——购买、点击、查看、评分、观看等——可以表示为一个二维矩阵，我们将其定义为用户×条目(U×I)数据集。这样的矩阵可以很容易地表示为二部图，其中一组顶点代表用户，另一组顶点代表条目。交互通过用户(事件的主体)和条目(事件的目标)之间的关系建模。

在上下文感知推荐系统中，每个交互事件都会带来更多信息。它不仅由用户和条目描述，还由所有与情境化动作相关的环境信息描述。如果用户晚上在家和孩子一起看电影，上下文信息由以下因素描述：

- 时间——晚上，工作日
- 同伴——孩子
- 位置——家

这个例子只是可以描述事件"查看"的相关信息的一个子集。其他信息可能包括正在使用的设备、用户的情绪、观众的年龄或场合(约会之夜、派对或儿童睡前电影)。有些变量可能是离散的(具有定义了值集的上下文信息,例如设备和位置),而其他变量是连续的(数值,如年龄)。在后一种情况下，通常最好以某种方式离散变量。就年龄而言，可能有不同的情况——例如 0-5、6-14、15-21、22-50 和 50 岁以上，取决于推荐引擎的具体要求。

结果数据集表示推荐过程的输入，不能再表示为简单的二维矩阵。它需要一个 N 维矩阵，其中两个维度是用户和条目，其他维度表示上下文。在此处考虑的示例中，数据集将是一个五维矩阵：

```
dataset = User × Item × Location × Company × Time
```

每个交互或事件不能简单地由两个元素和它们之间的关系来描述。在最好的情况下，当所有上下文信息都可用时，还需要用到其他三个元素，因此我们不能在二部图中使用简单的关系来表示事件。为了表示五个顶点之间的关系，我们需要一个超图。在数学中，超图是图的泛化,其中一条边可以连接任意数量的顶点。然而,在大多图数据库(包括 Neo4j)

中，不可能表示 n 顶点关系。

解决方法是将事件具体化为节点，并将每个事件节点与描述事件的所有元素或维度连接起来。结果将如图 7.3 所示。

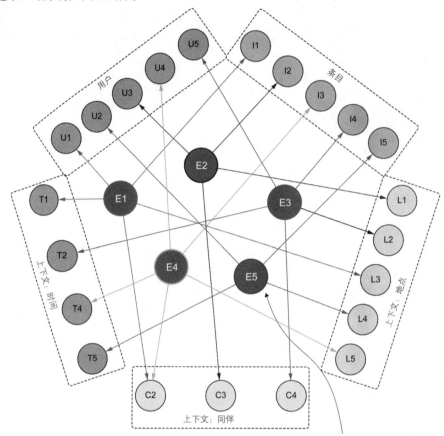

E1，E2 等每个事件都与特定的上下文信息（并不是每一类上下文都需要）连接。

图 7.3 表示事件上下文信息的 n 部图

新的图表示是一个 6 部图，因为我们有用户、条目、位置信息、时间信息和同伴信息以及事件。该图代表了图 7.2 中描述的推荐过程中下一步的输入。

从二维表示传递到 n 维表示(在我们的例子中 $n=5$)使得数据稀疏性成为一个更大的问题。很难找到在完全相同的情况下为多个用户发生的大量事件。当我们有详细的上下文信息(更高的 n 值)时，这个问题会加剧，但可以通过在上下文信息中引入层次结构来缓解。图 7.4 显示了一些可能构建的层次结构的例子——以图的形式表示——考虑了特定场景的一些上下文信息。这些层次结构被定义为分类法。

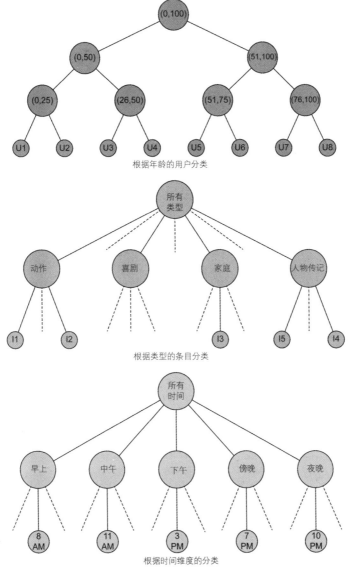

根据年龄的用户分类

根据类型的条目分类

根据时间维度的分类

图 7.4　用户、条目和时间的分类

即使我们没有获得关于当前用户特定上下文的相关信息，但在推荐阶段使用这些分类法能够解决稀疏问题，并使我们能够提供推荐。

在本节中，我们将使用 DePaulMovie 数据集[1][Zheng et al., 2015]，其中包含从对学生进行的调查中收集的数据。它包含来自 97 位用户对 79 部电影在不同的背景下(时间、地点和同伴)评分的数据。这样的数据集完全符合我们的需求，并且通常用于比较上下文感知的推荐系统[Ilarri et al., 2018]。

1　http://mng.bz/D1jE。

首先，让我们从为本示例选择的 DePaulMovie 数据集中导入数据。请使用新的数据库运行代码；你可以清洗该数据集[1]或决定使用不同的数据集并保留你在前几章中创建的数据集用于进一步实验。

代码清单 7.1　从 DePaulMovie 数据集导入数据

```
def import_event_data(self, file):                          从 CSV 文件中导入数据的
    with self._driver.session() as session:                 入口点。
        self.executeNoException(session, "CREATE CONSTRAINT ON (u:User)
        ➥ ASSERT u.userId IS UNIQUE") #B
        self.executeNoException(session, "CREATE CONSTRAINT ON (i:Item)
        ➥ ASSERT i.itemId IS UNIQUE") #B
        self.executeNoException(session, "CREATE CONSTRAINT ON (t:Time)
        ➥ ASSERT t.value IS UNIQUE") #B
        self.executeNoException(session, "CREATE CONSTRAINT ON
        ➥ (l:Location) ASSERT l.value IS UNIQUE")
        self.executeNoException(session, "CREATE CONSTRAINT ON
        ➥ (c:Companion) ASSERT c.value IS UNIQUE")
                                                            在数据库中创建约束以防
        j = 0;                                              止重复和加速访问的查询。
        with open(file, 'r+') as in_file:
            reader = csv.reader(in_file, delimiter=',')
            next(reader, None)
            tx = session.begin_transaction()
            i = 0;
            query = """
                        MERGE (user:User {userId: $userId})
                        MERGE (time:Time {value: $time})
                        MERGE (location:Location {value: $location})
                        MERGE (companion:Companion {value: $companion})
                        MERGE (item:Item {itemId: $itemId})
                        CREATE (event:Event {rating:$rating})
                        CREATE (event)-[:EVENT_USER]->(user)
                        CREATE (event)-[:EVENT_ITEM]->(item)

                        CREATE (event)-[:EVENT_LOCATION]->(location)
                        CREATE (event)-[:EVENT_COMPANION]->(companion)
                        CREATE (event)-[:EVENT_TIME]->(time)
                    """

            for row in reader:
                try:
                    if row:
                        user_id = row[0]
                        item_id = strip(row[1])
                        rating = strip(row[2])
                        time = strip(row[3])
```

在一次尝试中创建事件并将它们连接到相关维度的查询。

---

1 要清理现有数据库，你可以运行 MATCH(n) DETACH DELETE n，但可能需要花费更长的时间。另一种选择是停止数据库并清除数据目录。

```
                location = strip(row[4])
                companion = strip(row[5])
                tx.run(query, {"userId": user_id, "time": time,
              ➡ "location": location, "companion": companion,
              ➡ "itemId": item_id, "rating": rating})
                i += 1
                j += 1
                if i == 1000:
                    tx.commit()
                    print(j, "lines processed")
                    i = 0
                    tx = session.begin_transaction()
        except Exception as e:
            print(e, row)
    tx.commit()
    print(j, "lines processed")
print(j, "lines processed")
```

在代码仓库的完整版本中，你会注意到我还导入了一些有关电影的信息。此信息将有助于了解结果以及以下练习。

练习

导入数据后，使用图数据库。以下是一些可以尝试的事情：

● 寻找最频繁的上下文信息——例如，观看电影的最频繁时间。
● 寻找最活跃的用户，并检查他们的上下文信息的可变性。
● 尝试添加一些分类法以查看前面查询的结果是否发生变化。
● 搜索一周内最常观看的电影或体裁以及周末更常观看的电影或体裁。

7.1.2 提供推荐

经典推荐系统通过使用有限的用户偏好知识(即用户对某些条目子集的偏好)来提供推荐，并且这些系统的输入数据通常基于<user, item, rating>形式的记录。如前几章所述，推荐过程通常使用 U×I 矩阵来创建模型并仅基于用户交互和偏好来提供推荐。

相比之下，上下文感知推荐系统通常处理形式为<user, item, context1, context2,..., rating>的数据记录，其中每个记录都不仅包含给定用户对某一特定条目的喜爱程度，而且含有用户与条目交互所需条件的上下文信息(context1 = Saturday, context2 = wife 等等)。这种"丰富"的信息用于创建模型。此外，有关用户当前上下文的信息可用于推荐过程的各个阶段，从而产生了几种上下文感知推荐系统适用的方法。从算法的角度来看，绝大多数上下文感知推荐方法都会存在以下过程：

● 以 $U \times I \times C_1 \times C_2 \times \cdots \times C_n$ 形式的上下文(扩展)User × Item 数据集作为输入，其中 C_i 是一个额外的上下文维度。
● 根据用户的当前上下文，为每个用户 u 生成上下文推荐列表 $i_1, i_2, i_3, \ldots$。

根据在推荐过程中如何使用上下文信息、当前用户和当前条目，上下文感知推荐系统可以采用如图 7.5 所示的三种形式之一。

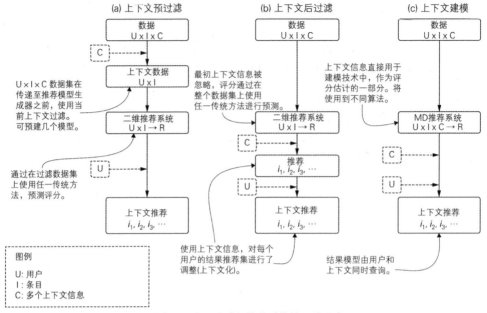

图7.5 上下文感知推荐系统的三种形式

上下文感知推荐系统的三种类型是[Ilarri et al., 2018]：

- 上下文预过滤(或推荐输入的上下文化)——在这个范式中，关于当前上下文 c 的信息仅用于选择相关的数据集，并且通过使用任何传统的二维推荐系统对所选数据进行评分预测以提高效率，考虑到最可能出现的上下文组合，必须预先计算多个模型。

- 上下文后过滤(或推荐输出的上下文化)——在这个范式中，上下文信息最初被忽略，预测评分可通过对整个数据集使用任何传统的二维推荐系统进行。然后使用上下文信息为每个用户调整(上下文化)结果推荐集。只构建一个模型，因此更易于管理，并且上下文信息仅在推荐阶段使用。

- 上下文建模(或推荐功能的上下文化)——在这种范式中，上下文信息直接用于建模技术中，作为模型构建的一部分。

以下部分更详细地描述了三种范式，重点介绍了图方法对每种范式(尤其是前两种)的作用。

上下文预过滤

如图 7.6 所示，上下文预过滤方法使用上下文信息来选择最相关的 User × Item 矩阵并从中创建模型；然后它通过推断模型来生成推荐。

当提取 User × Item 数据集时，可以使用文献中提出的众多传统推荐技术(如第 4 章和第 5 章中讨论过的方法)中的任意一种来构建模型并提供推荐。这种技术是上下文感知推荐引擎采用的第一种方法的最大优势之一。

注意，预过滤方法与机器学习和数据挖掘中基于最相关的上下文信息组合构建的多个局部模型任务有关。预过滤方法不是使用所有可用评分来构建全局评分估计模型，而是构建(在真实场景中预构建)一个局部评分估计模型，该模型仅使用与用户指定的推荐标准(例如星期六或工作日)有关的评分。

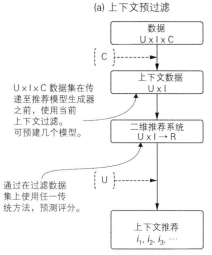

(a) 上下文预过滤

U×I×C 数据集在传递至推荐模型生成器之前，使用当前上下文过滤。可预建几个模型。

通过在过滤数据集上使用任一传统方法，预测评分。

图 7.6　上下文预过滤

在这种方法中，上下文 c 本质上就是选择相关评分数据的过滤器。下面是一个在电影推荐系统中使用上下文数据过滤器的例子：如果一个人想在星期六看电影，只有星期六的评分数据被用来推荐电影。当然，提取相关数据集、构建模型和提供推荐需要时间，尤其是在数据集庞大的情况下。因此，使用最相关的上下文信息组合预先计算了多个版本。

在图方法中，考虑图 7.3 中描述的模型，执行此类预过滤需要通过运行如下查询来选择相关事件。

代码清单 7.2　基于相关上下文信息过滤事件

```
MATCH (event:Event)-[:EVENT_ITEM]->(item:Item)
MATCH (event)-[:EVENT_USER]->(user:User)
MATCH (event)-[:EVENT_TIME]->(time:Time)
MATCH (event)-[:EVENT_LOCATION]->(location:Location)
MATCH (event)-[:EVENT_COMPANION]->(companion:Companion)
WHERE time.value = "Weekday"
AND location.value = "Home"
AND companion.value = "Alone"
RETURN user.userId, item.itemId, event.rating
```

此查询中，我们仅考虑工作日独自在家时发生的事件。输出是多维矩阵的一个切片。如果想要获取上下文<Weekend, Cinema, Partner>的 User×Item 矩阵，则查询将如下所示。

代码清单 7.3　根据不同的上下文信息过滤事件

```
MATCH (event:Event)-[:EVENT_ITEM]->(item:Item)
MATCH (event)-[:EVENT_USER]->(user:User)
MATCH (event)-[:EVENT_TIME]->(time:Time)
```

```
MATCH (event)-[:EVENT_LOCATION]->(location:Location)
MATCH (event)-[:EVENT_COMPANION]->(companion:Companion)
WHERE time.value = "Weekend"
AND location.value = "Cinema"
AND companion.value = "Partner"
RETURN user.userId, item.itemId, event.rating
```

生成的矩阵会有所不同。

当然，没有必要指定所有上下文信息。一些维度可以忽略。例如，我们可以有一个与时间维度无关的上下文<Cinema, Partner>。在这种情况下，查询将如下所示。

代码清单7.4 通过仅考虑两项上下文信息来过滤事件

```
MATCH (event:Event)-[:EVENT_ITEM]->(item:Item)
MATCH (event)-[:EVENT_USER]->(user:User)
MATCH (event)-[:EVENT_LOCATION]->(location:Location)
MATCH (event)-[:EVENT_COMPANION]->(companion:Companion)
WHERE location.value = "Cinema"
AND companion.value = "Partner"
RETURN user.userId, item.itemId, event.rating
```

图模型高度灵活。如前所述，过滤数据后，可以应用任何经典方法来构建模型并提供推荐。假设我们想使用协同方法——特别是最近邻方法。我们必须计算条目、用户或二者之间的相似度。由此产生的相似度可以存储为条目和/或用户之间的简单关系，但有关预过滤条件的信息将丢失。可以向关系添加属性以跟踪用于计算它们的来源，但这很难查询；此外，最重要的是，这种方法不使用图功能来加速节点和关系的导航。

在这种情况下，最好的建模选择是通过使用节点来实现相似度，并将其连接到用于计算它们的相关上下文信息：预过滤条件。生成的图模型如图7.7所示。

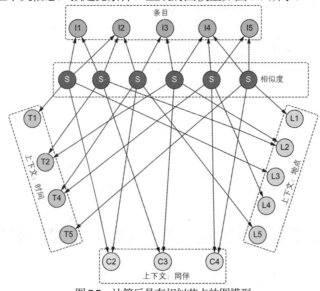

图7.7 计算后具有相似节点的图模型

该模型在推荐过程中易于导航。我们可以为每组上下文信息分配一个 ID，以便于查询；这个 ID 不是强制性的，但它很有帮助，因为它可以进行更快、更简单的访问。可以通过使用如下查询来获取特定上下文的 *k*-NN[1]。

代码清单 7.5 查询以获取给定了特定上下文信息的 *k*-NN

```
MATCH p=(n:Similarity)-->(i)
WHERE n.contextId = 1
RETURN p
limit 50
```

> 将 ID 分配给特定的上下文信息集，允许我们根据上下文 ID 进行查询。

下面的列表允许你创建这样一个图模型。

代码清单 7.6 用于在预过滤方法中计算和存储相似度的代码

在预过滤中计算相似度的入口点。上下文参数指定了上下文信息。必须多次运行此函数以获取多个组合的上下文信息。

```
def compute_and_store_similarity(self, contexts):
    for context in contexts:
        items_VSM = self.get_item_vectors(context)
        for item in items_VSM:
            knn = self.compute_knn(item, items_VSM.copy(), 20);
            self.store_knn(item, knn, context)


def get_item_vectors(self, context):
    list_of_items_query = """
                MATCH (item:Item)
                RETURN item.itemId as itemId
        """
    context_info = context[1].copy()
    match_query = """
                MATCH (event:Event)-[:EVENT_ITEM]->(item:Item)
                MATCH (event)-[:EVENT_USER]->(user:User)
        """
    where_query = """
                WHERE item.itemId = $itemId
        """

    if "location" in context_info:
        match_query += "MATCH (event)-[:EVENT_LOCATION]->(location:Location) "
        where_query += "AND location.value = $location "

    if "time" in context_info:
        match_query += "MATCH (event)-[:EVENT_TIME]->(time:Time) "
        where_query += "AND time.value = $time "

    if "companion" in context_info:
```

> 计算相似度。余弦函数与第 4、5 和 6 章中多次使用的函数相同。

> 预先筛选数据集，考虑相关的上下文信息，并返回带有相关稀疏向量的常用条目列表。

> if 语句根据上下文信息更改查询。

---

1 在代码完成创建 *k*-NN 后，可以运行查询。这里的目的是展示如何查询模型。

```
        match_query += "MATCH (event)-[:EVENT_COMPANION]->
        ➥ (companion:Companion) "
        where_query += "AND companion.value = $companion "

    return_query = """
            WITH user.userId as userId, event.rating as rating
            ORDER BY id(user)
            RETURN collect(distinct userId) as vector
        """

    query = match_query + where_query + return_query
    items_VSM_sparse = {}
    with self._driver.session() as session:
        i = 0
        for item in session.run(list_of_items_query):
            item_id = item["itemId"];
            context_info["itemId"] = item_id
            vector = session.run(query, context_info)
            items_VSM_sparse[item_id] = vector.single()[0]
            i += 1
            if i % 100 == 0:
                print(i, "rows processed")
        print(i, "rows processed")
    print(len(items_VSM_sparse))
    return items_VSM_sparse

def store_knn(self, item, knn, context):
    context_id = context[0]
    params = context[1].copy()
    with self._driver.session() as session:
        tx = session.begin_transaction()
        knnMap = {a: b for a, b in knn}
        clean_query = """
            MATCH (s:Similarity)-[:RELATED_TO_SOURCE_ITEM]->(item:Item)
            WHERE item.itemId = $itemId AND s.contextId = $contextId
            DETACH DELETE s
        """

        query = """
            MATCH (item:Item)
            WHERE item.itemId = $itemId
            UNWIND keys($knn) as otherItemId
            MATCH (other:Item)
            WHERE other.itemId = otherItemId
            CREATE (similarity:Similarity {weight: $knn[otherItemId],
            ➥ contextId: $contextId})
            MERGE (item)<-[:RELATED_TO_SOURCE_ITEM]-(similarity)
            MERGE (other)<-[:RELATED_TO_DEST_ITEM ]-(similarity)
        """

        if "location" in params:
            query += "WITH similarity MATCH (location:Location
```

清除上一个存储模型的查询。

创建新的相似度节点并将它们连接到相关条目和上下文信息的查询。

if语句根据筛选条件修改查询。

```
              {value: $location}) "
          query += "MERGE (location)<-[:RELATED_TO]-(similarity) "

      if "time" in params:
          query += "WITH similarity MATCH (time:Time {value: $time}) "
          query += "MERGE (time)<-[:RELATED_TO]-(similarity) "

      if "companion" in params:
          query += "WITH similarity MATCH (companion:Companion
              {value: $companion}) "
          query += "MERGE (companion)<-[:RELATED_TO]-(similarity) "

      tx.run(clean_query, {"itemId": item, "contextId": context_id})
      params["itemId"] = item
      params["contextId"] = context_id
      params["knn"] = knnMap
      tx.run(query, params)
      tx.commit()

def compute_knn(self, item, items, k):
    knn_values = []
    for other_item in items:
      if other_item != item:
          value = cosine_similarity(items[item], items[other_item])
          if value > 0:
              knn_values.append((other_item, value))
    knn_values.sort(key=lambda x: -x[1])
    return knn_values[:k]
```

　　如前所述，确切的上下文可能太狭窄了。例如，考虑周六与你的搭档在电影院看电影的情景——或者更正式地说，c = <Partner, Cinema, Saturday>。使用这个确切的上下文作为数据过滤查询可能会有问题，因为可能没有足够多的数据可用于准确的评分预测。为了解决这个问题，Adomavicius 和 Tuzhilin[2005]建议通过聚合更窄的上下文细节来总结过滤条件，这可能并不重要。这些总结就是我们之前讨论过的分类法，其中的一些例子如图 7.4 所示。因此，例如，Saturday 可以视为周末，而将 Monday 至 Friday 视为 Weekdays。这样的层次结构或聚合不仅在图中表示起来很容易，而且查询它们也很容易。在过滤数据时使用更广泛的概念可以得出更好的结果。

　　在考虑预过滤方法时，重要的是要确定它生成的局部(特定于某些上下文信息)模型是否优于传统二维技术生成的全局模型，后者忽略了与上下文维度相关的所有信息。使用上下文预过滤来推荐周末在电影院观看的电影可能会更好，但使用传统的二维技术(忽略上下文信息)来推荐在家中按需观看的电影。在这种情况下，在计算未知评分的过程中需要权衡以下因素：

● 使用更具体的(在更窄的上下文信息的意义上)但相关的数据(预过滤)
● 使用所有可用数据(传统的二维推荐)

　　没有简单的规则可以帮助我们在这两种计算之间进行选择；哪种方法更成功取决于许多因素，例如上下文信息的类型、应用领域、用户行为以及可用数据的数量和稀疏性。因此，预过滤推荐方法在某些情况下可能优于传统的二维推荐技术，但在其他情况下则不然。基于这一观察，Adomavicius 和 Tuzhilin[2005]建议在不进行过滤的情况下将上下文预过滤器与传统的二维技术相结合。

上下文后过滤

如图 7.8 所示，上下文后过滤方法在模型生成过程中忽略了上下文信息。

此外，无论上下文如何，都要计算所有候选条目的排序列表。后过滤方法在稍后阶段使用上下文信息来调整获得的每个用户的推荐列表。可以通过两种方式对前 N 个条目进行调整：

- 过滤掉在给定的上下文中无关紧要的推荐。
- 调整推荐在列表中的排序。

在我们的电影推荐应用 Reco4.me 中，如果用户只在周末看喜剧，推荐系统可以过滤掉周末观看电影推荐列表中的所有非喜剧片，或者通过降低评分来排除它们。

哪种方法更适合取决于应用。Pannielloet al.[2009]采用几个真实的电子商务数据集，将精确(即非广义)预过滤方法与称之为权重和过滤器的后过滤方法进行了实验比较。他们的结果表明，权重后过滤方法优于精确预过滤方法，后者又优于过滤方法。但是，根据应用程序的不同，得出的结果可能会有所不同。

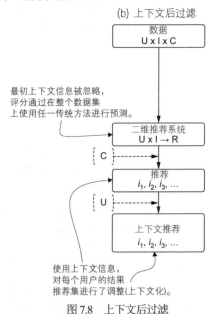

图 7.8　上下文后过滤

过滤或调整排序的方法可分为基于启发式或基于模型的方法。启发式后过滤方法侧重于在给定的上下文中为给定的用户(例如周六在电影院观看的首选演员)寻找共同的条目特征(属性)，然后使用这些属性来调整推荐。此方法需要存储有关每个条目的元数据并在用户偏好中搜索常见模式。

在图模型中，表示条目元数据很简单，在前面的章节中已经介绍了多种建模技术(特别

是对于基于内容的方法)。将此类模型与 User × Item × Contexts 图表示混合的操作较为简单;
图 7.9 显示了一个可能的结果。

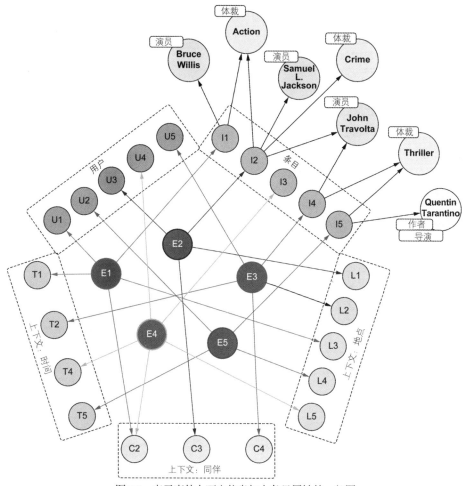

图 7.9　表示事件上下文信息加上条目属性的 n 部图

　　DePaulMovie 数据集包含对每部电影的 IMDb ID 的引用,因此我们可以重用第 4 章中
实现的代码来从 IMDb 获取和添加信息。该代码在本章代码仓库中的 import_depaulmovie.py
文件中提供。

　　导入后,如下查询可以用于计算基于用户上下文信息的共性。注意,此处显示的查询
侧重于特定用户以证明该概念。查询仅考虑所有可能组合的两种上下文: <Cinema,
Partner>和<Home, Alone>。我们将始于<Cinema, Partner>上下文(代码清单 7.7)。

代码清单 7.7　用于获取上下文<Cinema, Partner>**的用户配置文件的查询**

```
MATCH (user:User)<-[:EVENT_USER]-(event:Event)
MATCH (event)-[:EVENT_ITEM]->(item:Item)-[]-(feature:Feature)
```

```
MATCH (event)-[:EVENT_LOCATION]->(location:Location)
MATCH (event)-[:EVENT_COMPANION]->(companion:Companion)
WHERE user.userId = "1032"
AND location.value = "Cinema"
AND companion.value = "Partner"
RETURN CASE 'Genre' IN labels(feature)
    WHEN true THEN feature.genre
    ELSE feature.name END AS feature, count(event) as occurrence
ORDER BY occurrence desc
```

代码清单 7.7 的结果如图 7.10 所示。

feature	occurrence
"Comedy"	4
"Romance"	4
"Drama"	4
"Action"	4
"Adventure"	3
"Roland Emmerich"	3
"Dan Brown"	3
"Tom Hanks"	2
"Al Jean"	2
"Mike Scully"	2
"Matt Groening"	2

图 7.10　代码清单 7.7 的结果

从结果中可以清楚地看出，当该用户与他们的伴侣在电影院看电影时，该用户更喜欢喜剧、言情、戏剧和动作片。首选演员/导演遵循相同的逻辑。现在让我们看一下<Home，Alone>上下文(代码清单 7.8)。

代码清单 7.8　获取上下文<Home，Alone>的用户首选项/配置文件的查询

```
MATCH (user:User)<-[:EVENT_USER]-(event:Event)
MATCH (event)-[:EVENT_ITEM]->(item:Item)-[]-(feature:Feature)
MATCH (event)-[:EVENT_LOCATION]->(location:Location)
MATCH (event)-[:EVENT_COMPANION]->(companion:Companion)
WHERE user.userId = "1032"
AND location.value = "Home"
AND companion.value = "Alone"
RETURN CASE 'Genre' IN labels(feature)
    WHEN true THEN feature.genre
    ELSE feature.name END AS feature, count(event) as occurrence
ORDER BY occurrence desc
```

该查询的结果如图 7.11 所示。

这个用户和以前一样吗？这里的结果是不同的，显示了上下文对用户偏好的影响程度。以这种方式获得的结果可用于对传统协同过滤方法的结果进行后过滤或微调。基于上下文的偏好可以预先计算并存储回我们的图模型中。结果将如图 7.12 所示。

特征	共现
"Comedy"	12
"Adventure"	9
"Action"	9
"Sci-Fi"	6
"Crime"	6
"Drama"	6
"Jonah Hill"	5
"Thriller"	5
"Animation"	4
"Family"	4
"Fantasy"	4
"Steve Carell"	4
"Andrew Stanton"	4
"Judd Apatow"	4
"Romance"	4
"Michael Bay"	3

图 7.11　代码清单 7.8 的结果

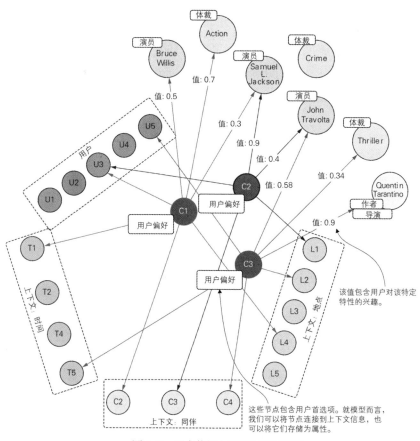

图 7.12　用户偏好上下文化的图模型

可以通过运行如下查询来创建图 7.12 所示模型中显示的节点和关系类型。

代码清单 7.9　用于创建用户偏好的查询

```
MERGE (userPreference:UserPreference {userId: "1032", location:"Home",
    companion: "Alone"})
WITH userPreference
MATCH (user:User)<-[:EVENT_USER]-(event:Event)
MATCH (event)-[:EVENT_LOCATION]->(location:Location)
MATCH (event)-[:EVENT_COMPANION]->(companion:Companion)
WHERE user.userId = userPreference.userId
AND location.value = userPreference.location
AND companion.value = userPreference.companion
WITH userPreference, user, collect(distinct event) as events
MERGE (userPreference)<-[:HAS_PREFERENCE]-(user)
WITH userPreference, events, size(events) as size
UNWIND events as event
MATCH (event)-[:EVENT_ITEM]->(item:Item)-[]-(feature:Feature)
WITH feature, userPreference, 1.0f*count(event)/(1.0f*size) as
    preferenceValue
MERGE (userPreference)-[:RELATED_TO {value: preferenceValue}]->(feature)
```

值得注意的是，该查询使用属性来表示用户偏好的上下文信息。这个例子与图 7.12 所示的模型设计略有偏差，但它是一个有效的选择。在以下练习中，你需要创建一个与模型完美匹配的等效查询。

练习

以代码清单 7.9 为基础，创建以下查询:

- 不同上下文的相同查询。
- 使用与上下文信息的关系而不是使用属性来指定上下文的等效查询。
- 仅查询演员。
- 仅查询导演。
- 仅查询作者。
- 仅查询体裁。

在推荐过程中，我们可以使用这些关于用户偏好的信息来确定如何调整在第一种方法中获得的结果。获取此信息的查询很简单，如代码清单 7.10 所示。

代码清单 7.10　查询用于获取特征的提升因子

```
MATCH (user:User)-[:HAS_PREFERENCE]->(userPreference:UserPreference)-
    [r:RELATED_TO]->(feature:Feature)
WHERE user.userId = "1032"
AND userPreference.location = "Home"
AND userPreference.companion = "Alone"
RETURN CASE 'Genre' IN labels(feature)
    WHEN true THEN feature.genre
    ELSE feature.name END AS feature, r.value
```

通过使用一种经典方法获得第一个通用推荐列表后，此查询返回我们可以用作提升因子的值。后过滤启发式方法的替代方法是基于模型的方法。这里，我们构建预测模型，计算用户在给定上下文中选择某种类型条目的概率(例如，独自在家时选择某种体裁电影的可能性)，然后使用该概率调整推荐。计算概率的算法超出了本章的范围，但是当计算它们时，可以将其完全存储在图模型中，如图 7.12 所示。

需要注意的是，与上下文预过滤的情况一样，上下文后过滤方法的最大优势是它可以使用任何传统的推荐技术。

上下文建模

第三种上下文感知推荐系统基于上下文建模。如图 7.13 所示，这种方法在模型创建期间直接使用上下文信息，从而产生真正的多维推荐函数，这些函数表示预测模型(例如决策树和回归)或启发式计算，除了用户和条目数据之外，它还包含上下文信息数据。

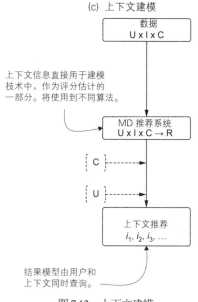

图 7.13　上下文建模

在过去的几年中，已经开发了大量基于各种启发式和预测建模技术的推荐算法。其中一些技术可以被认为是二维到多维推荐设置的扩展。Frolov 和 Oseledets[2016]展示了如何将 User × Item × Contexts 数据集表示为多维矩阵或张量[1]。这样的张量如图 7.14 所示，每个事件代表一个元素、上下文、用户和代表维度的条目。在这样的表示中，对张量的一些操作，例如切片，很容易通过简单的查询来完成。

其他研究人员已经使用纯基于图的方法解决了上下文建模的任务，将上下文感知推荐作为搜索问题，为给定了所谓上下文图的用户寻找感兴趣的条目[Wu et al., 2015]。

---

1 矩阵是二维数字网格。张量是矩阵概念的总结，可以具有任意维数：0(单个数字)、1(向量)、2(传统矩阵)、3(数字的立方体)或更多。这些更高维的结构很难可视化。张量的维度被称为它的秩(也称为阶或度)。

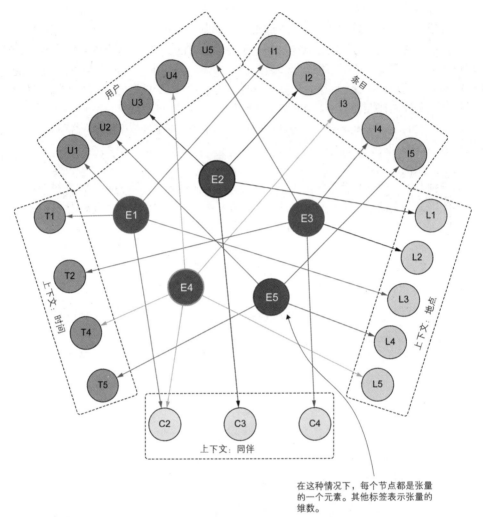

在这种情况下，每个节点都是张量的一个元素。其他标签表示张量的维数。

图 7.14 图模型中的张量表示(作为多部图)

由于模型设计不同，之前建议的创建图的方法在这种情况下不起作用，而是按如下方式创建图。给定上下文图 $G = \{V, E\}$，顶点和边被定义为：

- 顶点集 V 被分成几个不同的集合，例如一组用户 U、一组条目 I、一组属性 A 和一组上下文 C。C 表示节点中上下文信息的组合。例如<Home, Along, Weekday>是一个节点。节点 A 表示用户或条目的静态特征或属性——与上下文信息不同，这些信息不会因不同的评分而改变。
- 边集 E 由笛卡尔积的现有连接组成：$V \times V$。不同类型的边有不同的语义。$U \times A$ 连接用户及其属性(用户兴趣)，$U \times I$ 连接用户与其交互的条目(旧的 User × Item 数据集)，$U \times C$ 连接用户和上下文。存储社交网络信息的子矩阵 U×U 可能存在也可能不存在。

上下文图 G 可以表示为相邻矩阵，其中所有子矩阵都配置为对称的(例如，UI^T 是 UI 的传输矩阵)，如表 7.1 所示。

表7.1 上下文 User-Item 交互的相邻矩阵表示

	用户	条目	上下文	属性
用户	UU	UI	UC	UA
条目	UI^T	0	IC	IA
上下文	UC^T	IC^T	0	0
属性	UA^T	IA^T	0	0

结果图如图 7.15 所示。

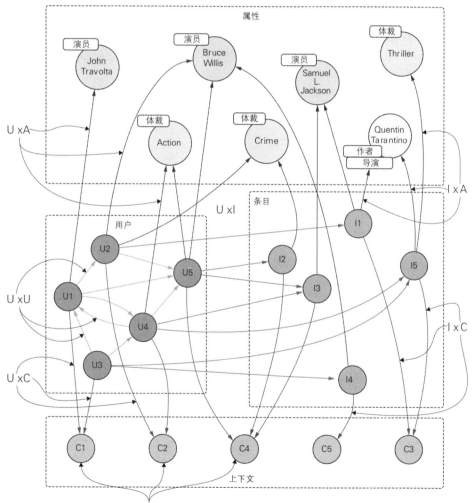

在这种情况下，上下文节点表示上下文信息的组合，例如，<Cinema, Alone, Weekday>。

图7.15　上下文图的表示

使用随机游走方法(特别是个性化 PageRank 或带有重启算法的 PageRank)来计算图中节点的相关性，可以避免处理太多细节。推荐过程使用这些相关性分数来估计用户 u 访问未看到的条目 i 的可能性。有关详细说明，请参阅 Wu et al.[2015]。

利弊

针对基于上下文的推荐所讨论的三种技术，每一种技术都有优点和缺点：

- 预过滤

  优点——这种方法不仅易于实现，而且允许你使用任何传统的推荐技术。如果用户当前上下文的相关数据可用，它可以提供相当准确的结果。

  缺点——数据稀疏问题在这里很常见，因为在某些情况下，很可能没有足够的数据来提供准确的推荐。此外，为了提高性能，这种方法要求你预先构建大量模型并保持更新。

- 后过滤

  优点——这种方法更容易实现：使用传统技术(例如协同过滤)来生成推荐，然后对结果进行过滤。

  缺点——后过滤会过滤掉或降低与用户当前上下文无关的元素的评分。预测准确性几乎与上下文无关，并且大多与传统方法保持一致。数据稀疏性在这里也是一个问题，就像传统方法一样；可能所有结果元素都与当前上下文无关。

- 上下文建模

  优点——此类别中的方法是最新的并且往往是最准确的。前一种方法的主要缺点是上下文没有紧密集成到推荐算法中，阻止你充分利用各种 User-Item 组合和上下文值之间的关系。上下文建模从一开始就考虑上下文，从而可以创建使用用户、条目和上下文信息进行查询的精确模型。

  缺点——大多数可用于上下文建模的方法实施起来很复杂，并且需要大量的计算能力来创建和更新模型。

需权衡利弊后选取技术。更具体地说，选择取决于可用数据的类型和数量、新数据使用的频率以及模型应与当前数据保持一致的程度。

7.1.3 图方法的优点

在本节中，我们讨论了创建上下文感知推荐引擎的不同方法：预过滤、后过滤和上下文建模。这里介绍的所有方法和算法都可以使用 User × Item × Contexts 数据集的图表示，从而简化了对这些复杂数据的访问和导航。具体来说，基于图的上下文感知推荐系统方法的主要方面和优势是：

- User × Item × Contexts 多维矩阵表示了任何此类系统的输入，可以用一个具体化交互事件的图来表示。该数据模型加快了过滤阶段并防止出现数据稀疏问题，在这种情况下可能会出现问题。

- 一个合适的图模型可以存储上下文预过滤的多模型结果。具体来说，在使用最近邻方法进行预过滤的情况下，这会导致条目或用户之间有不同的相似度集，图可以通过具体化相似度节点来存储多个模型的结果。

- 在推荐阶段，图访问模式简化了基于当前用户和当前上下文的相关数据的选择。

- 在上下文建模方法中，图提供了一种合适的方法来存储张量，简化了一些操作。此外，一些特定的方法不仅使用数据的图表示(前面描述的上下文图)，还使用随机游走和 PageRank 等图算法来构建模型，然后提供推荐。

7.2　混合推荐引擎

本书中讨论的推荐方法利用不同的信息来源并遵循不同的范式来进行推荐。尽管它们可根据接收者的假定兴趣，产生个性化的推荐结果，但它们在不同的应用领域取得了不同程度的成功。协同过滤利用来自用户模型的特定类型的信息(条目评分)来获得推荐，而基于内容的方法依赖于产品特征和文本描述以及用户配置文件。基于会话的方法使用匿名用户的点击流，而上下文感知方法使用上下文信息和条目评分来根据用户当前的需求微调推荐。

这些方法中的每一种都有其优点和缺点(在本章和前几章中详细介绍)，包括处理数据稀疏性和冷启动问题的能力，以及内容或上下文获取和加工所需的工作量。

图 7.16 将推荐系统描绘成一个黑盒，它将输入数据转换输出为一个排序的条目列表。基于此处讨论的方法，潜在输入包括用户模型和上下文信息以及会话数据和条目数据；其他推荐模型所需的其他输入也可以包括在内。然而，没有一种基本方法能够充分利用所有这些输入。因此，构建结合不同算法和模型优势的混合系统来克服上述一些缺点和问题已成为最近研究的目标。

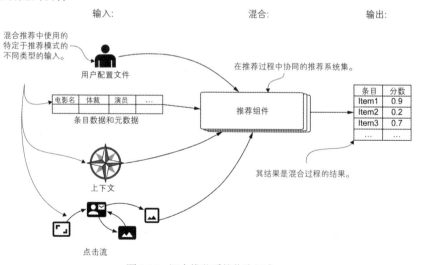

图 7.16　混合推荐系统作为黑盒

混合推荐系统是结合多种算法或推荐组件的技术实现。Burke 的[2002]分类法区分了七种混合策略。从更一般的角度来看，这七个变体可以抽象为三种基本设计：

- 整体化——这种混合设计在一个算法实现中结合了几种推荐策略的各个方面，因为混合策略使用了特定于另一种推荐算法的额外输入数据，或者输入数据被一种技术增强并由另一种技术实际利用，实际上这几个推荐系统都做出了贡献。特征组合和特征增强策略可以归到这个类别。特征组合使用范围广泛的输入数据。它可以将协同特征(例如用户的喜好)与目录项的内容特征相结合。特征增强应用复杂的转换步骤。贡献推荐系统的输出通过预处理其知识源来增加实际推荐系统的特征空间。见图 7.17a。
- 并行化——这种方法需要至少两个独立的推荐系统实现，然后将它们组合起来(见图 7.17b)。并行化的混合推荐系统彼此独立运行并生成单独的推荐列表。在随后的混合步骤中，其输出被组合成最终的推荐集。按照 Burke 的分类法，加权、混合和切换策略需要推荐组件并行工作。
- 流程化——在这种情况下，几个推荐系统加入了一个流水线架构(见图 7.17c)。一个推荐系统的输出成为下一个推荐系统输入的一部分。或者，后续推荐组件也可以使用部分原始输入数据。Burke 定义的级联和元级混合正是此类架构的示例。

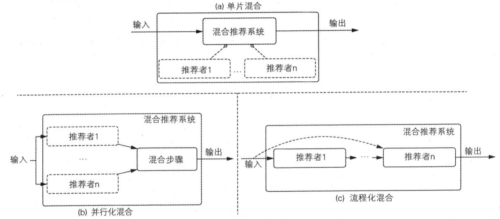

图 7.17 混合设计技术

在本章中，我们将重点介绍并行化混合技术，该技术允许多个推荐系统并行运行，每个系统使用自己的输入并生成自己的输出模型。生成的模型必须存储在某个地方，以便在推荐阶段可以轻松访问、混合或合并它们。在这种情况下，图提供：

- 一种合适的表示，用于将每个推荐系统所需的所有不同信息集存储在单个、同质和连接的数据源中。
- 用于存储训练过程结果的模型，以便它们可以轻松地并行查询，然后根据混合策略进行合并。

7.2.1 多模型，单图

让我们仔细看看并行化混合方法(图 7.18)。假设你有两种类型的推荐系统要混合：一种是如第 4 章中描述的基于内容的系统，另一种是如第 5 章中描述的协同系统。这种情况很常见：合并这些类型的推荐系统通常很有用，因为每个系统都可以解决另一个系统的问题。基于内容的方法缓解了数据丢失时出现的冷启动问题，例如在有新用户、条目或新平台的情况下，而协同过滤方法提供了更准确的结果，并且在没有用户和条目的信息或元数据的情况下也能运行。

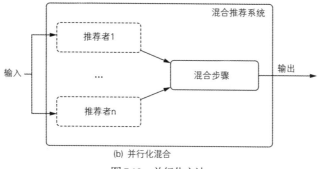

图 7.18　并行化方法

用作并行化混合推荐系统输入的图，使用这两种类型的推荐系统作为输入，如图 7.19 所示。

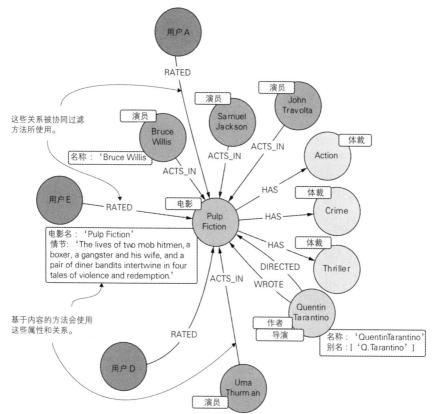

图 7.19　结合协同过滤和基于内容的方法的示例图模型

在这种情况下，重要的是要注意两个推荐系统如何以不同的方式使用评分连接。在协同过滤方法中，它用于创建 User-Item 数据集；在基于内容的方法中，它用于访问用户感兴趣的特征。计算模型后，可将其存储回图中，如图 7.20 所示。

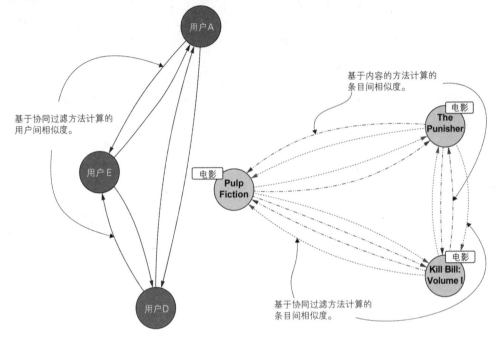

图 7.20　在同一个图中混合多个推荐模型

7.2.2　提供推荐

现在我们已经建立了模型并将它们存储在图中，可以组合它们的输出以获得一个唯一的条目列表(有时是多个列表)以推荐给用户。如前所述，并行化混合设计并排使用多个推荐系统，并使用特定的混合机制来聚合它们的输出。混合机制定义了向用户提供推荐的策略。根据 Burke 的[2002]分类，可以应用三种主要策略：混合、加权和切换。多个推荐列表的附加组合策略，例如多数投票方案，也可能适用。

● 混合

mixed 混合策略在用户界面级别结合了不同推荐系统的结果。不同技术的结果一起呈现；因此，用户 u 的推荐结果为一组条目列表。

每个推荐系统得分最高的条目并排显示给用户，通常向用户指定每个条目的标准。有时在混合方法中，需要使用某种类型的冲突解决方法来防止多个列表中出现过多重叠。

● 加权

加权混合策略通过计算其分数的加权总和来组合两个或多个推荐系统的推荐。图 7.21 是一个图模型，展示其工作原理。

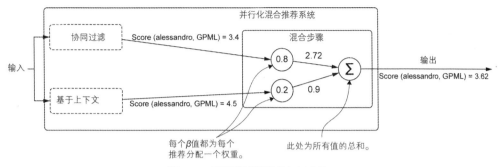

图7.21　用图模型解释的加权方法

因此，给定 n 个不同的推荐函数 $score_k(u, i)$ 和相关的相对权重 β_k，最终分数将根据以下公式计算：

$$score_{weighted}(u,i) = \sum_{k=1}^{n} b_k \times score_k(u,i)$$

其中 n 是输出必须混合的推荐系统的数量。此外，需要将所有推荐系统的条目分数约束在相同的范围内，并且所有 β_k 的总和必须为1。这种技术很简单，因此是以加权方式结合不同推荐技术的预测能力的流行策略。

值得注意的是，β_k 的值可以是动态的，随着推荐系统的生命周期而变化，当没有足够的信息可供后者使用时，在早期阶段(例如)基于内容的方法优先于协同过滤方法有效，然后在收集到更多数据时逐渐赋予它更多权重。此外，每个用户的值可以是动态的，为基于内容的推荐分配更高的 β_k 值，直到系统获得足够多的数据使协同过滤方法有效。可以应用不同的技术来评估如何设置和演化权重的值。

● 切换

切换混合需要一个预言机制来决定在特定情况下应该使用哪个推荐系统，具体取决于用户配置文件和/或推荐结果的质量。图 7.22 是描述其工作原理的图模型。

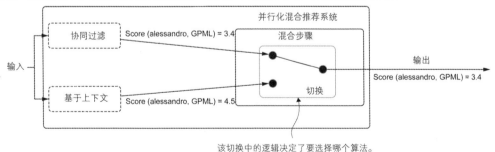

图7.22　用图模型解释的切换方法

这种评估可以如下进行：

$$score_{switching}(u,i) = score_k(u,i)$$

其中 k 由切换条件决定。为了克服冷启动问题，基于内容和协同切换的混合系统最初可以进行基于内容的推荐，直到有足够的评分数据可用。当协同过滤组件有十足的把握提供推荐时，推荐策略可以切换。在极端情况下，动态权重调整可以作为切换混合实现。除了一个动态选择的推荐系统外，所有推荐系统的权重都设置为 0，剩下的单个推荐系统的输出的权重被分配为1。

7.2.3　图方法的优点

在本节中，我们讨论了如何创建混合推荐引擎，重点介绍并行混合方法：混合、加权和切换。这里介绍的所有方法都可以利用数据的图表示，用于训练和生成模型。基于图的混合方法的主要方面和优势是：

- 不同的信息集可以共存于同一个数据结构中，更容易满足混合推荐系统的数据管理需求。
- 每个推荐系统产生的独立模型可以存储在一起，便于在推荐阶段访问。

7.3　本章小结

本章介绍了使用上下文信息实现推荐引擎的最新技术，并展示了如何组合不同的方法以获得更佳的效果。各种数据模型说明了图在满足训练数据和模型存储不同需求方面具有的实用性和灵活性。在本章中，你学习了：

- 如何通过在模型和相关图模型中嵌入上下文信息来提高推荐质量。
- 如何使用图来提供上下文感知设计方法：预先/后置过滤和上下文建模。
- 如何在单个推荐引擎中组合多种算法。
- 如何在一个大图中混合不同的训练数据集和模型。

(注：本章的参考文献，请扫描本书封底的二维码进行下载。)

第III部分

打 击 欺 诈

欺诈从人类诞生之日起就存在了，并且存在多种多样的形式。根据普华永道的 2020 年全球经济犯罪和欺诈调查(http://mng.bz/l2ny)，47%的全球组织遭受过欺诈(其余 53%中的许多组织可能还没有意识到，所以实际数字应该更大)，估计损失总额为 420 亿美元。欧洲中央银行报告(http://mng.bz/BK8J)每年欺诈性信用卡交易总额达 18 亿欧元(20 亿美元)。

打击欺诈、加大异常数据监测范围，这项任务至关重要，对金融、安全、医疗保健和执法等多个领域都有巨大影响。它最近受到了机器学习从业者的广泛关注。以前，大多数行业的公司都结合使用基于人的分析和基于固定规则的分析，而如今欺诈检测越来越自动化，其中机器学习发挥着关键作用。

本书的第II部分侧重于介绍特定的机器学习任务：推荐。此类任务的主要目标是收集有关用户偏好的数据(无论是含蓄表现出还是明确表达出来)；创建一个或多个模型；并执行预测以提高用户满意度和业务收入。正如我们所见，可以使用不同的技术和方法，但所有这些技术和方法都服务于用户——也就是说，为他们推荐一些可能感兴趣的东西。这种对最终用户的关注一定程度上约束了推荐平台创建方法、相关基础设施定义方式以及对所用算法类型的选择。考虑实时性、最新偏好、预测准确性和减少对用户体验的影响等因素推动了创建 CRISP-DM 流程模型每一步的决策过程。我们已经研究了其中许多约束，确切来说，我们发现了在解决此类任务中的一些主要挑战时，图是如何发挥关键作用的。

打击欺诈始于一个不同的角度。它有不同的目标，且分析采用不同的方法。用于打击欺诈的分析平台与用于推荐的分析平台之间的主要区别在于最终利益相关者。在推荐用例中，目标是最终用户：浏览零售网站或酒店预订网站的用户。在反欺诈用例中，真正的利益相关者是公司的分析师，他们必须最早发现问题并确定模式以防止相同的欺诈行为再次发生。

本书这一部分(特别是第 8 章和第 9 章)中讨论的一些欺诈检测技术参考借用了更通用的异常或异常检测领域中所用的技术。在这种情况下，异常或异常值是指与其他数据点显著不同的数据点。在发生欺诈的背景下，我们将看到个人的反常行为(例如反常交易行为)，这可能是欺诈活动的一个指标。我们将解决具体问题，而不是笼统地进行推理。尽管如此，这些章节中描述的途径、算法和方法可以应用于更多场景。除了揭示金融环境中的可疑或异常行为外，在医学诊断中，异常检测在检测罕见事件中发挥着重要作用。异常检测的另一个应用是数据清理，或作为预处理步骤从数据中去除错误值或噪声，以便对更准确的模型数据进行学习。

第 10 章介绍了不同的欺诈检测方法，使用社交网络分析技术来分析欺诈如何影响人们的行为，以及欺诈者如何利用社交网络中的其他人来进行欺诈。

第 *8* 章

图欺诈检测的基本方法

根据 Van Vlasselaer et al.[2017]的说法：

欺诈是一种不常见的、经过密谋筹备的、随时间演变的、组织严密且隐蔽的犯罪，具有多种不同的类型和形式。

该定义强调了与开发欺诈检测系统挑战有关的欺诈的六个特征：

- 不常见——几乎在所有类型的跨域欺诈中，只有极少一部分可用数据与(或被认为与)欺诈有关。很难对欺诈进行检测，从历史案例中学习(在训练阶段)也是如此。
- 经过密谋筹备——欺诈是精心策划的；它们不只是偶然发生。
- 精心组织——欺诈通常是组织严密的犯罪。实施欺诈者通常由分工明确的大型团队组成。此外，某些类型的欺诈，例如涉及复杂工作的洗钱，可能需要花费数年才能完成。
- 难以察觉的隐蔽性——欺诈者花费大量精力隐蔽其欺诈性质并应用技术以躲避识别。
- 具有多种类型和形式——在各个领域，欺诈者采用大量技术和方法。许多经济活动都容易遭受欺诈。
- 随时间演变——欺诈者的技术随着时间推移而演变，以应对打击其自身的欺诈检测方法，每一方的参与者们都试图领先对手一步。需要不断研发出新的检测方法来解决新型欺诈问题。

由于这些原因，对于机器学习从业者来说，打击欺诈难度较大，但同时也颇具趣味。这也意味着，与第II部分中介绍的技术、约束和算法相比，本部分中介绍的内容涉及许多不同的方面。

之所以在一本关于图的书中介绍欺诈检测的主题，是因为 Akoglu et al.[2014]认为图对于异常检测"至关重要且必要"，原因如下：

- 数据相互依赖——数据对象通常是相关的并表现出对彼此的依赖性。在各种各样的数据集和场景中，数据实例之间存在很强的关联性，包括蛋白质之间相互作用网络等生物数据，信用卡交易、零售网络和社交网络等金融数据。
- 强大的表示——通过捕获具有长期相关性的关系(链接或边)，图自然地表示相关对象(节点)之间的相互依赖关系。此外，通过允许结合节点和边属性或类型，图表示有助于丰富数据集的表示。
- 问题域的关系性质——异常通常具有关系性质。欺诈通常由密切合作的相关主体组实施。另一个与欺诈无关的例子可以在系统监控领域找到：一台机器的故障可能导致依赖它的其他机器发生故障，或可作为由于环境条件而导致物理上接近的其他机器故障概率增加的指标。
- 鲁棒的机器——图具有对抗鲁棒性，因为它们可以提供整个网络的全局视图。欺诈者或其他对手可能能够更改或伪造某些行为线索，例如登录时间或 IP 地址，但他们可能无法删除或隐藏图显示的有关数据连接的所有信息。当数据以图结构组织时，更容易对其进行检查和导航。

在打击欺诈的背景下，图可视化可以在欺诈检测和欺诈调查中发挥关键作用。交易系统越自治，揭露欺诈就越难，这就是图可视化的用武之地。它使得专家可以通过快速视图对单个交易或多个交易进行可视化和评估，从而发现可疑行为并进一步对其进行调查。

8.1　欺诈预防和检测

打击欺诈有一些特点，因领域而异，包括数据类型、数据的维度和种类以及欺诈者的最终目标。然而，大致可以确定两个主要部分，它们是所有有效打击欺诈战略的重要组成部分[Bolton 和 Hand, 2002]：

- 预防欺诈是指用于防止或减少欺诈的措施，例如在钞票上使用荧光纤维、层压金属条和全息图等；银行卡的个人识别号码；信用卡交易的互联网安全系统；手机的SIM 卡和指纹传感器；以及计算机系统和电话银行账户的密码。以上方法都有各自的缺点，包括容易被破解、有效性有限、成本较高和/或带给客户不便。因此，需要在利弊之间找到权衡。
- 欺诈检测是指识别或发现欺诈的能力。当未能预防欺诈时，它就会发挥作用，但由于预防欺诈失败时并不总是很明显，因此必须全程使用欺诈检测措施。我们可以尽最大努力防止信用卡欺诈，但如果卡的详细信息被盗，我们需要能够尽快对冒用情况进行检测。

值得注意的是，实施打击欺诈的预防措施后，欺诈者将调整他们的策略，这反过来又会影响用于检测欺诈的策略的有效性。实施的欺诈类型是动态的，因此应建立用于减少欺诈的系统。尽管两者是相辅相成的关系，但必须将欺诈检测和预防作为一个整体，而不是作为独立和不相关的系统来考虑。

令人惊讶的是，最常见的欺诈检测方法之一是传统的基于专家的方法，它依赖于欺诈分析师的经验、领域知识、直觉和个人技能。这些方法几乎完全是手动和人为的。专家对可疑案件进行人工调查，一般情况下接受其他人发出的信号(例如客户抱怨要为他们没有发起的交易付费)。

此分析的结果可能是发现欺诈者正在使用的新型欺诈机制。发现这种机制时，会进一步分析和调查以扩展现有的欺诈检测和预防机制，通常由基于规则的引擎进行这项工作。该引擎由一组规则组成，通常采用 if-then 语句的形式，应用于发生的每个交易或一系列交易，并在匹配时发出警报或信号。图 8.1 展示了这种方法的心智模型。

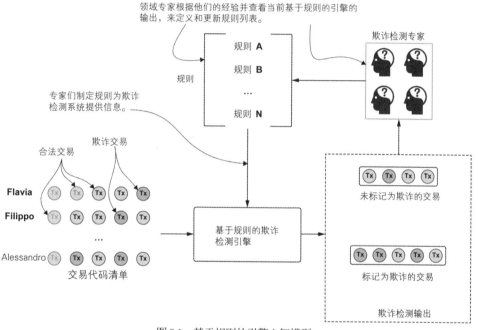

图 8.1　基于规则的引擎心智模型

简单但有效的信用卡欺诈检测规则可定义如下[1]：

```
If
```

- 之前的交易低于 15 美元
- 距上一次交易不到 2 小时
- 当前交易超过 500 美元

```
Then
```

1　灵感来自 http://mng.bz/dmYQ。

- 设置状态为 declined
- 设置通知为 a large amount after a small transaction

这种基于专家的方法虽然很有用，并且在许多领域仍然很常见，但它有几个缺点：

- 基于规则的引擎通常很复杂，需要欺诈专家的高级手动输入，因此构建起来成本很高。
- 这种复杂性使得难以对它们进行维护和管理。
- 必须随时更新规则，因为欺诈者会不断改进他们的方法并提出新的策略。一旦他们洞悉了欺诈消减系统背后的规则，他们就会改变自己的行为，避免被识别。
- 在大多数情况下，这些系统需要进一步的人工跟踪、分析和调查。

这种方法的最大缺点是，由于它涉及专家输入、分析、评估和监控的大量人工干预，因此过于依赖难以共享和维护的个人工作。欺诈检测系统的有效性与具有特定知识的特定人员是否在岗有关。那么当他们去度假或退休时，怎么办？

近年来，关注点已经朝着数据驱动、统计和基于机器学习的欺诈检测方法转变。出于前面以及以下的原因，自动化方法优于纯基于人类的方法[Van Vlasselaer et al., 2017]：

- 精确性——自动系统可以处理大量数据，揭示人类无法识别的欺诈模式。
- 运营效率——想想信用卡发卡机构每天、每分钟、每秒钟需要处理多少笔交易。在正常操作所需的时间约束下，人工不可能完成对所有交易的实时检查，但计算机可以轻松处理此任务。此外，基于机器的方法可以辅助基于人工的方法，该方法通过预过滤、分析每个交易/操作，仅将最相关或最可疑的交易发送给人类以进行进一步调查。
- 成本效率——如前所述，基于专家的欺诈检测系统难以实施和维护。更自动化、由数据驱动且更有效率的方法受到推崇。
- 适应效率——一些自主的数据驱动方法是无监督的(将在这些章节中强调)。这方面不仅使它们操作效率较高、成本效益较优，而且能够随着时间的推移适应欺诈行为不断变化的特征。

为了更好地说明欺诈检测背后的基本思想，让我们考虑 Fawcett 和 Provost[1997]提出的一个简单示例，如表 8.1 所示。

欺诈电话被标记为欺诈。客户已对其标记，他们投诉此类电话，因为他们之前并没有拨打过该号码。

如果你仔细查看表格，会注意到此类电话的一些特征，可以将它们与号码主人所拨打过的电话区分开来。值得注意的是，这些号码位数更短，通常在夜间打来，并且其来源和目的地异常。对此, 基于异常检测的欺诈检测方法具有重要作用，尤其是与专家系统技术(手动方法)相比: 它允许自动检测大量欺诈事件，因为这些事件明显不同于之前示例中的正常行为。

与欺诈检测相关的最大挑战之一是数据管理。书中多次提到与大数据相关的问题，其中包括数量、速度、多样性和真实性。回想一下本书第Ⅰ部分使用的图表，这里在图 8.2 中再次展示了该图表。

表 8.1 电信异常检测示例

呼叫顺序	日期和时间	星期	持续时间	来源地	目的地	欺诈
1	2019-01-01 10:05:01	星期一	13 分钟	Brooklyn, NY	Stamford, CT	
2	2019-01-05 14:53:10	星期五	5 分钟	Brooklyn, NY	Greenwich, CT	
3	2019-01-08 09:42:15	星期一	3 分钟	Bronx, NY	White Plains, NY	
4	2019-01-08 15:01:34	星期一	9 分钟	Brooklyn, NY	Brooklyn, NY	
5	2019-01-09 15:06:54	星期二	5 分钟	Manhattan, NY	Stamford, CT	
6	2019-01-09 16:28:20	星期二	53 秒	Brooklyn, NY	Brooklyn, NY	
7	2019-01-10 01:45:29	星期三	35 秒	Boston, MA	Chelsea, MA	True
8	2019-01-10 01:46:35	星期三	34 秒	Boston, MA	Yonkers, NY	True
9	2019-01-10 01:50:54	星期三	39 秒	Boston, MA	Chelsea, MA	True
10	2019-01-10 11:23:20	星期三	24 秒	White Plains, NY	Congers, NY	
11	2019-01-11 22:00:58	星期四	37 秒	Boston, MA	East Boston, MA	True
12	2019-01-11 22:04:00	星期四	37 秒	Boston, MA	East Boston, MA	True

图 8.2 大数据的"四 V"特性也适用于欺诈检测

在这种情况下，还需要应对一些挑战，如流数据和数据复杂性。用作欺诈检测过程输入的数据集数量庞大而复杂，包括用户人口统计、兴趣和角色及关系类型。合并这些附加信息源会使数据表示变得复杂。因此，能够扩展到大型数据集、数据随时间变化时能更新其估计值并有效整合所有可用和有用数据源的方法对于异常检测至关重要。

为处理这种复杂性，图数据模型和分析提供了一套有价值的工具。模式灵活性使得存储来自各种数据源的数据成为可能，并提供多种访问模式，即使在数据集很大时也能轻松扩展。图辅助或基于图的算法可以更轻松地识别、分析和调查事件之间的关系。8.2 节强调了图在欺诈检测背景下的优势，本章的其余部分以及第 9 章和第 10 章将进一步对其探讨。

因为打击欺诈行为如同一场战斗，各方都试图使用他们掌握的所有可用技术来取得成功，分析师必须使用所有可用的工具。重要的是要认识到这些技术并不相互排斥：它们可以组合在一个总体系统中，以便更轻松、快速和有效地实现目标。

8.2 图在打击欺诈行为中的作用

图提供了一种强大的建模和分析工具，用于捕获相互依赖的数据对象之间的长期相关性，这使它们非常适用于打击欺诈。我们的银行账户和信用卡交易遵循的逻辑与我们做什么、住在哪里、喜欢买什么等因素相关。此外，欺诈很少单独发生：任何欺诈背后都有一个完备的计划，这往往需要多个欺诈者之间进行合作。

为了更好地理解图在数据表示(如你稍后所见，有关分析)方面的价值，下面考虑一个简单的例子。查看表 8.2 中信用卡欺诈系统的交易数据源。

表 8.2　信用卡交易数据示例

信用卡	商家	商家类别	国家	金额	日期	接受	欺诈
77777783427	207005	服装店	USA	120.00 美元	2019-01-11 00:12:01	true	false
47559798454	105930	加油站	ITA	50.00 欧元	2019-03-12 08:01:30	true	false
25548837225	105930	加油站	ITA	20.56 欧元	2019-04-23 10:10:20	true	false
18560530742	11525	餐厅	BEL	50.00 欧元	2019-05-01 15:00:12	true	false
37960598819	323158	网上商店	USA	300.00 美元	2019-05-02 01:00:00	true	true
16307358365	11525	餐厅	BEL	40.00 欧元	2019-05-03 20:45:00	true	false

在该表中，每一行代表两个参与者——信用卡持卡人和商家之间的资金转移。由于持

卡人进行了投诉，在最右边的栏中，第五笔交易被标记为欺诈。

　　在这种表示中，因为数据被存储为行列表，故很难捕获信用卡持卡人和商家之间的关系。现实生活中的数据源包含数十亿笔交易，因此无法手动提取其相关性，也无法得出有用见解。图 8.3 显示了这种数据在图模型中的可能表示。

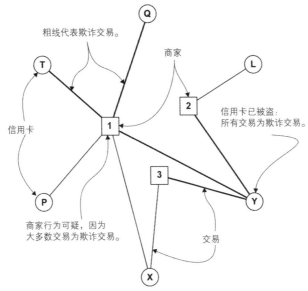

图 8.3　信用卡交易数据的图表示

　　在此图中，圆圈代表信用卡，方块代表商家。信用卡与商家的连接关系代表交易。粗线代表欺诈交易。在此表示中，很明显信用卡 Y 已被盗并且商家 1 行为可疑(处理大量欺诈交易)。这个简单的例子清楚地展示了图如何提供一种强大的工具，使原始格式中隐藏和难以识别的信息变得更加明显，从而更容易对其进行解释和理解。检查图的视觉表示可能是预处理阶段的一个重要部分：它使分析师得以熟悉数据，并可以快速得出初步发现和见解。此外，数据易于查询和分析，我们将在 8.3 节展示具体例子。然后，在后处理阶段，图可以为验证获得的结果和理解其背后的基本原理提供有用的表示。

　　8.3 节介绍了这些方法，突出了图表示的有用性和灵活性，一个简单的表示可以实现不同的目的。

　　前面的例子是一种可用的数据转换方式——特别是将交易数据转换为图模型。截然相反的方法包括将每个交易表示为一个节点并根据某种逻辑连接节点。最常见的方法基于相似度形成。以下示例更加清晰地展示了该方法。考虑我们之前看到的呼叫数据，表 8.3 再次展示了该示例。

表 8.3　电信异常检测示例

呼叫顺序	日期和时间	星期	持续时间	来源地	目的地	欺诈
1	2019-01-01 10:05:01	星期一	13 分钟	Brooklyn, NY	Stamford, CT	False

(续表)

呼叫顺序	日期和时间	星期	持续时间	来源地	目的地	欺诈
2	2019-01-05 14:53:10	星期五	5 分钟	Brooklyn, NY	Greenwich, CT	False
3	2019-01-08 09:42:15	星期一	3 分钟	Bronx, NY	White Plains, NY	False
4	2019-01-08 15:01:34	星期一	9 分钟	Brooklyn, NY	Brooklyn, NY	False
5	2019-01-09 15:06:54	星期二	5 分钟	Manhattan,NY	Stamford, CT	False
6	2019-01-09 16:28:20	星期二	53 秒	Brooklyn, NY	Brooklyn, NY	False
7	2019-01-10 01:45:29	星期三	35 秒	Boston, MA	Chelsea, MA	True
8	2019-01-10 01:46:35	星期三	34 秒	Boston, MA	Yonkers, NY	True
9	2019-01-10 01:50:54	星期三	39 秒	Boston, MA	Chelsea, MA	True
10	2019-01-10 11:23:20	星期三	24 秒	White Plains, NY	Congers, NY	False
11	2019-01-11 22:00:58	星期四	37 秒	Boston, MA	East Boston, MA	True
12	2019-01-11 22:04:00	星期四	37 秒	Boston, MA	East Boston, MA	True

使用前面章节中讨论的图构建技术，可以将此类表格数据转换为图表示。在生成的图模型中，如图 8.4 所示，每次呼叫都表示为一个节点，所有细节都显示为相关属性。

使用属性和相关值，我们可以将每个节点表示为一个向量。表 8.4 详细显示了该过程。

表 8.4 将呼叫数据转换为向量的示例表

呼叫顺序	星期					持续时间(分钟)			来源地(城市/地区)				
	星期一	星期二	星期三	星期四	星期五	[0, 1)	[1, 5]	≥5	Brook.	Bronx.	Manhat.	Boston.	W.P.
1	1	0	0	0	0	0	0	1	1	0	0	0	0
2	0	0	0	0	1	0	0	1	1	0	0	0	0
3	1	0	0	0	0	0	1	0	0	1	0	0	0
4	1	0	0	0	0	0	0	1	1	0	0	0	0
5	0	1	0	0	0	0	0	1	0	0	1	0	0

(续表)

呼叫顺序	星期					持续时间(分钟)			来源地(城市/地区)				
6	0	1	0	0	0	1	0	0	1	0	0	0	0
7	0	0	1	0	0	1	0	0	0	0	0	1	0
8	0	0	1	0	0	1	0	0	0	0	0	1	0
9	0	0	1	0	0	1	0	0	0	0	0	1	0
10	0	0	1	0	0	1	0	0	0	0	0	0	1
11	0	0	0	1	0	1	0	0	0	0	0	1	0
12	0	0	0	1	0	1	0	0	0	0	0	1	0

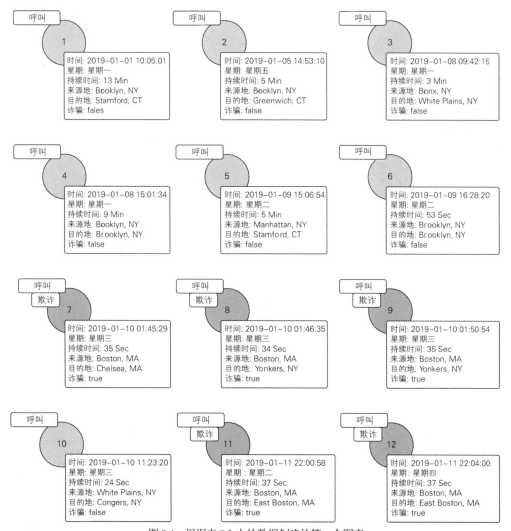

图8.4 根据表8.3中的数据创建的第一个图表

每个属性(原始表的每一列)都被分解为一些可能值，就像我们对文本所做的那样，以生成基于内容的推荐。对于标量属性(在本例中为持续时间)，我们定义了多个范围。每个节点的向量表示用于计算相似度，例如通过使用余弦相似度。代码清单 8.1 显示了如何使用 scikit-learn 计算向量之间的相似度。

代码清单 8.1　计算向量之间相似度的代码

```
from sklearn.metrics.pairwise import cosine_similarity
call_01 =        [1, 0, 0, 0, 0, 0, 0, 1, 1, 0, 0, 0, 0]
call_02 =        [0, 0, 0, 0, 1, 0, 0, 1, 1, 0, 0, 0, 0]
call_03 =        [1, 0, 0, 0, 0, 0, 1, 0, 0, 1, 0, 0, 0]
call_04 =        [1, 0, 0, 0, 0, 0, 0, 1, 1, 0, 0, 0, 0]
call_05 =        [0, 1, 0, 0, 0, 0, 0, 1, 0, 0, 1, 0, 0]
call_06 =        [0, 1, 0, 0, 0, 1, 0, 0, 1, 0, 0, 0, 0]
call_07_fraud =  [0, 0, 1, 0, 0, 1, 0, 0, 0, 0, 0, 1, 0]
call_08_fraud =  [0, 0, 1, 0, 0, 1, 0, 0, 0, 0, 0, 1, 0]
call_09_fraud =  [0, 0, 1, 0, 0, 1, 0, 0, 0, 0, 0, 1, 0]
call_10 =        [0, 0, 1, 0, 0, 1, 0, 0, 0, 0, 0, 0, 1]
call_11_fraud =  [0, 0, 0, 1, 0, 1, 0, 0, 0, 0, 0, 1, 0]
call_12_fraud =  [0, 0, 0, 1, 0, 1, 0, 0, 0, 0, 0, 1, 0]

calls = {'call_01': call_01,
         'call_02': call_02,
         'call_03': call_03,
         'call_04': call_04,
         'call_05': call_05,
         'call_06': call_06,
         'call_07_fraud': call_07_fraud,
         'call_08_fraud': call_08_fraud,
         'call_09_fraud': call_09_fraud,
         'call_10': call_10,
         'call_11_fraud': call_11_fraud,
         'call_12_fraud': call_12_fraud}

print("....")
processed = []
for i in list(calls):

    for j in list(calls):
        if {'source': j, 'dest': i} not in processed and i != j:
            print("similarity between", i, j, cosine_similarity([calls[i]],
            ➥ [calls[j]]))
            processed += [{'source': j, 'dest': i}]
            processed += [{'source': i, 'dest': j}]
```

输出显示在代码清单 8.2 中，为简洁起见，删除了尾部的零。

代码清单 8.2　代码清单 8.1 的输出

```
similarity between call_01 call_02 [[0.66666667]]
```

```
similarity between call_01 call_03 [[0.33333333]]
similarity between call_01 call_04 [[1.]]
similarity between call_01 call_05 [[0.33333333]]
similarity between call_01 call_06 [[0.33333333]]
similarity between call_02 call_04 [[0.66666667]]
similarity between call_02 call_05 [[0.33333333]]
similarity between call_02 call_06 [[0.33333333]]
similarity between call_03 call_04 [[0.33333333]]
similarity between call_04 call_05 [[0.33333333]]
similarity between call_04 call_06 [[0.33333333]]
similarity between call_05 call_06 [[0.33333333]]
similarity between call_06 call_07_fraud [[0.33333333]]
similarity between call_06 call_08_fraud [[0.33333333]]
similarity between call_06 call_09_fraud [[0.33333333]]
similarity between call_06 call_10 [[0.33333333]]
similarity between call_06 call_11_fraud [[0.33333333]]
similarity between call_06 call_12_fraud [[0.33333333]]
similarity between call_07_fraud call_08_fraud [[1.]]
similarity between call_07_fraud call_09_fraud [[1.]]
similarity between call_07_fraud call_10 [[0.66666667]]
similarity between call_07_fraud call_11_fraud [[0.66666667]]
similarity between call_07_fraud call_12_fraud [[0.66666667]]
similarity between call_08_fraud call_09_fraud [[1.]]
similarity between call_08_fraud call_10 [[0.66666667]]
similarity between call_08_fraud call_11_fraud [[0.66666667]]
similarity between call_08_fraud call_12_fraud [[0.66666667]]
similarity between call_09_fraud call_10 [[0.66666667]]
similarity between call_09_fraud call_11_fraud [[0.66666667]]
similarity between call_09_fraud call_12_fraud [[0.66666667]]
similarity between call_10 call_11_fraud [[0.33333333]]
similarity between call_10 call_12_fraud [[0.33333333]]
similarity between call_11_fraud call_12_fraud [[1.]]
```

图 8.5 显示了将相似度阈值定义为 0.5 并将关系存储在上图中的结果。

查看节点之间的距离，我们看到欺诈呼叫之间的距离比它们与正常呼叫之间的距离更近。此时，考虑到与分类模型创建的组的距离，可以使用图聚类算法(如社区检测)对欺诈性呼叫进行分组，然后使用这样的模型将新呼叫分类为欺诈性或非欺诈性。8.3 节将对这些方法进行更详细的介绍，它们与前面章节中介绍的其他 k-NN 方法相似。这种反复出现的"模式"再次表明，基于图的技术——这里指的是基于最近邻方法的图构建——是通用的，可以用于不同的分析目的。在必须使用类似于表 8.3 的结构来分析数据时，都可以应用这种心智模式。

执行欺诈分析时的另一个基本问题是社交网络上的复杂网络分析是否对检测模型有益[Baesens et al, 2015]。换句话说，在欺诈中人与人之间的关系是否起重要作用，在网络中欺诈是否具有传染性？欺诈者是随机分布在社交网络上的，还是说可观察到的效果表明欺诈是一种社会现象？也就是说，欺诈者是否倾向于聚集在一起？如前所述，欺诈很少由单人实施。复杂而高级的欺诈需要多人协同，欺诈者通常会利用他们的社交网络(朋友、同事等)实施欺诈行动。因此，社交网络分析可以帮助发现欺诈者的社区或组织。

　　例如，欺诈者可能因为他们参与的相同事件/活动、相同的犯罪行为、使用的相同资源或有时是同一个人(在身份盗窃的情况下)而相互关联。第 10 章探讨了作为欺诈检测支持技术的社交网络分析。

　　这里介绍的概念是将数据表示为图以执行欺诈检测的几种可能方法。第 9 章将介绍更高级的方法。

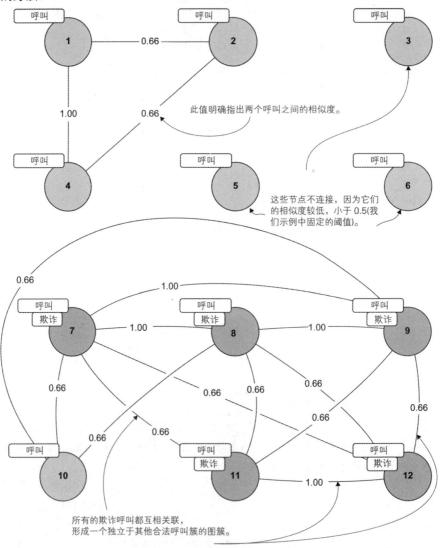

图 8.5　通过图构建技术获得的呼叫图

8.3　铺垫：基本方法

下面介绍几种易于理解和实施的方法来开始我们的反欺诈之战。尽管它们很简单，但这些技术可以对之前出现过的情况进行有效分析，并且非常适合图空间。

8.3.1　寻找信用卡诈骗的源头

假设你想通过识别信用卡诈骗犯来打击信用卡欺诈。此场景是欺诈检测示例中的经典场景，尤其是在图空间中。在这种情况下，用户(信用卡所有者)使用卡进行多次消费，并且在某个时刻，他们的信用卡详细信息被盗。欺诈者使用窃取的凭证进行消费或将卡上资金转移到另一个账户。他们通常通过购买一些低价商品来测试卡的详细信息，然后在毁灭证据之前进行一些大额消费。对这种欺诈模式的总结如图 8.6 所示。

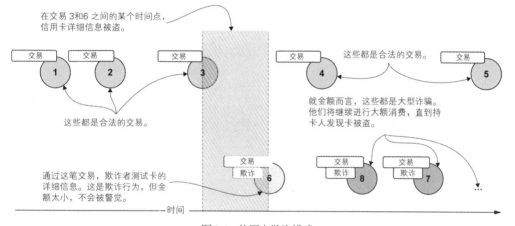

图 8.6　信用卡欺诈模式

值得一提的是，信用卡信息被盗地点可以是实体店，也可以是电子商务网站。在后一种情况下，网络攻击通常会打开漏洞，并复制注册用户的所有信用卡详细信息。

此场景的目标是在多个用户的一系列交易中确定信用卡详细信息被盗的位置。我从 Max DeMarzi[1] 撰写的几篇博文中得到了有关这种方法和 8.3.2 节中所介绍方法的灵感。我喜欢这些想法，因为它们既有效又简单。此外，它们展示了通过使用正确的图数据模型，使得很少在传统数据库中进行的分析需要对图执行几次查询。第 9 章中的示例更复杂，但正如本节标题所暗示的那样，本节中的示例为后文起到铺垫作用。

仅考虑特定用户及其交易，很难发现窃贼执行欺诈行为的地点。该交易已被接受且有效，但问题(欺诈交易)随后而来。幸运的是，如果我们考虑许多用户的交易顺序，可以找出共同的交易发生地点——商店或电子商务网站——并展开更深入的调查。图 8.7 说明了这个概念。

1　参见 http://mng.bz/rmMX 和 http://mng.bz/VG65。

所有遇到信用卡问题的用户都在同一个加油站使用过他们的卡。盗窃很可能就发生在那里。此外，很明显，这些卡进行过小额购买测试以验证详细信息。因此，重要的是设计一个图模型，使这些行为变得显而易见并促进进一步调查。

我们如何使用图模型来发现源自欺诈的交易？正如我在本书中一直建议的那样，下面我们从可用数据入手，这些数据可能类似于表8.5。

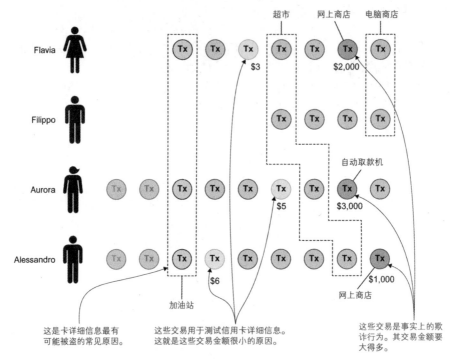

图8.7　结合来自多笔信用卡交易的数据以识别共性

表8.5　信用卡交易示例

信用卡	商家	商家类别	国家	数量	日期	接受	欺诈
77777783427	207005	服装店	USA	120.00 美元	2019-01-11 00:12:01	true	False
47559798454	105930	加油站	ITA	50.00 欧元	2019-03-12 08:01:30	true	False
25548837225	105930	加油站	ITA	20.56 欧元	2019-04-23 10:10:20	true	False
18560530742	11525	餐厅	BEL	50.00 欧元	2019-05-01 15:00:12	true	False
37960598819	323158	网上商店	USA	300.00 美元	2019-05-02 01:00:00	true	True
16307358365	11525	餐厅	BEL	40.00 欧元	2019-05-03 20:45:00	true	False

数据是信用卡持有人执行的交易样本(足以说明概念)。交易是否被标记为欺诈取决于用户是否投诉过这些消费记录，因此在大多数情况下信息是可用和准确的。对于此特定场景，我们希望从表格中捕获的关键元素是：

- 用户进行的交易，包括金额和日期等详细信息。
- 信用卡标识符。
- 进行消费的商家的标识符。
- 关于商家类型的信息(不是必需的，但有利于简化我们的讨论内容)。

图 8.8 显示了为这种情况设计图模型的第一次尝试。

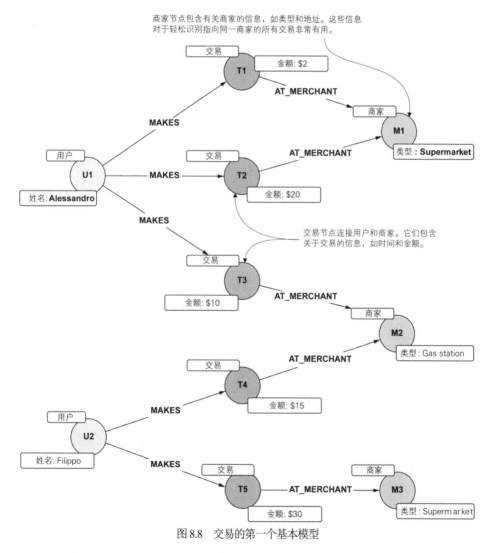

图 8.8　交易的第一个基本模型

模式绝对是正确的。缺少的是每个用户的交易顺序。如图 8.7 所示，我们需要考虑交易的顺序，将它们与其他用户联系起来，以找到信用卡详细信息被盗的地点。我们可以使用时间戳信息对交易进行排序，但这种方法会使处理交易并找到共同模式变得困难。因此，下一个建模步骤是在交易之间添加关系以明确地存储它们之间的顺序。扩展模型如图 8.9 所示。该模型考虑了每个用户的交易序列。

现在有了模型，我们可以检查它是否可以回答我们的问题，从而进行验证：信用卡详细信息在哪里被盗？要遵循此示例，你需要一个示例数据集。代码仓库中有一个 Cypher 文件(ch08/queries/simple_fraud_dataset.cypher)，其中包含一个查询，用于创建可用于此目的的简单数据集。在第 9 章中，你将看到如何创建和导入更复杂的数据集，但为了简单起见，我们将从一个小数据集开始，查找过去一周内所有关于欺诈交易的投诉，并查看这些用户在过去两周内进行了哪些其他交易。我们可以使用 HAS_NEXT 关系链找到所有交易，如代码清单 8.3 所示。

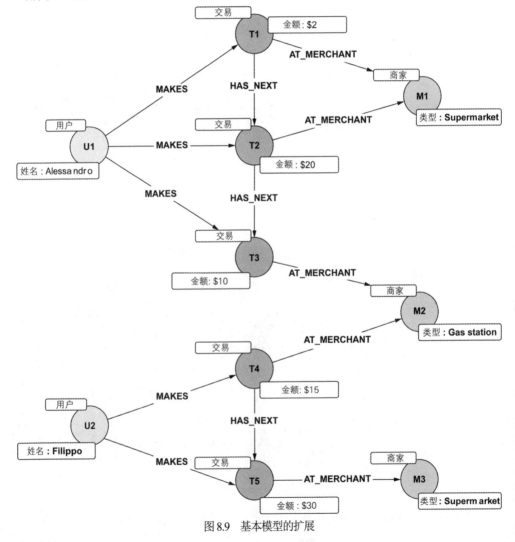

图 8.9 基本模型的扩展

代码清单 8.3 可视化导致欺诈的交易

```
MATCH p = (fraud:Fraudulent)<-[:HAS_NEXT*]-(tx:Transaction)
WHERE fraud.date > datetime() - duration('P7D') AND
NONE (tx IN nodes(p) WHERE COALESCE(tx.date, datetime()) <= datetime() -
➥   duration('P14D'))
RETURN p
```

此查询仅显示导致已知欺诈的交易。结果如图 8.10 所示[1]。

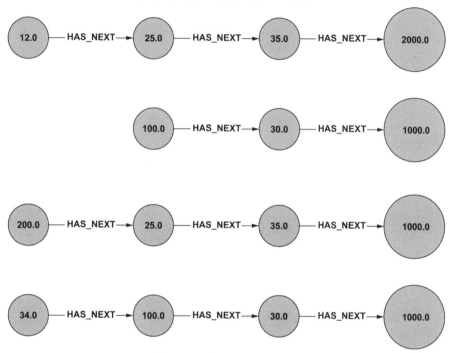

图 8.10 最大的节点是欺诈交易

下一步是识别这些交易中的共同元素(模式)。为此,我们可以稍微扩展查询,以查找发生这些交易的商店,并计算每个商店出现的频率,如代码清单 8.4 所示。

代码清单 8.4 欺诈交易链中最常见的前五个商家

```
MATCH p = (fraud:Fraudulent)<-[:HAS_NEXT*]->(tx)
WHERE fraud.date > datetime() - duration('P7D')
    AND NONE (tx IN nodes(p)
            WHERE COALESCE(tx.date, datetime()) <= datetime() -
➥   duration('P14D'))
WITH nodes(p) AS transactions
UNWIND transactions AS tx
```

---

1 如果查询后在 Neo4j 浏览器中没有看到结果,请选择查询下方的标签 Transaction,然后选择金额作为要可视化的属性。

```
WITH DISTINCT tx
MATCH (tx)-[:AT_MERCHANT]->(merchant)
RETURN merchant.name, COUNT(*) AS txCount
ORDER BY txCount DESC
LIMIT 5
```

结果如图 8.11 所示。

merchant.name	txCount
"Gas Station"	4
"Amazon"	4
"Supermarket"	2
"Jewelry Store"	2
"Toy Store"	1

图 8.11　查询结果

这些结果还不错，但并不尽人意；列表中出现了每个人都消费过的一些知名在线商店。我们需要小心，如果不对这些结果加以批判，我们可能会说欺诈者在亚马逊上运作，但由于该网站采取了安全措施，这种情况几乎不可能发生。相反，我们需要查看所选择的交易集中不太正常的普通商店，因为它们更有可能与欺诈有关。

我们可以采取不同的方法来实现这一目标。例如，可以将这些结果与全球交易列表顶部的商家进行比较，并将出现在两个列表顶部的所有商店标记为"不相关"。相反，我们将使用更复杂、更有趣(也更有用)的方法。需要考虑两组交易：

- 包含所有交易数据的全局集合，而不仅仅是受害者的交易数据。这个数据集是我们的上下文集。我们将获得有关该集合中商家出现次数的统计数据，并在公式中使用该信息。
- 人们抱怨欺诈性收费的一组最近的交易。这个数据集是我们的前景集，代表我们的真实目标。

考虑到这两组数据，我们的目标可以明确表述如下：与上下文数据集对比，在前景数据集中找到不正常的普通商家[1]。这种方法在搜索引擎[2]中用于揭示搜索结果中的重要术语，我们将借用相关公式[3]：

$$score(merchantX) = \frac{foregroundPercentage(merchantX)^2}{backgroundPercentage(merchantX)} - foregroundPercentage(merchantX)$$

将这个公式应用到我们之前获得的商家列表中，可以揭示在欺诈受害者集合的交易中，出现频率比平时更多的商家。这个公式很简单，所以我们可以转换查询来使用它，如

---

1 https://www.elastic.co/blog/important-terms-aggregation。

2 http://mng.bz/A17W。

3 http://mng.bz/ZYvZ。

代码清单 8.5 所示。

代码清单 8.5 使用显著性分数查询欺诈点

计算数据库中的交易总数。也可以考虑过去 14 天的交易总
数，因为我们在分析中考虑了这个范围，但对于这个小数据
库来说并不重要。该值用于计算背景百分比。

```
MATCH (t:Transaction)
WITH count(t) as txCount
MATCH p = (fraud:Fraudulent)<-[:HAS_NEXT*]-(tx)
WHERE fraud.date > datetime() - duration('P7D')
  AND NONE (tx IN nodes(p)
            WHERE COALESCE(tx.date, datetime()) <= datetime() -
              duration('P14D'))
WITH txCount, count(distinct tx) as txForegoundCount
MATCH p = (fraud:Fraudulent)<-[:HAS_NEXT*]-(tx)
WHERE fraud.date > datetime() - duration('P7D')
  AND NONE (tx IN nodes(p)
            WHERE COALESCE(tx.date, datetime()) <= datetime() -
              duration('P14D'))
WITH txCount, nodes(p) AS nodes, txForegoundCount
UNWIND nodes AS tx
WITH DISTINCT txCount, txForegoundCount, tx
MATCH (tx)-[:AT_MERCHANT]->(merchant)
WITH merchant, txCount, 1.0f*COUNT(tx)/txForegoundCount AS
  foregroundPercentage
MATCH (t:Transaction)-[:AT_MERCHANT]->(merchant)
with merchant, 1.0f*count(t)/txCount as backgroundPercentage,
  foregroundPercentage
RETURN merchant.name, backgroundPercentage, foregroundPercentage,
  (foregroundPercentage*foregroundPercentage/backgroundPercentage) -
  foregroundPercentage as score
ORDER BY score DESC
LIMIT 5
```

计算欺诈受害者(欺诈链)的交易总数。该值用于计算前景百分比。

获取欺诈链中的节点列表。

对于每个欺诈链商家，计算其前景百分比(在我们的前景集中它们出现的频率)。

计算分数。

计算背景百分比。

查询结果如图 8.12 所示。

发生银行卡详细信息失窃的可能商家。

merchant.name	backgroundPercentage	foregroundPercentage	score
"Gas Station"	0.21052631578947367	0.36363636363636365	0.2644628099173554
"Jewelry Store"	0.10526315789473684	0.18181818181818182	0.1322314049586777
"Toy Store"	0.05263157894736842	0.09090909090909091	0.06611570247933884
"ATM"	0.05263157894736842	0.09090909090909091	0.06611570247933884
"Amazon"	0.3157894736842105	0.36363636363636365	0.05509641873278237

图 8.12 查询结果

结果不同且意义重大。从这个列表可以明显看出欺诈者在何处操作并窃取信用卡详细信息。

当我们拥有与欺诈有某种关系的商家列表时，可以使用此信息来获取存在风险的人员名单，甚至是信用卡名单，包括过去 14 天内在该位置消费过的任何卡。获取潜在受害者的查询语句如代码清单 8.6 所示。

代码清单8.6　获取潜在受害者的查询

```
MATCH (merchant:Merchant {name:"Gas Station"})<-[:AT_MERCHANT]-(tx)<-
➥  [:MAKES]-(user)
WHERE tx.date > datetime() - duration('P14D')
RETURN user.name
```

当我们找出有风险的信用卡时，可以将其冻结并通知其所有者，或者可以更密切地进行监控，检查是否有其他信号出现，例如与其他商家进行小额交易从而对卡进行测试。

重要的是要注意，如果交易次数过多，这里介绍的方法将无法扩展。特别是你可能有很多交易与一些商家相关联，使得他们的相关节点很密集。可以应用一些技术来应对此类问题，例如将密集节点划分为多个节点、创建特定于时间的关系(例如 AT_MERCHANT_ON_2019_08_19)等。在第 9 章中，我们将考虑支持开展大规模打击欺诈的技术。

然而，首先值得一提的是另一种场景，其中图模型提供了一种简单、强大且高效的表示，可以发现特定类型的欺诈。即使在这种情况下，也可以通过查询定义的图模型来完成分析。

8.3.2　识别欺诈环

我们将考虑的特定欺诈计划所需的步骤总结如下：

(1) 在金融机构创建了大量合成客户账户(为实施欺诈而创建的真实账户)。

(2) 长期以来，这些账户与普通账户的流水无异。

(3) 随着时间的推移，他们会要求提高信贷水平，并按时偿还，从而获得银行的信用值和信任。

(4) 实际上，资金在同一组账户之间流通，通过多次和不同的跳转来避免被识别。

(5) 到了某个时候，他们都要求获得最大的信用额度，取出这些钱，然后销声匿迹。

这种特定类型的欺诈被称为欺诈环，因为账户、详细信息和金钱围绕着同一组人形成了一个圈子。类似的技术被更大规模地用于洗钱。在这种情况下，资金从一个账户转移到位于不同国家的另一个账户，用来处理非法资金、逃避纳税，或资助恐怖分子或其他非法组织。让我们从定义场景开始，看看如何打击这种类型的欺诈。

假设你希望在欺诈发生之前尽快识别欺诈环的形成。目标是在为时已晚之前揭示欺诈环的建立。要了解环的形成，请考虑表 8.6 中的示例账户持有人详细信息。

表8.6　账户持有人详细信息

账户 ID	用户名	电子邮件	电话号码	全名	地址
49295987202	alenegro	mpd7xg@tim.it	580-548-1149	Hilda J Womack	4093 Cody Ridge Road - Enid, OK
45322860293	jimjam	jam@mail.com	504-262-8173	Megan S Blubaugh	4093 Cody Ridge Road - Enid, OK
45059804875	drwho	mpd7xg@tim.it	504-262-8173	John V Danielson	4985　Rose　Avenue -Mount Hope, WI
41098759500	robbob	bob@google.com	352-588-9221	Robert C Antunez	2041　Bagwell　Avenue- San Antonio, FL

账户相关产品见表 8.7(关系数据库会更复杂，此示例仅用于说明)。

表8.7　属于受监控账户的产品

账户 ID	产品类别	产品编号
49295987202	信用卡	793922
49295987202	银行账户	896857
49295987202	贷款	885398
45322860293	信用卡	482513
45322860293	银行账户	305693
45059804875	信用卡	631264
45059804875	银行账户	171215
45059804875	贷款	432775
41098759500	银行账户	377703
41098759500	贷款	859916

浏览至本书的这一部分后，你应该能够以图的形式对这些表格进行建模，然后很可能会得到如图 8.13 所示的结果。

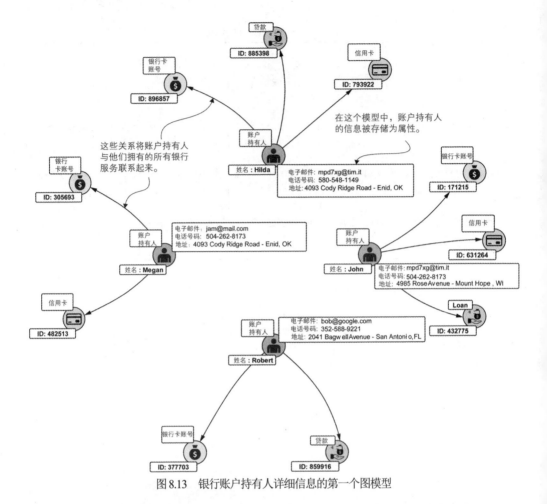

图8.13　银行账户持有人详细信息的第一个图模型

这个模型非常好，特别是考虑了目前讨论的指导方针，但是为了识别欺诈环，我们需要将尽可能多的信息分解到单独的节点中。使用这种方法，你可以创建一个类似于图8.14所示的图。

显然，这些银行账户有些奇怪；该图清楚地表明它们之间具有紧密联系。当然，数据库很小，所以很容易发现链接，但有一种机制允许我们检查任意大小的图并搜索连接的组件。如果图的任何一对节点通过路径连接，则该图被认为是连通的(或强连通的，如果它是有向的)[Diestel, 2017]。在任何图中(包括非连通图)，都可以存在一组称为最大连通子图的连通分量。

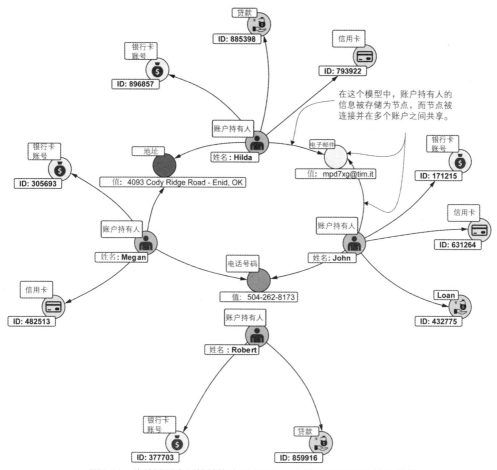

图 8.14　将关键用户属性转换为节点的第二个模型(仅可视化相关节点)

幸运的是，我们不必自己在 Neo4j 中实现这样的算法，因为它已经被实现并作为插件对外提供[1]。要试用这一算法，你需要一个简单的图；在 ch08/queries/simple_ring_fraud. cypher[2]中可以找到创建该图所需的 Cypher 查询。执行查询，并在 Neo4j[3]中安装插件。此时，你可以执行代码清单 8.7 中的查询。第一个查询将属性 partition 分配给每个用户，指定用户属于哪个簇。

代码清单 8.7　用于标识环并为其分配用户的查询

```
CALL gds.wcc.write(
    {nodeQuery: "MATCH (p:User) RETURN id(p) as id",
    relationshipQuery: "MATCH (p1:User)--()--(p2:User) RETURN id(p1) as source,
```

---

1 https://github.com/neo4j/graph-data-science。

2 使用通常的 MATCH(n)DETACH DELETE n 整理数据库。

3 附录 B 包含安装和配置插件的说明。

```
    ➥  id(p2) as target",
    writeProperty: "partition"}
)
YIELD
  componentCount,
  createMillis,
  computeMillis,
  writeMillis
```

代码清单 8.8 中的查询显示了每个簇的分量。

代码清单 8.8　查询以可视化每个用户所属的簇

```
MATCH (n:User)
RETURN n.partition, COUNT(*) AS members, COLLECT(n.name) AS names
ORDER BY members DESC
```

结果如图 8.15 所示。

n.partition	members	names
0	3	["Hilda J Womack", "Megan S Blubaugh", "John V Danielson"]
3	1	["Robert C Antunez"]

图 8.15　前两次查询的结果

这些查询准确地显示了我们已经知道的内容：Hilda、Megan 和 John 形成一个簇，因为他们通过一个或多个属性(如电子邮件地址、电话号码和邮寄地址)连接。

看起来 Rob 已经退出该事件，但实际并非如此：Rob 是该组织的负责人(出于此场景的目的，可以假设我们是从别处知道这一点的)。但他不使用与所有其他人相同的任何信息。真聪明！我们如何才能捕获到他在环中的关系？

如前所述，图的优点之一是我们可以使用图来合并来自不同数据源的数据。有了银行账户和信用卡，用户可以连接到网上银行服务。这个系统捕获了很多我们没有使用的关于用户浏览器、IP 地址、设备等的细节。让我们只考虑 IP 信息。表 8.8 显示了这些信息的样子。

表 8.8　账户连接信息

账户 ID	IP 地址	日期
41098759500	166.184.50.48	2020-01-21
45059804875	166.184.50.48	2020-01-21
41098759500	208.125.140.154	2020-01-19
45059804875	74.248.71.164	2020-01-17
45322860293	208.125.140.154	2020-01-19

如果我们将此数据源添加到图中，将获得如图 8.16 所示的结果。

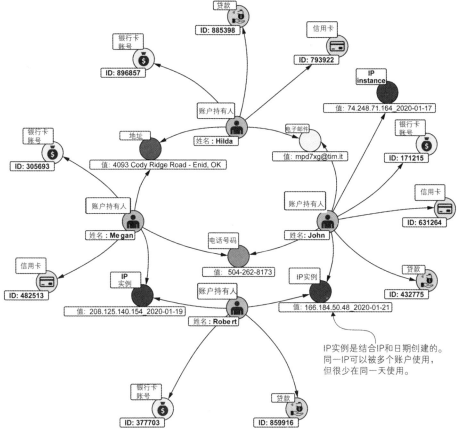

图 8.16　第三种模型，用于捕获有关用户连接到网上银行平台的 IP 地址的信息

图 8.16 说明了我们的论点：Rob 正在操纵一切。他作为来自同一地点的不同账户持有人进行连接。使用 ch08/queries/simple_ring_fraud_IP.cypher 中可用的查询来扩展我们的数据库。重新运行代码清单 8.7 中的查询会得到如图 8.17 所示的结果。

n.partition	members	names
0	4	["Hilda J Womack", "Megan S Blubaugh", "John V Danielson", "Robert C Antunez"]

图 8.17　合并 IP 信息后的结果

从这些结果中可以明显看出，Rob 与所有其他账户都有较多联系。现在人类分析师可以进行更深入的调查，可以关闭欺诈账户，可以向当局报告账户背后的始作俑者，并禁止其在该国开设任何其他银行账户。至此，问题得到解决。

值得一提的是，环检测方法可用于金融欺诈以外的情况，例如识别网站上属于同一用户的多个账户。这个问题在不同场景下很常见，例如：

- 禁止用户尝试建立新账户。
- 在拍卖网站上,同一用户使用多个账户竞标以提高某件商品的价格。
- 在扑克室中,同一用户在同一张牌桌上使用多个账户与其他棋手对战。
- 亚马逊等市场上的商家向发布虚假评论的人或其他公司付款以提高其产品的可信度。

在所有这些情况下,找到欺诈环有助于我们发现潜在问题或发现可疑行为并正确应对。

8.3.3 图方法的优点

本节介绍了一些简单而强大的欺诈检测技术。呈现的场景非常适合图模型:如你所见,通过适当的建模和查询,我们可以找到有关数据的有价值的信息。如果没有明确描述这种关系,将很难在大型数据库中找到这些细节。具体来说,在存在信用卡欺诈的情况下,通过图查询,我们能够识别出最终导致欺诈的一组交易中的异常模式。在环示例中,图显示了在关系数据库中无法捕获的人员和账户之间的联系。

8.4 本章小结

本章介绍了与欺诈相关的基本概念,具体来说是异常值检测。提出了不同的方法,其中图是提供高质量分析结果的关键并作为基础设施可扩展到实际生产解决方案。更详细地,你学到了:

- 欺诈的类型以及如何处理最严重的欺诈。
- 如何设计一个能够识别用户信用卡信息可能被盗地点的图模型。
- 如何同时根据提供的个人详细信息以及从用户用于访问网上银行系统的多个联系点收集的信息来识别银行账户中的环。

(注:本章的参考文献,请扫描本书封底的二维码进行下载。)

第9章

基于邻近算法

第 8 章展示了用于识别数据中明确关系的两种方法，由此介绍了欺诈检测技术。在第一种情况下，每笔交易都将持卡人与使用该卡的商家联系起来。在第二种情况下，银行或信用卡账户由其持有者的个人或访问详细信息(电话号码、地址、IP 地址等)连接。但在大多数情况下，这种关系并不明确，所以在这些情况下，我们需要更进一步来推断或发现数据项之间的联系或关系，以检测和打击欺诈。

本章探讨从异常检测理论中借用的打击欺诈的高级算法，这些算法能够识别大范围的异常条目交易数据集，其中数据点似乎是独立的。正如我在第 8 章中提到的，异常检测是数据挖掘的一个分支，涉及发现数据集中的罕见案例或异常值。当你分析大型复杂数据集时，确定数据中的异常内容往往与了解其一般结构一样重要和有趣。

已有许多技术和算法被开发出来解决异常检测问题[Akoglu et al., 2014]，主要侧重于发现多维数据点的非结构化集合中的异常，也就是该数据集中的每个数据点都可以用向量表示。这些技术将数据对象视为位于多维空间中的独立点，但实际情况是，在许多场景中，它们可能相互依赖，因此在异常检测过程中应该考虑到这些依赖性。在大量学科中——例如物理学、生物学、社会科学和信息系统——数据实例实际上是内在相关的。正如我们所见，图提供了一个强大的工具，可以有效捕获相互依赖的数据对象之间长期存在的相关性。

本章继续探索图对在异常检测空间中打击欺诈行为的作用。首先，我们将使用图构造技术来创建图；接下来，我们将分析图以揭示异常交易。这里使用的算法并不新鲜，但示例清楚地展示了图如何帮助我们更好地可视化和处理数据，从而简化分析过程。

9.1　基于邻近算法：介绍

假设你想识别可疑的信用卡交易，以避免客户未授权便被收款。在分析运营数据时，你需要识别偏离正常用户行为的交易并将其标记为潜在欺诈。

在这个阶段，场景应该很清楚：你需要在信用卡操作列表中发现欺诈性质的或至少是异常的交易。目标是处理数据并编制交易代码清单以供进一步检查。相反，当发出完成新的交易的请求时，系统应该评估是接受还是拒绝它。值得注意的是，这里的可用数据与第 8 章中的场景不同。这里，我们为每笔交易提供了大量特征，而在此之前只有少数特征。这种情况更符合现实，因为一般来说，信用卡公司会收集有关每笔交易的大量信息，从而提高归类欺诈交易的准确度。

甚至这里的目的也不同。之前，我们试图查明用户信用卡详细信息被盗的位置或进行交易以测试被盗凭据的位置。此处我们的目标是识别异常交易。当系统将交易标记为可疑交易时，该卡将被冻结，直到完成进一步的调查和分析。

显然，这种情况需要使用一种不同的方法。可用数据以交易序列的形式存在，通过一组属性(如卡 ID、时间、金额、位置、商家 ID 和信用卡系统收集的其他信息)对其进行描述。关于个人用户和商家的信息很少或没有。此外，与前面的例子相比，数据量很大。

由于数据的大小和明确关系的缺失，我们在第 8 章中探讨的技术不能应用于此处。相反，本章介绍一种新的欺诈检测技术，该技术使用异常检测领域明确定义的方法：基于邻近方法。我们还将使用图表示对数据进行建模和处理，并提高分析的速度和性能。你会发现自己很熟悉从数据建模图的方法，因为它使用了本书前面讨论的一些图构建技术。本章展示此类方法的灵活性以及它们如何适用于多种情景和用例。我将简要介绍这些选项，然后将最合适的选项应用到我们的场景中。

当数据点与其他数据点间距非常远时，基于邻近的技术将数据点定义为异常值。一种更复杂的说法是该位置(或邻近度)数据点稀少。不同算法使用不同的机制来定义数据点的邻近度。这些方法略有不同，但它们背后的概念非常相似，可以将它们统一分为几组类型。为异常值分析定义邻近度的最常见方法是[Aggarwal, 2016]：

- 基于簇集——数据点被分成簇集，使用最合适的技术，考虑元素的表示方法以及应达到的算法准确度。异常值分数的计算运用到了任意簇集中数据点的非成员身份、它与其他簇集的距离、最近簇集的大小或这些因素的组合。点属于簇集或应被视为异常值。
- 基于密度——为每个数据点定义一个局部区域(可能基于网格位置)，并且该区域中其他点的数量用于定义局部密度值。该值可以转换为异常值分数，分数较高的元素被视为异常值。基于密度的异常值检测方法的基本假设是非异常对象周围的局部密度与其邻近周围的局部密度相似，而异常对象周围的局部密度与其邻近周围的局部密度显著不同。基于簇集的方法划分数据点，而基于密度的方法划分数据空间。

- 基于距离——对于每个数据点,计算 k-最近邻(k-NN)网络(是的,与我们之前推荐使用的网络相同)。异常值分数是通过使用数据点与其 k 最近邻点的距离来计算的;具有最大 k-NN 距离的数据点被标记为异常值。相比于这里介绍的其他方法,基于距离的算法通常性能更佳,因为它们的粒度更高。在基于聚类和基于密度的方法中,通过对点或数据空间进行分区,在分析异常值之前聚合数据,并将单个数据点与这些数据点进行比较。在基于距离的方法中,异常值分数基于到原始数据点的 k-NN 距离。这种更大的粒度通常会导致计算成本昂贵,但使用图和其他一些技术可以减小成本。

所有这些技术都基于某种邻近度(或相似度或距离)的概念并且密切相关。主要区别在于定义该距离的详细程度。

我们将专注于基于距离的机制,因为该机制比其他机制更加准确。此外,它们不仅适用于图空间,而且适用于我介绍到的技术。尽管本章侧重于信用卡交易等多维数值数据,但此类方法已推广到许多其他领域,如分类数据、文本数据、时间序列数据和序列数据。

本章的另一个要点是将 k-NN 网络用于推荐以外的任务,并显示了这种技术在分类方面的强大作用。在本书的前面部分,我们已探讨了 k-NN 网络解决不同问题的不同用途和内在灵活性。

9.2　基于距离的方法

为了说明如何使用基于距离的异常值检测方法,我们将使用 Kaggle 上提供的匿名信用卡交易数据集[1]。该数据集包含欧洲持卡人在 2013 年 9 月的两天内进行的信用卡交易。共有 284,807 笔交易,其中 492 笔是欺诈交易。数据集高度不平衡:正类(欺诈)占所有交易的 0.172%。数据集仅包含数字输入变量,这些变量经过了统计转换,所以它们并不相关,这样可以更好地适应我们的场景。由于保密问题,Kaggle 无法提供有关数据的原始特征和更多背景信息。唯一没有进行转换的特征是 Time 和 Amount。Time 特征包含流经每笔交易和数据集中的第一笔交易之间的秒数。Amount 特征是交易金额。Class 特征是响应变量;属于欺诈则取值为 1,否则取值为 0。图 9.1 中的模式显示了一个高级工作流,其中包含使用基于距离的方法识别此类交易列表中的异常值所需的子任务。

第一部分由两个子任务(提取数据并将其存储为图中的节点)组成,是一种传统的图构建技术。该技术已在书中出现多次,所以现在你应该已经熟悉了。第一步创建一个类似于图 9.2 中的图。

下面我们将展开讨论此处涉及的内容。

---

1 https://www.kaggle.com/mlg-ulb/creditcardfraud。

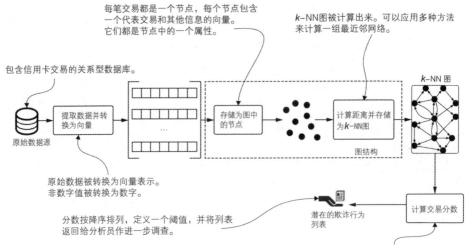

图 9.1 利用图的基于距离的方法

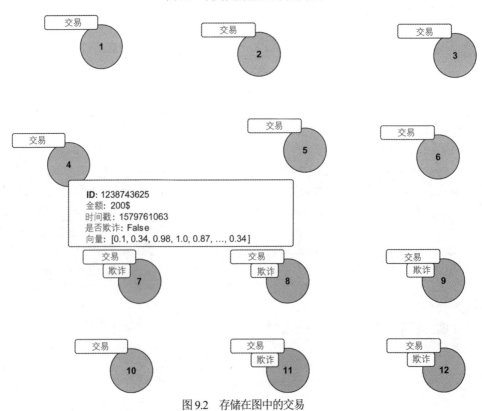

图 9.2 存储在图中的交易

9.2.1　将交易存储为图

我们首先从原始格式 CSV 中提取数据作为图中的节点。你将在位于 ch09/import/creditcard 的代码仓库中找到 Python 脚本和导入数据所需的依赖项。此步骤开始将交易存储为图中的节点，如图 9.3 所示。

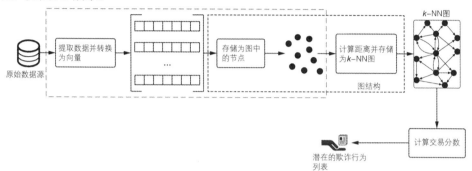

图 9.3　我们在心智模型中的位置

下一个代码清单来自代码仓库，展示了如何从 Kaggle 提取数据集并将交易数据转换为向量。

代码清单 9.1　导入交易的代码

启动 50 个写入线程。在本例中，因为每个交易节点都是独立的，所以不会有任何并发问题。

使用 pandas 从 交易.csv 文件中读取数据。

```
def import_transactions(self, directory):
    transactions = pd.read_csv(os.path.join(directory, "creditcard.csv"))
    for k in range(50):
        writing_thread = threading.Thread(target = self.write_transaction)
        writing_thread.daemon = True
        writing_thread.start()

j = 0;
  for index, row in transactions.iterrows():
      j += 1
      transaction = {
          'transactionId': j,
          'isFraud': row['Class'],
          'transactionDt': row['Time'],
          'transactionAmt': row['Amount']}
      vector = self.normalize(row, ['Time', 'Class'])
      transaction['vector'] = vector;
      self._transactions.put(transaction);
      if j % 10000 == 0:
          print(j, "lines processed")
print(j, "lines processed")
self._transactions.join()
print("Done")
```

遍历该文件，创建参数图。

通过删除无用的列并将离散/非数字数据转换为数字来创建交易向量(对这个特定的数据集来说没有必要，因为数据已经被归一化)。参见代码仓库中的完整实现。

将交易对象添加到要存储的元素队列中。

这个连接等待所有元素被处理。

```
def write_transaction(self):
    query = """
        WITH $row as map
        CREATE (transaction:Transaction {transactionId: map.transactionId})
        SET transaction += map
    """
    i = 0
    while True:
        row = self._transactions.get()
        with self._driver.session() as session:
            try:
                session.run(query, {"row": row})
                i += 1
                if i % 2000 == 0:
                    with self._print_lock:
                        print(i, "lines processed on one thread")
            except Exception as e:
                print(e, row)
        self._transactions.task_done()
```

通过将每笔交易作为一个节点存储在数据库中，来处理队列中的元素。

这个代码清单中的代码应该很容易理解，这与其他示例中的做法类似。唯一相关的区别是不必再计算每个节点的向量，因为可以从现有数据中获取。该代码提取一些数据(如Time、isFraud 等)并将其作为交易节点的专用属性。其余的输入数据包括浮点数向量与向量属性放在相同的节点中，这样我们就不需要再计算它了。

警告：需要说明，使用多线程写入 Neo4j 很重要。这种方法很常见，但要小心：只有当查询不会引起任何冲突时(换句话说，当查询作用于图的不同且不重叠的部分时)，才能顺利使用该方法。这种"隔离"将防止出现任何序列化问题，或防止更糟的死锁情况。第一类问题可以通过延迟重试来解决，但第二类问题并不如此，需要编写更新操作，这样一来即使它们并行运行，也会以相同的顺序锁定节点。

在数据提取结束时(应该需要几秒钟)，你的数据库将有 284,807 个节点并且没有关系。

练习

提取数据后，在 Neo4j 上(通过 Neo4j 浏览器)运行一些查询，从而查看是否成功提取。以下给出一些建议：

- 计算插入了多少交易(带有标签 Transaction)。这个数字是否符合你的预期？
- 计算标记为欺诈的交易数量。这个数字是否符合你的预期？
- 从节点中获取 10 个向量。你能找到每个向量的维度吗？
- 获取金额最高的 10 笔交易。

9.2.2 创建 k 最近邻图

第二步(图 9.4)是通过使用表示节点之间距离的关系来连接节点从而创建 k-NN 图。

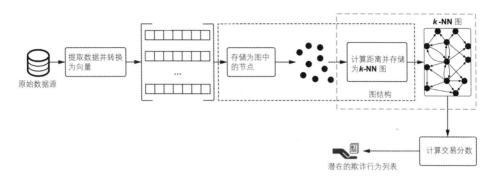

图9.4 我们在心智模型中的位置

在之前构建的推荐系统中，使用了相似度的概念，因为我们在寻找相似的条目或用户。这里，我们考虑距离，因为我们在寻找偏离合法交易的异常值。这种变化并不大，因为在以下的简单公式中距离与相似度相关[1]：

$$距离 = 1 - 相似度$$

该公式指出，当两个数据点相同时，它们的相似度尽可能高：为 1。因此，它们的距离为0。另一方面，如果它们完全不同(互相垂直，如果你愿意)，则相似度为0。在这种情况下，距离将是尽可能大的：为1。

当计算和存储 k-NN 图后，有可能找到异常值——在我们的例子中即为欺诈交易。基于距离的邻近度方法通常以分数的形式输出，这些分数表示数据点(在这种情况下为交易)是异常值的预测概率。通过分配阈值，我们可以做出二元决策：每当分数高于固定阈值时，交易就被视为异常。

到目前为止，一切都很顺利，但正如我们在本书前面探讨的场景一样，细节决定成败。计算 k-NN 图的计算成本很高，时间复杂度为 $O(N^2)$。幸运的是，有些技术可以缩短时间；我们会在适当的时候介绍其中一些方法。

现在我们将数据库中的所有交易作为一组节点，必须创建 k-NN 图。为此，必须使用我们创建的 Vector 属性计算每个节点与所有其他节点的距离。这些距离是有序的，只有前 k 个值作为关系存储在图中。每个关系还包含距离值作为其 weight 属性。这个过程的结果如图9.5 所示。

---

1 可以使用该公式，就好像相似度值在[0, 1]范围内一样。否则，必须使用诸如 *similarity/max(similarity values)* 的形式来归一化相似度值。

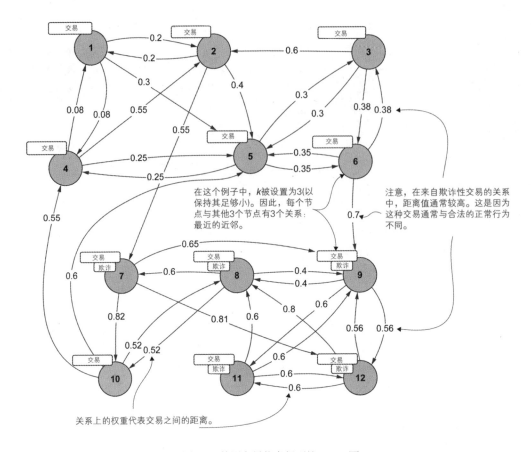

在这个例子中，k被设置为3(以保持其足够小)。因此，每个节点与其他3个节点有3个关系：最近的近邻。

注意，在来自欺诈性交易的关系中，距离值通常较高。这是因为这种交易通常与合法的正常行为不同。

关系上的权重代表交易之间的距离。

图9.5 使用向量信息得到的 k-NN 图

如前所述，正如我们在推荐场景中所见，计算 k-NN 图烦琐不堪，因为它需要计算每对交易之间的距离或相似度。因此，当有大量数据项(交易、呼叫等)时，通常并不使用基于距离的方法。

创建 k-NN 图并将其作为真实图(前图的扩展)持久化在访问和分析数据方面有很多优势，但在计算相似度时无济于事。我想强调这一点，因为正如我在本书开头所说的，本书的目的不仅仅是纸上谈兵。数据科学家和数据工程师要解决的是实际问题，必须考虑到时间、磁盘/内存空间和结果质量。

在第 6 章中，我们探索了一些技术——局部敏感哈希(Locality-Sensitive Hashing, LSH)和 Spotify 的 Annoy[1]——来计算近似最近邻(Approximate Nearest Neighbor, ANN)图，并取得了良好结果。现在我们将探索另一种有趣的 ANN 方法，它比这两种技术效果更好。为清楚起见，由于特定场景所需的数据大小和结果质量不同，其他方法在其所使用的场景中运行良好。在欺诈检测用例中，我们需要处理大量的密集向量，近似质量会影响欺诈检测结果的质量。在这种情况下，我建议对 ANN 采取不同的、更复杂的方法。

---

1 https://github.com/spotify/annoy。

与在其他元素中搜索 k 个最邻近元素的精确 k-NN 搜索相比，ANN 搜索允许出现少量误差，放宽了条件。它在一个简化的集合中搜索，该集合应该包含最适合用作搜索输入的特定向量的元素。

在过去的几十年里，ANN 搜索一直是一个热门话题，它为许多应用程序提供了基础支持，涵盖从通用数据挖掘到推荐以及从数据库索引到信息检索等领域。对于稀疏离散数据(例如文档)，可以在高级索引结构(例如倒排索引)上有效地执行最近邻搜索[Manning et al., 2008][1]。对于密集连续向量(例如欺诈用例中的那些)，目前已有各种解决方案，包括使用基于树结构的方法、基于哈希的方法(例如第 6 章中描述的 LSH 方法)、基于量化的方法、基于图的方法等。基于图的方法通过逼近传统图来降低索引复杂度。最近，这些方法在百万级数据集上展示了其具有突破性能[Fu et al., 2019]。这些方法之所以有趣，不仅因为它们基于图而与本书相关，还因为在性能方面，它们代表了最先进的技术[2]。无需过多详细说明，用两大步骤即可描述这些方法背后的基本思想：

(1) 创建基于图的索引结构。在此阶段，创建邻近图(或邻图)。在该图中，节点是多维空间中的向量，节点之间的边是根据定义的特定距离函数和导航标准使用某种逻辑创建的。根据所使用的距离函数，如果两个节点有相邻的可能性，则它们是连接的。

(2) 寻找近邻。给定一个特定的向量或搜索查询，基于算法以不同的方式导航邻近图，以找到与输入向量最接近的候选者。

我选择了应用分层导航小世界(Hierarchical Navigable Small World, HNSW) [Malkov and Yashunin, 2016]作为这种场景的 ANN 方法。根据 Erik Bernhardsson 网站和 Aumüller et al.[2018]提供的基准，它是最好的选择之一，而且 Python 装饰器[3]使用起来非常简单。以下代码清单显示了如何计算和存储 k-NN 图。

代码清单 9.2 计算和存储距离

用于根据参数集计算和存储距离的函数。

```
def compute_and_store_distances(self, k, exact, distance_function,
    relationship_name):
    start = time.time()
    data, data_labels = self.get_transaction_vectors()
    print("Time to get vectors:", time.time() - start)
    start = time.time()
    if exact:
        ann_labels, ann_distances = self.compute_knn(data, data_labels, k,
            distance_formula)
    else:
```

创建距离计算过程中使用的向量的函数。

在精确和近似的 k-NN 之间进行切换。

---

1 倒排索引数据结构是所有典型搜索引擎索引算法的核心组成部分。倒排索引由出现在任何文档中的所有唯一词的列表以及出现每个词的文档列表组成。这种数据结构也是信息检索过程中最常用的一种。

2 http://mng.bz/veDM。

3 https://github.com/nmslib/hnswlib。

```
        ann_labels, ann_distances = self.compute_ann(data, data_labels, k,
            distance_formula)

    print("Time to compute nearest neighbor:", time.time() - start)

    start = time.time()
    self.store_ann(data_labels, ann_labels, ann_distances, relationship_name)
    print("Time to store nn:", time.time() - start)

def store_ann(self, data_labels, ann_labels, ann_distances, label):
    clean_query = """
        MATCH (transaction:Transaction)-[s:{}]->()
        WHERE transaction.transactionId = $transactionId
        DELETE s
    """.format(label)

    query = """
        MATCH (transaction:Transaction)
        WHERE transaction.transactionId = $transactionId
        UNWIND keys($knn) as otherSessionId
        MATCH (other:Transaction)
        WHERE other.transactionId = toInteger(otherSessionId) and
            other.transactionId <> {transactionId}
        MERGE (transaction)-[:{} {{weight: $knn[otherSessionId]}}]->(other)
    """.format(label)

    with self._driver.session() as session:
        i = 0;
        for label in data_labels:
            ann_labels_array = ann_labels[i]
            ann_distances_array = ann_distances[i]
            i += 1
            knnMap = {}
            j = 0
            for ann_label in ann_labels_array:
                value = np.float(ann_distances_array[j]);
                knnMap[str(ann_label)] = value
                j += 1
            tx = session.begin_transaction()
            tx.run(clean_query, {"transactionId": label})
            tx.run(query, {"transactionId": label, "knn": knnMap})
            tx.commit()

            if i % 1000 == 0:
                print(i, "transactions processed")
```

存储 *k*-NN 图的函数。

　　此代码已以创建 ANN 和 *k*-NN 图的方式实现。信用卡数据集足够小，可以在 *k*-NN 方法中对其进行管理，因此为了测试不同的解决方案，我运行代码清单 9.2 中的代码，使用了不同的距离函数和两种方法：近似和精确最近邻计算。表 9.1 包含了函数的简要说明。

表9.1　测试中使用的不同距离函数

名称	公式
L2 平方	L2(也称为欧几里得)距离是欧几里得空间中两点之间的直线距离。L2 平方(L2 的平方版本)对于统计模型的参数估计至关重要，它用于最小二乘法，这是回归分析的标准方法
马哈拉诺比斯[1]	Mahalanobis(马哈拉诺比斯)距离是点与分布之间的距离，而不是两个不同点之间的距离。它实际上是欧几里得距离的多元等价物。它在多变量异常检测、高度不平衡数据集的分类、一类分类和更不常见的用例中具有出色的应用

代码清单 9.3 和 9.4 详细显示了实现近似和精确最近邻计算的方法。通过在代码清单 9.2 中的 `compute_and_store_distances` 函数中设置 `exact` 参数来在这两种方法之间切换。

代码清单 9.3　计算近似最近邻的函数

启动索引。应该事先知道最大的元素数，以便在我们要加载的数据上计算出索引。

声明索引。

```
def compute_ann(self, data, data_labels, k, distance_function):
    dim = len(data[0])
    num_elements = len(data_labels)
    p = hnswlib.Index(space=distance_function, dim=dim)
    p.init_index(max_elements=num_elements, ef_construction=400, M=200)
    p.add_items(data, data_labels)
    p.set_ef(200)
    labels, distances = p.knn_query(data, k = k)
    return labels, distances
```

设置查询时间的准确性/速度权衡，定义 `ef` 参数，该参数应始终>k 且<num_elements。`ef` 是指最近的邻点的动态列表的大小(在搜索过程中使用)。更高的 `ef` 值会导致搜索更准确但更慢。

查询数据集，找到 k 个最接近的元素(返回 2 个 numpy 数组)。

代码清单 9.4　计算精确最近邻的函数

```
def compute_knn(self, data, data_labels, k, distance_function):
    pre_processed_data = [np.array(item) for item in data]
    nbrs = NearestNeighbors(n_neighbors=k, algorithm='brute', metric=
    ➥ distance_function, n_jobs=-1).fit(pre_processed_data)
    knn_distances, knn_labels = nbrs.kneighbors(pre_processed_data)
    distances = knn_distances
    labels = [[data_labels[element] for element in item] for item in
    ➥ knn_labels]
    return labels, distances
```

使用表 9.2 中的参数执行代码清单 9.2 中的代码(完整代码可在代码仓库中找到)后，你将获得近似的最近邻图。

---

1 可在 http://mng.bz/4MEV 上找到关于 Mahalanobis 距离的重要性和功能的有趣文章。

你可以从 Neo4j 浏览器运行一个简单查询来检查新的图数据库，如代码清单 9.5 所示。

表9.2 用于创建近似最近邻图的参数值

参数	值
exact	False
k	25
distance_function	L2
relationship_name	DISTANT_FROM

代码清单 9.5 可视化 KNN(近似)图的一部分

```
MATCH p=(:Transaction)-[:DISTANT_FROM]-(:Transaction)
RETURN p
LIMIT 100
```

查询结果如图 9.6 所示，这是 Neo4j 浏览器的截图。

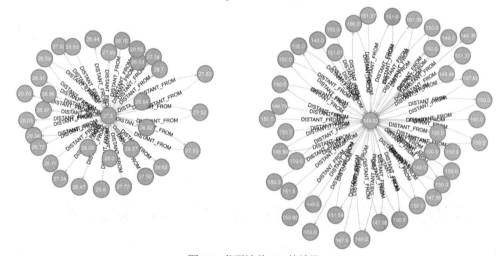

图9.6 代码清单9.5 的结果

继续讨论之前，有必要分析近似和精确最近邻图之间的差异。使用表 9.3 中的参数，在代码清单 9.2 中运行 Python 脚本[1]，你将获得一个精确的最近邻图。

执行脚本的结果是生成一个包含近似和精确最近邻图的图(近似图是用上次运行的脚本计算的)。现在比较这些图与对它运行一个简单的查询一样复杂。代码清单 9.6 显示了用于比较图的查询。

---

1 根据你将运行脚本的硬件，可能需要很长时间才能完成。

代码清单 9.6　比较最近邻图

```
MATCH (t:Transaction) with t
MATCH (t)-[r:DISTANT_FROM]->(ot:Transaction)
WITH t, r.weight as weight, ot.transactionId as otherTransactionId
ORDER BY t.transactionId, r.weight
WITH t, collect(otherTransactionId) as approximateNearestNeighbors
MATCH (t)-[r: DISTANT_FROM_EXACT]->(ot:Transaction)
WITH t.transactionId as transactionId, approximateNearestNeighbors, r.weight
➥   as weight, ot.transactionId as otherTransactionId
ORDER BY t.transactionId, r.weight
WITH transactionId, collect(otherTransactionId) = approximateNearestNeighbors
➥   as areNeighborsSimilar
WHERE areNeighborsSimilar = true
RETURN count(*)
```

如果你不想等待创建第二个图并自己进行实验，我可以告诉你，此查询将返回高于
230,000(总共 284,807 笔交易)的计数，这意味着其计算准确度高于 80%。这个结果是一个
节点的近似最近邻计算产生的邻点列表与精确最近邻计算结果匹配次数的百分比。如果你
检查剩余的大约 20%笔交易，你会发现差异达到了最小值。计算精确最近邻图所需的时间
不是最小的，这需要 N×N 距离计算。ANN 方法(特别是 HNSW 提供的基于图的 ANN 实
现)不仅准确性较高，还大大减少了计算最近邻图所需的时间。因此，这里提出的方法可
用于具有真实数据集的生产环境。

9.2.3　识别欺诈交易

最后一步(图 9.7)是识别欺诈交易。使用基于距离的方法——特别是此处详细讨论的最
近邻方法——如果与邻点相距很远，则观察(在我们的场景中为交易)被视为异常值或可能的
欺诈。因此，异常值的度量——异常值分数——可以通过节点与其最近邻点的距离来计算：
分数越高，出现异常值的概率就越高。

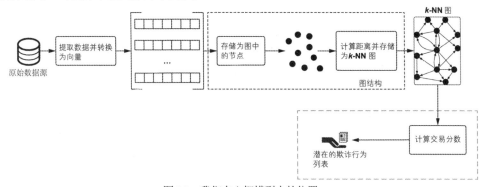

图 9.7　我们在心智模型中的位置

不同的方法基于每个观察的 k-NN 来衡量其分数。这种评分机制有两种简单的变体：

- 精确的 *k*-最近邻分数——任何数据观察的异常值分数等于它与第 *k* 个最近邻的距离。因此，如果 *k* = 5 并且 ID 为 32 的交易的 *k*-NN 是[45:0.3, 34:0.45, 67:0.6, 50:0.75, 21:0.8]，那么，2-最近邻分数为 0.45(到列表中第二个节点的距离)，3-最近邻分数将为 0.6，以此类推。
- 平均 *k*-最近邻分数——任何观察的异常值分数等于与其 *k*-最近邻的平均距离。因此，在前面的示例中，ID 为 32 的交易的分数将为 0.58((0.3+0.45+0.6+0.75+0.8)/5)。

总的来说(很惊人但的确是事实)，如果我们知道要使用的正确 *k* 值，可以看到精确的 *k*-NN 分数的结果往往比平均 *k*-NN 分数的结果更好。然而，在类似异常值检测这样的无监督问题中，无从得知用于任何特定算法的正确 *k* 值，分析人员可能会使用一定范围内的 *k* 值。此外，当数据集包含具有不同密度的多个聚类时，为 *k* 定义单个理想值是一项复杂(如果可能)的任务。

在这个阶段，因为 *k*-NN 图存储在我们的图数据库中，计算分数和评估这里所采用方法的性能需要执行一些查询。重点应该是识别交易可能存在的欺诈并将其传递给分析师进行进一步验证。

在进行更深入的分析之前，让我们考虑节点与其 *k* 最近邻节点的平均距离如何分布在整个数据集中来评估获得的整体结果。同样，图表示——特别是带有 APOC[1] 插件的 Neo4j——可以提供很多帮助。使用以下查询，可以导出一个 .csv 文件，其中一列是交易，另一列是每笔交易与其 *k* 最近邻的平均距离。这些查询分别显示了如何对被识别为可能是欺诈的交易和不太可能是欺诈的交易执行操作。

代码清单 9.7 创建具有欺诈交易平均距离的 .csv 文件

```
CALL apoc.export.csv.query('MATCH (t:Transaction)-[r:DISTANT_FROM]->
⇒  (other:Transaction)
WHERE t.isFraud = 1
RETURN t.transactionId as transactionId, avg(r.weight) as weight',
⇒  'fraud.csv',
{batchSize:1000, delim: '\t', quotes: false, format: 'plain', header:true})
```

代码清单 9.8 创建具有非欺诈交易平均距离的 .csv 文件

```
CALL apoc.export.csv.query('MATCH (t:Transaction)-[r: DISTANT_FROM]->
⇒  (other:Transaction)
WHERE t.isFraud = 0
RETURN t.transactionId as transactionId, avg(r.weight) as weight',
⇒  'noFraud.csv',
{batchSize:1000, delim: '\t', quotes: false, format: 'plain', header:true})
```

我们已经用 Microsoft Excel 分析过结果(文件在位于 ch09/analysis/analysis.xlsx 的代码仓库中)，如图 9.8 所示。条形图比较了两个数据集(欺诈交易与非欺诈交易)之间平均距离的分布。一般来说，与非欺诈交易相比，我们预计欺诈交易的平均距离会更大。在图中，右

---

1 http://mng.bz/Q26j。附录 B 显示了如何安装和配置它。

侧应(距离较远)具有较高的欺诈交易值，左侧的值较低(距离较近)。

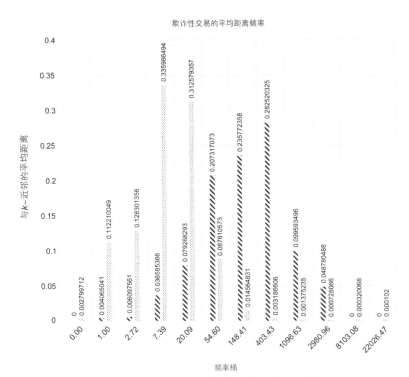

图 9.8　比较欺诈和非欺诈交易的平均距离分布的图表

在这种情况下，现实符合我们的预期：表示非欺诈交易的虚线条在左侧较高，而斜条纹表示欺诈交易在右侧较高。在大约 20 的平均距离内，非欺诈条高于欺诈条，从下一个值(54.6)开始，趋势出现反转。虚线条的峰值在 7 左右，在此处我们获得 33%的值(也就是说，大约 284,000 笔合法交易中有三分之一的平均 k-NN 距离范围为 2.72~7.39)。这些交易中约有 78%的平均得分范围为 2.72~20.09。对角线条纹条的峰值在 403，我们可以看到 72%的欺诈交易的平均 k-NN 距离范围为 54~403。这意味着从统计上来看，非欺诈交易与其最近邻的平均距离低于欺诈交易与其最近邻的平均距离。

现在我们已经确定使用的距离度量效果良好，并且数据表现符合预期，让我们继续进行更深入的分析。为此目的提出的第一个查询按照与 k-最近邻的最小距离对交易进行排序，这意味着 k-NN 评分机制中的 $k = 1$。代码清单 9.9 用于计算按最小距离排序的潜在欺诈交易。

代码清单 9.9　计算按最小距离排序的潜在欺诈交易

```
MATCH (t:Transaction)-[r:DISTANT_FROM]->(:Transaction)
WITH t, min(r.weight) as score, t.isFraud as fraud
ORDER BY score DESC
LIMIT 1000
```

```
WHERE fraud = 1
RETURN COUNT(distinct t)
```

此查询返回的计数为118[1]，这意味着在按分数降序排序返回的前 1,000 笔交易中，有 11.8%是欺诈交易。该值可能看起来很低，但事实并非如此。回想一下，在总共 284,807 笔数据集中有 492 笔欺诈交易，这意味着欺诈交易的比例只有 0.17%。这一结果强化了我们的直觉，即交易与其最近邻的距离越大，就越可能是交易欺诈。这个距离是代码清单 9.9 及相关描述中定义的分数。其计算方式不同，但在所有情况下，分数越高，交易为欺诈的可能性就越大。代码清单 9.10 中是一个更通用的查询，你可以在其中更改 k 的值，考虑使用最近邻列表中你喜欢的任何元素。

代码清单 9.10　计算按 4-NN 距离排序的潜在欺诈交易

```
MATCH (t:Transaction)-[r:DISTANT_FROM]->(:Transaction)
WITH t.transactionId as transactionId, r.weight as weight, t.isFraud as fraud
ORDER BY transactionId ASC, weight
WITH transactionId, fraud, collect(weight)[3] as score    ◀── 3 可以是小于 k 的任何数值
ORDER BY score DESC                                              (由集合产生的向量从 0 开
LIMIT 1000                                                      始，所以 k=1 是向量0 的元
WHERE fraud = 1                                                 素，k=2 是向量 1 的元素，
RETURN COUNT(distinct transactionId)                           以此类推)。
```

在这个查询中，我们将向量位置固定为 3(也就是 KNN 中的第四个元素，因为集合创建了一个基于 0 的向量)。因此，在这个查询中，我们根据每笔交易与交易本身 KNN 中第四个元素的距离来分配分数。提醒一下，我们将 k(要考虑的最近邻的数量)设置为 25(参见表 9.2 和 9.3)；该值可以是小于 25 的任何值。

在这种情况下，查询返回计数 111，这意味着生成的交易列表中有 11.1%是欺诈性的。这个结果比之前略低，但仍远高于 0.17%——欺诈交易占整个数据集的百分比。

这些查询产生的结果是好的。为了进一步证明，运行代码清单 9.11 中的查询，它会生成一个随机分数。

代码清单 9.11　生成一个包含 1000 笔交易的随机列表

```
MATCH (t:Transaction)-[r:DISTANT_FROM]->(:Transaction)
WITH t, rand() as score, t.isFraud as fraud
ORDER BY score desc
LIMIT 1000
WHERE fraud = 1
RETURN COUNT(distinct t)
```

无论与 KNN 中任何元素的距离如何，查询都会为每笔交易分配一个随机分数。因为交易列表是随机生成的，所以查询结果可能会有所不同，但是你应该会发现查询通常返回 2 或 3，相当于 0.2% 到 0.3%。该结果与整个数据集中的欺诈交易分布一致，为 0.17%。

---

1 根据 ANN 中使用的近似值，结果可能会有所变化。

这个实验设定了我们的基线。让我们再做一些实验。使用代码清单 9.12 中的查询，使用与所有 k 最近邻的平均距离，而不是像之前那样选择与其中一个近邻的距离来分配分数。

代码清单 9.12　使用平均距离计算交易的分数

```
MATCH (t:Transaction)-[r:DISTANT_FROM]->(:Transaction)
WITH t, avg(r.weight) as score, t.isFraud as fraud
ORDER BY score DESC
LIMIT 1000
WHERE fraud = 1
RETURN COUNT(distinct t)
```

结果是 86——比代码清单 9.9 的结果更糟糕，其中用于排序的分数基于与 k 最近邻的最小距离，在我们的测试中其值为 118。这个结果是意料之中的，因为正如我之前所说，对于大多数数据集，精确的 k-NN 分数的结果通常比近似 k-NN 的结果更好。尽管如此，这种技术的效果比随机选择交易要好得多。

图可以帮助进行深入分析，借此我们可以获得有关可用选项的更多见解。一个有趣的可能是使用精确的 k-NN 图来测试代码清单 9.9 和代码清单 9.12。代码清单 9.13 和 9.14 显示了其过程。

代码清单 9.13　使用精确的 k-NN 图和最小距离来计算分数

```
MATCH (t:Transaction)-[r:DISTANT_FROM_EXACT]->(:Transaction)
WITH t, min(r.weight) as score, t.isFraud as fraud
ORDER BY score DESC
LIMIT 1000
WHERE fraud = 1
RETURN COUNT(distinct t)
```

代码清单 9.14　使用精确的 k-NN 图和平均距离来计算分数

```
MATCH (t:Transaction)-[r: DISTANT_FROM_EXACT]->(:Transaction)
WITH t, avg(r.weight) as score, t.isFraud as fraud
ORDER BY score DESC
LIMIT 1000
WHERE fraud = 1
RETURN COUNT(distinct t)
```

这些查询分别返回 81 和 72，因此与近似方法相比，精确方法返回的结果更差，这可能是因为 HNSW 提供的基于图的近似消除了数据中的一些噪声。

练习

尝试使用参数值(k、exact、distance_function 和 relationship_name)并执行不同的查询，看是否可以获得比此处更好的结果。我自己做了这个实验，得到了一些有趣的结果。例如，代码清单 9.15 中的查询使用精确方法和马哈拉诺比斯距离度量来考虑第 24 个最近邻($k = 23$)分数。

代码清单 9.15　使用精确的 24-NN 距离和 Mahalanobis 来计算分数

```
MATCH (t:Transaction)-[r:DISTANT_FROM_EXACT_MAHALANOBIS]->(:Transaction)
WITH t.transactionId as transactionId, r.weight as weight, t.isFraud as fraud
ORDER BY transactionId ASC, weight ASC
WITH transactionId, fraud, collect(weight)[23] as weight
ORDER BY weight DESC
LIMIT 1000
WHERE fraud = 1
RETURN COUNT(distinct transactionId)
```

查询返回 147，这意味着前 14.7% 的结果是潜在的欺诈交易。这个例子再次表明，在我们正在考虑的数据集中，k-最近邻方法的性能优于平均距离得分，至少对于 k(25)的当前值和当前距离度量(Mahalanobis)是这样。我使用表 9.4 中的参数进行了另一个有趣的测试，以查看增加 k 后的效果。

表 9.4　用于使用 Mahalanobis 计算精确 400-NN 的参数值

参数	值
exact	True
k	400
distance_function	MAHALANOBIS
relationship_name	DISTANT_FROM_EXACT_400_MAHALANOBIS

由于在图中存储 k-NN 需要花费额外的时间，因此运行 Python 脚本花费的时间将更长，但现在我们可以考虑每笔交易的 400 个而不是 25 个最近邻。以下查询使用每笔交易的 400 项近邻列表的平均分数来生成列表。

代码清单 9.16　使用 Mahalanobis 平均距离来计算分数(k=400)

```
MATCH (t:Transaction)-[r:DISTANT_FROM_EXACT_400_MAHALANOBIS]->(:Transaction)
WITH t.transactionId as transactionId, avg(r.weight) as score, t.isFraud as
➥   fraud
ORDER BY score desc
LIMIT 1000
WHERE fraud = 1
RETURN COUNT(distinct transactionId)
```

结果是 183，这意味着前 18.3% 的结果被归类为欺诈——绝对是迄今为止最好的结果！我还用 L2 和近似最近邻法进行了测试，结果是 2。此示例显示了影响分析结果的参数数量。

你可能对这些结果不太满意；你希望精度更高，大约为 80，这是非常合理的。我一开始也有同样的心态。但重要的是要考虑数据集的不平衡程度。我们有超过 280,000 笔交易，只有 492 笔是欺诈交易。在这些情况下，查询已经具有最佳效果。然而，我们可以使数据集更加平衡，这样欺诈交易的数量与合法交易的数量相同。这种方法使我们能够更好地评估迄今为止所用评分机制的质量。代码清单 9.17 和 9.18 所示的查询通过仅从所有可用交易中随机选取 492(欺诈交易的数量)笔合法交易,并将所有欺诈交易添加到该数据集来创建平衡数据集。数据集是通过使用通用标签标记数据集中的所有交易来创建的。

代码清单 9.17 生成与欺诈集大小相同的随机交易集

```
MATCH (t:Transaction)
WHERE t.isFraud = 0
WITH t, rand() as rand
ORDER BY rand
LIMIT 492
SET t:Test1
```

代码清单 9.18 将欺诈交易分配到同一个测试集

```
MATCH (t:Transaction)
WHERE t.isFraud = 1
SET t:Test1
```

前面的查询可以重复运行以创建多个测试数据集(将 Test1 更改为 Test2、Test3 等)。每种情况下的结果都是一个大小为 984 的同构数据集,其中欺诈交易和合法交易的数量是平衡的。现在,通过代码清单 9.19 所示的一个类似查询,介绍如何使用平均距离来发现欺诈交易。

代码清单 9.19 给小数据集打分

```
MATCH (t:Test1)-[r:DISTANT_FROM]->(:Test1)
WITH t.transactionId as transactionId, avg(r.weight) as score, t.isFraud as
 ➥  fraud
ORDER BY score desc
LIMIT 100
WHERE fraud = 1
RETURN COUNT(distinct transactionId)
```

结果是 100。按分数降序排列的前 100 笔交易是欺诈交易。

所有这些证据——图 9.8 中的图、对按平均和其他指标排序的前 1,000 笔交易的测试,以及对进行了缩减但平衡的数据集的最后一次测试——显示了基于距离的方法识别欺诈交易的能力。还要记住,所谓的合法交易是没有被证明为欺诈的交易,因此结果的质量可能比这里介绍的要高。

练习

欢迎各位读者使用参数来为你的数据集找到最佳配置。具体来说,距离函数和 k 参数的大小会影响最终结果。从这个意义上说,图方法将使你的所有分析工作变得轻松而简单。

你可以存储和比较解决方案,正如我们所做的那样。在同一个图中使用多个 k-NN 是令人兴奋的——或者至少对我来说是这样!

可以轻松转换这种基于分数的方法，以生成二进制输出。在这种情况下，我们可以有一个表示"欺诈"或"非欺诈"的二进制输出，而不是得到指示交易为欺诈的可能性的分数。将基于分数的机制转换为二元机制非常简单。为此目的提出的两种主要方法是：

- 基于分数阈值的距离异常值[Knorr 和 Ng, 1998]——如果完整数据集中的至少一部分对象 f 与它的距离大于 β 与它的距离，则观察(在我们的例子中为交易)是异常值。如果数据集有 100 笔交易且 $f = 0.1(10\%)$ 和 $\beta = 0.5$，那么如果至少有 10 笔其他交易与它的距离大于 0.5，则该交易是异常值。注意，参数 f 实际上等效于在 k-NN 分数中使用 k 之类的参数。我们可以通过设置 $k = [N \times (1 - f)]$ 来使用精确的第 k 个最近邻距离，而不是使用分数 f。在这种情况下，我们可以将条件重新表述如下：如果数据集中精确的第 k 个最近邻距离至少为 β，则该观察值是异常值。见代码清单 9.20。
- 基于等级阈值的距离异常值[Ramaswamy et al., 2000]——第二个定义基于前 r 个阈值而不是分数绝对值的阈值。这正是我们在前面的查询中所做的，我们将阈值设置为 1,000。观察结果(在我们的例子中同样是交易)按精确 k-NN 距离或平均 k-NN 距离的降序排列。前 r 个此类数据点报告为异常值。因此，阈值是基于距离等级而不是距离值。见代码清单 9.21。

值得一提的是，这两种变体都与基于距离的方法有关。所有这些变化都是为异常值计算分数或等级的方式：潜在邻域图仍然作为执行计算的基础图。前面使用的查询可以很容易地调整为返回基于等级阈值的异常值，如下所示。

代码清单 9.20　基于等级阈值的查询

```
MATCH (t:Transaction)-[r:SIMILAR_TO_EXACT_400_MAHALANOBIS]->(:Transaction)
WITH t.transactionId as transactionId, avg(r.weight) as score, t.isFraud as
➡    fraud
ORDER BY score desc
LIMIT 100
WHERE fraud = 1
RETURN transactionId
```

此查询中的阈值(r 值)设置为 100，但它可以是你喜欢的任何值。对于基于分数阈值的异常值，可以按如下方式调整先前的查询。

代码清单 9.21　基于分数阈值的查询

```
MATCH (t:Transaction)-[r:DISTANT_FROM_EXACT]->(:Transaction)
WITH t.transactionId as transactionId, r.weight as weight, t.isFraud as fraud
ORDER BY transactionId ASC, weight ASC
WITH transactionId, fraud, collect(weight)[23] as weight
WHERE weight > 10
WITH transactionId, fraud, weight
ORDER BY weight DESC
LIMIT 100
```

```
WHERE fraud = 1
RETURN transactionId
```

从前面的讨论中可以明显看出，k-NN(精确或近似)图允许你在同一数据库上使用多种方法，并且只需占用最少的工作量和磁盘空间。

9.2.4　图方法的优点

本节介绍了一种最强大的基于邻近度的欺诈检测技术。我们已经看到单个图模型如何能够为多种算法/方法提供有效支持。特别是，通过图，我们可以做到以下几点：

- 通过提供对每个 k 最近邻的直接访问来正确索引 k-NN 图。
- 通过使用不同的距离函数和关系类型来存储多个 k-NN 图(精确和近似)，从而简化比较和分析过程。
- 探索和评估多种评分机制(得益于查询机制和访问机制的灵活性)，从而可以确定最佳评分机制并将其用于进一步分析。
- 使用标签来标记不同的节点集并使用它们来计算所创建模型的准确度。

基于邻近度的技术是用于异常值检测的成熟技术，本章中的示例展示了如何将这些经典技术与图相结合，使其功能更加强大且易于使用。

9.3　本章小结

本章介绍了一种用于欺诈检测和分析的高级技术。图构建技术和异常检测的结合突出了图模型支持数据调查和深度分析的价值。目前已有多种不同方法，其中图不仅是提供高质量分析结果的关键，而且是一项可以扩展到真正的生产就绪解决方案的基础设施。你学会了：

- 如何根据交易构建 k-NN 图以及如何将此类技术应用到新领域中，从而完成不同的任务。
- 如何在基于距离的方法中使用图模型进行异常值检测。
- 如何同时使用多个距离度量和多种方法，并使用不同的关系将结果组合在一个图中。
- 如何使用不同的查询来识别图中的异常节点。

本章中的示例和代码通过异常值分析理论中的算法说明了一种端到端的方法如何用于从数据导入到分析最终结果这一过程。

(注：本章的参考文献，请扫描本书封底的二维码进行下载。)

第**10**章

社交网络分析反欺诈

本章内容
- 使用社交网络分析(Social Network Analysis, SNA)对欺诈者和欺诈风险进行分类
- 描述基于 SNA 进行欺诈分析的不同图算法
- 使用真实的图数据库来执行适当的 SNA

在本章中，你将从不同角度了解处理各种问题的反欺诈技术。第 8 章和第 9 章中介绍的打击欺诈技术使用不同的图构建方法，根据交易本身和/或用户账户中的可用信息来创建网络。在第 8 章中，我们创建了一个图，该图使用交易信息连接用户和商家，探索了基于重叠信息(例如，使用相同电子邮件地址的两个账户)的连接节点。在第 9 章中，你学习了如何通过计算观测对(每个观测对已转换为一个节点)之间的距离并存储前 k 个关系来构建图(k-NN 图)。

在本章中，我们将考虑这样一种情况，其中图具体表现为一个社交网络，隐式或显式地存在于我们收集的用于欺诈分析的数据中。正如本书第一部分所介绍的，如果节点是人，边表示人与人之间的关系(友谊、家庭、工作关系等)，则可以将图视为社交网络。可以从现有的显式社交网络(如 Facebook、LinkedIn 和 Twitter)导入此类网络，也可以根据内部数据进行创建。例如，电信供应商拥有庞大的交易数据库，利用这些数据库可以记录客户之间的通话。假设相比于陌生人之间，关系更亲近的人通话更加频繁，则可以使用此类信息来创建社交网络，并根据通话频率和/或持续时间为人与人之间的联系分配强度。还可以用于推断社交网络的其他示例是互联网基础设施供应商(从同一 IP 地址连接的人)、银行(人与人之间的周期性重复交易)、零售组织(一个人将货物发送到另一个人所在的地址)，以及在线游戏行业(人们经常在同一地址或同一团队中玩游戏)收集的数据。

社交网络的创建方式是隐式还是显式，问题在于我们的欺诈检测模型是否可以受益于社交网络分析(Social Network Analysis, SNA)或复杂网络分析(Complex Network Analysis, CNA)。换句话说，人与人之间的关系对于欺诈是否重要，网络中的欺诈是否具有传染性？欺诈者是随机分布在整个社交网络中，还是有明显迹象表明社交关系在欺诈企图中发挥了

作用? 我们是否应该假设某人进行欺诈的可能性取决于他们所联系的人? 如果约翰·史密斯(John Smith)有五个朋友是欺诈者, 你会怎么评价他[Baesens et al., 2015]? 目标是确定从社交网络中提取的哪些类型的非结构化网络信息(与 SNA 和 CNA 相关的技术)可以转化为主体(在我们的案例中指的是欺诈者)的有用且有意义的特征, 并确定其转化方式。

　　SNA——以及通常用于提高欺诈检测系统质量的链接分析工具——是反欺诈软件行业的热门话题。Gartner Group 欺诈分析师 Avivah Litan[2012] 建议采用五层方法[1]来检测和预防欺诈, 如图 10.1 所示。

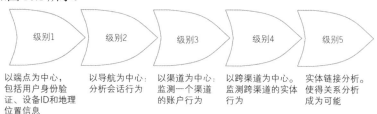

图 10.1　Gartner 提出的五层欺诈检测方法

在此模型中, 每个级别代表一种特定类型的客户活动和行为:

● 级别 1 以端点为中心, 包括用户身份验证、设备和地理位置信息。它需要为不同的客户访问渠道添加一组身份验证选项。对于低风险场景, 所有银行都采用双因素身份验证, 例如将硬件或软件 ID 与个人识别码(Personal Identification Number, PIN)或用户 ID 及密码进行组合。对于较高风险场景, 三因素身份验证(添加来自第三方的身份凭证, 例如生物识别)更安全, 但也更麻烦。带外身份验证需要使用单独的信息通道进行身份验证和访问, 作为防御中间人攻击的一种方法, 其已得到广泛认可。这些控制听起来很基础, 但即使在这个级别上, 也有许多机构仍缺乏监督[Barta和 Stewart, 2008]。

● 级别 2 以导航为中心, 这意味着分析特定会话期间的客户行为是否存在异常。分析包括实时、动态地捕获在线客户和账户活动。此信息用于构建客户档案, 以确定该客户行为属于正常还是异常, 同时提供客户/账户的增强视图并为实时决策奠定基础。

● 级别 3 以渠道为中心。它侧重于分析异常的账户活动。这个想法是创建一个端到端的企业平台, 可以应对特定渠道的需求并提供跨渠道的可扩展性。在银行环境中, 欺诈预防系统可能侧重于自动清算所(Automated Clearing House, ACH)交易。如果客户原本通常每月进行一两次此类交易, 则一天内进行三十笔 ACH 交易将被视为异常情况。

● 级别 4 是跨产品和跨渠道; 它需要跨账户、产品和渠道来监控实体行为。当与其他领域的活动相关联时, 最初看起来合法的交易可能变得很可疑。银行可以监控通过电话银行、网上银行、支票和移动设备向信用卡账户支付的款项。这种广谱交易监控方法(不同于以渠道为中心的方法那样查看来自单一来源的交易子集)很重要,

---

1 https://www.gartner.com/en/documents/1912615。

因为它提供了主体行为的全局视图。欺诈者通过少量美元或零美元交易尝试进行大量系统测试,这些测试行为可能会被遗漏。

- 级别 5 是关于实体链接分析,或评估各种用户或交易之间的联系。在这个级别中,分析超越了交易和客户观点,主要分析相关实体网络内的活动和关系(例如共享人口统计数据或交易模式的客户,或普通群体中人之间的关系)。实体链接分析通过识别仅在跨相关账户或实体查看时才显得可疑的行为模式,或者通过发现与可疑账户、实体或个人相关的网络,以确定案件是仅限于一个单独个人,还是说本案件只是犯罪阴谋的一部分。在汽车保险行业,欺诈检测系统可以通过识别可疑模式或重叠来发现分阶段事故或虚假索赔,例如,在一个案例中个人是被保险人而在另一个案例中是乘客,或者被保险人和索赔人的电话号码相同,或者都曾使用过同一汽车修理厂和医护人员。

在这个模式中,第五级——最高级的——专注于使用图分析作为打击欺诈的强大工具。第 8 章中介绍的场景也属于这一类,其中使用图根据所提供的信息来建立人与人之间的联系。在这种情况下,网络分析通过地址、电话号码、雇主、账户所有权、IP 地址和设备 ID 等人口统计属性来连接各实体。

本章重点关注 SNA,它涉及探索用户之间的显式或隐式联系,将其作为执行欺诈检测和预防的基础。我们将考虑使用各种技术从而根据可用数据构建社交网络并识别欺诈者或评估人们成为欺诈受害者的风险。

10.1 社交网络分析概念

一般而言,网络效应是强大的。人们普遍接受这一观点,且这一观点得到了大量具体证据的证实。人们倾向于与他们认为在某些方面与自己相似的人交往[Newman, 2010],例如种族、宗教、政治派别、爱好、社会经济地位或性格。因此,了解网络中某些节点的某些特征(例如"诚实"和"不诚实")将有助于我们猜测其余节点的特征[Koutra et al., 2011]。

用术语同质性来表达这个概念,可以将其归结为"物以类聚,人以群分。"友谊主要基于相似的兴趣、出身或经历——可以想象到的是,也包括共同的欺诈倾向。关系决定了哪些人受谁的影响以及他们之间信息交换的程度。

同样重要的是要注意,并非所有社交网络都是同质性的。有多种不同的方法可以正式计算网络的同质性程度,但从广义上讲,如果在更大程度上,带有标签 X 的节点(欺诈者、纽约客、医生等)与其他带有标签 X 的节点相连,那我们可以说网络是同质性的。在欺诈检测的背景下:

如果欺诈节点与其他欺诈节点的连接明显更多,则网络是同质网络,因此,合法节点与其他合法节点的连接明显更多[Baesens et al., 2015]。

更具体地说,假设 l 是网络中合法节点的比例,计算方式是用合法节点数除以节点总数,f 是网络中欺诈节点的比例,计算方式是用欺诈节点数除以节点总数。在纯随机网络中——其中边是在节点之间随机创建的，不受到任何内部或外部影响——可以将边连接两个不同标记节点的预期概率表示为 $2 \times l \times f$。这些边称为交叉标记边。如果交叉标记边的比例(计算为交叉标记边数与所有边数之间的比率(r))显著小于预期概率 $2 \times l \times f$，则网络是同质网络。考虑图 10.2 所示的社交网络。

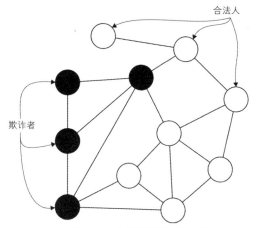

图 10.2　社交网络的简单示例

黑色节点表示欺诈者，白色节点表示合法人。该网络由 11 个节点组成，其中 7 个是合法节点，4 个是欺诈节点。在这个例子中，分数 l 是 7/11，分数 f 是 4/11。在随机网络中，交叉标记边的比例应该是：

```
2 × l × f = 2 × 7/11 × 4/11
2 × 7/11 × 4/11 = 0.462
```

该网络有 4 条交叉标记的边，欺诈节点之间有 5 条边，合法节点之间有 9 条边，总共 18 条边。因此，r(交叉标记边所占的比例)的值为 4/18(0.222)，这明显低于随机网络中的预期值(实际上，低于预期值的一半)。因此，我们可以说图 10.2 中的网络是同质的。使用如下公式，我们说网络是同质的：

```
H: 2 × l × f » r
```

在市场营销中，同质性的概念经常被用来评估个人之间如何相互影响，同时确定哪些人可能是响应者并应该以营销激励为目标。例如，如果 Alessandro 的所有朋友都使用电信供应商 X，那么 Alessandro 很可能会与同一供应商签订合同。

同样的道理也适用于欺诈。我们将同质网络定义为欺诈者更有可能与其他欺诈者有联系，合法的人更有可能与其他合法的人有联系的网络。图 10.3 展示了这样一个网络。

图 10.3 中灰色节点表示欺诈者，白色节点表示合法人员。很容易看出，灰色节点被聚类成组；这个网络有一个大的子图和一个包含三个节点的小子图。在欺诈分析中，这样的欺诈者群体被称为欺诈网络。合法节点也是聚类的。然而，正如你所看到的，网络并不是完全同质的：欺诈节点并不与其他欺诈节点唯一相连，而是也同样连接到合法节点。通过

查看这个网络，我们可以识别很有可能成为欺诈企图受害者的合法节点，因为它们与欺诈网络相连接。

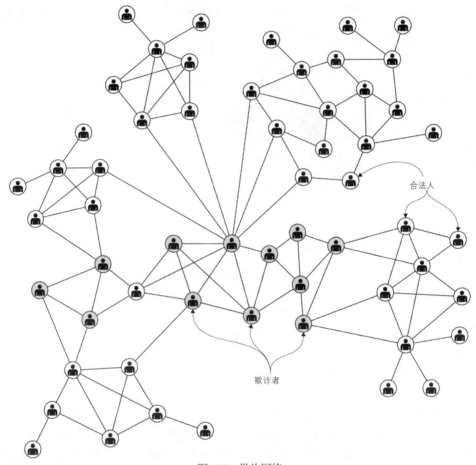

合法人

欺诈者

图 10.3 欺诈网络

练习

使用前面给出的公式来确定图 10.3 中的网络是否是同质的。到目前为止，我们一直在研究社交网络的快照，但本质上，社交网络是动态的并且在迅速发展着。为了进行正确分析，我们的技术必须考虑到这个维度——也就是说，我们必须考虑网络是如何随时间演变的。网络中同时出现的几个欺诈节点可能表明出现了新的欺诈网络；具有许多欺诈节点的子图可能表示更完善的系统。防止新网络的增长和现有网络的扩展是欺诈检测模型中需要解决的重要难题。

从前面的讨论中，可以清楚地看出社交网络分析与打击欺诈的相关性。使用正确的公式，我们能够识别社交网络是否暴露了同质行为。在这一点上，我们可以探索可用的 SNA 和 CNA 方法。

假设我们拥有或可以创建一个社交网络，并将其验证为同质网络，其中包含有关真实或潜在欺诈者的一些信息。如何使用 SNA 来提高我们的欺诈检测能力？

欺诈者经常联系在一起，因为他们参加相同的事件和活动，参与相同的犯罪，使用相同的资源，或者是利用同一个人(正如共享的个人信息所证明的)。关联内疚方法结合了可用的弱信号以推导出更强的信号，并已广泛用于多种情况下的异常检测和分类(会计欺诈、网络安全、信用卡欺诈等)。因此，我们可以寻找证据证明欺诈者正在交换有关如何利用社会结构进行欺诈的知识。我们可以使用两种类型的方法和技术：

- **基于分数**——逐个节点地分析社交网络，使用考虑到直接邻点和节点在网络中角色(例如有多少最短路径通过)的指标，为每个节点分配一个分数。
- **基于聚类**——考虑到关系，将社交网络分成多个节点簇(社区)，并试图从这些群体中获取一些信息。

我们将从检查基于分数的方法开始进行讨论。

10.2　基于分数的方法

基于分数的 SNA 方法使用指标来衡量社会环境对相关节点的影响。将这些指标单独或组合分配给每个节点，并进行分析以确定未标记的节点是否可能是欺诈性的。由此产生的分数表明一个人(由社交网络中的节点表示)成为欺诈目标或成为欺诈者的概率或风险。如图 10.4 所示，该想法是为每个节点分配一组度量，这一过程被称为特征化。

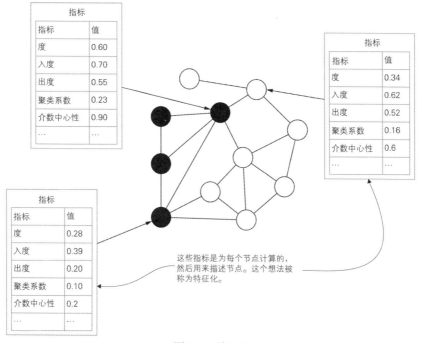

图 10.4　特征化

可以从网络中提取多种类型的指标，其中一些指标比其他指标更相关，取决于具体情况。我们使用的网络分析技术可以分为以下三大类[Baesens et al., 2015]：

- 邻域度量——邻域度量基于节点的直接连接来表征节点，考虑节点周围的 n 阶邻域(由距离该节点 n 跳的节点组成)。由于存在可扩展性问题，检测模型通常只集成来自节点及其直接联系节点(称为节点的一阶邻域)的特征。
- 中心性指标——中心性指标旨在量化节点(这里指的是社交网络中的个体)的重要性[Boccaletti et al., 2006]。这些指标通常出现在子图或整个网络结构中。
- 集体推理算法——给定一个已知欺诈节点的网络，集体推理算法试图确定这些节点对网络中未标记节点的影响。目的是计算一个节点面临欺诈并受到欺诈影响的概率(使被该节点识别的人成为欺诈者或欺诈受害者的可能性变大)。

为了对所有这些方法进行说明，我们将使用一个真实的社交网络和 Neo4.j[1]中可用的图算法。要深入了解这些算法，请参阅 *Graph Algorithms: Practical Examples in Apache Spark and Neo4j*，作者是 Mark Needham 和 Amy Hodler(O'Reilly, 2019)。

因为没有公开可用的欺诈者社交网络(这一点众所周知)，我们将使用 GitHub 社交网络[2]进行分析。GitHub 是开发人员的大型社交网络，于 2019 年 6 月从公共 API 中收集得到[Rozemberczki et al., 2019]。节点是给至少 10 个 GitHub 仓库加星标的开发者(点击界面中的星号按钮保存或"收藏"它们)，边是相互的追随者关系。根据职位或描述对节点进行标记，将其标记为 Web 开发人员或机器学习从业者。此处使用的指标、计算方式以及所得分数均有效且适用于实际场景。

就本章目的而言，我们需要一个社交网络，其中两类用户进行交互。我们将机器学习从业者视为目标类(扮演欺诈者的角色)。通过这种方式，可以将讨论和结果直接应用于欺诈者社交网络。

由于维度的原因，我们不需要创建用于导入数据集的 Python 脚本；可以在 Neo4j 中使用 LOAD CSV 功能。首先，需要按照以下查询导入节点(将数据集移到 Neo4j 安装的导入目录后)。

代码清单 10.1　创建约束

```
CREATE CONSTRAINT ON (g:GitHubUser) ASSERT (g.id) IS UNIQUE;
```

代码清单 10.2　导入节点[3]

```
USING PERIODIC COMMIT 1000
LOAD CSV WITH HEADERS FROM 'file:///git_web_ml/musae_git_target.csv' AS row
CREATE (user:GitHubUser {id: row.id, name: row.name, machine_learning:
```

1　https://github.com/neo4j/graph-data-science。

2　https://snap.stanford.edu/data/github-social.html。

3　如果你使用的是 Neo4j 桌面版或社区版，需要在 USING 之前加上:auto 前缀(这里和下一个查询中都需要)，因为 Neo4J 桌面使用显式事务处理程序，这会导致与"定期提交"语句冲突。使用:auto，你可以强制 Neo4J 桌面使用自动提交选项而不是显式事务处理程序。这同样适用于下一个查询。

➥ 　`toInteger(row.ml_target)})`

下一步，我们导入关系。

代码清单 10.3　导入关系

```
USING PERIODIC COMMIT 1000
LOAD CSV WITH HEADERS FROM 'file:///git_web_ml/musae_git_edges.csv' AS row
MATCH (userA:GitHubUser {id: row.id_1})
MATCH (userB:GitHubUser {id: row.id_2})
CREATE (userA)-[:FOLLOWS]->(userB)a
```

　　几秒钟(或几分钟，这取决于你计算机的能力)后，图数据库将准备就绪。正如我之前多次提到的，图的优点之一是它们允许我们通过视觉检查深入了解数据。因此，在使用图之前，我们应该用特定的标签(WebDeveloper 和 MLDeveloper)标记节点(GitHub 用户)，以便可以直观地识别它们。以下查询用于此目的，使我们能够轻松识别节点并简化以下分析。

代码清单 10.4　标记 Web 开发人员

```
MATCH (web:GitHubUser {machine_learning: 0})
SET web:WebDeveloper
```

代码清单 10.5　标记机器学习开发人员

```
MATCH (ml:GitHubUser {machine_learning: 1})
SET ml:MLDeveloper
```

　　结果如图 10.5 所示。浅色节点代表 Web 开发人员，深色节点代表机器学习开发人员。

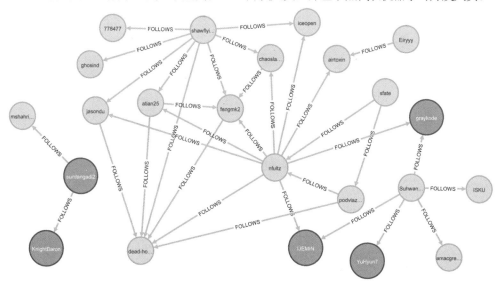

图 10.5　导入后的图数据库

这里并未使用 machine_learning 属性的值,而是使用标签,这将改善后面查询的结果,其中我们必须区分机器学习开发人员和 Web 开发人员。

所选的社交网络似乎具有我们需要的特征:机器学习开发人员(我们的目标)在图中相对较少,并且通常与类似的开发人员有联系。现在我们可以计算所需的指标。

10.2.1 邻域度量

邻域度量使用节点的直接联系和 n 跳邻域来表征节点本身。我们可以考虑不同的指标,但在欺诈背景下,出于本章目的的考虑,我们将介绍度数、三角形和局部聚类系数。

节点的度被正式定义为该节点具有的连接数。度数本身不考虑关系的方向,但相关的入度和出度指标会考虑这一点。入度计算传入的连接数,出度数计算传出的连接数。节点的度数总结了该节点有多少近邻。在欺诈检测的上下文下,区分节点具有的欺诈近邻和合法近邻的数量也很有用。我们可以将这些指标称为欺诈度和合法度。为了进一步解释,考虑一个简单的社交网络,其中存在有向和无向关系,如图 10.6 所示。在此图中,深色节点(D 和 G)是欺诈节点。

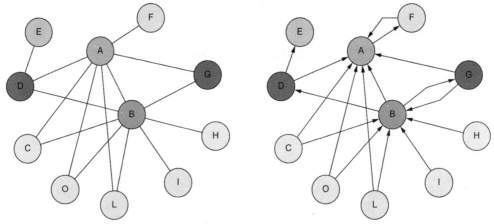

图10.6 两个样本图,一个无向(左)和一个有向(右),有两个欺诈节点(D 和 G)

左边的无向图告诉我们节点 B 的度数为 8,这是网络中度数最高的。如果考虑方向,我们可以看到节点 B 的入度为 6,出度为 3。

我们还可以分析图 10.6 中欺诈节点和合法节点之间的联系。节点 A 和 B 的欺诈度均为 2(G 和 D 都与它们相连接),因此这两个节点受欺诈的影响最大。每个节点的度数列在表 10.1 中。

表 10.1　图 10.6 中节点的度数(考虑到 D 和 G 是欺诈节点)

节点	度数	入度	出度	欺诈度	合法度
A	8	7	1	2	6
B	9	6	3	3(节点 G 计数两次)	6
C	2	0	2	0	0
D	3	1	2	0	3
E	1	1	0	1	0
F	2	1	1	0	2
G	3	1	2	0	3
H	1	0	1	0	1
I	1	0	1	0	1
L	2	0	2	0	2
O	2	0	2	0	2

让我们使用查询为真实网络计算相同的指标。代码清单 10.6 显示了如何计算节点的度数(此处为 GitHub 用户 amueller)。

代码清单 10.6　计算节点的度数

```
MATCH (m:MLDeveloper {name: "amueller"})-[:FOLLOWS]-(o:GitHubUser)
return count(distinct o) as degree
```

注意，我们使用-[:FOLLOWS]-，此处不带箭头(<-或->)，因为我们并不关注计算度数的关系方向。在有向网络中，我们可以区分入度和出度。入度指定有多少节点指向相关目标，出度描述了从相关目标可以到达的节点数。代码清单 10.7 和 10.8 所示的查询显示了这些指标的计算方式。

代码清单 10.7　计算节点的入度

```
MATCH (m:MLDeveloper {name: "amueller"})<-[:FOLLOWS]-(o:GitHubUser)
return count(distinct o) as indegree
```

代码清单 10.8　计算节点的出度

```
MATCH (m:MLDeveloper {name: "amueller"})-[:FOLLOWS]->(o:GitHubUser)
return count(distinct o) as outdegree
```

我们可以使用代码清单 10.9 和 10.10 所示的查询来轻松计算节点的欺诈(在我们的数据集中，指的是与 MLDeveloper 的连接)和合法(在我们的数据集中，指的是与 WebDeveloper 的连接)度(在我们的网络中，含义略有不同，但概念成立)。

代码清单 10.9 计算节点的欺诈(`MLDeveloper`)度

```
MATCH (m:MLDeveloper {name: "amueller"})-[:FOLLOWS]-(o:MLDeveloper)
return count(distinct o) as degree
```

代码清单 10.10 计算节点的合法(`WebDeveloper`)度

```
MATCH (m:MLDeveloper {name: "amueller"})-[:FOLLOWS]-(o:WebDeveloper)
return count(distinct o) as degree
```

对于该用户, 欺诈(`MLDeveloper`)度为 305, 合法(`WebDeveloper`)度为 173。这个
结果并不奇怪: GitHub 用户 amueller 是 *Introduction to Machine Learning with Python: A Guide
for Data Scientists* 的作者之一(O'Reilly, 2016), 很明显, 他是一名机器学习开发人员, 我们
期待的情况是, 相比 Web 开发人员, 他与其他机器学习开发人员的联系更紧密。可以通过
代码清单 10.11 所示的查询轻松检查此规则是否普遍适用。

代码清单 10.11 计算所有机器学习开发人员的度

```
MATCH (ow:WebDeveloper)-[:FOLLOWS]-(m:MLDeveloper)-[:FOLLOWS]-
     (om:MLDeveloper)
WITH m.name as name,
count(distinct om) as mlDegree,
count(distinct ow) as webDegree
RETURN name, mlDegree, webDegree, mlDegree + webDegree as degree
ORDER BY degree desc
```

结果表明, 网络中的所有机器学习开发人员都是如此。因此, 数据集似乎展示了我们
为欺诈社交网络所描述的特征。

网络的度分布描述了网络中度的概率分布。在现实的网络中, 它一般遵循幂律: 即许
多节点只与少数其他节点相连, 网络中只有少数节点与许多其他节点相连。代码清单 10.12
所示的查询允许我们计算节点度的分布。

代码清单 10.12 计算度数的分布

```
MATCH (m:GitHubUser)-[:FOLLOWS]-(om:GitHubUser)
RETURN m.name as user, count(distinct om) as degree
```

可以下载结果的 CSV 文件并对其进行可视化, 如第 9 章所述。图 10.7 显示了分布的
结果(Excel 文件在代码仓库中作为 ch10/analysis/DegreeAnalysis.xlsx 提供)。

如你所见, 大多数节点的度数都小于 100。度数值大多在 7 到 20 之间。

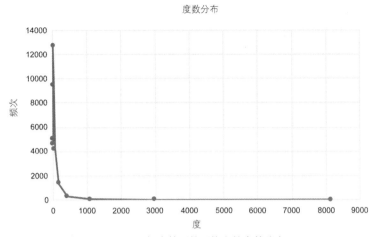

图 10.7　示例中使用的网络上的度数分布

练习

通过使用代码清单 10.6 到 10.11 来创建图数据库，并更改它们，使其考虑 Web 开发人员而不是机器学习开发人员。确定一些有趣的 Web 开发人员来进行这些实验。

我们将考虑的第二个邻域度量是三角形计数：由三个节点组成的完全连接的子图的数量。图 10.8 显示了一个完全连接的子图或三角形的示例。

要研究紧密联系的人群的影响力，可以采用观察三角形的方法。它是一种建立新连接的机制，与三元闭合原理有关[Rapoport, 1953]。在社交网络的背景下，可以这样形容它：如果两个人有一个共同的朋友，那么这两个人将来成为朋友的可能性就会变大。该术语来自这样一个事实：如果我们有一个如图 10.9 中所示的简单网络，那么 D-B 边则能够关闭这个三角形的第三条边(如图 10.8 所示)。

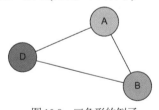

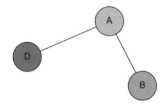

图 10.8　三角形的例子　　　　　图 10.9　三角形一侧开放的简单网络

如果我们在两个不同的时间点观察一个社交网络，通常会发现，由于后面的时间点存在三角形闭合操作，导致已有大量新边形成，因为人们与一个彼此共同的近邻建立了联系[Easley 和 Kleinberg, 2010]。

属于某个组的节点会受到该组其他节点的影响。在社交网络中，这种影响会扩展到群体其他成员的信仰、兴趣、意见等。因此，在欺诈者网络中，如果一个节点是许多三角形的一部分，并且其中其他两个节点是欺诈的，则该节点很可能受到欺诈的影响(即参与欺诈或成为欺诈的受害者)。为了计算这种风险，我们可以对合法三角形和欺诈三角形进行区分。

如果三角形中的另外两个节点都是欺诈的，这个三角形就是欺诈的。如果两个节点都是合法的，那这个三角形就是合法的。如果两个节点中只有一个节点是欺诈的，则三角形是半欺诈的。考虑图 10.10 中的示例网络。

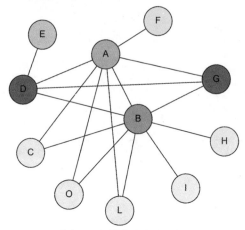

图 10.10　欺诈者网络示例

表 10.2 列出了该网络中至少属于一个三角形的每个节点的三角形度量。

表 10.2　图 10.10 中网络的三角形度量

节点	三角形	欺诈三角形	合法三角形	半欺诈三角形
A	6	1	3	2
B	6	1	3	2
C	1	0	1	0
D	3	0	1	2
G	3	0	1	2
L	1	0	1	0
O	1	0	1	0

在其图数据科学库中，Neo4j 提供了一个简单过程，可用于计算图中的所有三角形或与特定节点相关的三角形。附录 B 解释了其安装和配置方法。代码清单 10.13 所示的查询演示了这个过程。

代码清单 10.13　计算节点的三角形

```
CALL gds.triangleCount.stream({
  nodeProjection: 'GitHubUser',
  relationshipProjection: {
    FOLLOWS: {
      type: 'FOLLOWS',
      orientation: 'UNDIRECTED'
    }
```

```
  },
  concurrency:4
})
YIELD nodeId, triangleCount
RETURN gds.util.asNode(nodeId).name AS name,
gds.util.asNode(nodeId).machine_learning as ml_user, triangleCount
ORDER BY triangleCount DESC
```

在社交网络中，三元闭合的基本作用在于促使人们制定简单的社交网络措施来捕获其普遍性。其中一个指标是局部聚类系数。节点 A 的聚类系数被定义为 A 的两个随机选择的朋友彼此成为朋友的概率。换句话说，A 的部分朋友对是由边连接的。让我们再来考虑示例网络(图 10.11)以更清楚地说明这一点。

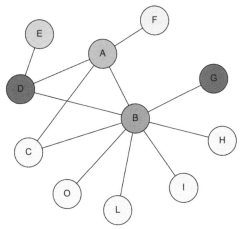

图 10.11　示例图

节点 A 的聚类系数为 2/6，即 0.333，因为在六个可能的朋友对中(B-D、B-C、B-F、C-D、C-F 和 D-F)，C-B 和 D-B 之间存在边。一般来说，一个节点的聚类系数范围为从 0(当节点的朋友都不是朋友时)到 1(当节点的所有朋友都是朋友时)，并且在节点邻域运行的三元闭合越强，聚类系数就趋向于越高。在欺诈场景中，这个指标很重要，因为如果一个节点的局部聚类系数比网络的平均聚类系数低，则该节点与属于独立群体的人有关。这种异常情况可以揭示潜在的欺诈风险，因为欺诈者即将加入一群人来实施犯罪。确定节点局部聚类系数的公式如下所示：

$$cl_A = \frac{A\text{的已连接的领域对的数量}}{A\text{的领域对的数量}}$$

代码清单 10.14 所示的查询允许你计算网络中每个节点的聚类系数，并将它们存储为节点的属性。

代码清单 10.14　计算聚类系数

```
CALL gds.localClusteringCoefficient.write ({
  nodeProjection: 'GitHubUser',
```

```
relationshipProjection: {
  FOLLOWS: {
    type: 'FOLLOWS',
    orientation: 'UNDIRECTED'
  }
},
concurrency:4,
writeProperty:'clusteringCoefficient'
})
YIELD createMillis, computeMillis, writeMillis, nodeCount,
➡   averageClusteringCoefficient
RETURN createMillis, computeMillis, writeMillis, nodeCount,
➡   averageClusteringCoefficient
```

正如运行该查询得到的结果那样，平均聚类系数很低，大约为 0.167。

练习

浏览图，检查一些具有系数 0 或 1 的节点的三角形。你可以使用查询来查找一两个这样的节点，然后使用 Neo4j 浏览器来运行它们。我建议创建查询，这样可以避免出现只有一两个关注者的琐碎节点。

10.2.2 中心性指标

中心性指标通过为每个节点分配一个分数来显示图或子图中的中心节点——即可能对其他节点产生强烈影响的节点，该分数表明它对流经图的信息流的重要程度[Fouss et al, 2016]。在社交网络中，中心性指标帮助我们回答以下问题：

- 社区中最具代表性的节点是什么？
- 给定节点对于流经网络的信息流的重要性如何？
- 哪些节点是最外围的？

这些指标在反欺诈场景中很有用；通过识别欺诈网络中的关键参与者，它们可以防止未来欺诈活动扩大，这些参与者可能充当中心节点并大量参与有关欺诈组织的沟通对话。与仅考虑节点的直接连接来提取值的邻域度量相比，这些类型的指标考虑了整个图(或其中的很大一部分)。因此，他们考虑这个人在整个网络中而不仅仅是在其内部网络中[1]的角色。

我们将考虑的指标包括最短路径、紧密中心性和介数中心性。考虑到需要演示，与邻域度量一样，我们将 GitHub 网络用作假设的欺诈者社交网络的代理。

最短路径是从目标节点到达节点所需跳数的最小值(测地距离)。在计算这些距离时，该算法可以考虑每个关系的权重，当使用此指标查找从一个位置到另一个位置的最佳路线时，这一算法特别有用。在其他场景中，例如我们设定的场景中，每个关系的权重都相同：为 1。在这种情况下，最短路径是通过计算从源节点到达目标节点所需流经的节点数(或关系数)来确定的。图 10.12 示例确定了从节点 A 到节点 G、I 和 L 的最短路径。

---

1 自我网络是由一个节点(一个人，自我)和所有其他节点(人)直接连接的社交网络。

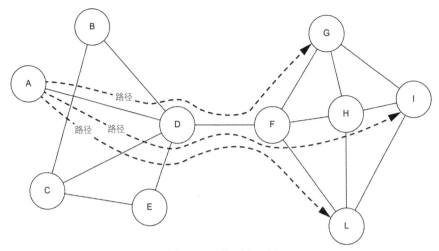

图 10.12　最短路径示例

在欺诈背景下，潜在目标与欺诈者的测地距离可以揭示他们成为受害者的风险。离欺诈节点越近，合法节点成为目标的可能性就越大。了解欺诈节点和合法节点之间存在多少条路径也值得探讨：路径数量越多，欺诈影响就越可能最终到达目标节点。换句话说，如果欺诈节点位于目标的直接子图(邻域)中，则它更有可能受到影响。相反，这种距离可以揭示特定欺诈者的欺诈潜力：此人直接或间接接触不同受害者的容易程度。假设在我们的示例网络中，某些节点已被识别为欺诈节点，如图 10.13 所示。

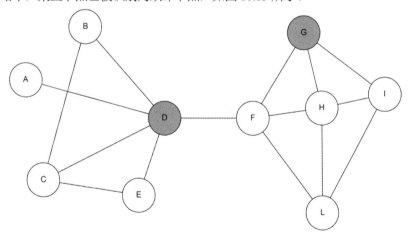

图 10.13　欺诈用例中的最短路径示例。深色节点是欺诈性的

查看此图，我们可以提取表 10.3 中的信息来分析网络中合法节点的风险级别。为了计算风险，我们将考虑到欺诈节点(第 2 列)的最短路径的长度以及该节点与任何欺诈节点之间存在的 n 跳路径——也就是考虑在 n 跳之内，我们从节点可以到达多少欺诈节点(如果可以通过不同的路径到达同一欺诈节点，则它会被多次计数)。

表 10.3　到欺诈节点的测地距离汇总

节点	测地路径	1 跳路径	2 跳路径	3 跳路径
A	1	1	2	5
B	1	2	2	7
E	1	2	4	7
F	1	2	5	9
G	1	1	4	7
I	1	1	3	8
L	1	1	4	7

有许多算法和技术可以计算两个节点之间的最短路径，但这超出了本书的讨论范围。Neo4j 提供了许多现成的解决方案，各种库为此类众所周知的任务提供了超优化算法。代码清单 10.15 所示的查询显示了如何使用 Neo4j 图算法库来计算我们导入的数据库的最短路径。

代码清单 10.15　寻找两个节点之间的最短路径

```
MATCH (start:MLDeveloper {name: "amueller"})
MATCH (end:MLDeveloper {name: "git-kale"})
CALL gds.beta.shortestPath.dijkstra.stream({
nodeProjection: 'MLDeveloper',
relationshipProjection: {
FOLLOWS: {
type: 'FOLLOWS',
orientation: 'UNDIRECTED'
}
},
sourceNode: id(start),
targetNode: id(end)
})
YIELD index, nodeIds, costs
WITH index,
[nodeId IN nodeIds | gds.util.asNode(nodeId).name] AS nodeNames,
costs
ORDER BY index
LIMIT 1
UNWIND range(0, size(nodeNames) - 1) as idx
RETURN nodeNames[idx] as name, costs[idx] as cost
```

该查询的结果如图 10.14 所示。开销是指从起始节点(amueller)到特定节点所需的跳数。

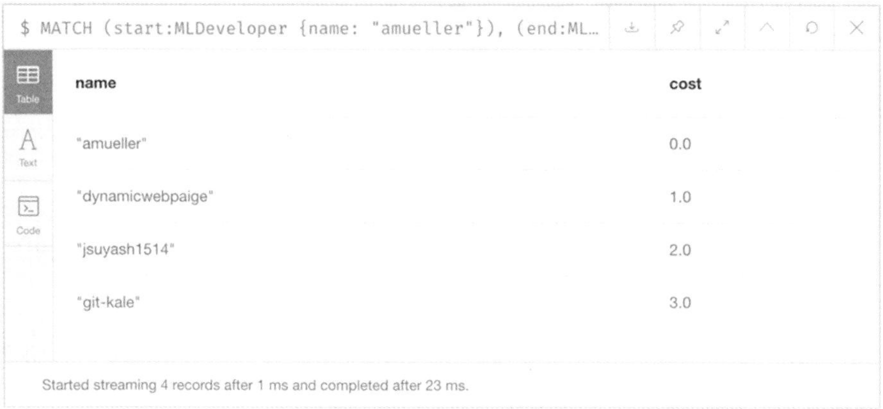

name	cost
"amueller"	0.0
"dynamicwebpaige"	1.0
"jsuyash1514"	2.0
"git-kale"	3.0

图 10.14　代码清单 10.15 的结果

通过考虑所有链接节点的最短路径长度来确定紧密中心性。形式上，它是节点与网络中所有可达节点的平均距离的倒数。节点 a—cc_a—在具有 n 个节点的网络 G 中的紧密中心性计算为：

$$cc_{\mathrm{a}} = \frac{1}{\dfrac{\sum_{b\in G,\, b\neq a,\, b\in reachable(a,\,G)} d(b,a)}{|reachable(a,G)|-1}}$$

其中

- $d(b,a)$是节点 a 和节点 b 之间的测地距离。
- $reachable(a,\mathrm{G})$是 G 从 a 可达的子图。
- $|reachable(a,\mathrm{G})|$是 a 可达的节点数。

分母是节点 a 与从 a 可达的所有节点的平均距离。高紧密中心性值表明，该节点可以很容易地到达网络中的许多其他节点，因此对其他节点有很大的影响。我们可以这样理解中心性的逻辑：如果一个人并非处于中心地位(紧密中心性值较低)，则他们必须依靠别人通过网络为他们传递消息或找到其他人。相反，一个处于中心地位的人(具有高紧密中心性值)可以很容易地在网络上传播信息或直接接触其他人，而没有任何(或只有少数)中间人削弱他们的影响力。

在欺诈用例中，如果(子)图中欺诈节点的紧密中心性值较高，欺诈可能很容易通过(子)网络传播并影响其他节点。能够独立到达大量其他节点，则可以扩展该节点的覆盖范围。此外，紧密中心性不仅是衡量一个人在社交网络中的独立性的有用指标。研究人员还将这个指标与一个人通过权力和影响力轻松访问网络中信息的能力联系起来。对于欺诈者实施欺诈的能力而言，这些方面都可以发挥关键作用。

我们不必担心需要自己计算紧密中心性值，因为有 Neo4j 和其他库为该任务提供支持。代码清单 10.16 所示的查询显示了如何计算整个图的紧密中心性并将值存储在每个节点中以供进一步分析。

代码清单 10.16　计算和存储紧密中心性

```
CALL gds.alpha.closeness.write({
  nodeProjection: 'GitHubUser',
  relationshipProjection: 'FOLLOWS',
  writeProperty: 'closeness'
}) YIELD nodes, writeProperty
```

我们可以按照紧密中心性对节点进行排序，以找到具有最高紧密中心性值的机器学习开发人员，如代码清单 10.17 所示。

代码清单 10.17　获得具有最高紧密中心性值的前 20 名 ML 开发人员

```
MATCH (user:MLDeveloper)
RETURN user.name, user.closeness
ORDER BY user.closeness desc
LIMIT 20
```

该查询的结果如图 10.15 所示。

	user.name	user.closeness
1	"WillemJan"	0.40490843671124
2	"bradfitz"	0.40249188588998974
3	"antirez"	0.4017584057121543
4	"surajit-techie"	0.4010190622074717
5	"amiryeg"	0.40015072389929096
6	"iam-peekay"	0.4000870238891188
7	"jnunemaker"	0.3984884519845674
8	"jason9263"	0.39607694813040417
9	"manishmarahatta"	0.3922321409992301

图 10.15　代码清单 10.17 的结果

查看结果，你会注意到一些用户是知名人物，他们拥有大量关注者并且正在从事高度相关的开源项目。但是在我们的数据集中，一些顶级用户并不会被认为具有影响力。第一个用户是 WillemJan，他的粉丝数很少，但他本人关注了 33,000 名 GitHub 用户，使他们登上了紧密中心性堆栈的顶端。这个例子表明，你认识的人的数量(或你关注的人的数量)影响到了紧密中心性。

介数中心性衡量节点位于连接网络中任意两个节点的最短路径上的程度。这个度量可以解释为表示有多少信息流经这个节点。具有高介数中心性的节点可以连接社区(网络中的子图)。考虑图 10.16 所示的例子。

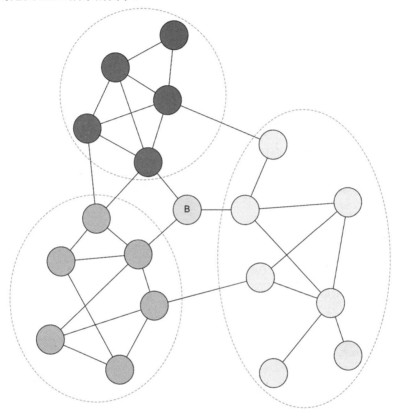

图 10.16　三个几乎不同的簇通过一个中心节点连接的示例图

图中，中心节点 B 连接了几乎独立的子图。值得注意的是，该节点的紧密中心性值较低；它直接连接到图中的几个节点，并且必须经过很长的路径才能到达其他节点。但它具有很高的介数中心性值，因为它位于数量最多的路径中。

这个例子有助于区分这两个中心性概念。紧密中心性衡量一个人认识多少人或通过几跳可以到达多少人，而介数中心性考虑了这个人在整个网络中的位置。在通信网络中，介数中心性衡量节点对信息流的潜在控制权。

这个例子展示了这些指标在分析社交网络以打击欺诈时的价值。如果图 10.16 中的节点 B 被来自一个社区的欺诈影响，那么欺诈很容易传播到其他社区。为了防止发生这种影响，一种做法是从网络中删除这个节点。

介数中心性是多个领域的有效衡量标准。也许一个更直观的例子是疾病的传播。在大量人口中，具有高介数中心性的节点很有可能将疾病传播给来自不同社区的许多人。通过识别和隔离这些节点，可以降低疾病暴发的程度。同样，在恐怖分子网络中，具有最高介数中心性的节点是跨多个单元或聚类传递信息、金钱、武器等的关键人物。通过识别它们，可以识别更多的聚类，而通过阻止它们，我们可以影响整个网络的运行能力。

计算节点 a 的介数中心性的公式考虑了每对节点流经 a 的最短路径的百分比，并将所有这些百分比相加。在数学上，可计算为：

$$bc_a = \sum_{j<k} \frac{g_{jk}(a)}{g_{jk}}$$

其中

- $g_{jk}(a)$ 是 j 和 k 之间流经 a 的最短路径数。
- g_{jk} 是 j 和 k 之间最短路径的总数。

与紧密中心性一样，Neo4j 和其他许多库完全支持该指标。在我们的数据库中，可以使用代码清单 10.18 所示的查询轻松计算介数中心性。

代码清单 10.18　计算节点的介数中心性

```
CALL gds.betweenness.write({
  nodeProjection: 'GitHubUser',
  relationshipProjection: 'FOLLOWS',
  writeProperty: 'betweenness'
}) YIELD nodePropertiesWritten, minimumScore, maximumScore, scoreSum
```

然后我们可以按照介数中心性对节点进行排序，以找到具有最高介数中心性值的机器学习开发人员。

代码清单 10.19　获得具有最高介数中心性值的前 20 名 ML 开发人员

```
MATCH (user:MLDeveloper)
RETURN user.name, user.betweenness
ORDER BY user.betweenness desc
LIMIT 20
```

此查询的结果要重要得多。几乎列表中的所有人都高度相关：他们是著名书籍的作者，或者是致力于机器学习领域的许多开源项目的工作者。在这种情况下，相比紧密中心性，介数中心性能够更好地捕获网络中人的重要性。它代表了一个人在全网而不是朋友圈的影响力。

练习

在前面的查询中，我们只考虑了机器学习开发人员来分析他们的影响力。运行查询以搜索顶级 Web 开发人员，考虑介数中心性和紧密中心性，然后查看他们在 GitHub 上的个人资料。

10.2.3　集体推理算法

在本章考虑的场景中，集体推理过程对一个节点可能受到欺诈影响的概率进行推理——要么成为欺诈者，要么成为欺诈的受害者——要考虑到这样一个事实：对节点的推理可能相互影响，并且此类推理效果的传播与节点的重要性成正比。我们将重点介绍 PageRank，这是一种强大的集体推理算法，我们在本书前面部分已经介绍了它的实际应用。

PageRank[Page et al., 1998]——谷歌著名的网页排序搜索引擎算法的基础——可能是当今最流行的重要计算技术。它为图中的每个节点 j 分配一个声望分数。直观地说，如果一个节点链接到许多重要节点，那么该节点的声望分数必须更高。当然，在欺诈的情况下，可以反过来看这种"声望"。如果一个节点与许多著名的欺诈者(在我们的半标签网络中被标记为此类的知名欺诈者)相关联，则该节点参与欺诈(作为犯罪者或受害者)的可能性很高。

我们的起点是一个半标记网络，其中包含一些已标记的合法和欺诈节点以及许多未标记的节点。图 10.17 表示我们的欺诈者网络示例。注意在该图中，假设 G 和 D 是欺诈者，我们能推断出节点 A 是欺诈者或欺诈受害者的概率是多少？

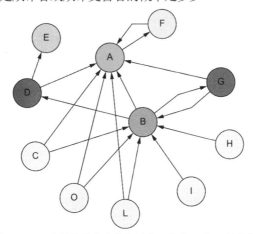

图10.17　一个简单的定向欺诈网络，其中 D 和 G 是欺诈者

分析的第一步，让我们考虑引入 PageRank 并忽略标签的场景，平等看待所有节点。现在假设节点是网页，并且上网者只能通过点击他们当前正在查看的页面上的链接来浏览页面。

图中显示网页 A 有七个传入链接。当前浏览网页 B 的上网者接下来访问网页 A 的概率为 1/3，即 33%，因为网页 B 有三个指向其他网页的链接，其中一个是网页 A。类似地，如果上网者当前正在浏览网页 C 或 D，那么在这两种情况下，他们接下来访问网页 A 的概率为 50%。一个网页被访问的概率称为该网页的页面排序。要确定网页 A 的页面排序，我们需要知道网页 B、C、D、F、G、L 和 O(链接到 A 的七个页面)的页面排序。

这个过程是集体推理：一个网页的排序取决于链接到它的其他页面的排序，其中一个页面排序的变化可能会以级联的方式影响所有其他页面的排序。具体来说，主要思想是重

要网页(出现在搜索结果顶部的页面)有许多来自其他重要网页的传入链接。以下是对任意给定页面进行页面排序的基本方法:

- 指向该页面的网页排序
- 该页面链接的页面的出度

将一个节点的初始页面排序值设置为随机浏览者从该节点开始导航的概率, 即 1/<页面数>。然后进行迭代, 直到满足某个停止标准, 通常为每次迭代的排序几乎没有变化时或达到某个定义的最大迭代次数时。图 10.18 用一个具体例子总结了该算法。

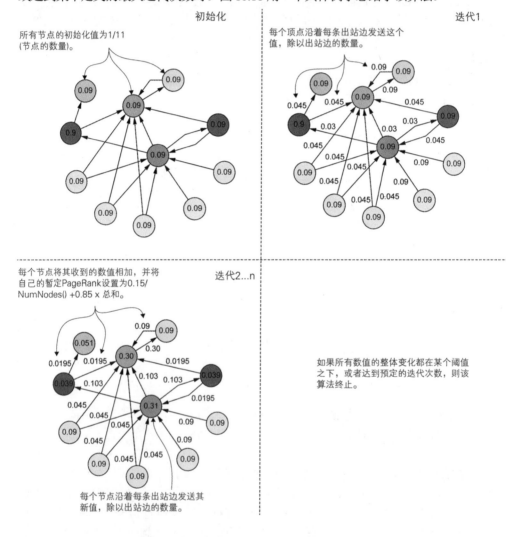

图 10.18　PageRank 初始化和迭代

在第 i 次迭代时, 节点 A 的页面排序值 PR(i, A))的计算公式为:

$$PR(i,A) = \sum_{n \in N_A} \frac{PR(i-1,n)}{outdegree(n)}$$

其中

- PR(i−1, n)是节点 n 在上一次迭代中的页面排序值。
- NA 是 A 的所有邻点。

PR(0, n)是每个节点的初始值，代表随机上网者从该节点开始导航的概率。当然，假设随机上网者仅通过点击他们正在查看的网页上的随机链接来访问网页是不现实的。上网者的行为更加随机：他们可能会随机访问其他页面，而不是点击网页上的链接。因此，更复杂的 PageRank 算法必须包括随机上网者模型，该模型假设上网者经常感到无聊并随意跳转到另一个网页。

假设 α 是上网者点击其当前所查看网页上的链接的概率，(1−α)是上网者随机访问其他网页的概率，一个更高级的公式是：

$$PR(i,A) = \alpha \sum_{n \in N_A} \frac{PR(i-1,n)}{outdegree(n)} + (1-\alpha)e_A$$

其中(1 − α)是重启概率，e_A 是网页 A 的重启值，它通常均匀分布在所有网页中。

从这个高级版本开始，Page et al.通过对用户进行个性化搜索，引入了 PageRank 算法的扩展版本。通过将重启值从所有节点中的统一分布更改为根据用户搜索兴趣定制的版本，可以实现个性化设置。页面 X 的重启值越高，用户对该页面的兴趣就越高。

最后一个版本非常适合我们的最终用例：推断欺诈者对未标记节点的影响(这意味着我们不知道该节点识别的人是欺诈者还是欺诈的受害者)。在这种情况下，PageRank 算法可以被视为节点影响力在标记网络中的传播(在我们的例子中，有一些欺诈节点是已知的)。我们通过使用重启值将欺诈注入网络，方式如下：

$$e_A = \begin{cases} 0 & \text{(如果 A 不是欺诈节点)} \\ \dfrac{1}{\text{欺诈节点的数量}} & \text{(如果 A 是欺诈节点)} \end{cases}$$

在页面排序计算结束时，排序靠前的节点是受欺诈影响最大的节点。我们可以将这些想法应用到图数据库中。实现个性化页面排序的方式有很多，Neo4j 有自己的排序方法。代码清单 10.20 所示的查询计算所有用户的个性化页面排序，将机器学习开发人员视为起始值(在源节点中指定)。

代码清单 10.20　为机器学习开发人员计算个性化页面排序

```
MATCH (mlUser:MLDeveloper)
with collect(mlUser) as mlUsers #A
CALL gds.pageRank.write({
  nodeProjection: 'GitHubUser', #B
  relationshipProjection: 'FOLLOWS',
  maxIterations: 20,
```

```
    dampingFactor: 0.85,
    sourceNodes: mlUsers,
    writeConcurrency: 4,
    writeProperty: 'pagerank'
})
YIELD ranIterations, didConverge
RETURN ranIterations, didConverge
#A Computing the list of starting nodes, since we would like to consider the
➡   effect of this nodes on the network.
#B The page rank is computed on all the GitHubUsers
```

在这个查询中，dampingFactor 是我们的 α，而 sourceNodes 是用于重新启动向量的节点。计算出分数后，我们可以使用代码清单 10.21 所示的查询，根据页面排序值，对 Web 开发人员进行从高到低的排序。

代码清单 10.21　按页面排序找到影响最大的用户

```
MATCH (user:GitHubUser)
RETURN user.name, user.pagerank, labels(user)
ORDER BY user.pagerank desc
LIMIT 20
```

上一个查询返回的列表顶部是最有可能受机器学习开发人员影响的 Web 开发人员。如果你想进一步调查，可以使用代码清单 10.22 所示的查询来计算特定机器学习开发人员粉丝的页面排序值的总和。

代码清单 10.22　计算开发者粉丝的页面排序总和

```
MATCH (user:GitHubUser {name: "dalinhuang99"})<-[:FOLLOWS]-(follower)
WITH user, follower, follower.machine_learning as machine_learning,
CASE follower.machine_learning = 0
WHEN true THEN 0
WHEN false THEN follower.pagerank
END as mlpagerank,
CASE follower.machine_learning = 1
WHEN true THEN 0
WHEN false THEN follower.pagerank
END as webpagerank
RETURN user.pagerank, count(follower), sum(machine_learning),
➡   sum(mlpagerank), sum(webpagerank)
```

该查询的结果显示，该用户总共有 7,000 多个关注者，其中有 1,000 名是机器学习开发者，但这些开发者的 PageRank 值之和高于 Web 开发者排序值之和。这个结果意味着相比于 Web 开发者，机器学习开发者对该用户的影响更大，从而证明 PageRank 算法可以用来判断网络对某个主体的影响。回到我们的欺诈场景，PageRank 值可以衡量节点(人)受到欺诈(参与欺诈或成为受害者)影响的概率。

练习

再次运行最后两个查询，互换机器学习开发人员和 Web 开发人员的位置，并研究分析结果。

10.3 基于聚类的方法

社交网络是通过网络中的链接揭示人与人之间关系的强大工具。在 10.2 节中，我们的分析侧重于逐个节点提取或计算特征，在大多数情况下考虑直接连接的相邻节点或流经每个节点的路径。在这种类型的分析中，对每个节点都进行单独考虑，重点关注它在网络中的角色及其紧密连接的集合。结果指标很有用，但要很好地了解社交网络对节点的影响(或者，相反，网络上一个节点的影响)，关键在于将该节点视为一组节点的一部分而不是将其视作独立的个体。由于网络是动态的，有理由认为，相比单个人，行为相同或共享观点或信念的社区(网络中的节点组)在信息交流方面对网络产生的影响可能更大。在欺诈用例中，一组一起工作的欺诈者可能比单独操作的欺诈者具有更大的影响力。

在图论中，社区是网络中的一个子图或聚类，与网络中任何其他随机子图中的节点相比，社区节点之间的连接更加紧密。可以通过同一社区的其他成员(连通性)轻易地联系到社区的所有成员。同时，我们期望的是，与不属于同一社区的节点(局部密度)相比，属于社区的节点链接到该社区其他成员的可能性更高。因此，我们可以更正式地将社区定义为网络中的局部密集连通子图[Barabási and Pósfai, 2016]。例如，图 10.19 中所示的图可以分为三个社区，在每个社区中，社区内的节点之间都有许多连接，而在社区外则没有或只有很少连接。

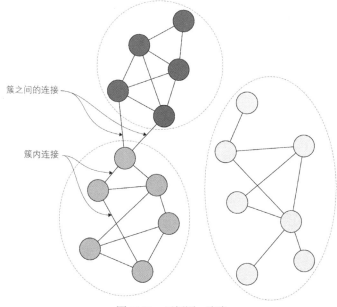

图 10.19　示例图，聚类

　　欺诈者经常组成团体一起工作，分享、加强和提供关于如何实施欺诈的补充想法。此外，置身于欺诈者群体会影响人们的行为，增加他们也参与欺诈的风险(工作中的同龄人压力)。在这种情况下，社区挖掘旨在识别网络中的欺诈者群体，以查明比图的其余部分更可能发生欺诈的子图。这些信息有助于检测隐藏的欺诈结构。请记住，如果人们受到整个社区而不是单个欺诈者的影响，那他们更有可能实施欺诈，要识别有可能被卷入欺诈活动的人，这也是种有用方法，可以减少欺诈团体的增长[Baesens et al., 2015]。

　　社区是识别常见行为模式的强大机制，即使节点在传统社交网络中没有连接。图 10.20 是一个二部图，其中节点是商店和信用卡。这些商店通过欺诈交易与信用卡联系起来。

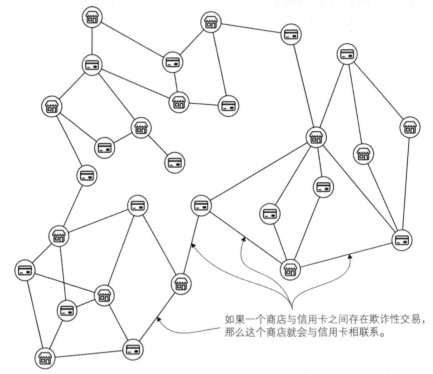

如果一个商店与信用卡之间存在欺诈性交易，那么这个商店就会与信用卡相联系。

图 10.20　由欺诈交易连接的商店和信用卡的二部图

　　如第 9 章所述，欺诈者的行为模式长期倾向于保持一致。他们可能会在同一家商店反复使用被盗的信用卡，也许是因为这些商店的员工参与了欺诈，或者也许是因为他们曾在那里成功实施过欺诈。我们可以将之前的二部图投影到商店图中[1]，如果两个节点在二部表示中链接到同一个信用卡节点，那么它们就会连接起来。结果如图 10.21 所示。

　　不难看出，欺诈者经常光顾一些可疑的商店社区(图 10.22)。发现此类社区表明，某些商店比其他商店更容易成为欺诈的受害者，这表明这些商店本身可能参与了欺诈或可能需要加强其安保工作。

---

　　1 回顾第 5 章，我们可以推断二部图中相同类型节点之间的连接，从而创建投影。

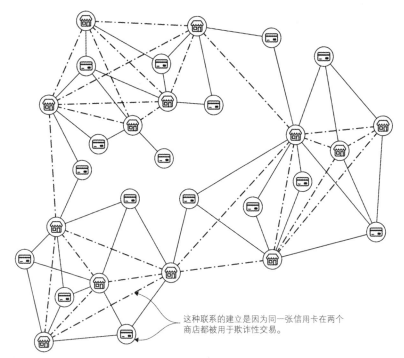

这种联系的建立是因为同一张信用卡在两个
商店都被用于欺诈性交易。

图 10.21　向二部图添加投影关系

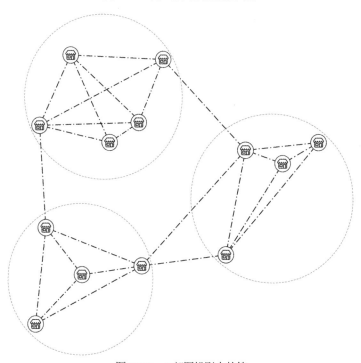

图 10.22　二部图投影中的簇

有一种信用卡欺诈的已知模式是，许多商店使用被盗卡进行小额交易。在这种情况下，社区挖掘会立即暴露出哪些商店通常与相同的被盗信用卡有关——但如果是在个别商店层面实施欺诈检测实践，则无法知晓这一信息。如果在一个以上的这些商店中或在其中一些商店中多次使用同一张卡，那么可以将其作为该卡(详细信息)已被盗的相关信号。在许多应用和环境中，通过 SNA 发现此类社区有助于检测欺诈结构或减少欺诈团伙。

社区挖掘的常用技术是图分区，也称为节点聚类。目的是通过优化社区内边和社区间边之间的比率，将图分成一些预定数量的簇。可以使用不同的算法来确定划分图的最佳方式。其中，我想提到以下两种相反的做法：

- 自上而下或划分——这些方法也称为分区或划分，使用伊始将所有节点都视为单个簇。这个簇被迭代分成多个部分，试图最小化簇间的连通性，直到到达一个稳顶点，在这个点上不可能再有显著改进。
- 自下而上或凝聚——这些方法的运作方式相反：它们首先将每个节点视为一个独立的簇，然后递归地尝试将最相似或高度互连的节点合并为簇群。

考虑到此处的目的，我们将考虑使用第二种方法，它也可用于检测密集(高度互连)区域。具体而言，之后示例中使用的算法是 Blondel et al.[2008]介绍的 Louvain 方法。这种方法通常用于检测大型网络中的社区。根据 Neo4j 文档[1]：

它将每个社区的模块化分数最大化，其中模块化量化了节点分配给社区的质量。与它们在随机网络中的连接程度相比，这意味着评估社区内节点的连接密度。Louvain 算法是一种层次聚类算法，它递归地将社区合并为单个节点，并在凝聚图上执行模块化聚类。

为了完整起见，通常使用的是 Lu et al.[2015]介绍的并行版本，它引入了一些启发式方法来打破内部顺序障碍。

除非你想亲自进行演算，否则你不需要担心这个算法难以实现，因为它在 Neo4j 和其他库中都可用。以下查询将在我们的示例网络上执行 Louvain 社区检测。

代码清单 10.23　在 GitHub 图上执行 Louvain 社区检测

```
CALL gds.louvain.write({
    nodeProjection: 'GitHubUser',
    relationshipProjection: {
    FOLLOWS: {
        type: 'FOLLOWS',
            orientation: 'undirected',
            aggregation: 'NONE'
        }
    },
    writeProperty: 'community'
}) YIELD nodePropertiesWritten, communityCount, modularity
RETURN nodePropertiesWritten, communityCount, modularity
```

---

1 http://mng.bz/XYy6。

与之前情况一样，算法将在每个节点中存储一个名为 community 的新属性，其中包含该节点所属社区的 ID。代码清单 10.24 所示的查询将让你了解 Louvain 如何将我们的网络划分为社区。

代码清单 10.24　检索前 5 个 Louvain 社区

```
MATCH (g:GitHubUser)
RETURN g.community,
count(g) as communitySize,
sum(g.machine_learning) as mlDevCount
ORDER BY communitySize desc
LIMIT 5
```

结果如图 10.23 所示。

g.community	communitySize	mlDevCount
36724	7846	373
3214	7769	5621
34977	6299	1133
4404	6091	867
34542	2588	129

图 10.23　前五名的 Louvain 社区(由于存在一些随机初始化，结果可能会有所不同)

看看前两个社区中机器学习开发人员的数量。显然，第一组是一个 Web 开发者社区(只有 373 名成员是机器学习开发者)，第二组是一个机器学习开发者社区。该算法似乎可以很好地识别具有相似兴趣的人群。

10.4　图的优点

在这种情况下，我们无法谈论相对于其他方法，使用图的优势，因为图——特别是社交网络——是本章所述方法的核心元素。但是我们可以回顾一下使用社交网络(以及图方法)进行欺诈检测和预防的优势：

- 社交网络为探索和调查欺诈行为提供了极好的信息来源。
- 图是表示社交网络的最佳方式。
- SNA 使用不同的算法，提供了关于欺诈和欺诈者范围及其影响的广泛分析。
- 图算法是一个很棒的工具集，可从图中提取见解并对社交网络进行深入分析，使我们能够识别网络中的关键人物、人群或节点。

10.5　本章小结

虽然关于这个主题还有很多内容可介绍，但本章完成了对使用图方法的欺诈检测技术的概述。我们这里关注的是社交网络，特别是 SNA 在分析网络中欺诈者的行为和影响方面的作用。在本章中，你学习了：

- 如何从不同类型的数据源创建社交网络。
- 如何使用 SNA 方法探索欺诈网络和欺诈者在网络中的影响。
- 如何为每个节点分配一组与网络结构相关的特征。
- 如何使用各种图算法从网络中提取见解(寻找关键影响因素、计算聚类系数、计算三角形等)。
- 如何将节点分组为社区。

值得一提的是，在本章中，我们能够仅使用 Neo4j 和查询，然后通过可用的插件来执行所有分析，而不必编写任何代码。这一事实证明了图方法和目前存在的库的强大功能和灵活性。

(注：本章的参考文献，请扫描本书封底的二维码进行下载。)

第IV部分

用图训练文本

文字，文字，还有更多文字！我们被文本数据所包围。世界上的大部分知识都是通过使用自然语言的文本来存储和共享的。自人类历史开始以来就是如此，最初我们使用不同的语言来分享知识——首先是声音，然后通过写作使其永久留存。

自然语言是我们与其他人互动的主要方式。我们从婴儿时期就开始学习自然语言，但对于机器而言，理解语言是最复杂的任务之一。尽管如此，计算机科学家、数据科学家和机器学习从业者一直在潜心研究，希望使机器能够处理文本数据，并给出使用文本为最终用户提供高级功能的复杂解决方案。

在本书的最后两章中，我们将重点关注这个有趣研究领域的以下几个方面：

- 自然语言处理(Natural Language Processing, NLP)——NLP旨在处理自然语言(英语、意大利语、法语等)并将其转换为机器可以理解和处理的数据结构。它提取文本的隐藏结构，识别所有元素以及它们之间的联系。这个过程使得机器能在一定程度上"理解"人类语言。

- 知识表示、组织和管理——有了NLP技术提供的基础，我们可以利用可用的大量数据并将其转换为有用的知识来源，以供进一步处理。此任务或一组任务的输出必须正确存储和组织，以便可以轻松访问和运行。不管上下文(例如聊天机器人或问答系统，或管理其所有企业数据的公司)如何，知识管理都是处理文本数据(文档、语音等)的关键要素，因为它使得人们可以有效访问信息。

这两个任务紧密相连，不断相互影响，都是重要的话题。在第11章和第12章中，我们将看到如何将NLP与图模型和算法结合使用，从文本中提取有意义的信息并通过可供多个进程访问的方式将其存储起来。具体来说，我们讨论的重点是：图在帮助从业者处理复杂机器学习任务方面的角色和作用。

图提供了一个足够灵活的数据模型，可以支持组织、访问并处理文本数据所需的许多步骤。因为此处已是本书的末尾篇章，所以在这些章节中我们会将这个概念发挥到极致：生成的图将是我们迄今为止讨论过的最复杂的图，也是功能最强大的图。将你的知识存储在包含庞大知识库的单一连接事实来源中，这样你能够完成大量任务。

对于这个话题,我感受很深:我是 GraphAware Hume(https://graphaware.com)的创建者之一,并长期担任其产品负责人,GraphAware Hume 是一个图驱动的见解引擎。Hume 是一个软件生态系统,它允许公司从多个数据源收集所有企业数据(结构化和非结构化),并首先将其转换为知识图谱,然后转换为可操作的见解。

第 *11* 章

基于图的自然语言处理

本章内容
- 一种分解文本并将其存储在图中的简单方法
- 如何通过自然语言处理来提取非结构化数据的隐藏结构
- 用于训练文本的高级图模型

在讨论这个新主题前，我们先考虑使用自然语言(以不同格式)向最终用户提供服务的最常见应用程序。你可能每天都在使用它们，甚至可能没有注意到其具有的复杂性和实用性。

第 4 章对文本进行了讨论，从而实现推荐引擎，该引擎使用与条目相关的内容，如产品描述或电影情节。在这种情况下，使用这些数据对条目或用户配置文件进行比较，找到用户或条目之间的共性(特别是相似度)，并使用它们来推荐当前用户可能感兴趣的内容。图 11.1 展示了第 4 章中基于内容的推荐引擎的高级结构。

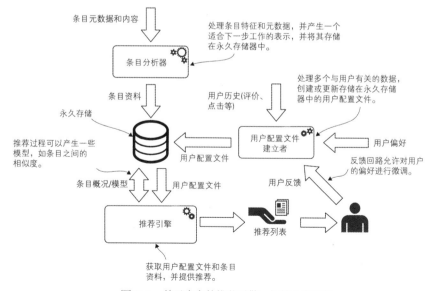

图 11.1　基于内容的推荐引擎，如第 4 章所述

条目分析器和用户配置文件构建器能够处理文本，故二者可应用于推荐阶段。将它们的分析结果存储起来后，可以轻松地在模型生成和推荐过程中对其进行访问和查询。

多年来，搜索引擎可能是最关键的处理文本应用程序类型，它在用户寻找内容时为他们提供相关结果。比如谷歌和雅虎。如果没有这两个搜索引擎，互联网就不会发展成像今天这般，人们将无法发现新内容或访问互联网提供的大量资源，造成的结果就是，互联网可能永远不会发展到现在的规模。搜索是我们用来与各种内容(新闻网站、零售网站、数据库等)交互的最常用技术。它帮助我们以直观有效的方式访问相关数据。图 11.2 显示了搜索引擎的简化模式[Turnbull and Berryman, 2016]。

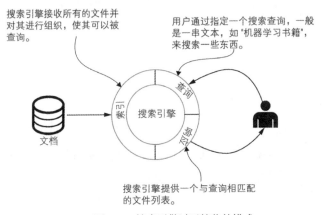

图 11.2　搜索引擎过于简化的模式

搜索引擎链接到文档存储。它能够快速执行用户查询，从而为该存储中的文档建立索引，并且结果将是准确的。

当应用程序以自然语言形式获取问题并提供答复或以某种方式与用户交互时，情况将变得更复杂。大多数人都有使用数字语音助手的经历。你以 "Siri...," "好的谷歌……," 或 "Alexa...," 开始唤醒并要求助手执行一些简单任务，例如 "找到最近的餐馆"、"播放一首浪漫的歌曲" 或 "告诉我天气预报"。因为对这项新技术感到好奇，你可能已经进行了更多尝试，要求它执行更复杂的任务并尝试提出不同格式的问题。有很大可能你会对助手无法处理超出预定义技能集的查询感到失望。

这些应用程序尽其所能地完成任务，但它们面临的任务既困难又复杂。如图 11.3 所示，即使回答一个简单的问题，它们也需要完成一整套任务。

表 11.1 中详细描述了这些任务。

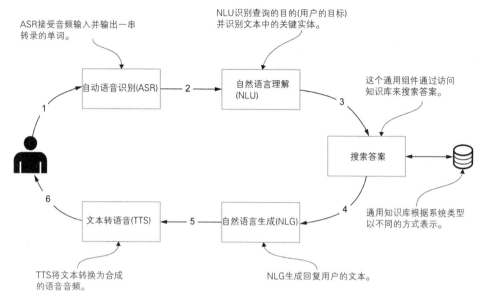

图 11.3　会话代理执行的一组任务示例

表 11.1　回复用户查询的会话代理执行的任务

任务/组件	描述
自动语音识别(ASR)	ASR 从用户那里获取音频(语音)输入并输出代表查询的转录词串
自然语言理解(NLU)	NLU 组件的目标是从用户话语中提取三个任务。第一个任务是领域分类。例如，用户是在谈论预订航班、设置闹钟还是安排行程？对于只关注行程管理的单域系统来说，这种百里挑一的分类任务是不必要的，但多域对话系统是现代标准。第二个任务是用户意图识别。用户试图完成的一般任务或目标是什么？任务可能是查找电影、显示航班或删除日程安排。最后，实体提取需要从用户的话语中提取用户希望系统理解其意图的特定概念。这些实体用于说明意图：他们想预订飞往哪里的航班？他们在日历中寻找哪个行程
寻找答案	这一步是核心过程。系统在收到域、意图和实体后，访问一些知识库并确定一组可能的答案。然后对答案进行排序，并将它们作为输入提供给以下步骤。在某些情况下，这个过程意味着在文档中查找段落；在其他情况下，这意味着检索将用于生成正确答案的信息。 在这种情况下，可以从来自多个数据源的结构化和非结构化数据中创建知识库。在会话代理中，该组件还考虑了用户之前提出的问题，以缩小当前问题的范围
自然语言生成(NLG)	(可选)接下来，NLG 组件生成对用户的响应文本。NLG 在信息状态架构中的任务通常分为两个阶段建模：内容规划(说什么)和句子实现方式(怎么说)。 该组件是可选的。在大多数情况下，句子是从知识库中的现有文档中提取的
文本转语音(TTS)	TTS 将答案转换为语音形式，而不是文本格式

由于此场景具有复杂性，它代表了机器学习中最令人兴奋和最热门的研究领域之一。未来，我们仅使用自己的声音就能与我们身边的所有设备进行交互，但就目前而言，这种交互只是一个梦想。

尽管推荐代理、搜索引擎和会话代理看起来不同，但它们在关键方面有共同之处。基本要求可以总结为以下方式：

- 使用文本建立知识库。
  - 一推荐引擎使用条目描述来创建推荐模型(例如，识别条目之间的相似度)。
  - 一搜索引擎通过索引对文档进行预处理。
  - 一聊天机器人和会话代理使用非结构化数据(文档和以前的问题)创建知识库。
- 一种适当的知识表示方式，用于存储应用场景中所需的所有信息，并提供对其的有效访问。
- 在大多数情况下，使用自然语言与用户进行交互。

以下各节和第 12 章涉及这些关键要素，提出不同的基于图的方法来完成这些任务或解决一些相关问题。

11.1　一个基本方法：存储和访问单词序列

像往常一样，我们先从一个基本的图模型开始，以说明与基于图的自然语言处理相关的高级概念和主要问题。在本章之后的内容中，从 11.2 节开始，我们将讨论更高级的技术和模型。

值得注意的是，设计每个图模型时，都应该考虑到应用程序的目的。尽管它们很简单，但在这种情况下设计的模型非常适合本节中描述的场景范围。这些模型将在不太复杂的情况下适当地满足其目的，展示了图建模的一个关键方面：从简单模型开始，并仅在必要时引入新概念和复杂性进行调整。话已至此，接下来开始我们的讨论。

假设你想运行一个支持编辑消息的执行工具，在你键入时建议下一个单词。此外，假设你希望该工具学习你的编辑习惯或从一组特定的文档中学习。这样的工具不仅可以帮助消息编写，还可以支持拼写检查、提取常用短语、总结等。

第一步是将输入拆分为单词。西方语言中，最简单的方法是使用空格(对于其他语言如中文，则需要使用不同的方法)。对这些词进行提取时，必须以一种跟踪它们在原始文本中的顺序的方式对其进行存储。此处概述的基本方法的灵感来自 Michael Hunger 的博客文章[1]。合适的图模型如图 11.4 所示(使用示例短语 "you will not be able")。

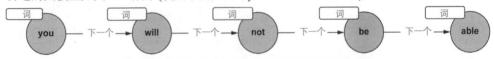

图 11.4　应用于 "you will not be able" 短语的基本模式

---

1 http://mng.bz/y9Dq。

在这个模式中，单词本身被认为是唯一的，但单词之间的关系并非如此，所以如果某些单词使用于其他句子中，它们将不会被复制；相反，新的关系将会建立。如果我们还处理 "*you will not be able*" 的短语，则生成的图将如图 11.5 所示。

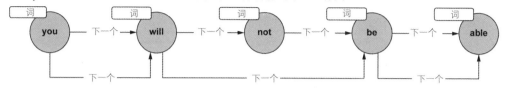

图 11.5　我们的架构应用于 "*you will not be able*" 的短语

由于新的输入而创建了新的关系，但没有创建新的词，因为我们的存储中已有了这些词。在这种模型和方法中，我们保持单词的独特性，并为每个句子创建新的关系，然后将要探索和分析该模型和方法的优点和缺点。该模型可能适用于某些情况，但在其他情况下则不然。此示例将说明在项目的发展过程中，你将如何改变对解决方案某些方面的看法。你的需求可能会发生变化，需要开发更适应新需求的新模式。图对此很有帮助，因为它们是灵活的数据结构，可以随着项目约束和要求的不断变化而变化。代码清单 11.1 所示的 Cypher 查询显示了如何处理文本并获取预期的图数据库。

代码清单 11.1　使用空格拆分句子并存储它

```
WITH split("You will not be able to send new mail until you upgrade your
    email."," ") as words
UNWIND range(0, size(words)-2) as idx
MERGE (w1:Word {value:words[idx]})
MERGE (w2:Word {value:words[idx+1]})
CREATE (w1)-[:NEXT]->(w2);
```

在这个查询中，开头的 `WITH` 子句为下一个查询语句提供数据。注意，`split()` 定义了基于空格的标记化过程，在第二个参数中将其指定为分隔符。`range()` 函数创建了一个数字范围，在本例中范围为从 0 到句子的大小(通过对文本使用 `size()` 函数获得)，再减去 2。`UNWIND` 子句将范围集合转换为带有索引值的结果行，用于获取正确的单词。`MERGE` 子句像往常一样帮助我们避免重复创建相同的节点(这里是指同一个词)。最后，我们使用 `CREATE` 来存储两个连续单词之间的关系。附带说明一下，要使 `MERGE` 有效，你需要在图中创建约束，如代码清单 11.2 所示的查询所示。

代码清单 11.2　为单词的值创建唯一约束

```
CREATE CONSTRAINT ON (w:Word) ASSERT w.value IS UNIQUE;
```

如果你想探索第一个图，代码清单 11.3 所示的查询会显示路径。

代码清单 11.3　返回图的路径

```
MATCH p=()-[r:NEXT]->() RETURN p
```

结果将如图 11.6 所示。

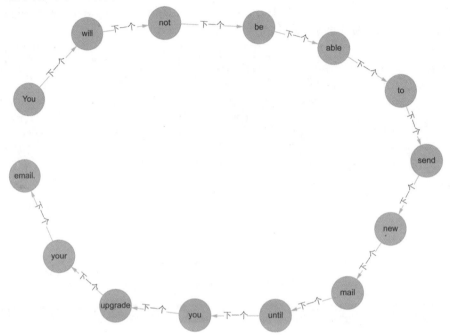

图11.6 处理句子 "*You will not be able to send new mail until you upgrade your email*" 后的结果图

到目前为止,一切都进展得很顺利——这个结果正是我们所期望的。但是还可以改进模型。如前所述,同一个词可以跟在不同句子中的多个其他词之后。通过遵循所描述的模型,由于使用了最后一个 CREATE 子句,代码清单 11.1 在相同的词对之间产生了多种关系。如果我们输入一个新句子,例如,"*He says it's OK for Bill and Hillary Clinton to send their kid to a private school*",结果图将如图 11.7 所示。

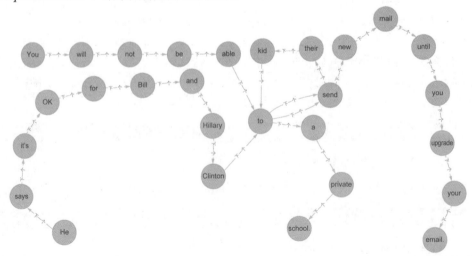

图11.7 同时处理了 "*He says it's OK for Bill and Hillary Clinton to send their kid to a private school*" 后的结果图

注意，在 to 和 send 之间有多个关系。在某些情况下，这个结果是正确的并且绝对有用，但在我们的例子中，我们希望优先考虑最有可能与当前单词相邻的单词。该模式要求我们计算当前单词首次出现在每个单词组合中的关系数。

可以通过为两个词之间的关系添加权重来修改我们的图模型，并在连接相同的单词对时使其成为唯一。结果模式如图 11.8 所示。

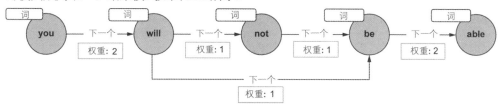

图 11.8　关系上具有权重属性的新模式模型

新模式通过在连接单词的关系上添加 weight 属性来消除对多个关系的需求。模式中的这种变化需要对查询进行小幅更改，如代码清单 11.4 所示。

代码清单 11.4　存储单词对的频率

```
WITH split("You will not be able to send new mail until you upgrade your
➥  email."," ") as words
UNWIND range(0,size(words)-2) as idx
MERGE (w1:Word {value:words[idx]})
MERGE (w2:Word {value:words[idx+1]})
MERGE (w1)-[r:NEXT]->(w2)
   ON CREATE SET r.weight = 1
   ON MATCH SET r.weight = r.weight + 1;
```

注意，最后一个 CREATE 已被 MERGE 替换，该 MERGE 在 NEXT 关系上创建(ON CREATE)或更新(ON MATCH)weight 属性。

练习

用前面的句子尝试新的查询，并检查结果图。记得先清理你的数据库[1]。检查 to 和 send 之间关系的权重。

有了合适的模型，我们现在可以解决最初的问题。因为现在很难用我们的个人信息来训练模型，所以需要使用包含一些文本的通用数据集。我们将使用手动注释子语料库(Manually Annotated Sub-Corpus, MASC) 数据集作为语料库[2]，它主要来自开放美国国家语料库(Open American National Corpus, OANC)中包含 500,000 字的书面文本和转录语音的平衡子集。表 11.2 显示了数据集中的一些文档示例。由于篇幅原因，我只复制了关键列。

1　使用 MATCH(n) DETACH DELETE n。
2　该文件可在此处下载：http://mng.bz/MgKn。

表 11.2　MASC 数据集中的样本项

文档名称	内容
[MASC]/data/written/110CYL200.txt	这需要费些时间周折，但在 Goodwill 的帮助下，Jerry 能够与检察官办公室制定付款计划，找到住房并进行更彻底的求职检索
[MASC]/data/written/111348.txt	上面的数字是我得到的，隐瞒这笔钱对我来说成了一个问题，所以在一个在联合国工作的英国联系人的帮助下(他的办公室享有一定的豁免权)我得以将包裹运到一个安全的地方，完全摆脱了麻烦
[MASC]/data/written/111364.txt	我非常清楚，这封邮件可能会让你感到惊喜，我是 rs Dagmar，一位垂死的妇女，决定将我所拥有的一切捐赠给教堂或你社区周围的任何慈善组织，我无法在我的社区中这么做，原因稍后将作解释
[MASC]/data/written/111371.txt	想象一下能够以自己的家庭产业向北美和世界其他地区的数百万人提供就业机会和商品的感觉

我们将仅使用文件 masc_sentences.tsv 中可用的制表符分隔的句子数据集。对于以下查询，请将该文件复制到 Neo4j 安装中的导入目录。要导入文件中的所有句子并像之前所述那般分解它们，你需要运行代码清单 11.5 所示的查询(记住先清理数据库)。

代码清单 11.5　导入 MASC 数据集并处理其内容

```
:auto USING PERIODIC COMMIT 500
LOAD CSV FROM "file:///masc_sentences.tsv" AS line
FIELDTERMINATOR '\t'
WITH line[6] as sentence
WITH split(sentence, " ") as words
FOREACH ( idx IN range(0,size(words)-2) |
MERGE (w1:Word {value:words[idx]})
MERGE (w2:Word {value:words[idx+1]})
MERGE (w1)-[r:NEXT]->(w2)
  ON CREATE SET r.weight = 1
  ON MATCH SET r.weight = r.weight + 1)
```

专业提示：要查看句子中的单词，需将此查询中的 UNWIND 替换为 FOREACH(在索引上使用相同的范围)。UNWIND 从句将范围集合转换为结果行，在这种情况下返回大量数据。与之不同，FOREACH 在不返回任何内容的情况下在内部执行 MERGE。该子句简化了执行并显著提高了性能。

让我们快速浏览一下数据库。可以通过代码清单 11.6 所示的查询搜索 10 个最常用的单词组合。

代码清单 11.6　找出 10 对最常见的单词

```
MATCH (w1:Word)-[r:NEXT]->(w2)
RETURN w1.value as first, w2.value as second, r.weight as frequency
ORDER by r.weight DESC
LIMIT 10
```

结果如图 11.9 所示。

first	second	frequency
"of"	"the"	18824
"in"	"the"	13030
"to"	"the"	7126
"and"	"the"	4814
"]"	"."	4476
"on"	"the"	4397
"that"	"the"	4041
"to"	"be"	3761
"for"	"the"	3679
"of"	"a"	3259

图 11.9　MASC 数据集中最常见的 10 对单词

现在我们拥有了满足最初要求的所有组件：一个支持消息编写的执行工具，可以用其建议下一个使用的单词。这个想法是获取当前单词并查询我们的新图，以使用关系的权重找到三个最可能使用的下一个单词，如代码清单 11.7 所示。

代码清单 11.7　建议最可能使用的单词的查询

```
MATCH (w:Word {value: "how"})-[e:NEXT]->(w2:Word)
RETURN w2.value as next, e.weight as frequency
ORDER BY frequency desc
LIMIT 3
```

这个查询将给出如图 11.10 所示的结果。

next	frequency
"to"	294
"the"	185
"much"	129

图 11.10　"how"之后接下来最可能出现的单词

　　显然，向写了 how 的用户建议作为最后一个单词的三个最佳词是 to、the 和 much。效果还不错！

练习

　　操作数据库，检查其他词的结果。这些结果对你有意义吗？

　　从目前的结果可以看出，效果相当不错，但还可以更好。我们可以考虑前两个甚至三个单词，而不是只考虑最后一个单词。这种方法将使我们有机会提高建议质量，但必须稍微改变数据库的结构。

　　同样，在开发解决方案时改变主意和改进数据库模型也不是什么坏事。这种情况经常发生：你一开始有了一个想法；相应地设计你的模型；然后意识到只要改变一点点，就可以得到更好或更快的结果，所以你改变模型并进行测试。你应该一直遵循这个过程；而不应该认为你的模型是最终确定的。从这个意义上说，图为你提供了所需的所有灵活性。在某些情况下，你甚至可以在不重新摄取所有内容的情况下调整模型。

　　让我们通过考虑用户写的最后两个(或三个)词而不是一个词来尝试改进这种模型。通过考虑前两个(或三个)词来提高推荐质量的想法可以总结如下：

(1) 取用户写的最后两个(或三个)词。

(2) 在数据库中搜索以相同顺序出现这些词的所有句子。

(3) 找出下一个可能出现的单词是什么。

(4) 将单词分组并计算每个单词出现的频率。

(5) 按出现频率排序(降序)。

(6) 推荐前三名。

这个过程如图 11.11 所示。

　　新模型应具备允许我们重构句子的功能，以便可以识别以我们想要的特定顺序出现在这些句子中的单词。当前模型无法做到这一点，因为它合并了句子，只更新了权重。原始信息丢失。

　　在这一点上，我们有几种选择。一种选择是取消对 Word 的唯一约束，并在其每次出现时复制所有单词(对关系执行相同操作)，但此解决方案需要大量磁盘空间，却并未添加任何具体值。使用图 11.12 中所示的模型，效果会更好。

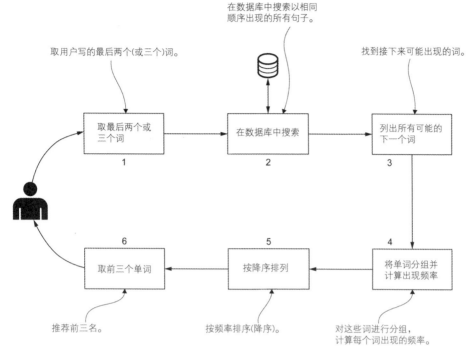

图 11.11　提高下一个词推荐质量的模式

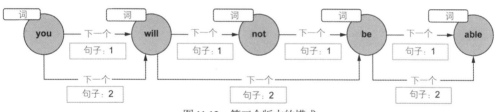

图 11.12　第三个版本的模式

该模型保持单词的唯一性，但通过在关系上添加 **ID** 来创建特定于每个句子的关系。按照这种方式，可以通过 `sentenceId` 过滤关系来重建原始句子。这种方法比复制单词所用的磁盘空间更少，并且获得的结果将完全相同。所以让我们清理数据库并重新加载新模型。清理数据库的查询如代码清单 11.8 所示。

代码清单 11.8　使用 APOC 的 iterate 过程清理数据库

```
CALL apoc.periodic.iterate(
"MATCH (p:Word) RETURN p",
"DETACH DELETE p", {batchSize:1000, parallel:true})
```

在这种情况下，最好使用 `apoc.periodic.iterate`，因为数据库相当大；要在单个交易中删除它可能需要一段时间，并且交易可能会失败。APOC 插件中的 `iterate()` 函数允许你将大提交拆分为较小的提交，并且可以并行完成这些操作，这样会快很多。当图数据库为空时，我们可以重新导入并处理文本，如代码清单 11.9 所示。

代码清单 11.9　使用 sentence 标识符的新导入查询

```
:auto USING PERIODIC COMMIT 100
LOAD CSV FROM "file:///masc_sentences.tsv" AS line
FIELDTERMINATOR '\t'
WITH line[6] as sentence, line[2] as sentenceId
WITH split(sentence," ") as words, sentenceId
FOREACH ( idx IN range(0,size(words)-2) |
MERGE (w1:Word {value:words[idx]})
MERGE (w2:Word {value:words[idx+1]})
CREATE (w1)-[r:NEXT {sentence: sentenceId}]->(w2))
```

如你所见，我们在第一个示例中使用的 CREATE 已经替换掉了用于创建单词之间关系的 MERGE。但在这种情况下，新属性 sentence 包含一个句子标识符。如果现在查看图，你会看到几乎每个节点都有很多关系出入。另一方面，现在你可以执行代码清单 11.10 所示的查询，并根据当前词和前一个词来建议下一个词。

代码清单 11.10　考虑最后两个词来建议下一个词的查询

```
MATCH (w2:Word {value: "know"})-[r:NEXT]->(w3:Word {value: "how"})-[e:NEXT]->
➡   (w4:Word)
WHERE r.sentence = e.sentence
RETURN w4.value as next, count(DISTINCT r) as frequency
ORDER BY frequency desc
LIMIT 3
```

要根据最后三个词来建议一个词，你可以使用代码清单 11.11 所示的查询。

代码清单 11.11　考虑最后三个词来建议下一个词的查询

```
MATCH (w1:Word {value: "you"})-[a:NEXT]->(w2:Word {value: "know"})-[r:NEXT]->
➡   (w3:Word {value: "how"})-[e:NEXT]->(w4:Word)
WHERE a.sentence = r.sentence AND r.sentence = e.sentence
RETURN w4.value as next, count(DISTINCT r) as frequency
ORDER BY frequency desc
LIMIT 3
```

正如预期，建议结果的质量要高得多，但代价是数据库变得更大更复杂了。最后两个查询在数据库中搜索特定模式。在这种情况下，Cypher 语言可以帮助你在高层次上定义你正在寻找的图模式；引擎将返回匹配该模式的所有节点和关系。

值得一提的是我们定义的最后一个模式存在一个小缺点。单词节点是唯一的，所以如果你有数百万个句子，这个模式将创建超级节点——即具有数百万个输入、输出或二者关系的节点。在大多数情况下，这些密集节点代表所谓的停用词：在大多数文本中频繁出现的词，例如冠词(a、the)、代词(he、she)和助动词(do、does、will、should)。如前所述，这样的密集节点在查询执行期间可能是个麻烦，因为遍历它们需要很长的时间。对于这个场景的目的和本节中提出的解决方案，这种情况问题不大，但在 11.2 节中，我们将研究如何正确识别和处理这些词。

图方法的优点

第一个场景展示了如何以图的形式表示文本。句子被拆分为简单的标记，这些标记由节点表示，单词的顺序由关系维护。

尽管它很简单，但最终设计的图模型完全符合我们的意图。你还了解了如何改进模型以满足新需求或新约束。

最后几个查询展示了如何在图中搜索特定模式，这是通过适当的图查询语言(例如 Cypher)提供的图的一个非常强大的功能。使用其他方法，例如关系数据库，表达相同的概念会复杂得多。简单性、灵活性(对变化的适应性)和健壮性等这些图特征在这个简单的场景中清晰地显现出来。

11.2　NLP 和图

11.1 节中讨论的基本方法有很多约束，我们已经讨论了其中一些。它很好地满足了预期目的：基于用户先前的输入来建议下一个单词，但它不适合需要详细分析和理解文本的高级场景，例如会话代理、聊天机器人以及本章介绍中提到的高级推荐引擎。前面例子中没有考虑的一些方面是：

- 这些词没有归一化为其基本形式(例如删除复数形式或考虑拒绝动词的基本形式)。
- 我们没有考虑单词之间的依赖关系(例如形容词和名词之间的联系)。
- 有些词放在一起更有意义，因为它们代表一个实体(例如，Alessandro Negro 是一个人，应该被视为单一的标记)。
- 未正确识别停用词并(最终)将其删除以防止节点密集。给出了一些示例，但可以根据语言和域提供详细列表。
- 仅使用空格进行拆分通常效果不佳(例如，考虑诸如 can't 之类的词以及可能附加到句子中最后一个词的所有类型的标点符号)。

本节介绍需要执行高级 NLP 任务的更复杂场景。它介绍了用于分解和正确分析文本数据的各种技术和工具，以及用于存储此类分析结果的图模型。这个阶段代表可以完成更高级任务的基本步骤。

文本通常被认为是非结构化数据，但自由文本有很多结构。困难在于，这种结构的大部分内容都不明确，因此很难搜索或分析文本中包含的信息[Grishman, 2015]。NLP 使用来自计算机科学、人工智能和语言学的概念来分析自然语言，目的是从文本中获取有意义和有用的信息。

信息提取(Information Extraction, IE)是理解文本和构建复杂、引人入胜的机器学习应用程序过程的第一步。可以将其描述为分析文本、分解文本、识别语义定义的实体和其中关系的过程，目的是明确文本的语义结构。这种分析结果可以记录在数据库中以供查询和推理或用于进一步分析。

IE 是一个涉及多个分析组件的多步骤过程，这些组件组合在一起，从文本中提取最有价值的信息，使其可用于进一步处理。以下是主要任务，我们将在本节的其余部分详细讨论其中一些任务：

- 标记化、词性(Part of Speech, PoS)标记、词干提取/词形还原和停用词删除
- 命名实体识别(Named Entity Recognition, NER)
- 实体关系抽取(Entity Relationship Extraction, ERE)
- 句法分析
- 共指解析
- 语义分析

这个列表并不详尽——可以将其他任务认为是核心信息提取过程的一部分——但它们是最常见的，我想说，就信息量、结构以及可从文本获取的知识而言，它们最有价值且最有用。必须正确组织和存储每个 IE 任务的结果，以方便其他查询和分析过程。用于存储这些结果的模型至关重要，因为它会影响后续操作的性能。

在本节中，我们将探讨图如何为训练文本提供绝佳的数据模型，它们允许我们组织文本中的结构和信息，以便使其可以立即用于查询、分析或提取为其他流程提供信息所需的特征集。对于每个任务，提出了一个图模型来妥善存储结果。从第一个任务到最后一个任务，所提出的模型将持续增长，并且生成的图将合并所有可以从采用同构数据结构的文本中提取的知识。

为了简化描述并使其更加具体，我将从需要该技术的真实场景着手，描述其中一些任务。该过程将是渐进式的：每个阶段都将新信息添加到图中，最后，我们将得到一个处理完整、结构化且可访问的语料库，并为下一步做好准备。接下来便开始我们的探索过程吧。

假设你想将文本分解为其主要元素(最终将它们归一化为基本形式)，获取文本中每个实体的角色，删除无用的词，并以易于运行和查询的方式存储结果，以便进行搜索或进一步分析。

这种情况很常见，因为几乎所有 IE 过程的第一步都是将内容分解成小的、可用的文本块，即"标记"。这个过程称为标记化。通常，标记代表单个单词，但你很快就会发现，构成一个小的、可用块的文本能够特定用于某个应用程序。如 11.1 节所述，对英语文本进行标记的最简单方法是根据空格和换行符等空格的出现来拆分字符串，就像简单标记器所做的那样。将此方法运用于以下句子：

I couldn't believe my eyes when I saw my favorite team winning the 2019-2020 cup.

得到以下列表：

["I", "couldn't", "believe", "my", "eyes", "when", "I", "saw", "my", "favorite", "team", "winning", "the", "2019-2020", "cup."]

这正是我们之前使用的方法，但显然还不够。为了更好地进行标记，我们需要处理标点符号、首字母缩略词、电子邮件地址、URL 和数字等内容。如果应用更复杂的标记化方

法，使用标记类，如字母、数字和空格，输出应该是这样的：

["I", "couldn", "'", "t", "believe", "my", "eyes", "when", "I", "saw", "my", "favorite", "team", "winning", "the", "2019", "-", "2020", "cup", "."]

这样效果大有改进！

在这个例子中，我们考虑了一个句子，但在许多场景中，应该首先将文档拆分成句子。在英语中，我们可以通过考虑句号和问号等标点符号来执行此任务。标记化和句子拆分受多个因素的影响，其中两个最关键的因素是：

- 语言——不同的语言有不同的规则。这些规则甚至可以极大地影响你执行标记化等简单任务的方式。例如，中文中的短语之间没有空格，因此，像英语一样根据空格进行拆分在中文中可能行不通。

- 域——某些域拥有具有特定结构的特定元素。考虑化学领域中的分子名称，例如 *3-(furan-2-yl)-[1,2,4]triazolo[3,4-b][1,3,4]thia-diazole*[1] 和家装零售领域中的大小例如 *60 in . X 32 in.*。

即使使用更复杂的方法，在大多数情况下，仅靠标记化是不够的。当你拥有标记列表时，可以应用多种技术来获得更好的表示。最常见的技术[Farris et al., 2013]是：

- 案例更改——此任务涉及将标记案例更改为普通案例，以便统一标记。但是，相比将所有内容小写，这个过程通常更复杂：一些标记应该大写第一个字母，因为它们出现在句子开头，而其他标记应该大写，因为它们是专有名词(如人名或地点)。适当的案例更改会考虑这些因素。注意，此任务是特定于某些语言的；例如，在阿拉伯语中，没有小写或大写。

- 停用词删除——此任务过滤掉常见词，例如 *the*、*and* 和 *a*。对于不依赖句子结构的应用程序，像这样常见的词通常价值不大(注意，这里并非否定其价值)。此停用词列表也是特定于应用程序的。如果你正在处理一本这样的书，你可能希望过滤掉内容价值最小但经常出现的其他词，如 *chapter*、*section* 和 *figure*。

- 扩展——一些标记可以通过在标记流中添加同义词或扩展首字母缩略词和缩写来进一步扩展或明晰化。此任务可以允许应用程序处理来自用户的替代输入。

- PoS 标记——此任务的目的是识别单词的词性——例如，它是名词、动词还是形容词。该任务非常重要，因为在处理过程的后期，它可以提高结果的质量。例如 PoS 标记可以帮助确定文档中的重要关键字(我们将在本节后面讨论其方式)，或支持正确的大小写(例如专有名词 *Will* 和情态动词 *will*)。

- 词形还原和词干提取——假设你想在一堆文档中搜索动词 *take*。简单的字符串匹配是行不通的，因为如你所知，这样的动词有多种形式，例如 *take*、*took*、*taken*、*taking* 和 *takes*。这些形式被称为表面形式。动词是相同的，但根据它在文本中的作用和其他句法规则，它以不同的方式出现。词形还原和词干提取允许我们将单词简化为其词根或基本形式，例如通过将 *take* 的所有表面形式转换为其词根形式。词形还原和词干提取之间的区别在于生成单词的词根形式和生成单词所用的方法。一般来

---

1 我搜索了一个复杂的名称，并在这里找到了它：http://mng.bz/aKzB。

说，词干提取使用语法规则，而词形还原使用基于字典的方法。因此，词干提取速度更快，但准确性较低；词形还原速度较慢但更精确。

如读者需要进一步阅读，我推荐本章末尾参考部分中提到的关于这些主题的优秀实用书籍[Lane et al., 2019; Farris et al., 2013]。这些书详细介绍了此处概述的步骤，并附有具体示例。

图 11.13 显示了一些应用于简单句子的前面列表中描述的任务。

许多任务似乎都涉及信息提取，但实际情况是(除非你想实施大量定制)大量的软件和各种编程语言库可以为你执行所有这些任务。代码清单 11.12 所示的示例演示了将最常见的库之一用于此类目的：spaCy[1]Python 库。

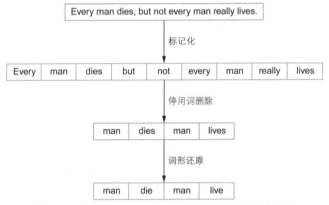

图 11.13　标记化、停用词删除和应用于例句的词形还原

代码清单 11.12　使用 spaCy 进行基本文本处理

```python
import spacy

class BasicNLP(object):

    def __init__(self, language):          # 在可能的情况下，更倾向于
        spacy.prefer_gpu()                 #   使用 GPU(速度更快)。

    def tokenize(self, text):
        nlp = spacy.load("en_core_web_sm")  # 加载英文模型。
        doc = nlp(text)                     # 处理文本。
        i = 1
        for sentence in doc.sents:          # 循环处理句子。
            print("-------- Sentence ", i, "-----------")
            i += 1
            for token in sentence:          # 循环处理标记。
                print(token.idx, "-", token.text, "-", token.lemma_)
                # 打印索引(标记的起始位置)、文
                #   本的原貌和词形还原后的版本。
if __name__ == '__main__':
    basic_nlp = BasicNLP(language="en")
```

1 https://spacy.io。

```
basic_nlp.tokenize("Marie Curie received the Nobel Prize in Physics in
    1903. She became the first woman to win the prize.")
```

此代码清单[1]展示了一个打印标记化结果的基本示例，如下所示：

```
-------- Sentence 1 -----------
0 - Marie - Marie - NNP
6 - Curie - Curie - NNP
12 - received - receive - VBD
21 - the - the - DT
25 - Nobel - Nobel - NNP
31 - Prize - Prize - NNP
37 - in - in - IN
40 - Physics - Physics - NNP
47 - in - in - IN
50 - 1903 - 1903 - CD
54 - . - . - .
-------- Sentence 2 -----------
56 - She - -PRON- - PRP
60 - became - become - VBD
67 - the - the - DT
71 - first - first - JJ
77 - woman - woman - NN
83 - to - to - TO
86 - win - win - VB
90 - the - the - DT
94 - prize - prize - NN
99 - . - . - .
```

我们应该如何将第一步的结果存储在图模型中？像往常一样，没有唯一的正确答案。答案取决于你的目的。我要展示的是我们在 GraphAware Hume 中使用的模式，事实证明它足够灵活，可以覆盖大量场景而不会遇到任何特殊困难。唯一的问题是它非常冗长，因为它存储了有时不需要的大量数据。正如你将看到的，它提供了一个起点；你可以修剪某些部分或添加其他一些内容。

呈现的第一个模式是满足大量场景和要求所需的基本模式。此模型的以下方面对于许多应用程序及其用途至关重要：

- 句子节点——主要文本被拆分成句子，这是大多数文本分析用例(如摘要和相似度计算)中的关键元素。
- TagOccurrence 节点——这些节点包含有关标签在文本中的显示方式的详细信息，例如开始和结束位置、实际值和引理(PoS 值)。
- HAS_NEXT 关系—— TagOccurrence 节点之间存在 HAS_NEXT 类型的关系，其作用域与 11.1 节中的范围相同。通过这种方式，这个新模式组合并高度扩展了之前生成的模式，因此也可以用这个新模型来解决之前场景中出现的问题。

图 11.14 显示了模式。虽然看起来有些复杂，但其中的注释可以帮助你正确理解它。

---

1 可在本书的代码仓库中找到代码，网址是 ch11/basic_nlp_examples/01_spacy_basic_nlp_tasks.py。

通过添加 Tag 节点来表示标记的词形化版本，可以稍微改进此模式。这些节点是唯一的；它们存储一次，所有包含这些标签的句子都通过 TagOccurrence 指向它们。

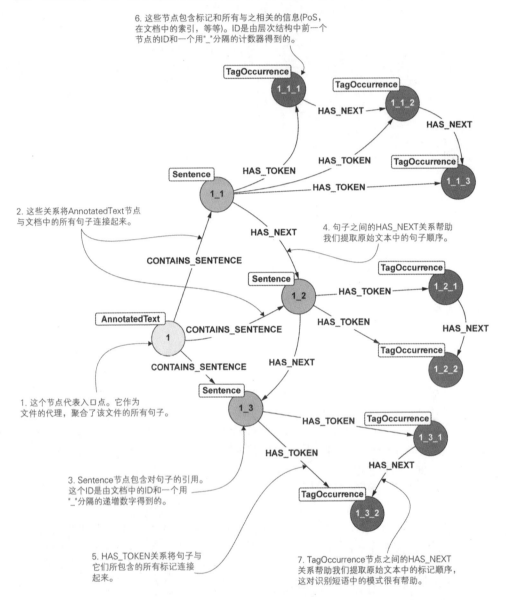

图 11.14　正确处理文本的第一个模式

由于前面提到的原因，常用词可以生成密集节点。为了缓解这个问题，仅将非停用词存储为 Tag 节点。生成的模型将如图 11.15 所示。

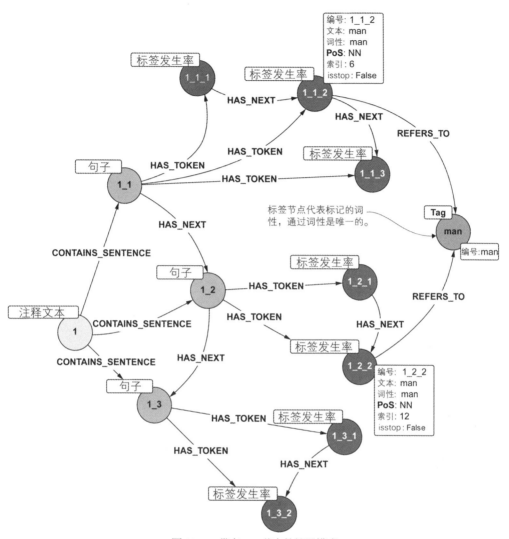

图 11.15　带有 Tag 节点的扩展模式

当你希望将一些关键术语作为入口点来访问图数据库时，Tag 节点可以简化图数据库中的导航(例如搜索)。你也可以通过在 TagOccurrence 节点上使用索引来完成此任务，但是当你直接访问 Tag 节点然后使用与 TagOccurrence 节点的关系时，执行某些查询要容易得多。因为这些节点对于我们的目的并不重要，我们在模式、示例和练习中都将忽略它们，这样图更易于阅读，但请记住它们是特定访问模式的选项。

有了这个新模型，我们可以扩展代码来处理文本并将其存储在图中。代码清单 11.13 比代码清单 11.12 复杂一些，它使用图 11.11 和图 11.12 中描述的模型，将文本转换为图。

代码清单 11.13 用文本创建第一个图

循环处理文档。该流程接受一个文档列表，并返回一个已处理文档的列表。

在没有 NER 的情况下处理文本 (提高性能)。

```python
def tokenize_and_store(self, text, text_id, storeTag):
    docs = self.nlp.pipe([text], disable=["ner"])
    for doc in docs:
        annotated_text = self.create_annotated_text(doc, text_id)
        i = 1
        for sentence in doc.sents:
            sentence_id = self.store_sentence(sentence, annotated_text,
                text_id, i, storeTag)
            i += 1
```

循环处理句子，对每个句子调用 store 函数。

创建 AnnotatedText 节点的查询很简单，只存储了一个ID来识别原始文档。

这个函数创建了带有标签 AnnotatedText 的主节点，所有其他的节点都将连接到这个节点。

```python
def create_annotated_text(self, doc, id):
    query = """MERGE (ann:AnnotatedText {id: $id})
        RETURN id(ann) as result
    """
    params = {"id": id}
    results = self.execute_query(query, params)
    return results[0]
```

这个通用函数执行代码中的所有查询。它需要查询和参数，并在一个事务中执行查询。

这个函数将句子与标签的出现以及标签一起存储。

```python
def store_sentence(self, sentence, annotated_text, text_id, sentence_id,
        storeTag):
    sentence_query = """MATCH (ann:AnnotatedText) WHERE id(ann) = $ann_id
    MERGE (sentence:Sentence {id: $sentence_unique_id})
    SET sentence.text = $text
    MERGE (ann)-[:CONTAINS_SENTENCE]->(sentence)
    RETURN id(sentence) as result
    """
```

这个查询搜索由 id 创建的 AnnotatedText 节点，创建一个句子，并将其连接到 AnnotatedText 节点。

```python
    tag_occurrence_query = """MATCH (sentence:Sentence) WHERE id(sentence) =
        $sentence_id
    WITH sentence, $tag_occurrences as tags
    FOREACH ( idx IN range(0,size(tags)-2) |
    MERGE (tagOccurrence1:TagOccurrence {id: tags[idx].id})
    SET tagOccurrence1 = tags[idx]
    MERGE (sentence)-[:HAS_TOKEN]->(tagOccurrence1)
    MERGE (tagOccurrence2:TagOccurrence {id: tags[idx + 1].id})
    SET tagOccurrence2 = tags[idx + 1]
    MERGE (sentence)-[:HAS_TOKEN]->(tagOccurrence2)
    MERGE (tagOccurrence1)-[r:HAS_NEXT {sentence: sentence.id}]->
        (tagOccurrence2))
    RETURN id(sentence) as result
    """
```

该查询存储 TagOccurrence 节点，将它们与句子以及彼此之间联系起来。

```python
    tag_occurrence_with_tag_query = """MATCH (sentence:Sentence) WHERE
        id(sentence) = $sentence_id
    WITH sentence, $tag_occurrences as tags
    FOREACH ( idx IN range(0,size(tags)-2) |
    MERGE (tagOccurrence1:TagOccurrence {id: tags[idx].id})
```

```
            SET tagOccurrence1 = tags[idx]
            MERGE (sentence)-[:HAS_TOKEN]->(tagOccurrence1)
            MERGE (tagOccurrence2:TagOccurrence {id: tags[idx + 1].id})
            SET tagOccurrence2 = tags[idx + 1]
            MERGE (sentence)-[:HAS_TOKEN]->(tagOccurrence2)
            MERGE (tagOccurrence1)-[r:HAS_NEXT {sentence: sentence.id}]->
          ➥ (tagOccurrence2))
            FOREACH (tagItem in [tag_occurrence IN {tag_occurrences} WHERE
          ➥ tag_occurrence.is_stop = False] |
            MERGE (tag:Tag {id: tagItem.lemma}) MERGE
          ➥ (tagOccurrence:TagOccurrence {id: tagItem.id}) MERGE (tag)<-
          ➥ [:REFERS_TO]-(tagOccurrence))
            RETURN id(sentence) as result
        """
```

运行用于存储句子的查询。

```
        params = {"ann_id": annotated_text, "text": sentence.text,
          ➥ "sentence_unique_id": str(text_id) + "_" + str(sentence_id)}
        results = self.execute_query(sentence_query, params)
        node_sentence_id = results[0]
        tag_occurrences = []
        for token in sentence:
            lexeme = self.nlp.vocab[token.text]
            if not lexeme.is_punct and not lexeme.is_space:
                tag_occurrence = {"id": str(text_id) + "_" + str(sentence_id) +
                  ➥ "_" + str(token.idx),
                                  "index": token.idx,
                                  "text": token.text,
                                  "lemma": token.lemma_,
                                  "pos": token.tag_,
                                  "is_stop": (lexeme.is_stop or lexeme.is_punct
                                  ➥ or lexeme.is_space)}
                tag_occurrences.append(tag_occurrence)
        params = {"sentence_id": node_sentence_id,
          ➥ "tag_occurrences":tag_occurrences}
        if storeTag:
            results = self.execute_query(tag_occurrence_with_tag_query, params)
        else:
            results = self.execute_query(tag_occurrence_query, params)
        return results[0]
```

循环每个句子提取的标记，并创建一个 dict 数组，作为存储句子的查询的参数。

该查询存储 TagOccurrence 节点，将它们与句子、彼此和 Tag 节点连接起来。它被用来替代之前的 tag_occurrence_ 查询以存储 Tag 节点。

这个过滤器避免了存储标点符号和空格。

执行带有 Tag 的查询。

执行不带 Tag 的查询。

在此代码中，使用单个参数(storeTag)，可以决定是否存储 Tag 节点。由于在本节的其余部分中不需要使用 Tag 节点，因此将此标志设置为 false，这样数据库不会那么冗长并有助于避免出现密集节点问题。

标记化根据特定的拆分规则拆分文本，这通常比使用空格和标点符号要复杂一些。不过，你可能希望从文本中获得更多信息。句子中的标记不是孤立的成分；它们通过语言关系相关联。例如，句法关系捕获一个词在修改句子中其他词的语义方面的作用，有助于确定主语和谓语。在之前使用的示例中，

I couldn't believe my eyes when I saw my favorite team winning the 2019-2020 cup.

在句法上"I"与"believe"有关，因为它是该动词的主语。捕获这类依赖关系对于进一步理解文本至关重要：它有助于我们在流程后期确定语义关系(谁对谁做了什么)。一般来说，在该阶段进行更加详尽的分析后，后面的语义分析将会更轻松。

因此，让我们扩展之前的场景，添加一个新要求：你希望识别文本中的关键句法元素(例如动词及其主语和谓语)，以提高对文本的理解并进行进一步分析。在迄今为止提出的各种解析方法中，依赖解析——与识别文本中的依赖结构有关——引起了最多关注。图11.16显示了使用 CoreNLP 测试服务为我们的示例句子获得的依赖解析[1]。

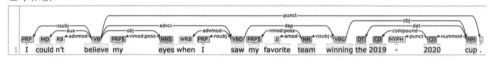

图 11.16　通过 corenlp.run 获取的标记之间的依赖关系

我希望在本书的此处，你可以立即认识到图的应用范围。在这种情况下，它是一种特殊类型的图：树。在依赖解析中，每个句子都表示为一棵树，其中将句子的主谓词或标记为根的虚拟节点作为其词根，主谓词作为其唯一的子级[Mihalcea 和 Radev, 2011]。边将每个单词连接到其依赖父级。在句子"John likes green apples"中，谓语是 likes。它需要两个参数：liker(John)和 liked(apples)。单词 green 修饰了 apples，因此它作为 apples 的子级被添加到树中。最终的树如图 11.17 所示。

将这些新的句法关系添加到我们的图模型中很简单。图 11.18 展示其工作方式。

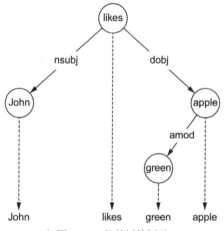

图 11.17　依赖树的例子

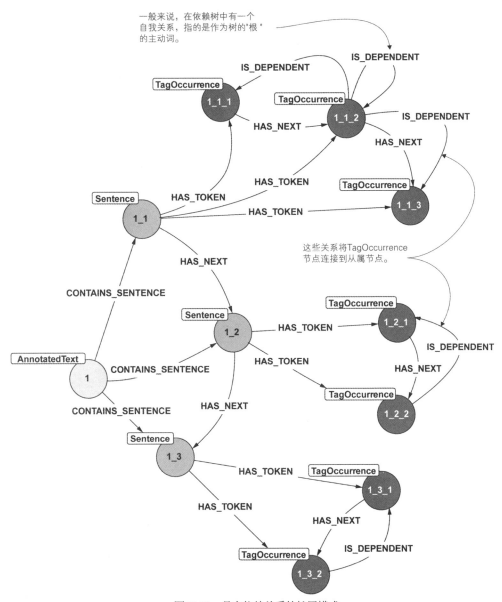

图 11.18　具有依赖关系的扩展模式

在生成的图模型中，新关系将 TagOccurrence 节点连接到从属节点。这种联系是必要的，因为同一个 Tag 在不同的句子中可以构建不同的关系(John 在某些句子中可能是主语，在其他句子中可能是宾语)，而 TagOccurrence 代表特定句子上下文中的标签，并且只能有一个特定的角色。关系的方向遵循图 11.14 中所示的模式，并可通过 self 循环识别依赖树的根(主要动词)。代码清单 11.14 是提取和存储图中依赖关系的代码。

代码清单 11.14　提取和存储依赖关系

```
def store_sentence(self, sentence, annotated_text, text_id, sentence_id,
➡ storeTag):

[... the same code as before ...]

    params = {"ann_id": annotated_text, "text": sentence.text,
    ➡ "sentence_unique_id": str(text_id) + "_" + str(sentence_id)}
    results = self.execute_query(sentence_query, params)
    node_sentence_id = results[0]
    tag_occurrences = []
    tag_occurrence_dependencies = []
    for token in sentence:
        lexeme = self.nlp.vocab[token.text]
        if not lexeme.is_punct and not lexeme.is_space:
            tag_occurrence_id = str(text_id) + "_" + str(sentence_id) + "_" +
                ➡ str(token.idx)
            tag_occurrence = {"id": tag_occurrence_id,
                              "index": token.idx,
                              "text": token.text,
                              "lemma": token.lemma_,
                              "pos": token.tag_,
                              "is_stop": (lexeme.is_stop or lexeme.is_punct
                                  ➡ or lexeme.is_space)}
            tag_occurrences.append(tag_occurrence)
            tag_occurrence_dependency_source = str(text_id) + "_" +
                ➡ str(sentence_id) + "_" + str(token.head.idx)
            dependency = {"source": tag_occurrence_dependency_source,
                ➡ "destination": tag_occurrence_id, "type": token.dep_}
            tag_occurrence_dependencies.append(dependency)
    params = {"sentence_id": node_sentence_id,
        ➡ "tag_occurrences":tag_occurrences}
    if storeTag:
        results = self.execute_query(tag_occurrence_with_tag_query, params)
    else:
        results = self.execute_query(tag_occurrence_query, params)

    self.process_dependencies(tag_occurrence_dependencies)
    return results[0]

def process_dependencies(self, tag_occurrence_dependencie):
    tag_occurrence_query = """UNWIND $dependencies as dependency
        MATCH (source:TagOccurrence {id: dependency.source})
        MATCH (destination:TagOccurrence {id: dependency.destination})
        MERGE (source)-[:IS_DEPENDENT {type: dependency.type}]->(destination)
            """
    self.execute_query(tag_occurrence_query, {"dependencies":
    ➡ tag_occurrence_dependencie})
```

受修改影响的代码片段，以
存储依赖关系。

创建 TagOccurrence 节
点后，会调用一个特定
的函数来存储它们之
间的依赖关系。

带有依赖信息的 dict 被准
备好，然后被附加到依赖
关系列表中。

该查询通过依赖关系，搜
索 TagOccurrence 节点，
并将它们连接起来。

在这个阶段，生成的图包含句子、标记(词形化、标记为停用词和 PoS 信息)以及描述它们在句子中角色的标记之间的关系。这些大量信息可应用于多种用例，例如：

- 下一个词建议——与 11.1 节中的下一个模式模型一样，根据当前某个单词或任意数量的前一个词，可以建议下一个词。
- 高级搜索引擎——当我们知道单词的顺序以及它们之间的依赖关系时，可以实现高级搜索功能，其中除了检查单词的确切顺序，还可以根据我们的目的考虑一些单词的适用情况，并提供一些建议。这个列表后面给出了一个具体的例子。
- 基于内容的推荐——通过将文本分解成组件，我们可以比较条目描述(电影、产品等)。此步骤为基于内容的推荐展开第一步。在这种情况下，进行词形还原和其他归一化(停用词删除、标点处理等)将使比较结果更加准确。

考虑到模式和手头的代码，让我们尝试完成一个具体的任务。假设你有以下三个句子：

1. "John likes green apples."
2. "Melissa picked up three small red apples."
3. "That small tree produces tasty yellow apples."

使用代码清单 11.13 和 11.14 将三个句子导入图中。要查找包含单词 apples 的所有文档，你可以使用代码清单 11.15 所示的查询。

代码清单 11.15　搜索带有 "apples" 一词的文档

```
WITH "apples" as searchQuery
MATCH (t:TagOccurrence)<-[*2..2]-(at:AnnotatedText)
WHERE t.lemma = searchQuery OR t.text = searchQuery
RETURN at
```

很简单——但任何搜索引擎都可以做到这一点。现在让我们考虑一个更复杂的用例：搜索 "small apples"。使用搜索引擎，你有两种选择：按特定顺序搜索单词，或按任意顺序搜索文档中的两个单词。在第一种情况下，你无法得到任何结果(因为 "red" 出现在两个词之间)，而在第二种情况下，你将得到两个文档(因为这两个词也出现在第三个文档中)。在这个场景中，我们创建的图模型发挥了它的作用。代码清单 11.16 所示是执行此搜索的查询。

代码清单 11.16　搜索 "small apples"

```
WITH "small" as firstWord, "apples" as secondWord
MATCH (t0:TagOccurrence)-[:HAS_NEXT*..2]-(t1:TagOccurrence)
WHERE (t0.lemma = firstWord or t0.text = firstWord) AND (t1.lemma =
➡    secondWord or t1.text = secondWord)
MATCH (t1)-[:IS_DEPENDENT]->(t0)<-[*2..2]-(at:AnnotatedText)  ◀──── 这一行检查两个标
return at                                                            记之间是否存在句
                                                                     法上的依赖关系。
```

练习

使用图，我们可以像在搜索引擎中一样表达查询。编写查询以查找包含确切短语 small apples 的文档，并查找按任何顺序包含这两个单词的文档。

让我们再看一个例子，它展示了 NLP 与图方法相结合的威力。正如代码清单 11.17 中的查询所示，我们可以使用该图来回答更复杂的问题，这就构成了信息检索、聊天机器人和会话平台等应用程序的基础。

代码清单 11.17　回答 "what are the apples like？" 这个问题

```
WITH "apples" as searchQuery
MATCH (t0:TagOccurrence)
WHERE (t0.lemma = searchQuery or t0.text = searchQuery)
MATCH (t0)-[:IS_DEPENDENT {type: "amod"}]->(t1:TagOccurrence)
return t1.text
```

不需要任何人力训练，图便能够回答复杂的问题。分解文本并建立适当的图结构可以让我们做很多事情。第 12 章通过构建一个适当的知识图谱来扩展这个想法，为更复杂的场景提供支持。

图方法的优点

本节清楚地展示了 NLP 和图协同工作的效果。由于 NLP 任务产生的数据具有高度连接性，将它们的结果存储在图模型中似乎合乎逻辑和理性。在某些情况下，与句法依赖一样，关系是作为 NLP 任务的输出生成的，图只需要存储这些关系。在其他情况下，该模型被设计为同时服务于多个场景范围，并提供易于处理的数据结构。

这里提出的图模型不仅存储了 IE 过程中提取的主要数据和关系，还可以通过添加在后处理阶段计算的新信息对其进一步扩展：相似度计算、情感提取等。因此，不需花太多精力，我们就可以为单词建议用例，满足更复杂的搜索需求甚至回答（"What are the apples like?"）这样的问题。

该模型在第 12 章中将进一步扩展，包括从文本中提取的更多信息和后处理结果，从而使其能够服务于更多场景和应用程序。

11.3　本章小结

本章介绍了与 NLP 和知识表示相关的关键概念，并将它们与图和图模型相匹配。重点是，图不仅可以存储文本数据，还可以提供用于处理文本和涵盖高级功能的概念工具集，例如，以最少的工作量实现复杂的搜索场景。

本章主题：

- 如何通过将文本分解为易于处理的块，从而以最简单的方式存储文本。
- 如何从文本中提取一组有意义的信息。
- 如何设计一个功能强大的图模型来存储文本并在不同的应用程序中访问它。
- 如何为不同的目的查询图，如搜索、问答和单词建议。

（注：本章的参考文献，请扫描本书封底的二维码进行下载。）

第*12*章

知 识 图 谱

本章内容

- 介绍知识图谱及其使用
- 从文本中提取实体和关系以创建知识图谱
- 在知识图谱之上使用后处理技术：语义网络
- 自动提取主题

在本章中，我们将继续第 11 章所做的工作：将文本分解为一组有意义的信息并将其存储在图中。这里，我们有一个明确的目标：构建知识图谱。

通过这种方式，我们将完成在第 11 章前开始的、将图用作核心技术和心智模型来管理和处理数据的任务。知识图谱代表了整本书讨论内容的最难点。在前面的章节中，你学习了如何存储和处理用户-条目交互数据以提供不同形状和形式的推荐，如何处理交易数据和社交网络以打击欺诈等等。现在我们将深入探讨如何从非结构化数据中提取知识。

本章比其他章节稍长，而且内容相当密集。你需要整体阅读，不仅要了解如何从文本数据中构建知识图谱，还要了解如何使用它来构建高级服务。通过图表和具体例子，我试图让读者更容易阅读并理解这一章；请在阅读时仔细查看它们，以确保你掌握了关键概念。

12.1　知识图谱：介绍

在第 3 章中，我使用了图 12.1 中所示的一系列图像，介绍了用知识将数据转化为见解和智慧的概念。如你所见，该过程完全是关于连接信息，而图是理想的表示。

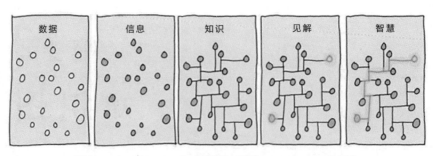

数据　　　　　信息　　　　　知识　　　　　见解　　　　　智慧

图 12.1　David Somerville 的插图，基于 Hugh McLeod 的原作

知识图谱解决了机器学习中反复出现的知识表示问题，具有绝对优势(想想我在本书中多次谈到的知识表示！)并提供了知识推理的最佳工具，比如从数据表示中进行推理。

当谷歌在 2012 年的一篇开创性的博客文章[1]中宣布，其知识图谱将使用户能够搜索事物而不是字符串时，知识图谱成为众人瞩目的焦点。此前，该帖子解释说，当用户搜索"泰姬陵"时，这个字符串被分成同等重要的两部分(单词)，搜索引擎试图将它们与其所有文档进行匹配。但在这种情况下，实际情况是：用户搜索的不是两个单独的词，而是一个具体的"事物"，无论是阿格拉美丽的纪念碑、印度餐厅，还是格莱美奖获奖的音乐家。名人、城市、地理特征、事件、电影——这些都是用户在搜索特定对象时想要获得的结果。得到与查询真正相关的信息会极大地改变搜索过程中的用户体验。

谷歌将这种方法应用于其核心业务——网络搜索。在其他功能中，从用户的角度来看，最值得注意的一个功能是，除了关键字(基于字符串的)搜索产生的网页排序列表，Google 还在右侧显示了一个结构化的知识卡——一个包含有关实体内容的汇总信息的小框可能对应于搜索词(图 12.2)。

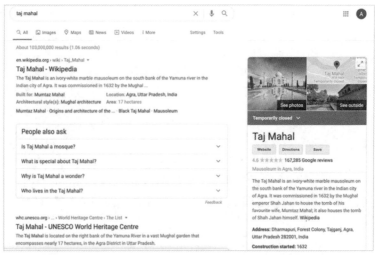

图 12.2　搜索字符串"泰姬陵"的当前结果。注意右边的方框

1　http://mng.bz/gxDE。

搜索是开始。在 Google 的博文发布几年后，知识图谱开始进入一般信息检索领域：数据库、语义网络、人工智能(Artificial Intelligence, AI)、社交媒体和企业信息系统[Gomez-Perez et al., 2017]。多年来，有多项研究扩展和发展了 Google 引入的初始概念，引入了附加功能、新想法和见解以及一系列应用程序，因此，知识图谱的概念由于采用了新的方法和技术而变得更加广泛。

但什么是知识图谱？什么使普通图成为知识图谱？这没有完美标准或普遍接受的定义，但我最喜欢的是 Gomez-Perez et al.给出的定义："知识图谱由一组相互关联的类型化实体及其属性组成。"

根据这个定义，知识图谱的基本单位是一个实体的表示，比如一个人、一个组织或一个位置(比如泰姬陵的例子)，或者可能是一场体育赛事、一本书或电影(如在使用推荐引擎的情况下)。每个实体可能有不同的属性。对于一个人，这些属性将包括姓名、地址、出生日期等。实体通过关系连接。例如，一个人在一家公司工作，一个用户点赞一个页面或关注另一个用户。关系也可用于桥接两个独立的知识图谱。

与其他面向知识的信息系统相比，知识图谱的独特之处在于它们包含的特定组合：

- 知识表示结构和推理，例如语言、模式、标准词汇表和概念之间的层次结构
- 信息管理流程(如何摄取信息并将其转化为知识图谱)
- 访问和处理模式，例如查询机制、搜索算法以及预处理和后处理技术

正如我们在本书中所做的那样，我们将使用标签属性图(Label Property Graph, LPG)来表示知识图谱——这打破了常规，因为知识图谱通常是用资源描述框架(Resource Description Framework, RDF)数据模型表示的。RDF 是 W3C 网络数据交换标准，它被设计为一种语言，用于表示有关 Web 资源的信息，例如网页的标题、作者和修改日期或有关 Web 文档的版权和许可信息。但是通过总结网络资源的概念，我们还可以使用 RDF 来表示有关其他事物的信息，例如在线商店提供的商品或用户对信息传递的偏好[RDF 工作组, 2004]。

RDF 中任何表达式的潜在结构都是三元组的集合，每个三元组由一个主语、一个谓词和一个宾语组成。每个三元组可以表示为一个节点-弧-节点链接，也称为 RDF 图，其中主语是资源(图中的一个节点)，谓语是弧(关系)，宾语是另一个节点或文字值。图 12.3 展示了这个结构的样子。

图12.3　简单的 RDF 图

RDF 适用于其编码的信息需要由应用程序处理的情况，而不是仅为了显示给人们。它提供了一个表达这些信息的通用框架，以便可以在应用程序之间交换信息而不会失去意义。与 LPG 相比，该框架更加冗长且于人而言，其可读性较差，而 LPG 旨在通过紧凑的方式使用关系和节点及其属性来存储复杂的图。请看图 12.4 中的示例，该示例来自 Jesús Barrasa 的博客文章[1]。

---

1 http://mng.bz/eMjv。

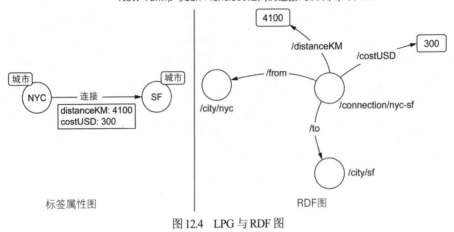

图 12.4 LPG 与 RDF 图

在表示知识图谱方面，LPG 比 RDF 图更灵活、更强大。值得指出的是，本章重点介绍如何构建和访问由文本数据创建的知识图谱。从结构化数据构建知识图谱绝对更简单，这也是我们在迄今为止介绍的多个场景中已经完成的任务。

当从文本中获得知识图谱后，使用我们将在本章中探索的技术，对其进行后处理或充实以提取见解和智慧。图 12.5 说明了整个过程，我们将在本章中将其完成。

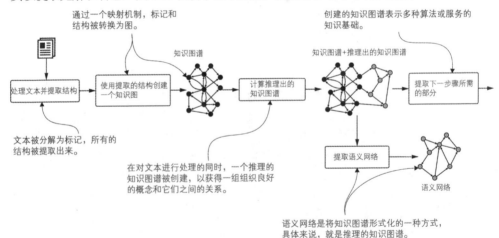

图 12.5 整个过程的心智图

随着关键实体及其之间关系识别的变化，将对从文本中提取结构的技术进行扩展。这些技术对于创建知识图谱至关重要。因为相同的实体和关系通常在属于特定领域语料库的文档中重复出现，所以推理代表此信息的通用模型很重要，将其从文本中出现的实例中抽象出来。这个模型被称为推理知识图谱。这个过程的结果代表了可用于多种高级机器学习技术或更通俗的人工智能应用程序的知识库。表示知识库的最常见方法之一是通过语义网络：一组概念和它们之间的预定义连接。

12.2 知识图谱构建：实体

从文本数据中构建知识图谱的一个关键要素是识别文本中的实体。假设你有一组文档(例如来自维基百科的文档)，你的任务是在这些文档中查找与你的领域相关的人员或其他实体的名称，如位置、组织等。提取此信息后，你必须通过图轻松访问它以进行进一步探索。

命名实体识别(Named Entity Recognition, NER)的任务包括查找文本中提到的每个命名实体(Named Entity, NE)并标记其类型[Grishman and Sundheim, 1996]。构成 NE 类型的内容取决于具体领域；人、地点和组织很常见，但 NE 可以包括各种其他结构，例如街道地址、时间、化学公式、数学公式、基因名称、天体名称、产品和品牌——简而言之，与你的应用程序相关的任何内容。一般而言，我们可以将 NE 定义为与我们正在考虑的分析领域相关的专有名称引用的任何内容。例如，如果你正在处理某些医疗保健用例的电子病历，你可能希望识别患者、疾病、治疗、药物、医院等。正如前面例子所示的，许多命名实体具有语言外的结构，这意味着它们是根据不同于一般语言规则的规则组成的。该术语通常还扩展到包括本身不是实体的事物：数值(如价格)、日期、时间、货币等。每个 NE 都与指定其类别的特定类型相关，如 PERSON、DATE、NUMBER 或 LOCATION。领域很重要，因为同一个实体可以根据它与不同的类型相关联。

当文本中的所有 NE 都被提取出来后，它们可以被链接到与现实世界实体相对应的集合中，例如，我们可以推理出"United Airlines"和"United"指的是同一家公司[Jurafsky和Martin, 2019]。假设你有以下文档：

Marie Curie, wife of Pierre Curie, received the Nobel Prize in Chemistry in 1911. She had previously been awarded the Nobel Prize in Physics in 1903.

根据所分析目标的相关实体，所要提取的实体集会有所不同，但假设我们对所有实体都感兴趣，那么正确的 NE 识别结果应该能够识别并分类名称"Marie Curie"和"Pierre Curie"作为人名，"Nobel Prize in Chemistry"和"Nobel Prize in Physics"作为奖项名称，"1911"和"1903"作为日期。这项任务对人来说很简单，但对机器来说却并非如此。你可以使用像开源 displaCy 这样的 NE 可视化工具来作为尝试[1]。如果你粘贴前面的文本并选择所有的实体标签，会得到如图 12.6 所示的结果。

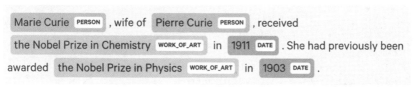

图 12.6 带有示例文本的 displaCy NE 可视化工具的结果

有趣的是，不需要进行任何微调，它就能够识别句子中的所有实体(尽管奖品被归类为"艺术品")。

---

1 https://explosion.ai/demos/display-ent。

将 NER 任务添加到图模型很简单。如图 12.7 所示，最好的解决方案是添加带有标签 NamedEntity 的新节点，其中包含从文档中提取的实体。这些节点与任何相关的 TagOccurrence 节点相链接(例如，"Marie Curie"是由两个 TagOccurrence 节点 "Marie"和 "Curie"组成的单一名称)。NamedEntity 节点是为文本中每次出现的实体创建的，因此 "Marie Curie"可以作为不同的节点多次出现。在本节之后的内容中，我们将看到如何将它们链接到一个公共节点，该节点代表将 "Marie Curie"表示为一个人的特定实体。

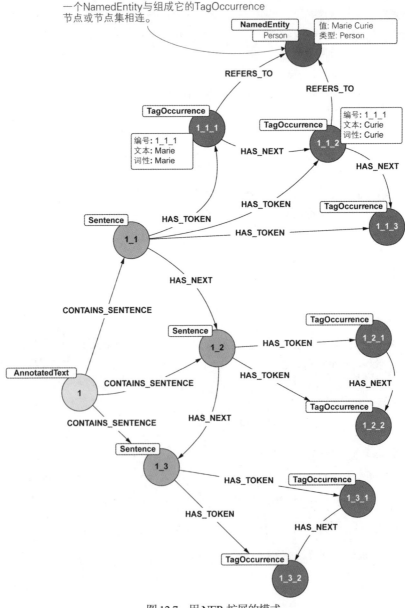

图 12.7　用 NER 扩展的模式

扩展第 11 章中的数据模型从而将 NER 任务的结果存储在图中非常简单。代码清单 12.1 包含从文本中提取 NE 并存储它们所需进行的更改。完整代码在 ch12/04_spacy_ner_schema.py 和 ch12/text_processors.py 文件中。

代码清单 12.1　将 NER 任务添加到模型中

添加提取和存储命名
实体的新步骤。

```python
def tokenize_and_store(self, text, text_id, storeTag):
    docs = self.nlp.pipe([text])
    for doc in docs:
        annotated_text = self.__text_processor.create_annotated_text(doc,
        ➥ text_id)
        spans = self.__text_processor.process_sentences(annotated_text, doc,
        ➥ storeTag, text_id)
        nes = self.__text_processor.process_entities(spans, text_id)


def process_entities(self, spans, text_id):
    nes = []
    for entity in spans:
        ne = {'value': entity.text, 'type': entity.label_, 'start_index':
        ➥ entity.start_char,
            'end_index': entity.end_char}
        nes.append(ne)
    self.store_entities(text_id, nes)
    return nes


def store_entities(self, document_id, nes):
    ne_query = """
        UNWIND $nes as item
        MERGE (ne:NamedEntity {id: toString($documentId) + "_" +
        ➥ toString(item.start_index)})
        SET ne.type = item.type, ne.value = item.value, ne.index =
        ➥ item.start_index
        WITH ne, item as neIndex
        MATCH (text:AnnotatedText)-[:CONTAINS_SENTENCE]->(sentence:Sentence)-
        ➥ [:HAS_TOKEN]->(tagOccurrence:TagOccurrence)
        WHERE text.id = $documentId AND tagOccurrence.index >=
        ➥ neIndex.start_index AND tagOccurrence.index < neIndex.end_index
        MERGE (ne)<-[:PARTICIPATES_IN]-(tagOccurrence)
    """
    self.execute_query(ne_query, {"documentId": document_id, "nes": nes})
```

> 该函数获取 NLP 过程的结果并提取命名实体。

> 该函数将实体存储在图中。

> 查询在实体上循环，并为每个实体创建一个新节点，并将其链接到组成 NE 的标记。

如你所见，无论是在流程还是用于保存 NER 任务结果的代码方面，所需的更改都是最少的。spaCy 有自己的基本 NE 模型，这些模型是我们在此代码中使用的模型，但它也提供了机会，以通过传递带注释的句子样本来训练新的 NER 模型。请参阅 spaCy 文档[1]了解如何操作。

---

1 https://spacy.io/usage。

在书面和口头语言中，如果一个人、一个地点或其他一些相关实体被多次提及，那么再次提及它们时通常不会重复全名。因此，在前面给出的例子中，我们可能会看到一个缩写的名字("Mme.Curie")、代词("She")或描述性短语("the noted scientist")。此时的问题是如何识别这种关系并从纯文本中提取它们。

我们可以通过添加另一个需求来进一步开发我们的场景。假设你还想通过考虑所有提到的命名实体来改进访问模式。作为一个具体的例子，在下面的文本中，我们想将"she"与"Marie Curie"联系起来：

Marie Curie received the Nobel Prize in Physics in 1903. She became the first woman to win the prize and the first person—man or woman—to win the award twice.

在自然语言处理(Natural Language Processing, NLP)中是通过共指解析来完成这项任务的，共指解析被定义为识别文本中实体引用之间关系的问题，无论它们是由名词还是代词表示[Mihalcea 和 Radev, 2011]。解析代词引用涉及约束和偏好的组合：先行词必须与代词匹配(在数量、性别等方面)，我们更喜欢将主语作为先行词而不是宾语、更接近文本中代词的词，以及可能出现在代词上下文中的词[Grishman, 2015]。共指解析的传统算法试图通过使用基于规则的系统来识别参考链，尽管最终标准是基于从语料库或使用机器学习分类器收集的大量文本的统计数据。

链接一般的共指名词短语是一项更困难的任务。一些简单的例子多次使用同一个名词，但大多数例子需要了解一些额外的知识，基于观察其他地方使用哪些短语来指代特定实体。这种方法使我们能够将"the noted Polish scientist"这样的短语解析为"Marie Curie"，或将"the prize"解析为"the Nobel Prize"。

提出的基于图的共指解析方法[Nicolae 和 Nicolae, 2006; Ng, 2009]使用图切割算法来近似正确分配对文本中实体的引用，但这些方法超出了本书的范围，因为我们代码仓库中使用的 NLP 库有它自己的、用于共指实现的实现方式。这里的重点是如何对此类任务的结果进行建模并充分利用它。

考虑我们的示例文本。图 12.8 显示了使用第 11 章中提到的斯坦福 CoreNLP 测试服务获得的结果。

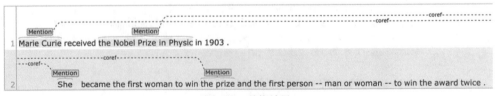

图 12.8　共指结果

我们可以通过将代词和其他引用链接到它们所指的真实实体，从而在图模型中表示出这些连接。图 12.9 显示了我们扩展的模型，使其包括共指解析。像往常一样，图提供了必要的灵活性，使模型以最少的工作量适应新的需求，同时保持以前的访问模式有效。

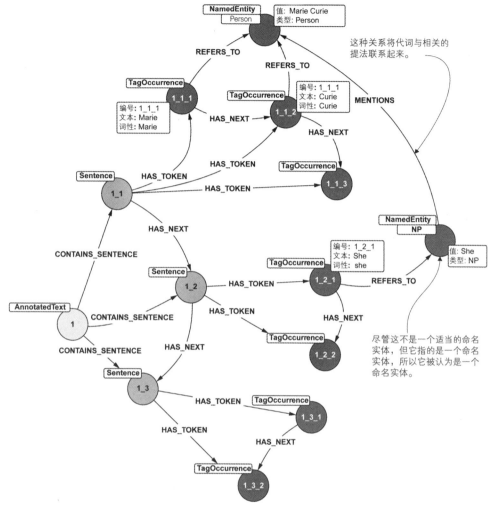

图 12.9　具有共指解析的图模型

扩展图模型通过使用 MENTIONS 关系连接 NamedEntity 节点。以下代码清单显示了用于存储新共指的代码中所做的更改。完整代码在 ch12/05_spacy_coref_schema.py 和 ch12/text_processor.py 中。

代码清单 12.2　提取共指

在 spaCy 的 NLP 流程中增加了一个新的 co-ref 元素，这是共指解析的一个神经网络实现(见 https://github.com/huggingface/neuralcoref)。

```python
def __init__(self, language, uri, user, password):
    spacy.prefer_gpu()
    self.nlp = spacy.load('en_core_web_sm')
    coref = neuralcoref.NeuralCoref(self.nlp.vocab)
    self.nlp.add_pipe(coref, name='neuralcoref');
    self._driver = GraphDatabase.driver(uri, auth=(user, password),
```

```
        ➥ encrypted=0)
        self.__text_processor = TextProcessor(self.nlp, self._driver)
        self.create_constraints()

    def tokenize_and_store(self, text, text_id, storeTag):
        docs = self.nlp.pipe([text])
        for doc in docs:
            annotated_text = self.__text_processor.create_annotated_text(doc,
            ➥ text_id)
            spans = self.__text_processor.process_sentences(annotated_text, doc,
            ➥ storeTag, text_id)
            nes = self.__text_processor.process_entities(spans, text_id)
            coref = self.__text_processor.process_co-reference(doc, text_id)

    def process_co-reference(self, doc, text_id):
        coref = []
        if doc._.has_coref:
            for cluster in doc._.coref_clusters:
                mention = {'from_index': cluster.mentions[-1].start_char,
                ➥ 'to_index': cluster.mentions[0].start_char}
                coref.append(mention)
            self.store_coref(text_id, coref)
        return coref

    def store_coref(self, document_id, corefs):
        coref_query = """
                MATCH (document:AnnotatedText)
                WHERE document.id = $documentId
                WITH document
                UNWIND $corefs as coref
                MATCH (document)-[*3..3]->(start:NamedEntity), (document)-
                ➥ [*3..3]->(end:NamedEntity)
                WHERE start.index = coref.from_index AND end.index =
                ➥ coref.to_index
                MERGE (start)-[:MENTIONS]->(end)
        """
        self.execute_query(coref_query,
                        {"documentId": document_id, "corefs": corefs})
```

提取共指并将其存储在图中。

循环处理在文档中发现的共指，并创建字典以将其存储在图中。

查询通过 MENTIONS 连接命名实体。

共指关系可以很好地将关键 NE 的所有提及与来源连接起来，即使没有使用它们的规范名称。

NE 和共指在知识图谱构建中发挥着重要作用。二者都是表示相关实体文本中出现的事件及其相互关系的一流对象。但是，为了根据我们能够从中提取的知识来提高图的质量，有必要从文本中将这些出现的事件抽象出来，并确定文本中多次引用的关键实体。自然语言理解系统(和人类)根据话语模型[Karttunen,1969]来解释语言表达——系统在处理来自语料库(或者，来自人类听者的对话)的文本的过程中逐渐构建的心智模型，其中包含文本中提到的实体表示，以及实体的属性和它们之间的关系[Jurafsky 和 Martin, 2019]。如果两个提及与同一个实体相关联，我们就说它们是共指的。

话语模型的思想可以应用于知识图谱用例，用于简化和改进对其所体现的知识的访问。如图 12.10 所示，我们可以构建知识图谱的补充——本章介绍中提到的推理知识图谱——它包含所处理文本中引用的实体的独特表示，以及它们的属性和彼此之间的联系。

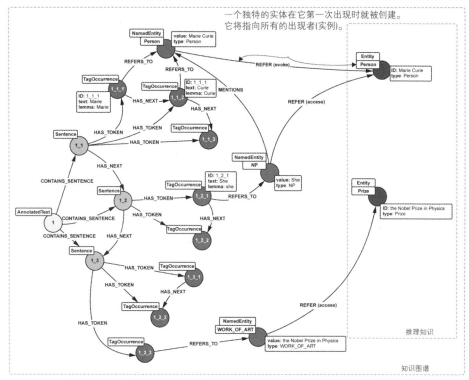

图 12.10　带有推理知识的知识图谱

鉴于知识图谱的主体包含对语料库中文本的分解，以及最终在图模型中重组的结构化数据，与其第一部分相连的第二部分提取关键元素和关系，为不同问题提供答案，并支持多种服务，不需要再浏览整个图。这个推理的知识图谱包含一个易于共享的知识表示，该表示不直接连接到从中提取该知识的特定实例(文档)。

以下代码清单显示了在共指解析任务之后，应用此推理以增量构建知识图谱的第二部分的方式。该函数位于从 ch12/06_spacy_entity_relationship_extraction.py 调用的 ch12/text_processors.py 中。

代码清单 12.3　创建推理知识图谱

```
def build_entities_inferred_graph(self, document_id):
    extract_direct_entities_query = """
    MATCH (document:AnnotatedText)
    WHERE document.id = $documentId
    WITH document
    MATCH (document)-[*3..3]->(ne:NamedEntity)
    WHERE NOT ne.type IN ['NP', 'NUMBER', 'DATE']
```

第一个查询从主要的命名实体中创建实体。

从以前创建的图中提取推理出的图谱的新步骤。

```
        WITH ne
        MERGE (entity:Entity {type: ne.type, id:ne.value})
        MERGE (ne)-[:REFERS_TO {type: "evoke"}]->(entity)
    """

extract_indirect_entities_query = """
    MATCH (document:AnnotatedText)
    WHERE document.id = $documentId
    WITH document
    MATCH (document)-[*3..3]->(ne:NamedEntity)<-[:MENTIONS]-(mention)
    WHERE NOT ne.type IN ['NP', 'NUMBER', 'DATE']
    WITH ne, mention
    MERGE (entity:Entity {type: ne.type, id:ne.value})
    MERGE (mention)-[:REFERS_TO {type: "access"}]->(entity)
    """
self.execute_query(extract_direct_entities_query, {"documentId":
    document_id})
self.execute_query(extract_indirect_entities_query, {"documentId":
    document_id})
```

第二个查询通过使用 MENTIONS 在图中可用的共指连接来创建与主要实体的连接。

使用代码清单 12.3 中的代码，我们获得了提取文本中的命名实体和共指以及创建第二层知识图谱所需的所有代码。此时，通过使用 ch12/07_process_larger_corpus.py 中可用的代码，你可以导入和处理我们在第 11 章中使用的 MASC 语料库，并自此从中获得更多见解。

练习

使用我们创建的图数据库，通过查询执行以下操作：

- 查找创建的不同类型的命名实体。
- 计算每种类型实体的出现次数，按降序排列，取前三个。
- 计算推理知识图谱中 Organization 实体的出现次数。有多少？其出现次数应该更少，因为系统在创建推理图谱时应该将其聚合。

12.3 知识图谱构建：关系

识别实体后，按照逻辑，下一步骤是识别检测到的实体之间的关系，就可以从中提取的洞察力和可用访问模式而言，这一步极大地提高了知识图谱的质量。此步骤是从文本创建有意义的图的关键，因为它允许你在实体之间创建连接并正确运行它们。你将可以执行更多的查询类型，且它可以回答的问题类型也会显著增加。

为了更好地分解文本并让机器和人类更好理解，假设你想确定提取的实体之间的关系，这些关系强调了它们之间的联系，例如奖项与获奖者之间的关系，或公司与为其工作的人之间的关系。

要回答诸如最可能的诊断之类的问题，首先需要了解患者的症状，或者谁获得了诺贝尔物理学奖，这要求你不仅要识别特定的实体，还要识别它们之间的联系。要执行此任务，可以使用不同的技术；有些技术比其他技术更复杂，有些技术需要监督(标记样本关系以创建训练集)。最早的、仍然常见的关系提取算法是基于词法句法模式的方法。它将标记或特定标签序列之间的一些上述句法关系映射到关键命名实体之间的一组相关(对于用例)关系。

这项任务可能看起来很复杂，在某些情况下确实如此，但有了图模型便会轻松不少。可以通过一组语义分析规则获得一个粗略的、简单的近似，每个规则映射一个句法图的子图(例如包含关联关键实体的句法关系的图的一部分)，它由一些提及的实体锚定，并转化为应用于相应实体的数据库关系。作为一个具体的例子，考虑以下句子：

Marie Curie received the Nobel Prize in Physics in 1903.

句法分析确定"received"的主语"Marie Curie"和宾语"the Nobel Prize"。可以使用代码清单 12.4 轻松将这些依赖关系可视化。

代码清单 12.4　可视化依赖关系

注释一个简单的句子

```
import spacy
nlp = spacy.load('en_core_web_sm')
doc = nlp(u"Marie Curie received the Nobel Prize in Physics")
options = {"collapse_phrases": True}
spacy.displacy.serve(doc, style='dep', options=options)
```

这个选项允许我们把例如 "Marie Curie "合并到可视化的一个实体中。

创建一个服务器实例并可视化结果。

结果将如图 12.11 所示。

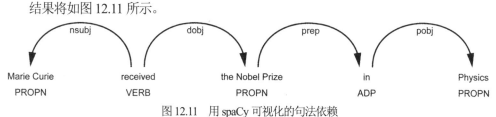

图 12.11　用 spaCy 可视化的句法依赖

一种可能的模式将这种句法结构映射到语义谓词中：

```
(verb: receive, subject: p:Person, object: a:Prize) •  (relationship:
  RECEIVE_PRIZE, from: p, to:a)
```

这里，"receive"(考虑词语原形)是一个动词，而"RECEIVE_PRIZE"是一种关系类型(一种语义关系)。使用适当的基于图的查询语言(如 Cypher)可以直接表达这些类型的模式。作为练习，我们将推导出所拥有的图。由我们的代码处理的句子产生的结果如图 12.12 所示。

可以使用代码清单 12.5 所示的查询执行查找符合我们正在寻找的模式的所有子图的任务。

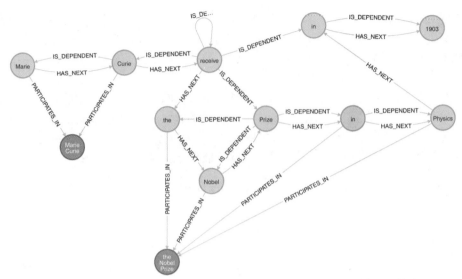

图 12.12 处理 "Marie Curie received the Nobel Prize in Physics in 1903" 这句话后的结果图

代码清单 12.5 搜索符合我们正在寻找的模式的子图

```
MATCH (verb:TagOccurrence {pos: "VBD", lemma:"receive"})
WITH verb
MATCH p=(verb)-[:IS_DEPENDENT {type:"nsubj"}]->(subject)-[:PARTICIPATES_IN]->
    (person:NamedEntity {type: "PERSON"})
MATCH q=(verb)-[:IS_DEPENDENT {type:"dobj"}]->(object)-[:PARTICIPATES_IN]->
    (woa:NamedEntity {type: "WORK_OF_ART"})
RETURN verb, person, woa, p, q
```

知识图谱中的结果将如图 12.13 所示。

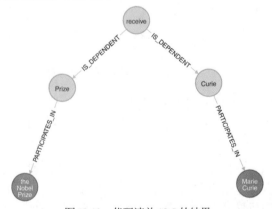

图 12.13 代码清单 12.5 的结果

注意，模式必须指定主语和宾语的语义类型，即实体类型，例如 Person 作为主语，而 Prize 作为宾语(在我们的示例中，类型是 "work of art"；拥有更好的 NER 模型会有所帮助)。但是 "receive" 传达了许多关系，我们不希望将涉及其他类型参数的 "receive" 实例转换为"RECEIVE_PRIZE"关系。另一方面，需要使用大量的替代模式来捕获可用于传达此信息的各种表达式，例如：

```
(relationship: "win", subject: p:Person, object: a:Prize) →
    (relationship: RECEIVE_PRIZE, from: p, to:a)
(relationship: "award", indirect-object: p:Person, object: a:Prize) →
    (relationship: RECEIVE_PRIZE, from: p, to:a)
```

注意，在后一个示例中，收件人显示为间接宾语（"The Committee awarded the prize to Marie Curie."）。如果不引入将被动句转换为主动句的句法正则化步骤，我们还需要用到一个被动形式的模式（"The prize was awarded to Marie Curie."）：

```
(relationship: "was awarded", object: a:Prize, indirect-object: p:Person) →
    (relationship: RECEIVE_PRIZE, from: p, to: a)
```

当这些关系被提取出来后，必须将它们存储在我们设计的图模型中。图 12.14 显示了添加此新信息所需做的模式更改。

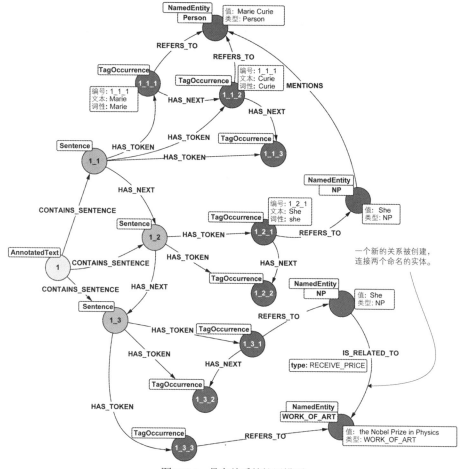

图12.14 具有关系的扩展模型

代码清单 12.6 显示了收集句法关系、将它们转换为相关联的关系并将其存储在我们的图模型中所需做的更改。完整代码在 ch12/06_spacy_entity_relationship_extraction.py 和 ch12/text_processors.py 中。

代码清单 12.6　从类型依赖中提取关系

```python
def tokenize_and_store(self, text, text_id, storeTag):
    docs = self.nlp.pipe([text])
    for doc in docs:
        annotated_text = self.__text_processor.create_annotated_text(doc,
        ➥ text_id)
        spans = self.__text_processor.process_sentences(annotated_text, doc,
        ➥ storeTag, text_id)
        nes = self.__text_processor.process_entities(spans, text_id)
        coref = self.__text_processor.process_co-reference(doc, text_id)
        self.__text_processor.build_inferred_graph(text_id)
        rules = [
            {
                'type': 'RECEIVE_PRIZE',
                'verbs': ['receive'],
                'subjectTypes': ['PERSON', 'NP'],
                'objectTypes': ['WORK_OF_ART']
            }
        ]
        self.__text_processor.extract_relationships(text_id, rules)
def extract_relationships(self, document_id, rules):
    extract_relationships_query = """
            MATCH (document:AnnotatedText)
            WHERE document.id = $documentId
            WITH document
            UNWIND $rules as rule
            MATCH (document)-[*2..2]->(verb:TagOccurrence {pos: "VBD"})
            MATCH (verb:TagOccurrence {pos: "VBD"})
            WHERE verb.lemma IN rule.verbs
            WITH verb, rule
            MATCH (verb)-[:IS_DEPENDENT {type:"nsubj"}]->(subject)-
            ➥ [:PARTICIPATES_IN]->(subjectNe:NamedEntity)
            WHERE subjectNe.type IN rule.subjectTypes
            MATCH (verb)-[:IS_DEPENDENT {type:"dobj"}]->(object)-
            ➥ [:PARTICIPATES_IN]->(objectNe:NamedEntity {type: "WORK_OF_ART"})
            WHERE objectNe.type IN rule.objectTypes
            WITH verb, subjectNe, objectNe, rule
            MERGE (subjectNe)-[:IS_RELATED_TO {root: verb.lemma, type:
            ➥ rule.type}]->(objectNe)
    """

    self.execute_query(extract_relationships_query, {"documentId":
    ➥ document_id, "rules":rules})
```

可以定义的可能规则的一个例子。

根据定义的规则从现有图中提取关系的新步骤。

查询遍历图，浏览 NE 和参与者的标签之间的关系，并提取所需的关系。

如代码所示，必须列出将语义关系转换为相关关系的规则，但列举这些模式会带来双重问题：

- 语义关系的表达方式有很多种，因此很难通过单独列出模式来获得良好的覆盖率。
- 此类规则可能无法捕获不同域中特定谓词具有的所有区别。例如，如果我们想收集有关军事袭击的文件，我们可能希望包含"strike"和"hit"的实例出现在有关冲突事件的文本中，而不是出现在体育故事中。我们可能还想使用一些参数并使其他参数可选。

为了解决这些问题，可以使用其他机制。这些方法中的大多数都是受监督的，这意味着它们需要人类的支持才能学习。最常见的方法是基于确定 NE 之间关系类型(或缺乏关系)的分类器。它可以通过使用不同的机器学习或深度学习算法来实现，但这种分类器的输入应该是什么？

训练分类器需要用到注释了实体和关系的语料库。首先，我们标记每个文档中的实体；然后，对于句子中的每一对实体，我们要么记录连接它们的关系类型，要么标注它们不是通过关系连接的。前者为正训练实例，后者为负训练实例。在训练分类器之后，可以通过将其应用于出现在同一句子中的所有实体提及对来提取新测试文档中的关系[Grishman, 2015]。虽然有效，但这种方法在训练过程中所需的数据量方面存在很大的缺点。

第三种方法将基于模式的方法与监督方法相结合，将基于模式的方法作为提升过程：这些关系是从用于训练分类器的模式中自动推理出来的。

无论你使用何种方法来提取关系，当它们作为表示文本的知识图谱中 NE 之间的连接存储时，就可以将它们投影到前面讨论的推理知识图谱上。在这种情况下，关系应该连接实体。

在模型的定义中，重要的是要记住，有必要追溯创建这种关系的原因。一个问题是，在当今可用的大多数图数据库中，包括 Neo4j，关系只能连接两个节点。但在这种情况下，我们想要连接更多节点，以此来指向关系的源头。这个问题有两种解决方法：

- 在关系中添加一些信息作为属性，使我们能够追溯到两个实体之间连接的来源，例如代表连接的 NE 的 ID 列表。
- 添加代表关系的节点。我们无法连接到关系，但是这些关系节点将实体之间的连接具体化，这样我们就能够将它们连接到其他节点。

第一种方法在节点数量方面没有那么冗长，但处理起来要复杂得多，这就是所提议的模式(图 12.15)采用第二种方法的原因。

推理知识图谱的创建对图的可处理性及其支持的访问模式类型有很大影响。假设你已经处理了大量文本语料库，例如我们提供的居里夫人示例中的文本，并且你想知道是谁获得了诺贝尔物理学奖。

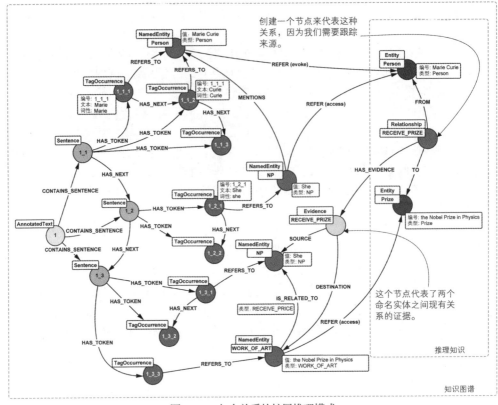

图 12.15 包含关系的扩展推理模式

代码清单 12.7 显示了如何扩展我们已有的、用于从文本中提取实体的代码，以推理知识图谱中实体之间的关系。完整代码位于从 ch12/06_spacy_entity_relationship_extraction.py 调用的 ch12/text_processors.py 中。

代码清单 12.7 提取关系并将它们存储在推理的知识图谱中

提取推理出的知识图谱关系的新步骤。

```
def build_relationships_inferred_graph(self, document_id):
    extract_relationships_query = """
        MATCH (document:AnnotatedText)
        WHERE document.id = $documentId
        WITH document
        MATCH (document)-[*2..3]->(ne1:NamedEntity)
        MATCH (entity1:Entity)<-[:REFERS_TO]-(ne1:NamedEntity)-
        [r:IS_RELATED_TO]->(ne2:NamedEntity)-[:REFERS_TO]->
        (entity2:Entity)
        MERGE (evidence:Evidence {id: id(r), type:r.type})
        MERGE (rel:Relationship {id: id(r), type:r.type})
        MERGE (ne1)<-[:SOURCE]-(evidence)
        MERGE (ne2)<-[:DESTINATION]-(evidence)
```

查询提取前面步骤中创建的关系列表，并在推理的知识图谱中创建证据和关系。

```
        MERGE (rel)-[:HAS_EVIDENCE]->(evidence)
        MERGE (entity1)<-[:FROM]-(rel)
        MERGE (entity2)<-[:TO]-(rel)
    """
    self.execute_query(extract_relationships_query, {"documentId":
    ➥ document_id})
```

此时，按照如上代码处理和存储文本后，获得预期结果所需的查询将如下所示。

代码清单 12.8　获得诺贝尔物理学奖获得者的查询

```
MATCH (nodelPrize:Entity {type:"WORK_OF_ART"})<-[:TO]-(rel:Relationship
➥ {type: "RECEIVE_PRIZE"})-[:FROM]->(winner:Entity {type: "PERSON"})
WHERE nodelPrize.id CONTAINS "the Nobel Prize in Physics"
RETURN winner
```

从 rel 节点还可以找到突出这种关系的所有文本。

我们构建的知识图谱代表了语料库中可用的原始内容，其处理方式使得多种类型的搜索成为可能，并支持不同的访问模式和问答。当我们使用原始格式的文本时，这些操作中的大多数是不可能实现的。识别 NE 和它们之间的关系可以实现其他情况下不可能进行的查询，并且推理的知识图谱创建了第二层结构，其中提炼的知识更易处理。图是表示文本中关键概念的提取。

12.4　语义网络

到目前为止，我们构建的知识图谱包含了大量从文本中提取并转换为可用知识的信息。具体来说，推理的知识图谱表示在处理越来越多的文本时提取的知识。在这一点上，调查如何具体地使用此知识图谱向最终用户提供新的高级服务非常重要。

知识图谱是知识库的一种表示，在此基础上可以构建多种类型的自动推理和有趣的特征。知识表示和推理是符号人工智能的一个分支，旨在设计能够根据相关领域的机器可解释表示进行推理(类似于人类)的计算机系统。在这个计算模型中，符号充当物理对象、事件、关系和其他领域工件的替代品[Sowa, 2000]。

表示此类知识库的最常见方法之一是使用语义网络——图的节点表示概念，其弧表示这些概念之间的关系。语义网络提供相关领域的语句的结构化表示，或"一种从自然语言中抽象出来的方法，以更适合计算的形式表示在文本中捕获的知识" [Grimm et al., 2007]。

通常，选择概念来表示此类文本中名词的含义，并将关系映射到动词短语。让我们思考一个之前使用的具体例子：

Marie Curie, the famous scientist, received the Nobel Prize in Physics in 1903.

这句话应生成如图 12.16 所示的语义网络。

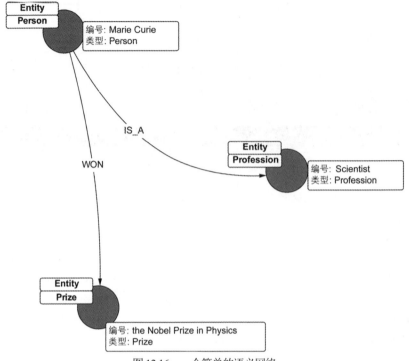

图 12.16 一个简单的语义网络

这种结构正是为推理知识图谱创建的。唯一的区别是我们具体化了用于跟踪源的关系，如果我们想知道为什么创建这种关系，那该操作就是必要的。所以推理的知识图谱是一个语义网络，它是一个简化版本，因为在我们的模式中，我们将关系具体化以跟踪每个推理关系的来源。

出于这个原因，在心智图中，我们考虑作为一个特定的过程从推理的知识图谱中提取语义网络(如图 12.17 所示)，去除与映射到源的关系相关的所有开销，只保留概念和相关的关系，例如考虑它们在原始语料库中出现的频率。

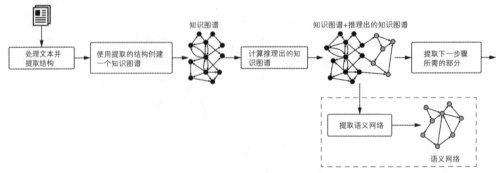

图 12.17 心智图：提取语义网络

语义网络的内容取决于与相关领域和应用程序最终应提供的特定服务相关的概念和

关系。在我们的例子中，语义网络是从当前大图中提取的推理知识图谱。在这个提取过程中，可以对图进行稍微简化，例如删除 Relationship 节点并用适当的关系替换它们。

有时，仅使用你拥有的语料库构建的适当语义网络还不足以满足你的所有需求。但幸运的是有公开可用的通用语义网络。使用最广泛的一个是 ConceptNet 5[1]，其创建者将其描述为"一个知识表示项目，提供一个大型语义图，描述一般人类知识及其如何用自然语言表达"[Speer 和 Havasi, 2013]。图中表示的知识是从各种来源收集的，包括专家创建的资源、众包和游戏。ConceptNet 的目标是使自然语言应用程序能够更好地理解人们使用的词语背后的含义，从而改进自然语言应用程序[Speer et al., 2017]。来自网站的图 12.18 显示了其工作方式。

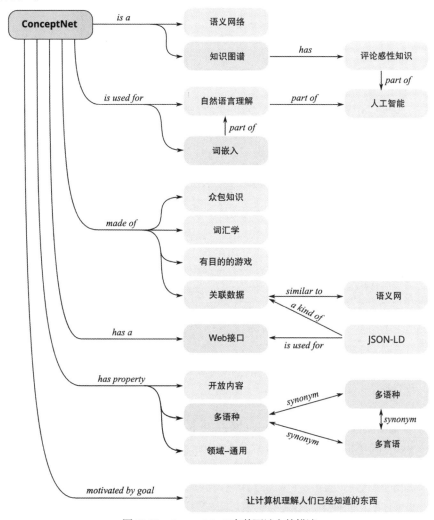

图 12.18　ConceptNet 5 在其网站上的描述

---

1 http://conceptnet.io。

ConceptNet 5 API 使用起来非常简单。例如，如果你想了解更多关于 Marie Curic 的信息，可以点击以下网址 http://api.conceptnet.io/c/en/marie_curie/并得到以下答案：

```
{
    "@id": "/a/[/r/Synonym/,/c/en/marie_curie/n/wn/person/,
    ➥ /c/en/marya_sklodowska/n/wn/person/]",
    "@type": "Edge",
    "dataset": "/d/wordnet/3.1",
    "end": {
        "@id": "/c/en/marya_sklodowska/n/wn/person",
        "@type": "Node",
        "label": "Marya Sklodowska",
        "language": "en",
        "sense_label": "n, person",
        "term": "/c/en/marya_sklodowska"
    },
    "license": "cc:by/4.0",
    "rel": {
        "@id": "/r/Synonym",
        "@type": "Relation",
        "label": "Synonym"
    },
    "sources": [
        {
            "@id": "/s/resource/wordnet/rdf/3.1",
            "@type": "Source",
            "contributor": "/s/resource/wordnet/rdf/3.1"
        }
    ],
    "start": {
        "@id": "/c/en/marie_curie/n/wn/person",
        "@type": "Node",
        "label": "Marie Curie",
        "language": "en",
        "sense_label": "n, person",
        "term": "/c/en/marie_curie"
    },
    "surfaceText": "[[Marie Curie]] is a synonym of [[Marya Sklodowska]]",
    "weight": 2.0
}
```

这个答案即刻告诉你，Marie Curie 的另一个名字是 Marya Sklodowska。

出于以下几个原因，在本章的此处查看 ConceptNet 很有意思：

● 其创建方式与文本中描述的方式完全相同，这验证了我们目前的路径。从图 12.18 所示的模式可以看出，它集成了所有关键概念：知识图谱、语义网络、AI、NLP 等。

● 如果你的语料库中没有足够的信息来构建适当的知识图谱，并且你所指的领域是一个常见的领域，则可以使用 ConceptNet 来填补这一空白。如果你正在处理来自在线资源的新闻文章，并且在文本中仅获得城市名称，如 "Los Angeles"，则可以查询 ConceptNet 以查找该城市所在的州(在本例中为 "California")[1]。

- 我本人喜欢它。这是一个理解文本和扩展知识图谱的优质资源，我经常在许多项目中使用它。它简单免费，而且速度非常快：为了获得最佳速度，你可以下载它，或者将其导入 Neo4j 实例，这样效果更好。

图 12.19 来自 Speer 和 Havasi[2013]介绍最新版本 ConceptNet 的论文，描述了可用的主要关系以及它们如何连接文本中的不同组件。它清楚地表明该方法类似于本书中提出的方法。图中 NP 代表名词短语，VP 代表动词短语，AP 代表形容词短语。

关系	#边	句子模式
IsA	7,956,303	*NP* is a kind of *NP*.
PartOf	536,648	*NP* is part of *NP*.
AtLocation	535,278	Somewhere *NP* can be is *NP*.
RelatedTo	319,471	*NP* is related to *NP*.
HasProperty	303,921	*NP* is *AP*.
UsedFor	254,563	*NP* is used for *VP*.
DerivedFrom	242,853	*TERM* is derived from *TERM*.
Causes	233,727	The effect of *VP* is *NP*|*VP*.
CapableOf	167,405	*NP* can *VP*.
MotivatedByGoal	173,111	You would *VP* because you want *VP*.
HasSubevent	154,214	One of the things you do when you *VP* is *NP*|*VP*.
Desires	95,779	*NP* wants to *VP*.
HasPrerequisite	69,474	*NP*|*VP* requires *NP*|*VP*.
HasA	56,691	*NP* has *NP*.
CausesDesire	51,338	*NP* makes you want to *VP*.
MadeOf	43,278	*NP* is made of *NP*.
DefinedAs	39,406	*NP* is defined as *NP*.
HasFirstSubevent	35,242	The first thing you do when you *VP* is *NP*|*VP*.
ReceivesAction	24,609	*NP* can be *VP*.
LocatedNear	12,679	You are likely to find *NP* near *NP*.
SimilarTo	11,635	*NP* is like *NP*.
SymbolOf	11,302	*NP* represents *NP*.
HasLastSubevent	8,689	The last thing you do when you *VP* is *NP*|*VP*.
CreatedBy	1,979	You make *NP* by *VP*.

图 12.19　Speer 和 Havasi [2013]的表格显示了 ConceptNet 5 中可用的关键关系

如代码清单 12.9 所示，通过 Python 访问 ConceptNet 5 非常简单。你可以使用 `requests` 库来获取内容。

代码清单 12.9　从 Python 访问 ConceptNet

```
import requests
```

---

1 此示例需要使用的查询是 http://api.conceptnet.io/query?start=/c/en/los_angeles&rel=/r/PartOf。

```
obj = requests.get('http://api.conceptnet.io/c/en/marie_curie').json()
print(obj['edges'][0]['rel']['label'] + ": " +
➥ obj['edges'][0]['end']['label'])
```

练习

稍微尝试一下代码清单 12.9 中的代码，看看处理结果有哪些不同方法。这里给出的例子只是一个建议。

12.5 无监督关键字提取

NER 并不是识别文本中关键元素的唯一方法。任何文本都有某些词和短语——并不一定与 NE 相关——但它们比其他词和短语更重要，因为它们表达了与整个文档、段落或句子的内容相关的关键概念。这些单词和短语通常称为关键字，它们为处理大型语料库提供了巨大的支持。

任何规模的公司都必须管理和访问大量数据才能为其最终用户提供高级服务或处理其内部流程。这些数据中的大部分通常以文本形式存储。公司能够处理和分析这一庞大知识源，则说明了其自身具有的一种竞争优势，但由于文本数据的非结构化性质和问题的规模，即使提供简单有效的访问通常也颇具挑战。

假设你希望通过识别主要概念、组织索引和提供足够的可视化来提供对大量文档(电子邮件、网页、文章等)的有效访问。关键字提取——识别和选择最能描述文档的单词和小短语的过程——对这项任务至关重要。除了构成构建语料库索引的有用条目之外，你提取的关键字还可用于文本分类，并且在某些情况下可用作给定文档的简单总结。自动识别文本中重要术语的系统可用于多种用途，例如：

- 识别受过训练的 NER 模型无法识别的命名实体。
- 创建特定于领域的字典(在这种情况下，也使用提取的 NE)。
- 使用频繁和重复出现的关键字以及与实体的连接来扩展推理的知识图谱。
- 当用户寻找某些特定关键字时，创建索引并使用关键术语来改进结果。

在构建知识图谱、提高最终结果的质量(在知识和访问模式方面)的过程中，关键字发挥着重要作用。那么如何获得它们呢？当你使用无监督技术(例如本节中讨论的技术)时，关键字提取任务甚至不需要人工支持便能完成！

本节描述了一种关键字提取方法[1]，该方法使用表示文档中标签或概念之间关系的图模型。该解决方案一开始使用称为 TextRank 的基于图的无监督技术。此后，通过使用类型化依赖图和其他技巧来过滤掉无意义的短语，或者用形容词和名词来扩展关键字以更好地描述文本，从而大大提高了关键字提取结果的质量。值得注意的是，尽管所提出的方法是无监督的，但最终结果在质量上与使用监督方法所获得的结果相当。出于以下几个原因，本书首选此算法：

---

1 http://mng.bz/pJD8。

- 它完全基于我们已经讨论过的图技术和算法，如 PageRank。
- 它使用了我们在第 11 章中详细分析过的语法依赖。
- 即使与监督算法相比，该方法所得结果的质量也非常出色。

Mihalcea 和 Tarau[2004]引入的 TextRank 算法是一种相对简单的无监督文本摘要方法，可直接应用于主题提取任务。它的目标是通过构建单词共现图并使用 PageRank 算法对单个单词的重要性进行排序，来检索关键字并构建最能描述给定文档的关键短语。图 12.20 展示了这个共现图的创建方式。

图 12.21 中总结了 Mihalcea 和 Tarau 提出的算法结构。

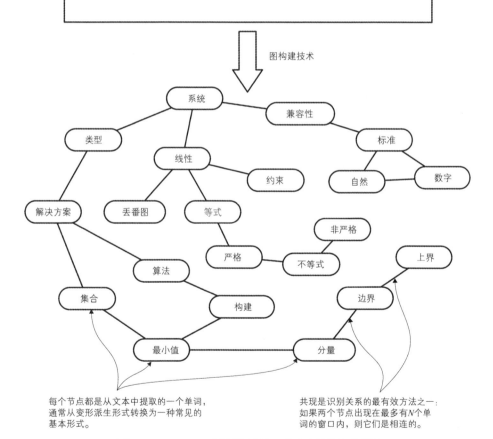

图 12.20　TextRank 中的关键概念：将文本转化为共现图

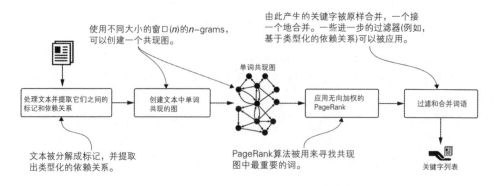

图 12.21 TextRank 算法的关键步骤

算法的关键步骤如下：

(1) 从 NLP 注释文本中预选相关单词。对每个文档都进行标记和注释。这些处理过的词是基本的词汇单元或标签。应用可配置的停用词列表和句法过滤器以将选择细化为最相关的词汇单元。根据 Mihalcea 和 Tarau 的观察，总结文档时，即使是人类注释者也倾向于使用名词，而不是动词短语，句法过滤器仅选择名词和形容词。

(2) 创建标签共现图。过滤后的标签根据它们在文档中的位置进行排序，并在相邻标签之间建立共现关系，遵循文本中的自然词流。这一步将文档的句法元素之间的关系引入到图中。默认情况下，只有出现在彼此旁边的标签才能具有共现关系。在句子 "Pieter eats fish" 中，没有创建共现边，因为 "eats" 是一个没有通过句法过滤器的动词。但是如果将共现窗口的大小从默认的 2 更改为 3，"Pieter" 和 "fish" 就会连接起来。最后，每个共现边被分配一个权重属性，指示两个标签在给定文档中共现的次数。此时得到的图如图 12.20 所示。

(3) 运行无向加权 PageRank。在加权共现关系上运行无向 PageRank 算法，以根据节点(标签)在图中的重要性对其进行评级。未加权 PageRank 的实验表明，权重对于提取重要关键字很有用。

(4) 将前三分之一的标签保存为关键字并识别关键短语。标签根据 PageRank 评级排序；然后将前三分之一(可配置)的标签作为最终关键字。如果这些选定的标签中有一些是相邻的，那它们将被折叠成一个关键短语。

在此过程结束时，通过 Keyword 节点和 AnnotatedText 节点之间的 DESCRIBES 关系，将识别出的关键字和关键短语保存到图数据库中。生成的图将如图 12.22 所示。

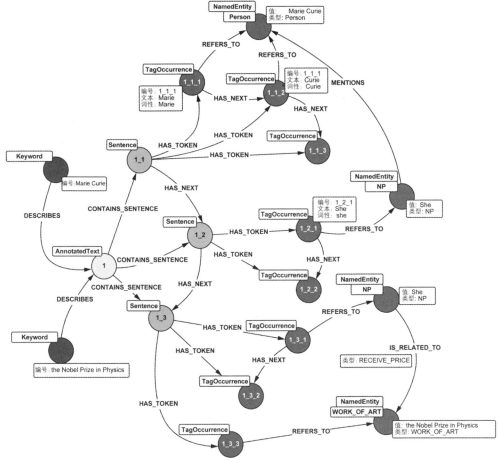

图 12.22　用关键字扩展的图模型

从包含迄今为止描述的所有算法和技术的代码的最后一个版本开始，代码清单 12.10 显示了如何将这个新算法添加到我们不断更新的项目中。完整代码在 ch12/text_processors.py 和 ch12/08_spacy_textrank_extraction.py 中。

代码清单 12.10　TextRank 应用

```
def tokenize_and_store(self, text, text_id, storeTag):
  docs = self.nlp.pipe([text])
  for doc in docs:
      annotated_text = self.__text_processor.create_annotated_text(doc,
      ⇒ text_id)
      spans = self.__text_processor.process_sentences(annotated_text, doc,
      ⇒ storeTag, text_id)
      self.__text_processor.process_entities(spans, text_id)
      self.__text_processor.process_textrank(doc, text_id)
```

增加了提取关键字
的新步骤。

```
def process_textrank(self, doc, text_id):
    keywords = []
    spans = []
    for p in doc._.phrases:
        for span in p.chunks:
            item = {"span": span, "rank": p.rank}
            spans.append(item)
    spans = filter_extended_spans(spans)
    for item in spans:
        span = item['span'
        lexme = self.nlp.vocab[span.text];
        if lexme.is_stop or lexme.is_digit or lexme.is_bracket or "-PRON-" in
        ➥ span.lemma_:
            continue

        keyword = {"id": span.text, "start_index": span.start_char,
        ➥ "end_index": span.end_char}
        if len(span.ents) > 0:
            keyword['NE'] = span.ents[0].label_
        keyword['rank'] = item['rank']
        keywords.append(keyword)
    self.store_keywords(text_id, keywords)

def store_keywords(self, document_id, keywords):
    ne_query = """
        UNWIND $keywords as keyword
        MERGE (kw:Keyword {id: keyword.id})
        SET kw.NE = keyword.NE, kw.index = keyword.start_index, kw.endIndex =
        ➥ keyword.end_index
        WITH kw, keyword
        MATCH (text:AnnotatedText)
        WHERE text.id = $documentId
        MERGE (text)<-[:DESCRIBES {rank: keyword.rank}]-(kw)
    """
    self.execute_query(ne_query, {"documentId": document_id, "keywords":
    ➥ keywords})
```

> 该函数处理有注释的文档，识别关键字，并存储它们。

> 循环处理在文档中发现的关键字，称为块。

> 过滤重叠的关键字，取最长的一个。

> 创建新的 keyword 节点，并通过 DESCRIBES 关系将它们连接到文档中。

　　上述代码使用了一个现有的 spaCy 插件，称为 pytextrank[1]，它正确地实现了 TextRank 算法。对于下面这句话：

The Committee awarded the Nobel Prize in Physics to Marie Curie.

它返回以下关键字列表(括号中的数字是 TextRank 算法分配的排序)：
- The Committee(0.15)
- Marie Curie(0.20)
- the Nobel Prize in Physics(0.14)

这样结果还算不错，特别是考虑到我们正在处理的是一个句子。TextRank 对于较长的

1　https://github.com/DerwenAI/pytextrank。

文档表现更好，因为它可以考虑特定单词出现的频率。

使用 TextRank 获得的初步结果非常有希望，但还可以通过使用更多关于文本的见解来提高质量。在 GraphAware 中，我们还实现了 TextRank 算法，可在我们的 Neo4j[1]开源 NLP 插件中使用。基本算法已被修改，以使用斯坦福 CoreNLP 提供的类型化依赖图。

为了提高自动关键字提取的质量，扩展算法考虑了类型化的依赖关系 amod 和 nn。NP 的形容词修饰语(amod)是用于修饰带有 NP 含义的任何形容词短语：

```
"Sam eats red meat" -> amod(meat, red)
"Sam took out a 3 million dollar loan" -> amod(loan, dollar)
"Sam took out a $ 3 million loan" -> amod(loan, $)
```

NP 的名词复合修饰语(nn)是用来修饰中心名词的所有名词：

```
"Oil price futures" -> nn(futures, oil), nn(futures, price)
```

这些类型化的依赖关系可用于改进 TextRank 算法的结果。考虑一个具体的例子。TextRank 使用标准方法提取了以下关键短语：

```
personal protective
```

显然，这个短语没有任何意义，因为这两个词都是形容词；缺少一个名词。在这种情况下，名词是"equipment"。之所以会发生这种遗漏，可能是因为该名词的排序低于所考虑文档中三分之一热门词的阈值，并且在合并过程中被忽略了。最终讨论同一主题——"personal protective equipment"——的文件没有被分配任何共同的关键短语。

在这种情况下，amod 依赖关系可以提供帮助。在"personal protective equipment"一文中，三个词之间存在 amod 依赖关系：

```
amod(equipment, personal)
amod(equipment, protective)
```

指定这些依赖关系意味着在合并阶段我们还必须提取"equipment"一词，因为它连接到出现在结果中前三分之一的单词。类型化依赖关系不仅可以补全缺失标签的现有关键短语，还可以删除没有 COMPOUND 或 amod 类型相互关系的关键短语。因此，改进后的 TextRank 算法引入了两个新原理：

- 关键短语候选中的所有标签必须通过 COMPOUND 或 amod 依赖关系相关联。
- 如果相邻标签的排序不够靠前，那么原始 TextRank 无法将其包含在关键短语中，但通过 COMPOUND 或 amod 类型的依赖关系连接到一个或多个得分最高的词，可以添加该标签。

后一个原则负责处理前面提到的缺点，并增加了更高级别的细节。

通过这些小的变化(以及尚未提及的其他一些变化，例如基于标签词性或考虑 NE 等的后过滤)，获得的结果基本上与许多人工注释者用来描述给定文档的关键短语相同。

由于其准确率高，故关键字提取支持不同类型的分析，可以提供大量关于语料库的信息。提取的关键字可以以不同的方式发现关于语料库中文档的新见解，包括提供索引甚至

---

1 https://github.com/graphaware/neo4j-nlp。

是文档内容的摘要。

为了证明这个概念，让我们尝试使用 Wikipedia 电影情节数据集[1]。该数据集包含来自世界各地的 34,886 部电影的描述，包括他们的情节摘要。你可以使用 ch12/08_spacy_textrank_extraction.py 中提供的代码来导入完整数据集。因为数据集很大，所以需要一些时间来处理它并存储结果。然后，你可以通过代码清单 12.11 所示的查询获得最常用关键字的列表。

代码清单 12.11　获取 100 个最常用关键字的列表

```
MATCH (n:Keyword)-[:DESCRIBES]->(text:AnnotatedText)
RETURN n.id as keywords, count(n) as occurrences
order by occurrences desc
limit 100
```

结果如图 12.23 所示。

keywords	occurrences
"love"	8365
"the film"	6844
"the story"	4554
"the police"	4130
"order"	3778
"time"	3599
"the house"	3133
"money"	3040
"the man"	3020
"a man"	2813
"the end"	2743

图 12.23　在数据库上执行代码清单 12.11 的结果

即使使用这个考虑了语料库中关键字出现次数的简单查询，我们也可以提取有关数据集内容的大量信息：

1　http://mng.bz/O1jR。

- 主要话题是"love"，很多情节摘要中该词都作为关键字出现。这一事实可能既反映了浪漫主题的主导地位，也反映了用户对他们所描述的电影的热情。
- 术语"film"和"story"经常出现，这是意料之中的，因为它们通常用于描述电影的情节。
- 第二个最常见的关键字是"police"，这表明犯罪电影非常普遍。
- 另一个有趣的观察是"man"作为情节的关键组成部分似乎更为常见。"woman"一词的排序要低得多。

这个简单示例让你了解到仅考虑关键字可以提取多少有关语料库的信息。在 12.5.1 节中，我们将进一步延伸这个想法，但首先思考以下练习。

练习

使用数据集，不仅使用关键字，还使用从文本中提取的 NE。使用 NamedEntity 执行相同的查询，而非 Keyword 节点(注意，这并不是你在查询中必须进行的唯一更改)。你可以从数据中观察到什么？

12.5.1 关键字共现图

关键字本身提供了很多知识，但我们可以通过组合它们来进一步扩展其价值。通过考虑关键字一起出现的文档，可以通过关系将关键字连接起来。这种方法生成关键字的共现图(其中我们只有 keyword 类型的节点以及它们之间的连接)。

共现图的概念已被用作其他场景中的图构建技术(特别是在推荐章节中)。结果图中含有大量可用于分析原始图本身的信息。在我们考虑关键字的情况下，该图将如图 12.24 所示。

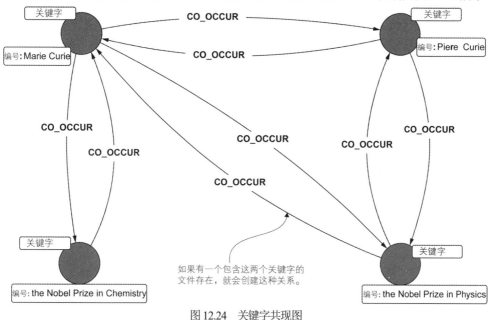

图 12.24 关键字共现图

可以通过对原始图运行特定查询来获得这样的图。有了图、可用的插件和库，你不必再为重复性任务编写代码。在代码清单 12.12 中，我们将使用已经广泛应用的 Neo4j 的 APOC 库。

代码清单 12.12　创建共现图

```
CALL apoc.periodic.submit('CreateCoOccurrence',
'CALL apoc.periodic.iterate("MATCH (k:Keyword)-[:DESCRIBES]->
➥   (text:AnnotatedText)
WITH k, count(DISTINCT text) AS keyWeight
WHERE keyWeight > 5
RETURN k, keyWeight",
"MATCH (k)-[:DESCRIBES]->(text)<-[:DESCRIBES]-(k2:Keyword)
WHERE k <> k2
WITH k, k2, count(DISTINCT text) AS weight, keyWeight
WHERE weight > 10
WITH k, k2, k.value as kValue, k2.value as k2Value, weight,
➥   (1.0f*weight)/keyWeight as normalizedWeight
CREATE (k)-[:CO_OCCUR {weight: weight, normalizedWeight: normalizedWeight}]->
➥   (k2)", {batchSize:100, iterateList:true, parallel:false})')
```

根据图的大小，这个操作可能需要很长的时间。出于这个原因，我使用了 apoc.periodic. submit，因为它允许你把下面的查询作为一个后台工作提交。你可以通过使用"CALL apoc.periodic.list()"来检查状态。

在这个查询中，注意 submit 过程和 iterate 过程的组合，前者使查询在后台执行，请求与浏览器断开连接，后者使你可以定期提交结果，避免出现单笔大交易。你可以使用 call apoc.periodic.list 来检查后台作业的状态。

另请注意，我们正在过滤掉不相关的关键字(出现次数少于 5 次的关键字，由 WHERE keyWeight>5 指定)，并且我们仅在关键字对一起出现至少 10 次(WHERE weight > 10)时考虑将其连接。这种方法允许我们创建一个适当的共现图，其中相关信息更加明显。

练习

查询完成后，通过检查关键字的连接方式来探索生成的知识图谱。你会注意到图要密集得多。

12.5.2　聚类关键字和主题识别

共现图包含很多新信息，可用于从文本中提取知识。在我们的案例中，目标是从处理过的文本(情节摘要)中提取见解。我们已经使用关键字频率来获得有关数据集内容的一些见解，但如果使用关键字共现图将能够更好地识别文档中的主题。图 12.25 概述了获取主题列表所需的步骤。

共现图将在同一图中一起出现的关键字连接起来，因此它能够将多个关键字聚合到代表相同类型电影的群组中。至少这是我们力求证实的一个想法。创建共现图(相关关键字和相关连接)的过滤器在此阶段很有帮助，因为它们很好地隔离了共现图中的关键字。

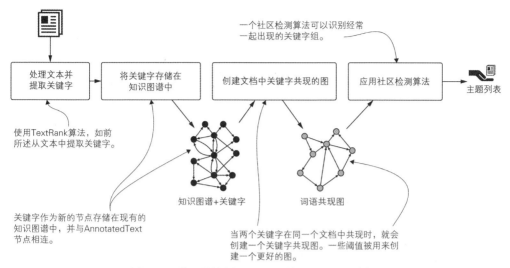

图 12.25 使用关键字提取和社区检测提取主题的步骤

在第 10 章中，我介绍了一种在社交网络中识别人群的机制：Louvain 算法。该算法在识别聚类方面表现出高准确性和高速性。这种方法也可以应用于共现图，以查看哪些关键字聚类最相关。

在这种情况下，为了简化运行 Louvain 算法的查询，我们将操作一分为二。第一个查询创建了一种虚拟图(如代码清单 12.13 所示)，其中仅指定了我们感兴趣的图部分：共现图(请记住，我们拥有完整的知识图谱！)通过这种方式，我们可以指定希望执行社区检测算法的地点，而忽略所有其他算法。

代码清单 12.13　在知识图谱中创建虚拟图

```
CALL gds.graph.create(
    'keywordsGraph',
    'Keyword',
    {
        CO_OCCUR: {
            orientation: 'NATURAL'
        }
    },
    {
        relationshipProperties: 'normalizedWeight'
    }
)
```

有了仅表示共现图的虚拟图，就可以通过代码清单 12.14 所示的简单查询来运行 Louvain 算法。

代码清单 12.14　使用 Louvain 显示社区

```
CALL gds.louvain.write('keywordsGraph', {
```

```
    relationshipWeightProperty: 'normalizedWeight',
    writeProperty: 'community'
}) YIELD nodePropertiesWritten, communityCount, modularity
RETURN nodePropertiesWritten, communityCount, modularity
```

这个查询应该非常快，因为正如第 10 章中所讨论的，这个算法的性能非常好，而且
Neo4j 的实现是高度优化的。分配给每个关键字的社区作为 community 属性保存在相关
节点中；它包含社区的标识符。在此过程结束时，可以使用代码清单 12.15 所示的查询来
探索结果。

代码清单 12.15　获取社区和每个社区的前 25 个关键字

```
MATCH (k:Keyword)-[:DESCRIBES]->(text:AnnotatedText)
WITH k, count(text) as weight
WHERE weight > 5
with k.community as community, k.id as keyword, weight
order by community, weight desc
WITH community, collect(keyword) as communityMembers
order by size(communityMembers) desc
RETURN community as communityId, communityMembers[0..25] as topMembers,
➡ size(communityMembers) as size
```

查询首先获取按社区(由社区标识符 communityId 标识)和频率排序的关键字列表，
然后按社区标识符分组，并且仅获取每个社区的前 25 个关键字(由于其出现频率高，故它
们最相关)。社区的大小用于对最终结果进行排序，如图 12.26 所示。结果可能会让你大吃
一惊！

communityId	topMembers	size
180088	["France", "Germany", "the Germans", "Britain", "a spy", "the Americans", "Scotland", "Sgt", "british", "the Nazis", "World War I", "the Second World War", "the raid", "civilian", "the spy", "Pearl Harbor", "the Russians", "german", "the Duke", "the Allies", "the Pacific", "the duel", "Hitler", "Adolf Hitler", "the First World War"]	55
160926	["mankind", "the robot", "alien", "the universe", "Mars", "an alien", "the Moon", "the rocket", "a portal", "the spaceship", "outer space", "orbit", "the portal", "the human race", "a planet", "a rocket", "the galaxy", "a robot", "a spaceship", "the spacecraft", "NASA", "all life", "robot", "the pod", "deep space"]	36
179452	["the player", "the coach", "football", "the season", "baseball", "the final", "basketball", "player", "the championship", "the second half", "chess", "the first half", "the fan", "bat", "a player", "the locker room", "the other player", "the league", "the next game", "the final game", "a home run", "the championship game", "the New York Yankees", "halftime", "the playoff"]	25
180726	["the king", "the palace", "the castle", "the throne", "the kingdom", "the princess", "the King", "the prince", "the queen", "king", "the Queen", "a princess", "the Prince", "a king", "the emperor", "Queen", "the crown", "a castle", "incognito", "the royal family", "the knight", "the giant", "Transylvania", "the crown prince", "the moat"]	25
180051	["Tom", "Jerry", "pain", "the cat", "the mouse", "the cartoon", "a cat", "the corner", "cat", "mouse", "a mouse", "Butch", "Spike", "spike", "Tom 's head", "Tom 's tail", "cheese", "Tom 's face", "Tom 's mouth", "Mammy", "Mammy two Shoes", "Tom 's hand", "Jerry jump", "Tom 's friend"]	24

图 12.26　社区检测算法应用于共现图的结果

这个例子只是一个提取，但它清楚地显示了结果的质量。在每个聚类中，很容易识别主题：关于世界大战的电影、科幻电影、体育相关电影、中世纪电影，最后是《汤姆和杰瑞》电影。

练习

运行代码清单 12.15，并浏览完整的结果列表。你能识别所有结果的主题吗？

12.6　图方法的优点

本章提出的解决方案——知识图谱——不能存在于图模型的作用范围之外，所以我们无法真正谈论图方法相对于其他方法的优势。但正如你所见，以图的形式表示数据和信息可以轻松探索隐藏在数据中的知识，从而为一系列解决方案和服务提供支持。这种方法是交付 AI 解决方案的最佳方式。

具体来说，知识图谱是一种以文本格式表示数据的自然方式，通常被认为是非结构化的，因此难以处理。当数据以这种方式存储时，可以提取的知识量以及可以对该数据执行的分析类型是没有上限的。

我们已经看到，在提取的关系之间或通过提及进行处理非常简单，你了解了如何在语义网络中创建概念的层次结构，以及如何在共现图中使用自动关键字提取以便从数据集中提取电影情节中的主题。该概念同样适用于任何其他类型的语料库。

12.7　本章小结

本章是本书的最后一章；目的是展示本书中呈现的内容如何在知识图谱中找到其典范。在这种情况下，图不是可能的解决方案，而是驱动力，它支持信息结构化、访问模式以及分析和操作的类型，否则图便不可行。

结构化和非结构化数据及信息可以共存在这种强大的知识表示中，可用于为你的机器学习项目提供比其他方式更高级的服务。语义网络开启了一系列新的可能性。

在本章中，你学习了：

- 如何从文本中提取 NE 并将它们正确存储在图模型中。
- 如何提取 NE 之间的关系并在图中对其进行建模。
- 如何从文本中的不同实例推理关键实体和关系并创建强大的知识表示：语义网络。
- 如何使用基于图的算法以无监督的方式从文本中提取关键字并将它们存储在你创建的知识图谱中。
- 如何创建关键字的共现图并对其进行处理。
- 如何仅使用图驱动技术来识别语料库中的关键主题。

最后，我想说这本书不是你学习旅程的终点——它只是新旅程的开始。现在你可以访问所需的主要概念工具，并在许多情况下正确使用图。当然，这本书不可能回答你对图提出的所有问题，但我希望它能为你提供从不同角度处理机器学习项目所需的心智图式。

(注：本章的参考文献，请扫描本书封底的二维码进行下载。)

机器学习算法分类

机器学习是一个深入且应用广泛的领域。因此，机器学习有许多不同的分支。根据四个标准，可以对这些算法进行分类或将其组织成大类：

- 它们是否接受过人工提供的标记数据的训练
- 它们是否可以循序渐进地学习
- 它们的工作方式是构建预测模型，还是对新数据点与已知数据点进行比较
- 学习算法是主动与环境互动，还是被动观察环境提供的信息

该分类法概述了大量机器学习算法，但并不详尽。这里的目的是帮助你确定针对特定问题所用的正确算法集，同时还要考虑可用数据及其流入系统的方式。这样的分类有助于理解：

- 所需数据的种类以及如何准备数据
- 重新训练模型的频率和方式(如果有的话)
- 随着时间的推移，预测质量会受到怎样的影响
- 设计的解决方案的架构约束

A.1　监督学习与无监督学习

在学习阶段，学习器需要与环境互动。提出的第一个分类基于训练阶段这种交互的性质。根据监督学习的数量和类型，我们可以区分监督学习和无监督学习。

如果我们将学习视为利用经验获得专业知识的过程，那么监督学习需要明确包含重要信息的训练示例/样本(经验)。对应的典型例子是垃圾邮件过滤器。学习器需要在训练数据集中为每个元素(电子邮件)贴上标签，例如"垃圾邮件"和"非垃圾邮件" (重要信息)。然后从这些标签中学习如何对电子邮件进行分类。一般来说，这些类型的算法在预测准确度方面性能更佳。另一方面，提供标记数据的工作量很大，在某些情况下无法执行。一些重要的监督学习算法(其中一些在本书中有所介绍)有：

- k-最近邻(k-NN)算法

- 决策树和随机森林
- 贝叶斯网络
- 线性回归
- 逻辑回归
- 支持向量机

另一方面，无监督学习不需要标记数据，因此训练和测试数据之间没有区别。学习器处理输入数据，目的是得出一些关于数据的见解、概况或压缩版本。一些最重要的无监督学习算法(同样，本书涵盖了其中的一些)有：

- 聚类(k-means)
- 图聚类
- 关联规则挖掘
- PageRank

中间学习过程类型的监督学习可以处理部分标记的训练数据，这一数据通常由标记和未标记数据混合组成。这个过程被称为半监督学习。大多数半监督算法是监督和非监督算法的组合。与该算法相关的一个例子是半监督标签传播。

这种分类标准的一个特殊情况是强化学习，其中学习器只能观察环境(定义为当前可用的信息集)，选择并执行动作，然后获得奖励结果。算法学习最佳策略以获得学习器和环境之间的互动。策略定义了系统在特定环境条件下执行的最佳动作。强化学习主要用于在房间内移动机器人或下棋及进行其他游戏。

A.2　批量与在线学习

第二种分类基于学习器在线上或在短时间内适应传入数据流的能力。一些称为在线学习器的算法可以从新数据中逐步学习。当数据发生变化时，其他称为批量学习器的方法需要再次使用整个数据集或其中的大部分数据[Géron, 2017]。

在批量学习中，使用所有可用数据对系统进行训练。这种学习过程可能需要大量时间和计算资源，具体取决于待处理数据的大小，因此这一过程通常是离线执行的。因此，批量学习也称为离线学习。为了将新数据传达给批量学习系统，需要在完整数据集上从头开始训练一个新的数据集。当新模型可以投入使用时，就可以替换掉旧模型了。经典的数据挖掘过程，如购物篮分析[1]，就属于这一类。在输出结论之前，有大量的训练数据可供数据挖掘者使用。

在线学习中，系统是增量训练的；数据点按顺序、逐个或以小批量的方式输入。在这种情况下，学习过程速度快、成本低，并且可以经常执行。在线学习非常适合那些连续接收数据并需要快速自主适应变化的系统，例如股票预测算法，该算法必须根据迄今为止收集的股票价格做出每日或每小时的决策。

---

1 购物篮分析是通过查找客户放入购物篮的商品之间的关联来分析客户购买习惯的过程。此类关联的发现可以帮助零售商深入了解客户经常同时购买的商品，从而制定营销策略。

在线学习还可通过使用无法容纳可用资源的大量数据来训练系统。这种类型的学习称为核外学习。该算法加载小批量数据、执行训练步骤、清除数据，然后继续进行下一批过程。在线学习(如适用)通常是首选，原因有二：

- 它更适合当前数据和当前状态。
- 它使得资源利用更加高效。

然而，这种学习对劣质数据很敏感。为了降低与劣质数据关联的风险，有必要持续监控系统并最终关闭学习。值得注意的是，在线和离线学习算法可以是有监督的或无监督的。

A.3　基于实例与基于模型的学习

另一种对学习器进行分类的方法是基于系统归纳训练期间使用的数据以创建预测模型的能力。两种主要方法就是基于实例的学习和基于模型的学习[Géron, 2017]。

在基于实例的学习中，系统首先学习所有的训练实例；然后，从训练实例中找到最接近的实例来学习新实例(数据点)。这需要一种方法来测量元素之间的距离，例如计算使用 TF-IDF[1] 创建的向量之间的余弦距离或计算它们共有的单词数。

在基于模型的学习中，系统从训练数据集构建模型，该数据集可以归纳训练示例，然后进行预测。一个典型的例子是推荐引擎所用的协同过滤技术。此类算法使用 user-item 交互(购买、查看、点击等)信息作为训练数据来构建模型。随后该模型用于预测用户对未看到或未购买的商品的感兴趣程度，并推广预测客户最感兴趣的商品。

就预测性能而言，使用训练数据集来归纳预测模型通常效果不错，并对响应时间和结果质量进行定义。与这种方法相关的问题有：

- 构建模型所需的时间。
- 过拟合训练数据，当训练数据集不包含可能情况范围的示例时会发生这种情况。在这种情况下，模型可用的例子很少，并且其泛化能力不足以正确处理未知样本。

A.4　主动与被动学习

学习范式也可以根据学习器在训练阶段所扮演的不同角色而有所不同。被动学习算法观察环境提供的信息。在垃圾邮件过滤器示例中，被动学习算法将等待用户标记电子邮件。主动学习算法在训练时通过提问或进行实验的方式主动与环境互动。在垃圾邮件过滤器示例中，主动学习算法会选择电子邮件并要求用户将其标记为垃圾邮件。这种方法产生的预测质量可能更好，因为主动学习算法可以选择正确的数据进行标记(例如避免过拟合)，但与用户或环境的交互会影响用户体验。

(注：本附录的参考文献，请扫描本书封底的二维码进行下载。)

---

1 TF-IDF 指的是一个向量，其中每个元素代表一个词，其值是词频-逆文档频率，这是一种数据统计，旨在反映一个词对文档集合(或语料库)中的文档的重要性。

本书中的示例、代码和练习均基于特定的图数据库: Neo4j。尽管如此, 所有的理论、算法, 甚至代码都可以轻松适用于现在和未来(具有很好的近似性)市场上的任何图数据库。我选择这个数据库的理由如下:

- 我已经使用这个数据库长达十年(并且对它了如指掌)。
- 它是一个原生图数据库(它可以生成各种结果, 正如书中所解释的那样)。
- 它汇集了大量专家的智慧。

根据 DB-Engines, Neo4j 多年来一直是最受欢迎的图数据库管理系统(Database Management System, DBMS) (http://mng.bz/YAMB; 图 B.1)[1]。

本附录包含使用 Neo4j 所需的最基本的信息,包括 Neo4j 的一般介绍、安装说明、Cypher 语言(用于查询数据库的语言)的描述以及示例中使用的一些插件的配置。

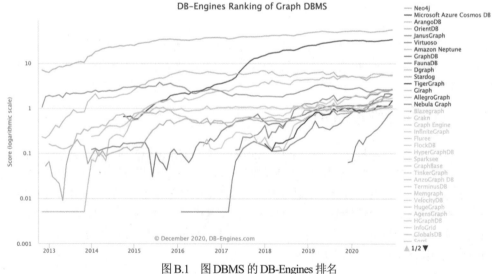

图 B.1　图 DBMS 的 DB-Engines 排名

---

1 分数参考了多种因素,例如网站上数据库的提及次数、Stack Overflow 和数据库管理员 Stack Exchange 上技术问题的出现频率、工作机会以及社交网络中的相关性。

B.1 Neo4j 介绍

Neo4j 可作为 GPL3 许可的开源社区版使用。根据闭源商业条款许可，Neo4j 公司还具有支持备份、扩展和其他企业级功能的企业版。用 Java 实现的 Neo4j，可以通过事务性 HTTP 端点或二进制 Bolt 协议在网络中访问[1]。我们将在本书中使用 Neo4j 作为图数据库参考实现。

Neo4j 被广泛采用的原因如下：

- 它是一个带标签的属性图数据库[2]。
- 它使用基于无索引邻接的原生图存储[3]。
- 它提供原生图查询和相关语言 Cypher[4]，定义了图数据库如何描述、计划、优化和执行查询。
- 每个架构层——从使用 Cypher 的查询到磁盘上的文件——都针对存储和检索图数据进行了优化。
- 它提供了一个使用方便的开发人员工作台，带有图形可视化界面。

Neo4j 旨在提供一个完备的工业级数据库。与大多数 NoSQL 解决方案不同，其优势在于其提供的事务支持。Neo4j 提供完整的 ACID 支持[Vukotic et al., 2014]：

- **原子性(A)**——你可以将多个数据库操作封装在单个事务中，并确保它们都以原子方式执行。如果其中一个操作失败，整个事务将被回滚。
- **一致性(C)**——当向 Neo4j 数据库写入数据时，可以确保之后每个访问数据库的客户端都读取到最新数据。
- **隔离(I)**——确保单个事务中的操作彼此隔离，这样一个事务中的写入不会影响另一个事务中的读取。
- **持久性(D)**——你写入 Neo4j 的数据将写入磁盘，并在数据库重启或服务器崩溃后，该数据仍然可用。

ACID 支持使习惯了使用关系数据库的人都可以轻松过渡到 Neo4j，并处理安全方便的图数据。除了 ACID 事务支持，为架构堆栈选择正确的数据库时要考虑的功能包括：

- 可恢复性——此功能与在发生故障后数据库立即进行设置的能力有关。与所有其他软件系统一样，数据库"在其实现、运行的硬件以及该硬件的电源、冷却和连接过程中容易出现错误。尽管工程师绞尽脑汁，试图将失败的可能性降到最低，但有时数据库崩溃是不可避免的。并且当发生故障的服务器恢复运行时，无论崩溃的性质或时间如何，它都不能向其用户提供损坏的数据。由于故障或甚至是过于热心的操作员可能会导致关机，当恢复时，Neo4j 会检查最近活动的事务日志，并在存储位置重放它找到的事务。有可能其中一些事务已经被存储起来，但由于重放是幂等操作，所以最终结果是一样的：恢复后，存储将与崩溃前成功提交的所有事务保持一

---

1 https://boltprotocol.org。

2 如果你还没有阅读第 2 章，请参阅 2.3.5 节以了解有关标签属性图的详细信息。

3 见附录 D。

4 https://www.openencypher.org。

致" [Robinson et al., 2015]。此外，Neo4j 提供在线备份程序，允许你在原始数据丢失时恢复数据库。在这种情况下，恢复到与最后提交的事务一致的程度是不可能的，但总比丢失所有数据要好[Robinson et al., 2015]。

- 可用性——要获得可恢复性并提高可恢复的概率，"一个好的数据库应该高度可用，以满足数据密集型应用程序日益复杂的需求。数据库能够识别并在必要时在崩溃后修复实例，这意味着数据不需要人工干预即可快速恢复可使用状态。当然，有更多的实时实例的话，数据库处理查询的整体可用性会提高。在典型的生产场景中，想要单独断开连接的数据库实例并不常见。更多时候，我们通过集群数据库实例以实现高可用性。Neo4j 采用主/从集群排列，确保将完整的图副本存储在每台机器上。写入操作会频繁地从主服务器复制到从服务器。在任何时候，主服务器和一些从服务器都会有一个完全最新的图副本，而其他从服务器紧随其后也会获得该副本(通常，它们只慢几毫秒)" [Robinson et al., 2015]。
- 容量大——另一个关键方面与可以存储在数据库中的数据量有关——在我们的特定案例中，就是图数据库。由于在 Neo4j 3.0 及更高版本中采用了动态大小的指针，数据库可以扩展到运行任何大小的图工作负载，其上限为"千万亿"节点[Woodie, 2016]。

关于这个主题，有两本佳作：*Neo4j in Action*[Vukotic et al., 2014]和 *Graph Databases* [Robinson et al., 2015]。在撰写本文时，Neo4j 可用的最新版本是 4.2.x，因此代码和查询都使用该版本进行测试。

B.2　Neo4j 安装

Neo4j 有两个可用版本：社区版和企业版。社区版可以从 Noe4j 网站免费下载，并在 GPLv3 许可下无限期用于非商业目的[1]。企业版可以在有限的时间和特定的约束下下载和试用(需要购买适当的许可证)。本书的代码已经进行调整以与社区版完美匹配；因此建议使用社区版，这样可以一直使用。你还可以使用打包成 Docker 镜像的 Neo4j。

另一种选择是使用 Neo4j 桌面[2]，这是一种 Neo4j 的开发人员环境。你可以根据需要在本地管理任意数量的项目和数据库服务器，还可以连接到远程 Neo4j 服务器。Neo4j 桌面带有 Neo4j 企业版的免费开发者许可证。从 Neo4j 下载页面，你可以选择要下载和安装的版本。

B.2.1　Neo4j 服务器安装

如果你决定下载 Neo4j 服务器(社区版或企业版)，安装很简单。对于 Linux 或 macOS，请确保已安装 Java 11 或更高版本，然后按照以下步骤操作：

1　https://www.gnu.org/licenses/gpl-3.0.en.html。
2　https://neo4j.com/developer/neo4j-desktop/。

(1) 打开终端/shell。

(2) 使用 `tar xf <filecode>`(如 `tar xf neo4j-community-4.2.3-unix.tar.gz`)提取存档的内容。

(3) 将提取的文件放在服务器上的永久位置。顶级目录是 NEO4J_HOME。

(4) 要将 Neo4j 作为控制台应用程序运行，请使用`<NEO4J_HOME>/bin/neo4j console`。

(5) 要在后台进程中运行 Neo4j，请使用`<NEO4J_HOME>/bin/neo4j start`。

(6) 在 Web 浏览器中访问 `http://localhost:7474`。

(7) 使用用户名 neo4j 和默认密码 neo4j 进行连接。系统会提示你更改密码。

在 Windows 机器上，过程类似；解压下载的文件并继续操作。

在该过程结束时，当你在浏览器中打开指定的链接时，会看到类似图 B.2 所示的内容。

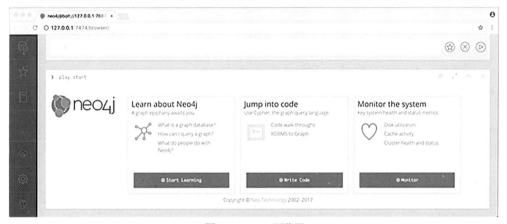

图 B.2　Neo4j 浏览器

Neo4j 浏览器是一个简单的基于 Web 的应用程序，它允许用户与 Neo4j 实例交互、提交查询和执行基本配置。

B.2.2　Neo4j 桌面安装

如果你决定为 macOS 安装 Neo4j 桌面版，请按照以下步骤快速安装和运行[1]：

(1) 在 Downloads 文件夹中，找到并双击你下载的.dmg 文件以启动 Neo4j 桌面安装程序。

(2) 将 Neo4j Desktop 图标拖动到该文件夹(图 B.3)，将应用程序保存到 Applications 文件夹中(全局文件夹或你的特定用户文件夹)。

1　安装过程摘自安装指南，下载软件后即可获得。有关操作系统的说明，请参阅该安装指南。

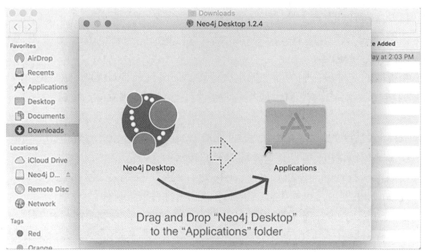

图 B.3 Neo4j 桌面在 macOS 中的安装

(3) 双击 Neo4j Desktop 图标进行启动(图 B.4)。

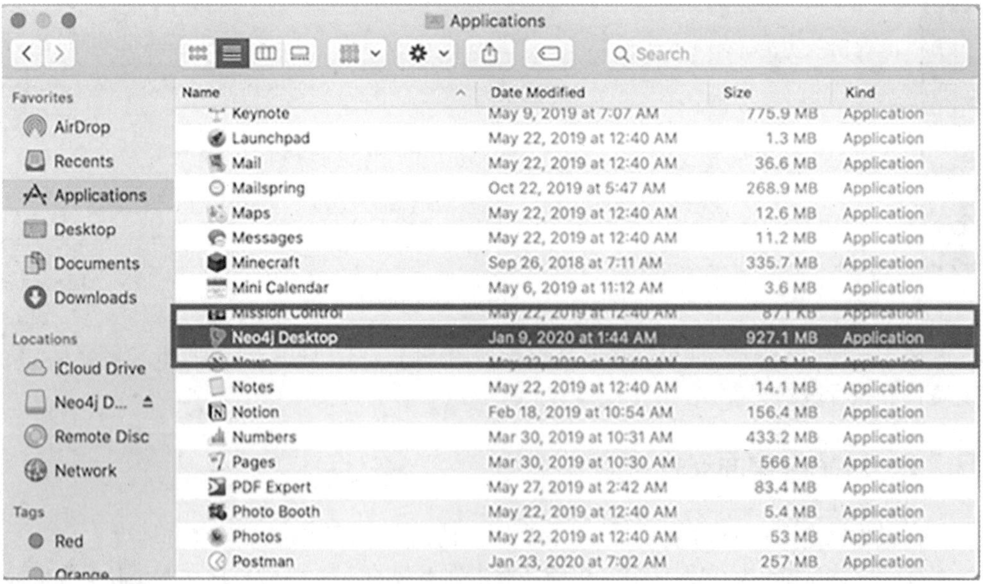

图 B.4 启动 Neo4j 桌面

(4) 首次启动 Neo4J 桌面时，系统会要求你提供下载软件时收到的激活码。将代码复制并粘贴到 Activation Key 框中。或者，通过填写屏幕右侧的表格(图 B.5)从应用程序内生成一个密钥。

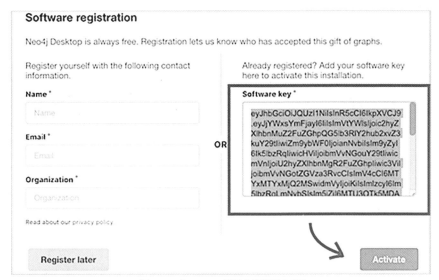

图 B.5　在 Neo4j 桌面中激活许可证

(5) 激活产品后(图 B.6)，单击 Add Graph 按钮。

(6) 选择 Create a Local Graph(图 B.7)。

(7) 输入数据库名称和密码，然后单击 Create 按钮(图 B.8)。

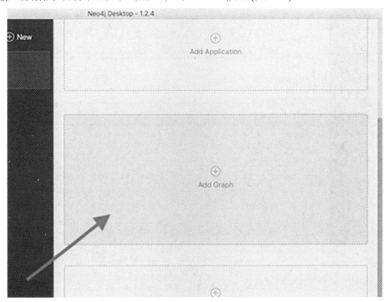

图 B.6　向 Neo4j 桌面添加图

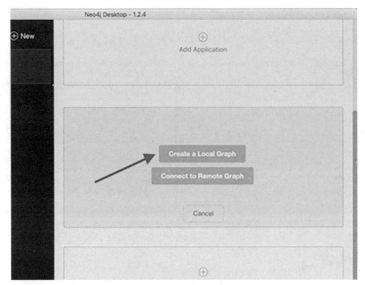

图 B.7　创建新的局部图

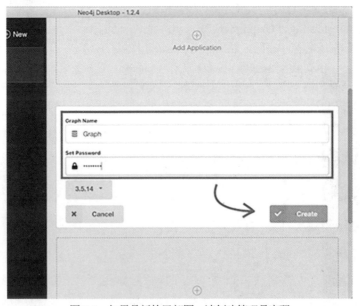

图 B.8　如果是新的局部图，请创建管理员密码

(8) 单击 Start 按钮开始绘制新图(图 B.9)。

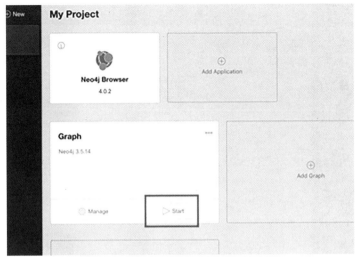

图 B.9　启动新创建的数据库实例

(9) 单击 Manage 按钮(图 B.10)。

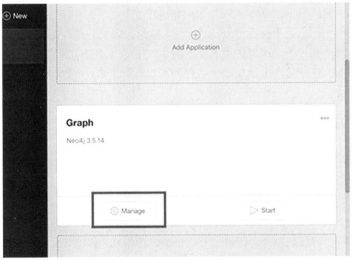

图 B.10　点击 Manage 按钮，操作图数据库

(10) 在下一个页面中，单击 Open Browser，在新窗口中打开 Neo4j 浏览器(图 B.11)。

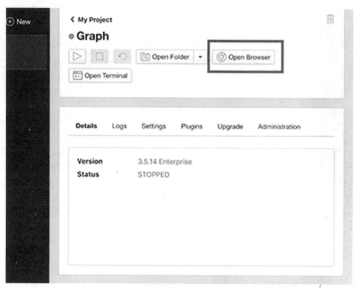

图 B.11　单击 Open Browser 按钮打开 Neo4j 浏览器

你将可以访问浏览器，从中可以与 Neo4j 进行交互。

如果这些操作你都不想执行，Neo4j 有一个名为 Aura[1]的云版本。在写入时，如果你想在开始操作之前尝试一下，可以使用其免费版本。但是注意，考虑到本书中的练习和学习周期，最好将 Neo4j 安装在本地机器上或任何可以运行 Python 代码的地方。

B.3　Cypher

Neo4j 中使用的查询语言是 Cypher[2]。与 SQL(启发它)一样，Cypher 允许用户从图数据库中存储和检索数据。Cypher 易于学习、理解和使用，它还提供了其他标准数据访问语言所具有的强大功能。

Cypher 是一种声明性语言，用于使用 ASCII-Art 语法描述图中的可视化模式。使用其语法，你可以以一种直观、合乎逻辑的方式来描述图模式。以下是在图中查找 Person 类型的所有节点的简单示例：

```
MATCH (p:Person)
RETURN  p
```

此模式可用于在图中搜索或创建点和关系。它还允许你对要从图数据中选择、插入、更新或删除的内容进行说明，而不需要准确描述如何执行此操作。

除了被 Neo4j 使用之外，Cypher 已经成为开放资源。open-Cypher[3]项目为 Cypher 提供

---

1 https://neo4j.com/cloud/aura。

2 https://neo4j.com/developer/cypher。

3 https://www.openencypher.org。

了一个开放语言规范、技术兼容性套件以及解析器、规划器和运行时的参考实现。该项目得到了数据库行业多家公司的支持，允许数据库的实施者和客户免费利用、使用并促进 openCypher 语言的开发。

在整本书中，你将通过示例和练习来学习这门语言。如果你想了解更多关于 Cypher 的信息，我推荐阅读 Neo4j 的指南[1]；这是很好的参考资料，里面有很多例子。

B.4 插件安装

Neo4j 的一大优点是易于扩展。Neo4j 允许开发人员以多种方式对其进行定制。你可以使用在查询图时调用的新程序和函数来丰富 Cypher 语言。你可以使用身份验证和授权插件来自定义安全性。你还可以通过服务器扩展在 HTTP API 中启用新外观。

此外，你可以下载、配置和使用大量现有插件。最有意义的插件由 Neo4j 开发，因为它们是公开资源，所以得到社会各方的认可。出于本书的目的，我们将考虑其中两个：

- Awesome Procedures on Cypher(APOC)——APOC 库是一个标准的实用程序库，包含常用的程序和函数。它包含 450 多个程序，并提供从 JDBC 源或 JSON、转换、图更新等读取数据的功能。在大多数情况下，函数和程序都可以稳定运行。
- 图数据科学(GDS)库——这个程序库实现了许多常见的图算法，例如 PageRank、几个中心性度量、相似度和更新的技术，例如节点嵌入和链接预测。由于算法在 Neo4j 引擎内部运行，因此在分析和存储结果之前，在读取节点和关系方面对它们进行了优化。这允许该库在数百亿个节点上快速计算结果。

接下来的两节描述了如何下载、安装和配置这些插件。在第 4 章开始使用 Cypher 查询之前，建议读者事先完成所有这些工作。

B.4.1 APOC 安装

在 Neo4j 中安装插件很简单。我们从 APOC 库开始。如果你安装的是服务器版本，请从相关的 GitHub 发布页面[2]下载插件(通过*-all.jar 获取完整库，并选择与你的 Neo4j 版本匹配的版本)，并将其复制到 NEO4J_HOME 文件夹中的 plugins 目录下。此时，通过调整或添加以下几行代码来编辑配置文件 conf/neo4j.conf：

```
dbms.security.procedures.unrestricted=apoc.*
dbms.security.procedures.allowlist=apoc.*
```

重启 Neo4j，打开浏览器。运行以下程序，检查是否一切就绪：

```
CALL dbms.procedures() YIELD name
WHERE name STARTS WITH "apoc"
RETURN name
```

---

1 https://neo4j.com/developer/cypher。

2 http://mng.bz/G6mv。

你会看到 APOC 程序列表。

如果你使用的是 Neo4j 桌面版，安装就更简单了。创建数据库后，打开 Manage 屏幕，单击 Plugins 选项卡，单击 APOC 框中的 Install，然后等待，即将显示 Installed 消息(图 B.12)。更多详细信息和解释，请参阅官方 APOC 安装指南[1]。

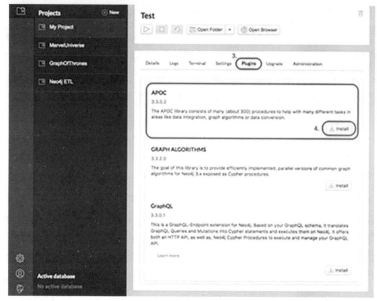

图 B.12　在 Neo4j 桌面安装 APOC

B.4.2　GDS 库

你可以对 GDS 库执行类似的过程。如果你安装的是服务器版本，请从 GitHub 发布的相关页面下载插件[2](通过*-standalone.jar 获取)，然后复制到你的 NEO4J_HOME 文件夹中的 plugins 目录下。此时，通过调整或添加以下几行代码来编辑配置文件 conf/neo4j.conf：

```
dbms.security.procedures.unrestricted=apoc.*,gds.*
dbms.security.procedures.allowlist=apoc.*,gds.*
```

重启 Neo4j，打开浏览器，运行以下程序检查是否一切就绪：

```
RETURN gds.version()
```

你应该能够看到你下载的 GDS 的版本。

如果你使用的是 Neo4j 桌面版，安装就更简单了。创建数据库后，打开 Manage 屏幕，单击 Plugins 选项卡，单击 Graph Data Science Library 中的 Install 键，然后等待，即将显示 Installed 消息(图 B.13)。完成这些步骤后，你就可以安心使用 Neo4j，并运行本书中的

---

1 https://neo4j.com/labs/apoc/4.2/installation。

2 http://mng.bz/zGDB。

所有示例和练习了。

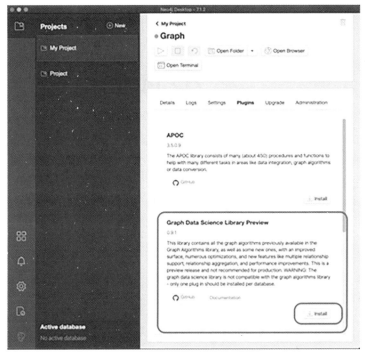

图 B.13　从 Neo4j 桌面安装 GDS

B.5　清洗

有时，你需要清洗数据库。你可以使用已安装到数据库中的 APOC 库中的函数来完成这项工作。要删除所有内容：

```
CALL apoc.periodic.iterate('MATCH(n) RETURN n', 'DETACH DELETE n',
 {batchSize:1000})
```

删除所有约束：

```
CALL apoc.schema.assert({}, {})
```

(注：本附录的参考文献，请扫描本书封底的二维码进行下载。)

处理图模式和工作流

许多机器学习项目，包括本书所描述的许多项目中，生成的图都很大。这些图的规模使得很难对其进行有效处理。为了解决这些问题，出现了各种分布式图处理系统。在本附录中，我们将探讨其中一种系统：Pregel，第一个用于处理大规模图的计算模型(并且仍然是最常用的模型之一)[1]。本主题适合附录的目的有两个主要原因：

- 它定义了一个处理模型，该模型可提供本书中讨论的某些算法(基于图的和非图的)的替代实现。
- 它展示了图的表达能力，并提出了一种基于信息图表示的计算方法。

C.1 Pregel

假设你想在一个大图上执行 PageRank 算法，比如整个互联网。如 3.3.1 节所述，PageRank 算法是由 Google 的创始人为其搜索引擎开发的，因此该算法的最初目的是相同的。我们在第 3 章中探讨了该算法的工作原理，所以现在让我们关注如何解决具体问题：如何处理如这类大图的 PageRank 值。由于节点(网页)和边(网页之间的链接)数量众多，因此这项任务将很复杂，需要使用分布式方法来完成。

Pregel 计算的输入是一个有向图，其中每个节点都有一个唯一的标识符，并与一个可修改的、用户定义的值相关联，该值以某种方式进行初始化(也是输入的一部分)。每个有向边都与以下因素相关：

- 源节点标识符
- 目标节点标识符
- 可修改的用户定义值

在 Pregel 中，程序表示为一系列由全局同步点分隔的迭代(称为超级步)，这些同步点一直运行到算法终止并产生其输出为止。在每个超级步骤 S 中，一个节点可以完成以下一项或多项任务，在概念上并行进行[Malewicz et al., 2010]：

---

1 它的名字是为了纪念莱昂哈德·欧拉；启发欧拉定理的柯尼斯堡桥横跨普雷格尔河 [Malewicz, 2010]。

- 接收前一次迭代中发送给它的消息，超级步 S-1。
- 将消息发送到将在超级步 S + 1 读取的其他节点。
- 修改它自己的状态和其出边状态，或者改变图的拓扑结构。

消息通常沿传出边发送(到直接连接的节点)，但它可以发送到标识符已知的任何节点。在超级步 0 中，每个节点都处于活动状态；所有活动节点都参与任何给定超级步的计算。在每次迭代结束时，节点可以通过停止投票来决定停止自己。此时，它将变为不活动状态并且不会参与后续超级步的计算，除非它收到来自另一个节点的消息，此时它将被重新激活。重新激活后，想要停止的节点必须再次决定停用自己。这个简单的状态机如图 C.1 所示。当所有节点都停止投票时，也就达到迭代的终止条件，因此在下一个超级步中不再做进一步工作。

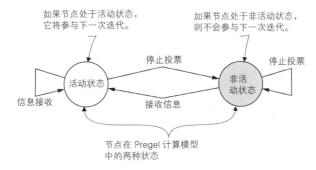

图 C.1　基于 Pregel 计算模型的节点状态

在将 Pregel 框架应用于到 PageRank 用例之前，我们来思考一个更简单的例子：给定一个强连通图，其中每个节点都包含一个值，找到存储在节点中的最高值。该算法的 Pregel 实现如下：

- 每个节点的图和初始值代表输入。
- 在超级步 0 处，每个节点将其初始值发送给其所有邻近节点。
- 在每个后续的超级步 S 中，如果一个节点从它在超级步 S-1 收到的消息中学到了一个更大的值，它就会将该值发送给它的所有邻近节点；否则，它会自行停用并停止投票。
- 当所有节点都自行停用并且没有进一步的变化时，算法终止。

在图 C.2 中用具体数字来表示这些步骤。

Pregel 使用纯消息传递模型，有两个原因：

- 消息传递对于图算法来说已经足够；不需要采用远程读取(从处理集群中的其他机器读取数据)或其他模拟共享内存的方式。
- 通过避免从远程机器读取值和批量异步传递消息，可以减少延迟，从而提高性能。

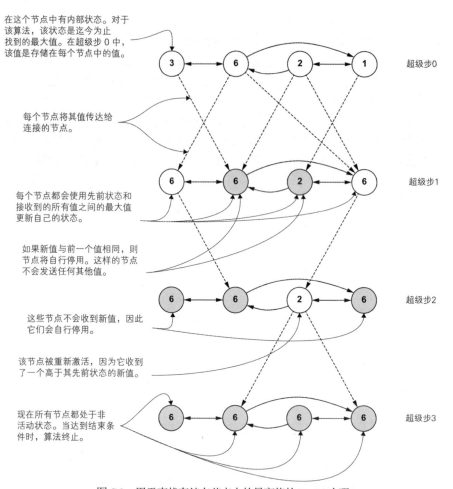

图C.2 用于查找存储在节点中的最高值的 Pregel 实现

尽管 Pregel 以节点为中心的模型易于编程并且已被证明对许多图算法有用,但值得注意的是,这样的模型对用户隐藏了分区信息,从而阻止了许多特定于算法的优化,通常会导致算法执行时间更长、网络负载过大。为了克服这个约束,有其他方法。这种方法可以定义为以图为中心的编程范式。在这个以图为中心的模型中,分区结构向用户开放并且可以进行优化,以便分区内的通信可以绕过繁重的消息传递[Tian et al., 2013]。

现在模型已经很清楚,已经指出其优点和缺点,回到我们的场景并检查使用 Pregel 实现 PageRank 算法的逻辑步骤,如图 C.3 所示。

图 C.3 中的模式可以进一步描述如下:

- 该图被初始化,以便在超级步 0 中,每个节点的值为 1/ NumNodes()。每个节点沿传出边发送该值除以传出边数的值。

- 在随后的每个超级步中，每个节点将消息收到的值汇总到 sum 中，并将自己暂定的 PageRank 设置为 0.15/NumNodes() + 0.85× sum。然后它沿着每个传出边发送其暂定 PageRank 除以传出边数的值。
- 如果值的所有整体变化都低于某个阈值或达到预定义的迭代次数，则算法终止。

初始化

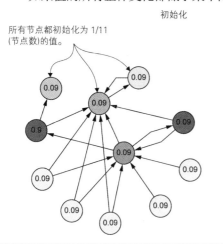

超级步 0

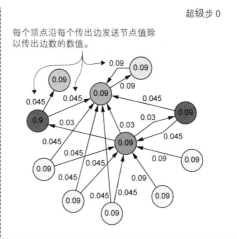

超级步 1…n

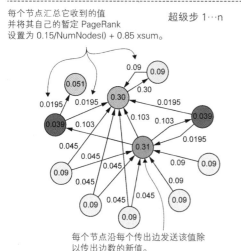

如果值的所有整体变化都低于某个阈值或达到预定义的迭代次数，则算法终止。

图 C.3　用 Pregel 框架实现的 PageRank

在互联网场景中，PageRank 算法的 Pregel 实现的有趣之处在于，我们有一个原生图的数据集(互联网链接)、一个纯图算法(PageRank)和一个基于图的处理范式。

C.2　用于定义复杂处理工作流的图

在机器学习项目中，图模型不仅可以用于表示复杂的数据结构，使其易于存储、处理或访问，还可以用于有效描述复杂的处理工作流——子任务的序列，这是完成更大任务所需执行的任务。图模型使我们能够将整个算法或应用程序可视化，简化问题的识别，并且即使使用自动化过程也可以轻松完成并行化。虽然本书不会大量展示图的这种特定用途，但还是要介绍它，因为它显示了图模型在上下文中表示复杂规则或活动的价值，这一点不一定与机器学习相关。

数据流是一种编程范式(通常称为 DFP，用于数据流编程)，它使用有向图来表示复杂的应用程序，并广泛用于并行计算。在数据流图中，节点表示计算单元，边表示计算消耗或产生的数据。TensorFlow[1]根据各个操作之间的依赖关系使用图来表示计算。

C.3 数据流

假设你正处于孕期，并且在上次就诊时，医生预测新生儿的体重为 7.5 磅。你想弄清楚这一预测值与婴儿的实际体重有何不同。

让我们设计一个函数来描述预测新生儿所有可能体重的可能性。例如你要想知道比起 10 磅，8 磅的可能性是否更大[Shukla, 2018]。对于这种预测，通常使用高斯(也称为正态)概率分布函数。该函数输入一个数字和一些其他参数，并输出一个描述用于观察输入的概率的非负数。正态分布的概率密度由以下等式给出：

$$f(x|\mu, \sigma^2) = \frac{1}{\sigma\sqrt{2\pi}} e^{-\frac{(x-m)^2}{2\sigma^2}}$$

其中
- μ为分布的均值或期望值(以及它的中值和众数)。
- σ 为标准差。
- σ^2 为方差。

这个公式展示了如何计算 x 的概率(在我们的场景中，x 指体重)，考虑中值 μ(在我们的例子中，μ 是 7.5 磅)和标准偏差(它指定了平均值的可变性)。中值不是随机的；它是北美新生儿的实际体重平均值[2]。该函数可以用 XY 图表示，如图 C.4 所示。

根据 σ(标准差)值的变化，曲线可以更高或更粗，而根据 μ(平均值)值的变化，它可以移到图表的左侧或右侧。图 C.4 的平均值以 7.5 为中心。根据标准差的值，最近值出现的概率可能更大或在图中分布较少。较高曲线的方差为 0.2，较粗曲线的方差为 5。较小的方差值意味着最可能的值最接近均值(两侧)。

---

1 https://www.tensorflow.org。

2 https://www.uofmhealth.org/health-library/te6295。

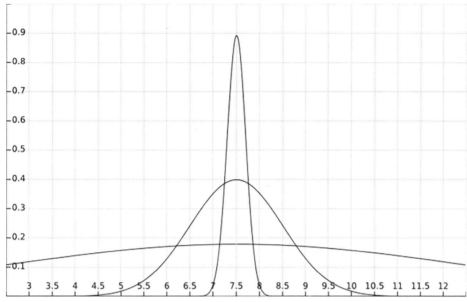

图 C.4　正态分布曲线(钟形曲线)

在任何情况下，该图都呈现出类似结构，因此通常被称为钟形曲线。这个公式和相关表示意味着相比侧面的事件，靠近曲线尖端的事件更有可能发生。在我们的例子中，如果新生儿的平均预期体重是 7.5 磅，且方差已知，那我们可以使用此函数得到与 10 磅相比 8 磅出现的概率。该函数在机器学习中经常使用，在 TensorFlow 中定义为；它仅使用乘法、除法、负数和其他一些基本运算符。

要将这样的函数转换为数据流中的图表示，可以将均值设置为 0 并将标准差设置为 1 来简化它。有了这些参数值，公式就变成了：

$$f(x|\mu,\sigma^2) = \frac{1}{\sigma\sqrt{2\pi}}e^{-\frac{x^2}{2\sigma^2}}$$

这个新函数有一个特定的名称：标准正态分布。转换为图形式需要以下步骤：

● 每个运算符都是图中的一个节点，因此我们将拥有代表乘积、幂、负数、平方根等运算的节点。

● 运算符之间的边代表数学函数的组成。

从这些简单规则开始，高斯概率分布的结果图表示如图 C.5 所示。

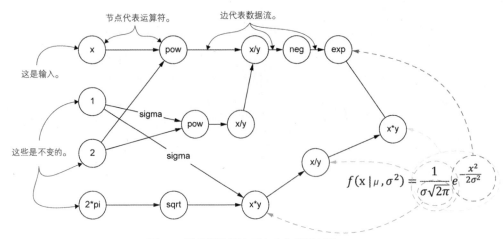

图 C.5　数据流编程中正态分布的图表示(σ = 1)

　　图中的小片段代表简单的数学概念。如果一个节点只有一条传入边，则它是一个一元运算符(对单个输入进行运算的运算符，如取反或加倍)，而具有两个传入边的节点则是二元运算符(对两个输入变量进行运算的运算符，如加法或求幂)。在图 C.5 所示的图表中，将 8 磅(我们预计的新生儿体重)输入到公式中，公式将计算出该体重出现的概率。该图清楚地显示了函数的不同分支，这意味着能够很容易确定可以并行处理的公式部分。

　　在 TensorFlow 中，这种方法可以轻松地处理看起来非常复杂的算法并将其可视化。尽管 DFP 在某些场景中很有用，但它仍然是一个经常被遗忘的范式，但 TensorFlow 通过展示图表示对于复杂过程和任务所具有的强大功能，重新将其投入使用。DFP 方法的优点可总结如下[Johnstonet et al., 2004; Sousa, 2012]：

- 它提供了一种具有简化界面的可视化编程语言，可以支持某些系统进行快速原型设计和实现。对于视觉感知和图在更好地理解复杂数据结构方面的重要性，我们已经进行了讨论。DFP 能够表示复杂的应用程序和算法，同时使它们易于理解和修改。
- 它隐式地实现了并发。数据流研究的最初动机是开发利用大规模并行性。在数据流应用程序中，每个节点内部都是一个独立的处理块，独立于所有其他节点工作并且不会产生副作用。因为系统中的数据没有依赖关系，所以这种执行模型允许节点在数据到达时立即执行，且不会产生死锁的风险。数据流模型的这一重要特性可以极大地提高在多核 CPU 上执行的应用程序的性能，而不需要程序员进行任何额外的工作。

　　图的表达能力可以将复杂问题分解为易于可视化、修改和并行化的子任务，数据流应用程序就是其中一例。

　　(注：本附录的参考文献，请扫描本书封底的二维码进行下载。)

附录 **D**

表 示 图

有两种标准方式可以表示图 G =(V, E)：作为邻接列表的集合或作为邻接矩阵。每种方式都可以应用于有向图、无向图和未加权图[Cormen et al., 2009]。

图 G =(V, E)的邻接表表示由列表数组 Adj 组成，每个 Adj 对应于 V 中的每个顶点。对于 V 中的每个顶点 u，邻接表 Adj[u]包含所有顶点 v，并且 E 中的 u 和 v 之间存在一条边 E$_{uv}$。换句话说，Adj[u]包含 G 中与 u 相邻的所有顶点。

图 D.1(b)是图 D.1(a)中无向图的邻接表表示。顶点 1 有两个邻接，2 和 5，所以 Adj[1]是列表[2, 5]。顶点 2 有三个邻接，1、4 和 5，所以 Adj[2]是[1, 4, 5]。其他列表的创建方式相同。值得注意的是，因为关系中没有顺序，所以列表中没有特定的顺序；因此，Adj[1]可以是[2,5]也可以是[5, 2]。

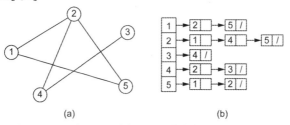

图 D.1　(a)无向图及相关代表和(b)作为邻接表的相关表示

类似地，图 D.2(b)是图 D.2(a)中的有向图的邻接表表示。这样的列表被可视化为一个链接列表，其中每个条目都包含对下一个条目的引用。在节点 1 的邻接表中，我们将第一个元素作为节点 2；它还引用了下一个元素，即节点 5 的元素。这种方法是存储邻接列表最常见的方法之一，因为它使得添加和删除等操作变得高效。在这种情况下，我们只考虑传出关系，但可以对传入关系进行同样的操作；重要的是选择一个方向并在创建邻接表时保持一致。这里，顶点 1 只有一个与顶点 2 的传出关系，所以 Adj[1]将是[2]。顶点 2 有两个传出关系，分别为 4 和 5，因此 Adj[2]为[4,5]。顶点 4 没有传出关系，因此 Adj[4]为空([ ])。

如果 G 是有向图，则所有邻接表的长度之和为|E|。因为每条边都可以在一个方向上遍历，所以 E$_{uv}$ 只会出现在 Adj[u]中。如果 G 是无向图，则所有邻接表的长度之和为 $2 \times$ |E|，因为如果 E$_{uv}$ 是无向边，则 E$_{uv}$ 出现在 Adj[u]和 Adj[v]中。有向图或无向图的邻接表表示所

需的内存与|V| + |E|成正比。

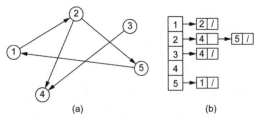

图D.2 (a)有向图和(b)作为邻接表的相关表示

通过在 Adj[u]中存储边 E_{uv} 的权重 w，可以很容易地调整邻接表来表示加权图。邻接表表示也可以进行类似修改以支持其他变体图。

该表示的缺点是相比在邻接表 Adj[u]中搜索 v，它确定给定的边 E_{uv} 是否存在于图中时速度更慢。图的邻接矩阵表示则弥补了这个缺点，但代价是使用渐近更多的内存。

对于图 G =(V, E)的邻接矩阵表示，我们假设顶点以某种任意方式编号为 1,2,...,|V|，并且这些数字在邻接矩阵的工作生命周期中保持一致。那么图 G 的邻接矩阵表示由一个|V| × |V|矩阵 $A =(a_{uv})$组成。如果图中存在 E_{uv}，则 $a_{uv} = 1$，否则 $a_{uv} = 0$。

图 D.3(b)是图 D.3(a)中表示的无向图的邻接矩阵表示。例如，第一行与顶点 1 相关。矩阵中的这一行在第 2 列和第 5 列中的值为 1，因为它们表示顶点 1 所连接的顶点。所有其他值均为0。第二行与顶点 2 相关，在第 1、4 和 5 列中的值为 1，因为这些顶点相互连接。

图 D.4(b)是图 D.4(a)中表示的有向图的邻接矩阵表示。至于邻接表，需要选择一个方向，并在创建矩阵时使用它。在这种情况下，矩阵的第一行在第 2 列中的值为 1，因为顶点 1 与顶点 2 有一个传出关系；所有其他值是 0。矩阵表示的一个有趣特征是，通过查看列，可以看到入栈关系。例如，第 4 列显示顶点 4 有两个入栈连接：来自顶点 2 和 3。

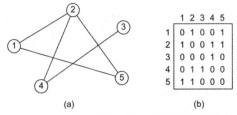

图D.3 (a)一个无向图和(b)作为邻接矩阵的相关表示

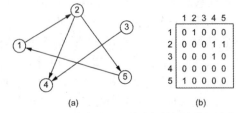

图D.4 (a)一个有向图和(b)作为邻接矩阵的相关表示

图的邻接矩阵需要使用与|V| × |V|成正比的内存大小，与图中的边数无关。在无向图中，

生成的矩阵沿主对角线对称。在这种情况下，可以只存储一半的矩阵，这几乎将存储图所需的内存大小减半。

与图的邻接表表示一样，邻接矩阵可以表示加权图。如果 $G = (V, E)$ 是加权图，w 是边 E_{uv} 的权重，a_{uv} 将被设置为 w 而不是 1。

尽管邻接表表示在空间上的渐进性至少与邻接矩阵表示一样有效，但邻接矩阵更简单，因此当图相当小时，你可能更倾向于选择使用它们。此外，邻接矩阵对于未加权图具有更大的优势：它们的每个条目只需要一位来表示。因为邻接表表示提供了一种紧凑的方式来表示稀疏图——边数小于顶点数的图——它通常是所选择的方法。但是当图很稠密时——即当|E|接近|V| × |V|时，或者当你需要能够快速判断一条边是否连接两个给定顶点时，你可能更倾向于选择邻接矩阵表示。

(注：本附录的参考文献，请扫描本书封底的二维码进行下载。)